Adolf Buchenberger

Grundzüge der deutschen Agrarpolitik unter besonderer Würdigung der kleinen und großen Mittel

Adolf Buchenberger

Grundzüge der deutschen Agrarpolitik unter besonderer Würdigung der kleinen und großen Mittel

ISBN/EAN: 9783743301177

Hergestellt in Europa, USA, Kanada, Australien, Japan

Cover: Foto ©berggeist007 / pixelio.de

Manufactured and distributed by brebook publishing software (www.brebook.com)

Adolf Buchenberger

Grundzüge der deutschen Agrarpolitik unter besonderer Würdigung der kleinen und großen Mittel

Grundzüge

der

deutschen Agrarpolitik

unter besonderer Würdigung der

kleinen und großen Mittel.

Von

Dr. A. Buchenberger,

Präsident des Großherzoglich Badischen Finanzministeriums.

Berlin.
Verlagsbuchhandlung Paul Parey.
Verlag für Landwirthschaft, Gartenbau und Forstwesen.
SW., Hedemannstraße 10.
1897.

Alle Rechte vorbehalten.

Vorwort.

Es sind fast drei Jahre her, daß der Verlagsbuchhändler Herr Dr. Parey in Berlin die Anregung gab, es möge der Stoff des von mir als Teilwerk der A. Wagner'schen Politischen Ökonomie verfaßten Buches: „Agrarwesen und Agrarpolitik" (in 2 Bänden 1892 und 1893 bei C. F. Winter in Leipzig erschienen) in kürzerer, volkstümlicher Darstellung bearbeitet und zugleich zu dem in den letzten Jahren besonders heftig entbrannten Streit über Bedeutung und Wirksamkeit der „großen" und der „kleinen" Mittel im Gebiet der Agrarpolitik Stellung genommen werden. Ich bin erst nach wiederholter Einladung und auch nach erfolgter Zusage nicht ohne Widerstreben an die erbetene Arbeit herangetreten, einmal weil meine jetzigen Berufsarbeiten nur in geringem Maße Zeit für litterarische Thätigkeit übrig lassen, sodann auch deshalb, weil ich mir darüber sehr wohl im klaren war, daß in einer leidenschaftlich erregten Zeit eine Schrift, die nach dem wirtschaftspolitischen Standpunkt ihres Verfassers keine andere Aufgabe verfolgen kann, als die, zur Ruhe und Besonnenheit zu mahnen, auf geringes Entgegenkommen gerade von seiten derjenigen sich werde Rechnung machen dürfen, an die sich die Schrift in erster Reihe wendet. Ich habe diese Bedenken schließlich überwunden und bin der Abfassung der Schrift näher getreten; die Arbeit konnte aber infolge der auf dem Verfasser lastenden vielfältigen Berufspflichten nur sehr langsam gefördert und schließlich nur unter kräftiger Mitverwendung der Urlaubszeiten ihrem Ende entgegengeführt werden. Eine Reihe von Fragen, die erst in den letzten Jahren ihre besondere Bedeutung erlangten und die in meinem Handbuch der Agrarpolitik entweder gar nicht oder nur flüchtig behandelt sind, haben in dieser Schrift nunmehr ebenfalls Behandlung und Würdigung erfahren. Dagegen wurde auf Litteraturangaben im Hinblick darauf durchweg verzichtet, daß das Buch kein streng wissenschaftliches sein soll, sondern zur Aufgabe sich setzt, die agrarpolitischen Fragen gemeinverständlich zu erörtern und den weitesten Kreisen der Landbevölkerung in dem Irrgarten agrarpolitischer Fragen ein Führer und Wegweiser zu sein.

Die vorliegende Schrift soll gegenüber manchen irreleitenden Ausführungen den dreifachen Nachweis führen: einmal, daß angesichts einer unzweifelhaft gegebenen sehr schwierigen Lage des landwirtschaftlichen Gewerbes die landwirtschaftliche Staatsfürsorge zu keiner Zeit träftiger und planmäßiger ihres Amtes gewaltet hat, als in der Gegenwart; zum andern, daß die neuerdings so sehr verschmähten oder geringschätzig beurteilten „kleinen Mittel" in ihrer Gesamtheit eine große Heilkraft in sich schließen und solche bewiesen haben; zum dritten, daß mindestens ein Teil jener Vorschläge auf wirtschaftspolitischem Gebiet, die man gemeinhin als „große Mittel" zu bezeichnen pflegt, entweder überhaupt unerfüllbare Anforderungen an die Staatsgewalt stellt oder, wenn erfüllbar, nur unter starker Schädigung der Interessen anderer Berufsstände zu verwirklichen ist.

Viele unzutreffende Urteile würden nicht gefällt werden, manche auffällige Vorschläge unterbleiben, wenn in landwirtschaftlichen Kreisen der historische Sinn, d. h. die Einsicht in und das Verständnis für das geschichtlich Gewordene mehr gepflegt würde, und wenn als Frucht dieser Einsicht und dieses Verständnisses die Erkenntnis Platz greifen wollte, daß alle Reformen in gutem Sinn, liegen sie auf politischem oder wirtschaftlichem Gebiet, stets nur langsam zu reifen pflegen und überstürzende Hast jederzeit mehr Schaden als Nutzen angerichtet hat. Wesentlich hieraus ist auch das Entstehen des Irrtums zu begreifen, als ob der staatlichen Gesetzgebung eine Art magischer Kraft innewohne, Schäden und Übelstände, die oft das Erzeugnis verwickeltster wirtschaftlicher Verhältnisse und in letzter Linie häufig das Produkt weltwirtschaftlicher Vorgänge sind, gewissermaßen von heute auf morgen durch einen einzigen Federzug beseitigen zu können. Gegen diese Überschätzung staatlicher Machtmittel in Bezug auf rascheste und nachhaltig wirksame Lösung verwickelter wirtschaftlicher Probleme kann nicht entschieden genug Stellung genommen werden, da nichts so sehr wie der in der Gegenwart verbreitete, fast mystische Glaube an die Wunderkraft des staatlichen Gesetzgebungsapparats geeignet ist, das Vertrauen in die eigene Kraft zu erschüttern und den Genesungsprozeß zu verlangsamen.

Danach bedarf es kaum eines Hinweises, daß in dieser Schrift eine Anzahl gerade in neuerer Zeit von agrarischer Seite gestellter und mit besonderem Nachdruck vertretener Forderungen abgewiesen werden mußte. Abgelehnt wurde von dem Verfasser zwar nicht etwa eine protektionistische Wirtschaftspolitik überhaupt, die, wie für die westeuropäischen Staaten, so auch für Deutschland mutmaßlich für längere Zeit schlechthin nicht zu entbehren ist, wohl aber jede Art von Hochschutz, die auf eine staatliche Rentengarantie hinaus käme; abgelehnt wurde mit aus diesem Grund der Antrag Kanitz, wie jede Verstaatlichung des Getreidehandels. Ablehnend steht die Schrift ferner den auf grundsätzliche Änderung unserer Währungseinrichtungen gerichteten Bestrebungen gegenüber, da die für eine solche Änderung bis jetzt geltend gemachten Gründe als hinreichend stichhaltig und beweiskräftig nicht erachtet werden können. Dagegen ist betreffs der Getreide-Terminhandelsfrage die Schrift zu einem die bekannten Reichstagsbeschlüsse im wesentlichen billigenden Ergebnis gelangt, ohne daß sie

übrigens, wie kaum betont zu werden braucht, die auf unzureichender
Kenntnis der Vorgänge beruhende grundsätzliche Bekämpfung des Getreide=
handels und der Produktenbörsen sich angeeignet hätte.

Auch mit Abweisung eines erheblichen Teils der sogenannten „großen
Mittel" bleibt genug Raum für eine erfolgreich ihres Amtes waltende
Agrarpolitik, und dies nachzuweisen ist die hauptsächliche Aufgabe gewesen,
die ich in dieser Schrift mir gestellt habe. Dabei bin ich mir sehr wohl
bewußt, daß tönenden Schlagworten gegenüber eine ruhige, nüchterne,
maßvolle Betrachtungsweise, die in ihren Vorschlägen die „goldene Mitte"
einzuhalten sich bemüht, einen schweren Stand hat. Aber ich zweifle nicht
daran, daß auf die exaltierten Augenblicksstimmungen und Augenblicks=
vorschläge auch wieder eine Zeit nüchterner Auffassungsweise und kühler
Verständigkeit folgen wird. Dieser Zeitpunkt mag noch nicht allzu nahe
sein, aber er wird kommen, und je eher er kommt, um so besser wird es
für die gedeihliche Weiterentwicklung desjenigen wichtigen Berufsstandes
sein, in dessen Interesse die nachfolgenden Betrachtungen entstanden und
niedergeschrieben sind.

Karlsruhe, Herbst 1897.

Buchenberger.

Inhalt.

Erstes Kapitel.
Grundeigentumsverfassung und Landwirtschaftsbetrieb in ihrem geschichtlichen Werdegang.
Die Landwirtschaft der Gegenwart und die Aufgaben des Staats.

		Seite
§ 1.	Allgemeinste Würdigung der Grundeigentumsverteilung und der Besitzrechte am Grund und Boden	1
§ 2.	Die Besiedelung des Deutschen Bodens und das Flurrecht der älteren Zeit	3
§ 3.	Die rechtlichen Beziehungen der bäuerlichen Bevölkerung zum Grund und Boden; Freiheit und Unfreiheit in älterer Zeit; die sog. Ablösungs-Gesetzgebung	6
§ 4.	Privatbesitz und Gemeinschaftsbesitz (Gemeinheiten oder Allmenden); Gemeinheitsteilungen	11
§ 5.	Gebundenheit und Freiheit des Güterverkehrs	15
§ 6.	Große, mittlere und kleinere Güter; das Ziel einer guten Grundeigentumsverteilung	17
§ 7.	Die Betriebsformen in der Landwirtschaft; Kollektivwirtschaft und Einzelunternehmung; Eigenbewirtschaftung und Pacht (Erbpacht, Zeitpacht) insbesondere	20
§ 8.	Das private Grundeigentum und die Bestrebungen auf Verstaatlichung des Grund und Bodens; Landbevölkerung und Socialdemokratie; der Besitz der toten Hand	26
§ 9.	Die Entwicklung des Landwirtschaftsbetriebs; Standort der Landwirtschaftszweige; Voraussetzungen extensiven und intensiven Betriebs; Betriebssysteme	31
§ 10.	Eigenproduktion und Produktion für den Absatz; Natural-, Geld- und Kreditwirtschaft; Fortdauer naturalwirtschaftlicher Bräuche und Einrichtungen	36
§ 11.	Landbaubevölkerung und Landwirtschaft in der Gegenwart. Die Aufgaben des Staats	42
§ 12.	Selbsthilfe und Staatshilfe; allgemeinste Grundsätze der Landwirtschaftspolitik; große und kleine Mittel	47
§ 13.	Der Staat und die landwirtschaftliche Interessenvertretung; landwirtschaftliche Vereine und Genossenschaften; die korporative Organisation der Landwirtschaft	50

Zweites Kapitel.
Der Grund und Boden im Güterverkehr.
Beeinflussung des Güterverkehrs und der Grundeigentumsverteilung durch die Gesetzgebung, insbesondere im Wege der inneren Kolonisation und des landwirtschaftlichen Erbrechts.

§ 14.	Allgemeinste Würdigung der für die Preisbildung des Grund und Bodens maßgebenden Faktoren	56
§ 15.	Die Abweichungen des Verkehrswertes (Preises) des Grund und Bodens von dem Ertragswert	59
§ 16.	Umfang des Verkehrs im Grund und Boden; Würdigung der Freiheit des Güterverkehrs; Statistik der Grundeigentumsverteilung	66

Inhalt. VII

§ 17. Polizeiliche und verwaltungsrechtliche Hemmungen der Freiheit des Grundeigentumsverkehrs; Stückschluß; gesetzliche Unteilbarkeit; Bekämpfung der Güterschlächterei 70
§ 18. Fortsetzung; staatlicher Eingriff in die Ordnung der Grundeigentumsverteilung durch das Mittel der inneren Kolonisation 74
§ 19. Hemmungen der Freiheit des Grundeigentumsverkehrs und der Grundeigentumsverteilung durch das Erbrecht; die Fideikommisse insbesondere 79
§ 20. Fortsetzung; das bäuerliche Anerbenrecht (Recht der Einzelerbfolge) . . 83
§ 21. Fortsetzung: Würdigung der naturalen Teilung des Liegenschaftsnachlasses; abschließende Betrachtungen 91

Drittes Kapitel.
Grund- und Betriebskapital, Grund- und Betriebskredit; Verschuldung und Entschuldung des Grundbesitzes.

§ 22. Die einzelnen Arten des Kredits; die Inanspruchnahme und das wirtschaftliche Risiko des Besitzkredits insbesondere 97
§ 23. Die ländlichen Schuldverpflichtungen der Gegenwart im Vergleich mit früher; die Würdigung von Grundkreditverpflichtungen im allgemeinen; Zurückweisung pessimistischer Auffassungsweisen; ist die Grundkreditschuld ein schlechthin zu meidendes Übel? 101
§ 24. Die Beschränkung der Freiheit im Grundkreditverkehr; Schluß der Hypothekenbücher und Einführung von Verschuldungsgrenzen 107
§ 25. Rechtliche Ordnung des Grundkredits (Hypothekarkredits); Grundbuchwesen; Kapitalschuld und Rentenschuld 112
§ 26. Die wirtschaftliche Organisation des Grund- (Hypothekar-) Kredits. (Unkündbarkeit und Amortisation; Verknüpfung der Schuldentilgung mit der Lebensversicherung; Zinsfuß; Beleihungsgrundsätze) 116
§ 27. Formen der Kreditorganisation; Genossenschaftlich organisierte und staatliche Kreditinstitute. Die Monopolisierung des Grundkredits 124
§ 28. Der landwirtschaftliche Personalkredit und seine Organisation; Ausartungen des Personalkredits; der Wucher insbesondere 129
§ 29. Schuldnot und Zwangsvollstreckung; Bestrebungen auf Milderung des Zwangsvollstreckungsrechts; die Heimstättebewegung insbesondere. Abschließende Betrachtungen 136

Viertes Kapitel.
Landwirtschaftliche Betriebstechnik und der Einfluß der staatlichen Landwirtschaftspflege.

§ 30. Allgemeinste Würdigung eines staatlichen Eingreifens in den Landwirtschaftsbetrieb 144
§ 31. Kulturschädliche Hindernisse und deren Bekämpfung durch die Maßnahmen der Landeskultur 146
§ 32. Landwirtschaftliche Betriebsstände 148
§ 33. Bildungsmittel des Landwirts und sonstige Förderungsmittel der landwirtschaftlichen Produktion 151

Fünftes Kapitel.
Ausgaben und Lasten des landwirtschaftlichen Betriebs; Arbeitslöhne, Unfall- und Versicherungslasten, sowie öffentliche Abgaben insbesondere.

§ 34. Abhängigkeit der Ausgaben und Lasten des landwirtschaftlichen Betriebs von der wirtschaftsgeschichtlichen Entwicklung im allgemeinen; sinkende Tendenz einer Anzahl Ausgaben des landwirtschaftlichen Betriebs in der Gegenwart 155

Inhalt.

§ 35. Die Arbeit im landwirtschaftlichen Betriebe; Zusammenhang der Agrarverfassung mit dem Arbeitsangebot und der Lohnhöhe; Maßnahmen zur Besserung der Arbeiterverhältnisse; Landpolitik und Wohlfahrtseinrichtungen insbesondere 161

§ 36. Unfälle und Schäden im landwirtschaftlichen Betriebe; Bedeutung der landwirtschaftlichen Versicherung; Verhältnis von Versicherung zur Landwirtschaftspolizei 171

§ 37. Fortsetzung; Hagelschäden und Hagelversicherung insbesondere 174

§ 38. Unfälle im Tierbestand und die Versicherung landwirtschaftlicher Nutztiere 179

§ 39. Unfälle im landwirtschaftlichen Betriebe und ihre Verhütung und Unterdrückung durch die Maßnahmen der Landwirtschaftspolizei 184

§ 40. Die öffentlichen Abgaben des Landwirts 189

Sechstes Kapitel.

Die Einnahmen des landwirtschaftlichen Betriebs; die Marktpreisbildung landwirtschaftlicher Erzeugnisse und ihre Beeinflussung durch die allgemeine Wirtschaftspolitik.

§ 41. Folgewirkung von Preisrückgängen im allgemeinen und die Stellungnahme des Staats zu solchen Vorgängen; Agrarkrisen 197

§ 42. Die Preisumwälzungen der Gegenwart und deren Ursachen; die Gesetze der Preisbildung landwirtschaftlicher Erzeugnisse; Einfluß der modernen Verkehrsmittel auf Absatz und Preisbildung 201

§ 43. Getreidepreise und Erzeugungskosten; die Folgewirkungen der neuzeitlichen Preisumwälzungen, insbesondere bei Getreide; Verschiedenheit der Wirkungen nach Produktionsrichtung und Größenklassen des Betriebs . 209

§ 44. Die Marktpreisbildung und die Zollpolitik; Würdigung der Getreidezölle insbesondere 217

§ 45. Die Marktpreisbildung des Getreides und die Handelsverträge . . . 226

§ 46. Der Einfluß von zollfreien Getreidelägern auf die Marktpreisbildung und den Absatz des Getreides; Maßnahmen zur Verbesserung der Marktfähigkeit und Absatzmöglichkeit des inländischen Getreides; Bedeutung der kleinen und mittleren Mühlenbetriebe für den Getreideabsatz; genossenschaftliche Absatzorganisation und Kornhäuser; Aufhebung des Identitätsnachweises für Getreide 233

§ 47. Die Marktpreisbildung des Getreides und die Verstaatlichung der Getreideeinfuhr (Antrag Kanitz) 246

§ 48. Die Marktpreisbildung und die Börse; der Getreideterminhandel insbesondere 258

§ 49. Die Marktpreisbildung landwirtschaftlicher Erzeugnisse und der Zwischenhandel; Möglichkeit seiner Zurückdrängung 277

§ 50. Die Marktpreisbildung landwirtschaftlicher Erzeugnisse unter dem Einfluß des Wettbewerbs von Surrogaten und Verfälschungen; die Nahrungsmittelpolizei insbesondere 282

§ 51. Die Marktpreisbildung und das Geld-(Währungs-)wesen 286

§ 52. Schlußbetrachtungen. Interessenkämpfe der Gegenwart; agrarische und antiagrarische Strömungen; Rückblick und Ausschau 303

Erstes Kapitel.

Grundeigentumsverfassung und Landwirtschaftsbetrieb in ihrem geschichtlichen Werdegang.

Die Landwirtschaft der Gegenwart und die Aufgaben des Staats.

§ 1. Allgemeinste Würdigung der Grundeigentumsverteilung und der Besitzrechte am Grund und Boden.

Für die wirtschaftliche und politische Entwicklung eines Landes ist die Art und Weise der Verteilung des Grund und Bodens unter die Bevölkerung und sind die Besitzrechte dieser Bevölkerung am Grund und Boden von wesentlicher Bedeutung. Es ist also keineswegs gleichgültig, ob der Grund und Boden nur einer kleinen Anzahl bevorrechteten Personen gehört, wie im englischen Inselreich oder in zahlreichen Provinzen Italiens, Länder, in denen die Grundaristokratie ihre Güter in der Regel nicht einmal selbst bewirtschaftet, sondern im Weg der Pacht und ähnlicher loser Kontraktverhältnisse zu nutzen pflegt; oder aber ob die Mehrzahl der Bewohner des flachen Landes Eigentumsrechte am Grund und Boden hat, wie in Deutschland, wo zugleich diese zahlreichen kleinen, mittleren und größeren Güter von ihren Eigentümern selbst bewirtschaftet zu werden pflegen und die Verpachtung zu den Ausnahmen zählt.

In Ländern der erstgenannten Art, d. h. in solchen mit aristokratischer Grundeigentumsverteilung und vorherrschendem Großgrundbesitz, verteilt sich das Einkommen aus dem Grundbesitz unter einen verhältnismäßig kleinen Bruchteil des Volkes, die große Masse der auf dem flachen Lande lebenden Menschen ist von den Segnungen des Grundbesitzes und der werbenden selbständigen Thätigkeit am Grund und Boden ausgeschlossen und die Gegensätze von Reich und Arm, von übermäßiger Häufung von Vermögen auf der einen, von Armut auf der anderen Seite treten besonders grell zu Tage. In Ländern mit solcher Grundbesitzverteilung besteht aber auch häufig die Neigung oder die Notwendigkeit, die ausgedehnten Ländereien unter Anwendung von wenig

Kapital und Arbeit, d. h. thunlich extensiv zu bewirtschaften, z. B. unter Vernachlässigung des Körnerbaus Weidewirtschaft zu treiben, oder man läßt gar ansehnliche Teile des Landes als Jagdgründe oder Parks liegen, weil der Reichtum der Grundaristokratie einer besonders starken Ausnutzung des Bodens durch landwirtschaftliche Thätigkeit entbehren kann.

Ganz anders bei der zweitbesprochenen mehr volkstümlichen Art der Grundbesitzverteilung. Denn einmal wird hier die Einkommensverteilung eine günstigere sein, da an den Erträgnissen der bodenbewirtschaftenden Thätigkeit eine große Menge von Menschen teilhaben und für grelle und unvermittelte Vermögensunterschiede auf dem flachen Lande wenig Raum ist. Sodann aber muß hier allgemein das Bestreben sich geltend machen, unter Aufwendung von beträchtlich viel Kapital und Arbeit, d. h. thunlichst intensiv zu wirtschaften, um dem Grund und Boden von einer gegebenen Einheitsfläche möglichst viele Bodenerzeugnisse abzuringen; denn nur bei dieser Art von Wirtschaftsweise wird eine Familie auf kleinen und mittleren Gütern ihren Unterhalt finden können. Das wichtigste und dringendste Bedürfnis des Menschen ist aber das Nahrungsbedürfnis, vor allem das Bedürfnis nach Brot, Fleisch und Milch. Für die Befriedigung dieses Bedürfnisses ist also offenbar da, wo infolge der Aufteilung des Grund und Bodens unter eine Vielheit von Menschen Anreiz zur sorgfältigsten Ausnützung der Bodenkräfte gegeben ist, am besten gesorgt, während ein Land wie das englische Inselreich auf die Zufuhr von großen Mengen von Nahrungsmitteln von anderen Ländern her angewiesen ist und sich dadurch in den Zustand weitgehendster wirtschaftlicher Abhängigkeit von diesen Ländern begiebt.

Die sorgfältige Bestellung des Bodens wird ferner in der Regel mehr gewährleistet sein, wenn der Wirtschafter zugleich Eigentümer, als wenn er bloß Pächter ist oder wenn er gar in rechtlicher oder wirtschaftlicher Abhängigkeit von dritten Personen sich befindet. Denn nur der freie Eigentümer auf freiem Grund und Boden hat die Gewißheit, die Früchte seiner Arbeit am Boden, namentlich soweit es sich um bodenverbessernde Arbeiten handelt (Drainagen, Bewässerungsanlagen, Baumpflanzungen ꝛc.), nicht bloß selbst zu genießen, sondern sie auch seinen Kindern zu sichern: wo dagegen die Beziehungen des Wirtschafters zum Boden lose sind, greift infolge der Unsicherheit des Verbleibs auf dem Gute nicht selten eine bodenberaubende Wirtschaftsthätigkeit (Raubwirtschaft) Platz oder die bodenbebauende Bevölkerung verfällt in einen Zustand der Schlaffheit oder Mutlosigkeit. Umgekehrt erzeugt das enge Verwachsensein des selbstwirtschaftenden freien Eigentümers mit dem Grund und Boden die Tugenden des Fleißes und kraftvoller Bethätigung, aber auch Anhänglichkeit an die von Geschlecht zu Geschlecht sich fortvererbende Scholle und in Verbindung damit starkes Heimatsgefühl und Liebe zu der größeren Gemeinschaft, dem Staat, unter dessen Schutz und Schirm der Landbewohner seiner Erwerbsarbeit am Boden sich hingeben kann.

Neben dem volkswirtschaftlichen Vorzug der möglichst umfangreichen Erzeugung von Nahrungs= und Genußmitteln haftet daher der Aufteilung des Landes unter thunlichst viele Bodeneigentümer auch der wichtige politische Vorzug an, daß eine große Menge staatstreuer, vaterlandsliebender Elemente im Lande vorhanden ist, die sich als feste Stützen der Ordnung und einer ruhigen, friedlichen Fortentwicklung erweisen. Man vergleiche den seiner überwiegenden Mehrzahl nach noch immer konservativ an den überlieferten Ordnungen und Einrichtungen festhaltenden, staats= und königstreu gesinnten deutschen Bauernstand der Gegenwart mit dem unfreien und infolge seiner gedrückten Lage zu Aufständen geneigten Bauernstand des Mittelalters und der späteren Jahrhunderte oder mit der in dem unsicheren Besitzverhältnis des Teilbaus lebenden, politisch unzuverlässigen und vielfach der Socialdemokratie verfallenen ländlichen Bevölkerung Italiens und man wird das Gesagte bestätigt finden.

Schon die vorstehenden kurzen Andeutungen lassen also erkennen, ein wie großes staatliches Interesse an die Erhaltung einer guten Grundbesitzverteilung und an die Behauptung des Grundbesitzes durch zahlreiche kleine und mittlere Wirtschaften geknüpft erscheint.

Haben denn nun aber die Besitzverhältnisse und die Rechtsverhältnisse am Grund und Boden, wie wir sie heute in Deutschland vorfinden, von jeher bestanden? Oder sind sie das Produkt einer langsamen geschichtlichen Entwicklung aus anders gearteten Besitz= und Rechtsverhältnissen? Auf diese Fragen soll zunächst Antwort erteilt werden, ehe jenen zahlreichen wirtschaftlichen Fragen näher getreten wird, die die ländliche Bevölkerung berühren und mit deren Erörterung und Lösung die Gegenwart beschäftigt ist. Denn man kann die Gegenwart und das, was ihr not thut, doch erst dann recht begreifen und würdigen, wenn man sich klar geworden ist, wie und warum sich das Gegenwärtige aus der Vergangenheit entwickelt hat.

§ 2. Die Besiedelung des deutschen Bodens und das Flurrecht der älteren Zeit.

Bei der ursprünglichen Aufteilung des deutschen Grund und Bodens unter die Genossen des das Land in Besitz nehmenden Volksstammes erhielt jeder Stammesgenosse innerhalb des besiedelten engeren Gebiets der Dorfgemeinde einen bestimmten Anteil an Acker, Weide und Wald zugeteilt; dieser Anteil hieß die Hufe. Eigentumsrechte gewährte dieselbe zunächst nicht, sondern nur Nutzungsrechte, denn der Boden wurde als im Eigentum der Dorfgenossenschaften stehend angesehen. Erst allmählich, vom 6. Jahrhundert unserer Zeitrechnung ab, wandelte sich das Nutzungsrecht an den Ackergrundstücken der Feldflur zu Eigentum um; wogegen Wald und Weide und selbst einzelne Teile der unter den Pflug genommenen Feldmark auch später noch im Eigentum der Dorfgenossenschaft verblieben und dieser Gemeinschaftsbesitz mit Nutzungsrechten der Gemeindeangehörigen an dem Gemeinschaftsbesitz sich als sogenannte Allmende gegendweise bis in die Gegenwart erhalten hat.

Man nimmt an, daß die Hufen ursprünglich von gleicher Größe und Beschaffenheit waren; dies würde auch dem Grundgedanken der alten politischen Stammesverfassung entsprochen haben, innerhalb deren jeder Stammesgenosse gleiche Rechte und Pflichten haben sollte. In welcher Weise die Austeilung des Landes in den einzelnen Gemarkungen ursprünglich sich vollzogen hat, entzieht sich unserer Kenntnis. Es genügt zu wissen, daß bei dieser Austeilung, mag sie in einem Zuge oder, was wahrscheinlicher ist, nach und nach erfolgt sein, die einzelnen Hufen in den Hauptabteilungen (Gewannen) der Feldflur je mit Teilabschnitten bedacht wurden; da diese Teilabschnitte etwa die Größe hatten, die das Pflügen des Feldstreifens in einem Tag oder Vormittag ermöglichte, so hießen sie Tagewerke, Morgen. Das Eigentümliche dieser Landausteilung war demnach, daß die einzelnen Teile der Hufe in den zahlreichen Gewannen der Feldmark zerstreut lagen; es ergab sich also jener Zustand in der Lage der Ackergrundstücke zu einander, den man als Gemengelage oder Streubesitz bezeichnet. Die in dieser Weise zusammengesetzten Hufen nennt man Gewannhufen; und mit der Flurverfassung der Gewannhufen ging das Zusammenwohnen in mehr oder weniger geschlossenen Dörfern Hand in Hand. Selbst der Grundbesitz der Vornehmeren des Stammes, die mit größeren Landesteilen als die sonstigen Volksgenossen bedacht zu werden pflegten, fügte sich dieser Flurverfassung ein, wies also die gleiche Art der Gemengelage auf wie die Hufe des gemeinen Mannes.

Diese Gewannhufen sind aber nicht die einzige Form der Besiedelung des heimischen Bodens; es findet sich in beträchtlichem Umfange auch das System der geschlossenen Einzelhöfe, bei denen das Land block- oder streifenartig, oder doch in zusammenhängenden, wenn auch unregelmäßig geformten Flächen Haus und Hof umgiebt. Mit dieser Art von Hufen geht die zerstreute Lage der Dörfer Hand in Hand. Das Hausen in Einzelhöfen findet sich vornehmlich in den deutschen Landesteilen westlich der Weser, ferner in den meisten Gebirgsgegenden Mittel- und Süddeutschlands; es war die Form der keltisch-römischen Besiedelung, die von den nachrückenden deutschen Stämmen übernommen wurde und nachmals auch bei der Vergebung von Königsland zur Leihe an Dienstmannen und Unfreie vielfach zur Anwendung gelangte.

Die in dem größten Teile Deutschlands vorherrschende Besiedelungsweise in der Form der Gewannhufe mit der ihr eigentümlichen Gemengelage der Grundstücke ist bedeutungsvoll auch für die spätere Zukunft deshalb geworden, weil sie von einem Flurrecht begleitet war, als dessen hervorstechendes Merkmal die rechtliche und wirtschaftliche Gebundenheit des landwirtschaftlichen Betriebes sich darstellt. Bei dem Mangel an Feldwegen und bei ihrer meist unzweckmäßigen Anlage ergab sich nämlich die Notwendigkeit, die Bestellungsarbeiten und ebenso die Ernte in den einzelnen Feldfluren von allen in denselben Begüterten gleichzeitig vornehmen zu lassen, auch in derselben Flur nur ein und dieselbe Frucht anzubauen, weil die gleichzeitige Vornahme der Ernte auch eine gleichzeitige Reisezeit voraussetzte. Dieses als Flurzwang bezeichnete und vielfach bis auf den heutigen Tag fortbestehende, von den Organen der Gemeinden im einzelnen geregelte Flurrecht hinderte also den Einzelnen an der beliebigen Nutzung seiner Felder, nötigte jeden, der einmal gegebenen Ordnung und Regel sich zu unterwerfen, und verlieh dem landwirtschaftlichen Betrieb eine gewisse Einförmigkeit, einerlei, ob dieser dem System der Dreifelder- oder der Feldgraswirtschaft angehörte. Unschädlich, solange bei dünner Bevölkerung und niedrigen Bodenpreisen ein in diesen schematischen Regeln sich vollziehender einfacher Betrieb immer noch lohnend für den Wirt sich erwies, wurde im Laufe der Zeit und namentlich in der Gegenwart dieser Flurzwang mehr und mehr als eine lästige Fessel empfunden, zumal da, wo die Weglosigkeit der Feldflur dem immer wichtiger werdenden Anbau von Hackfrüchten und Futterkräutern Hindernisse bereitete: daher diejenigen gesetzlichen Maßnahmen, die auf die Schaffung ausreichender Flurwege und eines planmäßigen, jedes Grundstück zugänglich machenden Wegenetzes, und welche gleichzeitig auf die Zusammenlegung (Verkoppelung, Arrondierung, Vereinödung) der in der Feldflur zerstreut liegenden Grundstücke abzielen (Feldbereinigungs- oder Verkoppelungsgesetzgebung!), in der Gegenwart eine so große Bedeutung erlangt haben, wie dies unten noch näher beleuchtet werden wird.

Eine Eigentümlichkeit des älteren Flurrechts waren ferner die Weiderechte, die den dorfansässigen Grundbesitzern wechselseitig auf den Brach- und Stoppelfluren — neben dem Weidenutzungsrecht auf dem Allmendeweideland — zustanden und deren Zeit, Art und Umfang ebenfalls die Gemeinde regelte. Die Beseitigung solcher Grunddienstbarkeiten, wo sie als kulturhindernd sich erwiesen, hat die neuere Gesetzgebung ebenfalls zu ermöglichen gesucht, um auch in dieser Hinsicht eine ungehinderte Ausnutzung des Grund und Bodens durch den Eigentümer herbeizuführen.

Die Frage, ob das Wohnen in geschlossenen Dörfern ungeachtet der sich meist hier vorfindlichen Gemengelage, oder ob das Hofsystem mit arrondiertem Besitz aber zerstreutem Wohnen auf der Gemarkung den Vorzug verdiene, wird verschieden beantwortet: doch dürften dem ersterwähnten Dorf- und Hufensystem die überwiegenden Vorzüge enthalten, zumal die Schattenseiten der Gemengelage durch die Feldbereinigungsunternehmungen sich ihrer stärksten Nachteile entkleiden lassen. Die Nachteile des Hofsystems treten nicht bloß darin zu Tage, daß wegen der zerstreuten Lage der Gehöfte die Verwaltung der politischen Gemeinde und die Handhabung der Bau-, Feuer-, Sicherheits- und Straßenpolizei mit Schwierigkeiten zu kämpfen hat, sondern auch darin, daß die meisten Wirte infolge ihres isolierten Wohnens und des dadurch bedingten selteneren Meinungsaustausches erfahrungsgemäß viel zäher an den altüberkommenen wirtschaftlichen Gewohnheiten und Lebensweisen festhalten, als die in stetem anregendem Gedankenaustausch stehenden Bewohner geschlossener Dörfer. Das landwirtschaftliche Vereins-, vor allem auch das wichtige landwirtschaftliche Genossenschaftswesen, beides so mächtige Hebel eines gesunden landwirtschaftlichen Fortschritts, finden in den geschlossenen Dörfern meist einen empfänglicheren Boden als in den Gegenden des Hofsystems. Diesen Erwägungen ist es wohl auch zuzuschreiben, daß bei der Schaffung neuer Ansiedelungen in den ostelbischen Provinzen, insbesondere in Posen, dem Dorfsystem vor dem Hofsystem der Vorzug eingeräumt worden ist, indem man hier das Land den Ansiedlern zwar in einem zusammenhängenden Streifen anwies, die Hofstücke selber aber in Entfernungen, die sich durch ihre jeweilige Breite ergeben, längs der Dorfstraße aneinanderreihte.

§ 3. Die rechtlichen Beziehungen der bäuerlichen Bevölkerung zum Grund und Boden; Freiheit und Unfreiheit in älterer Zeit; die sog. Ablösungs-Gesetzgebung.

Auf der dem einzelnen Stammesgenossen zugeteilten Hufe saß in alter Zeit der Wirt als freier Mann auf freiem Grund und Boden und jeder Hufenbesitzer war der gleichen politischen Rechte teilhaftig; und auch in der Gegenwart genießt jeder Angehörige der ländlichen Bevölkerung bis zum kleinsten Stellenbesitzer und Tagelöhner das gleiche Maß persönlicher und wirtschaftlicher Freiheit und vollste Gleichberechtigung mit den anderen Berufsständen. Aber dem war nicht immer so, und es liegt eine lange Zeit inmitten, in der die große Masse der Bevölkerung des flachen Landes persönlich unfrei und politisch abhängig, und wo sie selbst und wo der von ihr bewirtschaftete Grund und Boden zu wirtschaftlichen Leistungen und Abgaben rein privaten Charakters an bevorrechtete Angehörige des Grundbesitzerstandes in nicht selten drückendem Umfang rechtlich verpflichtet gewesen ist. Dieses Zurücksinken der ehemals freien Bauernschaft in die Verhältnisse von Unfreiheit und wiederum die Rückgewinnung der persönlichen Freiheit und der wirtschaftlichen und politischen Gleichberechtigung, haben zwar heute nur noch geschichtliches Interesse. Aber ein Rückblick auf den Werdegang des wirtschaftlichen Lebens auf dem flachen Lande

§ 3. Die rechtlichen Beziehungen der bäuerlichen Bevölkerung zum Grund und Boden. 7

würde doch eine erhebliche Lücke aufweisen, wenn er an jenem merkwürdigen und für die nachmalige Art der Grundbesitzverteilung bedeutungsvollen Prozeß stillschweigend vorübergehen wollte.

Den deutschen Volksstämmen war der Zustand der Unfreiheit von Anfang an nichts fremdes: Kriegsgefangenschaft oder auch Zahlungsunfähigkeit, Geburt von unfreien Eltern und Heirat mit Unfreien führte zur Knechtschaft (Leibeigenschaft), und der in solcher Knechtschaft Befindliche wurde als Sache behandelt, konnte verkauft, verschenkt, selbst getötet werden, war zu jeder Dienstleistung verpflichtet, erwarb nichts für sich, sondern alles für den Herrn, durfte ohne Zustimmung des letzteren sich nicht verehelichen. Unter der Einwirkung des Christentums milderte sich allmählich dieses ältere, strengere Recht, und es bildete sich ein Zustand aus, den man als Hörigkeit, Schollenpflichtigkeit, Gutsunterthänigkeit bezeichnet. Von dem ersterwähnten Zustand der Leibeigenschaft unterscheidet er sich im wesentlichen dadurch, daß die Leistungen des Unfreien (Hörigen, Grundhalter) gegenüber dem Herrn auf bestimmtes Maß festgestellt, Vermögenserwerb gestattet, das Vertreiben des Hörigen vom Hof ohne triftigen Grund unstatthaft war, ja daß die den Hörigen zur Bewirtschaftung gegen bestimmte Abgaben und Leistungen zugewiesenen Grundstücke vom Vater auf den Sohn sich vererbten; auch boten ein besonderes Recht: das Hofrecht, und besondere Gerichte: Hofgerichte, gegen willkürliche Ein- und Übergriffe der Herren (Grundherren) gewisse Bürgschaften.

In die Reihen dieser Hörigen traten im Laufe der Zeit auch ehemals vollfreie Bauern ein, indem sie ihre Güter irgend einem Vornehmen des Landes, vielfach auch der Kirche (Bischöfen, Klöstern ꝛc.) anboten, um gegen ähnliche Leistungen und Abgaben wie die Hörigen angesetzt zu werden. Die Gründe für solche freiwillige Ergebung in ein Verhältnis der Abhängigkeit und Unfreiheit lagen teils in der Schutzbedürftigkeit der bäuerlichen Bevölkerung in rechtsunsicherer Zeit gegen Gewaltthat und Übergriff vonseiten mächtiger Nachbarn, teils in dem Bestreben, sich den vielfachen, mit dem Besitz einer Hufe verknüpften öffentlichen, besonders den militärischen Dienstpflichten entziehen zu können, für die der den Schutz übernehmende Grundherr als Gegenleistung eintrat. Auch verarmte oder völlig landlos gewordene Vollfreie verstärkten die Reihen der Hörigen, so daß allgemach — vom 9. Jahrhundert ab — die ehemals Unfreien und die ehemals Freien zu einem einzigen, in ihren äußeren Verhältnissen nicht mehr unterscheidbaren Stand halbfreier Bauern zusammenschmolzen.

Nachmals erfuhr die Lage der bäuerlichen Bevölkerung eine Verschlimmerung, indem unter den Einflüssen des zur Aufnahme gelangenden römischen Rechts die rechtlichen Beziehungen der Bauern zu dem von ihnen bewirtschafteten und zu Gunsten ihrer Schutzherrn mit Diensten und Abgaben belasteten Gute vielfach eine den Bauern abträgliche, den

Grundherren günstige Deutung erfuhren. Während nämlich im Anfang dieser Entwicklung die Grundherren über die bäuerlichen Güter nur mehr eine Art Obereigentum in Anspruch genommen hatten, wobei das Recht der Vererbung des Bauernguts vom Vater auf den Sohn anerkannt blieb, griff allmählich in verschiedenen Ländern eine andere Auffassung Platz. Man gestand nunmehr dem Bauer irgend welche eigentumsartige Rechte an dem Hofe überhaupt nicht mehr zu, erblickte in seinem Verhältnis zu dem weltlichen oder kirchlichen Grundherrn mehr das eines Erb- oder gar nur eines Zeitpächters und leitete daraus das Recht des Grundherrn nicht bloß zur beliebigen Steigerung der Abgaben und Dienstleistungen, sondern auch zur Entsetzung des Bauern vom Hofe ab. Solche Besitzentsetzungen kamen denn auch, namentlich seit dem 16. Jahrhundert, in und außerhalb Deutschlands mannigfach vor: Bauernland wurde zum gutsherrlichen Land eingezogen, und dieses sog. „Legen der Bauernhöfe" ist in vielen Gegenden Anlaß einer ganz anders gearteten Besitzverteilung geworden: die grundangesessene bäuerliche Bevölkerung wurde stark gemindert oder verschwand als solche wohl auch gänzlich, d. h. sie wandelte sich zu einer grundbesitzlosen, von den Grundherren rechtlich und wirtschaftlich abhängigen Tagelöhnerbevölkerung um. Doch sind im größeren Teil von Deutschland diese bedauerlichen Vorgänge glücklicherweise Ausnahmen geblieben, dank dem bauernfreundlichen Eingreifen weitblickender und wohlmeinender Fürsten; und es ist dieser Politik des Bauernschutzes, wie er vom Throne herab zur maßgebenden Richtschnur verkündet wurde, insbesondere zuzuschreiben, daß nach den Stürmen des dreißigjährigen Krieges das Einziehen massenhaft herrenlos gewordenen Bauernlandes zu grundherrlichem Lande verhindert, ja sogar die Wiederbesetzung des Wüst- und Ödlandes mit Bauern obrigkeitlich kräftig in die Hand genommen wurde. Daher in einer Zeit, in der das damals unter schwedischer Herrschaft stehende Pommern, ferner England und Schottland, seinen Bauernstand ziemlich einbüßte, dieser in großen Teilen von Deutschland, wenn schon unter den erwachsenen Verhältnissen rechtlicher und wirtschaftlicher Abhängigkeit, neu erstarkte.

Man nennt die geschilderte Verfassung, unter der die Bauern in dem größten Teile Europas bis an die Schwelle dieses Jahrhunderts lebten, die Grundherrlichkeitsverfassung; und deren Wesen besteht also darin, daß das Eigentum am Grund und Boden kein freies und unbeschränktes war und daß häufig die Besitzrechte des Bauern mehr jenen der Pacht als des Eigentums ähnelten; daß selbst da, wo eine Vererbung des Bauernguts rechtens blieb, doch die Gutsherrschaft das Recht in Anspruch nahm, den Bauer aus bestimmten Gründen vom Hof zu entfernen (ihn „abzumeiern"); daß der Regel nach die Zerteilung der Güter, ebenso deren Verschuldung ohne Zustimmung des Grundherrn unzulässig war; daß der Bauer bestimmte Hand- und Fuhrdienste

§ 3. Die rechtlichen Beziehungen der bäuerlichen Bevölkerung zum Grund und Boden. 9

(Frohnden) für das gutsherrliche Gut und nebstdem Abgaben verschiedenster Art (Zehnten, Bodenzinsen, auch Vermögensabgaben beim Gutswechsel oder in Erbfällen) zu leisten hatte; endlich daß dem Grundherrn die Gerichts- und Polizeigewalt über die Grundeingesessenen des Grundherrschaftsbezirkes zustand.

Andererseits freilich — und dies ist die nicht zu übersehende freundliche Kehrseite dieser Verfassung — lagen dem Gutsherrn auch eine Anzahl weitgehender Verpflichtungen gegenüber den grundangesessenen Bauern ob: Er war in Unglücksfällen, bei Hagelschlag, bei Mißernten, bei Brandfällen verbunden, ihnen Hilfe zu leisten, er mußte ihnen auch in Tagen der Krankheit und des Alters seine Unterstützung angedeihen lassen, und zweifellos ist da, wo mild und gütig gesinnte Grundherren diesen Verpflichtungen in billiger Weise nachkamen, das bäuerliche Abhängigkeitsverhältnis weniger drückend empfunden worden, als es uns heutzutage erscheinen mag. Eben wegen dieser in gewissem Sinne väterlichen Fürsorge, die dem Grundherrn seinen schutzbefohlenen Bauern gegenüber oblag, spricht man auch von einer patriarchalischen Verfassung; und diese Kehrseite des Verhältnisses erklärt es, warum an sich menschenfreundlich gesinnte Staatsmänner und Gelehrte (wie Justus Möser und andere) noch am Ausgang des vorigen Jahrhunderts für diese patriarchalische Verfassung Worte des Lobes und der Anerkennung gefunden und deren Aufhebung widerstrebt haben.

Die Bewegung, welche zu Gunsten des Bauernstandes im Sinne der Gewährung voller persönlicher Freiheit und der Schaffung des vollen und freien Eigentums an dem von der bäuerlichen Bevölkerung bewirtschafteten Grund und Boden einsetzte und die mit der Ablösung und schließlichen gänzlichen Beseitigung aller auf dem bäuerlichen Grund und Boden lastenden Dienste und Abgaben zum Vorteil dritter Bevorrechteter, sowie mit der Aufhebung der gutsherrlichen Gerichts- und Polizeigewalt abschloß, dauerte in Deutschland etwa von der Mitte des vorigen bis zur Mitte dieses Jahrhunderts, also nahezu 100 Jahre. Die Gesetzgebung, die dieser in allen Staaten fast gleichzeitig auftretenden Bewegung zu Gunsten des Bauernstandes ihre Entstehung verdankte, heißt Ablösungsgesetzgebung, deren Ziel und Zweck also die Befreiung des Bauernstandes aus der rechtlichen und wirtschaftlichen Gebundenheit der alten Grundherrlichkeitsverfassung war; daher das Werk selbst wohl auch das bäuerliche Befreiungswerk genannt wird. Einen mächtigen Anstoß zu diesem großen Gesetzgebungswerk hat, neben dem Bestreben auf Herstellung voller bürgerlicher Gleichheit und Gewährung gleicher politischer Rechte an alle Angehörigen des Volkes, auch die volkswirtschaftliche Betrachtung gegeben, daß die freie Arbeit der erzwungenen unter allen Umständen vorzuziehen sei, und daß deshalb das volkswirtschaftliche Interesse an möglichster Steigerung der Bodenproduktion durchaus einen freien Bauernstand auf freiem Grund und Boden fordere.

Heute am Ausgang des 19. Jahrhunderts sind in Deutschland auch die letzten Spuren der alten wirtschaftlichen und politischen Unfreiheit und Abhängigkeit verwischt, die völlige staatsbürgerliche Freiheit und politische Gleichheit aller Staatsangehörigen ist verwirklicht und die bäuerliche Bevölkerung ist als vollberechtigtes Glied der Volksgemeinschaft zur Mitarbeit im öffentlichen Leben, im Selbstverwaltungsdienst der Gemeinde und in der Vertretung des Volkes in gleicher Weise berufen, wie das Glied eines jeden anderen Standes. Selbstgefühl und Vertrauen in die eigene Kraft ist seitdem auch in den Kreisen der bäuerlichen Bevölkerung mächtig gefördert worden. Auch die ehemalige schroffe Gegensätzlichkeit der Interessen zwischen bäuerlicher Bevölkerung und Großgrundbesitz ist, seitdem dieser letztere seiner ehemaligen bevorrechteten Stellung gegenüber der bäuerlichen Bevölkerung entkleidet wurde, nicht mehr vorhanden: beide — der Großgrundbesitz und der bäuerliche Besitz — können sich vielmehr in der Gegenwart in friedlichem Zusammenarbeiten den gemeinsamen Aufgaben des Berufslebens hingeben und mit vereinten Kräften für die Interessen des Grundbesitzes und für die Schaffung günstigerer Daseinsbedingungen eintreten.

Die Art der Durchführung des Befreiungswerks in Preußen nahm, wie hier eingeschaltet sein möge, für die bäuerliche Bevölkerung insbesondere der östlichen Provinzen insofern nicht durchweg einen günstigen Verlauf, als daselbst nicht alle Bauernstellen, sondern nur die spannfähigen und diejenigen, die schon seit 1760 vorhanden waren, für „regulierungsfähig", d. h. zur Verleihung des Eigentums befähigt erklärt wurden, während die anderen von der Wohlthat der Regulierung ausgeschlossen und demgemäß teils zum Herrenland eingezogen, teils in Zeitpachtstellen, teils in „Dienstetablissements" (Gärtner-, Instenstellen) verwandelt wurden. Der Bestand der östlichen Provinzen an bäuerlichen Besitzungen ist infolge davon numerisch sehr geschwächt worden; und das ungünstige Verhältnis, in dem bis in die Gegenwart in den östlichen Provinzen die Zahl der Bauernstellen zu dem größern Besitz steht, hat sich der wirtschaftlichen und socialen Entwicklung in diesen Provinzen so abträglich erwiesen, daß eine neuerliche Gesetzgebung (Ansiedelungs- und Rentengutsgesetze), auf die unten noch näher einzugehen ist, die Schaffung neuer zahlreicher Bauernstellen geradezu zur bestimmungsgemäßen Aufgabe sich gesetzt hat. Auch die dem preußischen Osten eigentümliche Arbeitsverfassung, die im wesentlichen auf eine eigentumslose Tagelöhnerschaft sich stützt, aber bei der massenhaften Abwanderung dieser Elemente mehr und mehr sich unzureichend erweist, den Arbeitsbedarf zu decken, hängt mit der besprochenen Art der Ablösungsgesetzgebung in diesen Provinzen aufs engste zusammen.

Auch das darf nicht unbetont bleiben, daß die Gewährung voller Eigentums und voller wirtschaftlicher Freiheit an die bäuerliche Bevölkerung als Folge der Ablösungsgesetzgebung nicht überall und nicht sofort die gewünschten Früchte trug, weil von der Freiheit zur beliebigen Verfügung über das Grundeigentum im Wege des Tauschs, Verkaufs, der Zerstückelung, und weil ebenso von der gewährten Freiheit im Kreditverkehr (Verschuldungsfreiheit) nicht immer der richtige maßvolle Gebrauch gemacht wurde. Das Befreiungswerk, wie es in Preußen durch die grundlegenden Edikte vom 9. Oktober 1807 und 11. September 1811 und durch ähnliche Gesetze in anderen deutschen Staaten eingeleitet wurde, enthielt deshalb eine Lücke, insofern es versäumte, zugleich mit der Niederreißung der als drückend und ungerecht empfundenen Schranken der alten Grundbesitzverfassung auch solche Rechtseinrichtungen und Organisationen, namentlich im Gebiet des Erbrechts und des Kreditwesens, zu geben, die sich geeignet erwiesen hätten, einen Mißbrauch der wirtschaftlichen Freiheit zu verhüten. Und es blieb einer späteren Zeit, und es bleibt in verschiedenen Beziehungen sogar noch der Gegenwart vorbehalten, das in den Tagen des Befreiungswerks Versäumte nachzuholen.

§ 4. Privatbesitz und Gemeinschaftsbesitz (Gemeinheiten oder Allmenden); Gemeinheitsteilungen.

Wie in § 2 dargelegt wurde, verblieben in den bäuerlichen Dorfgemeinden auch dann, als das Ackerland und Wiesenland in Privatbesitz übergegangen war, ein Teil der Feldflur, nämlich das Weideland und die Waldungen, im Gemeinschaftsbesitz. Ferner bestand von alters her in der Wirtschaftsweise eine Art Feldgemeinschaft, indem die gegenseitige Befahrung der abgeernteten Felder und der Brachflur mit Vieh zum Zwecke der Beweidung zugelassen und von allen Gemeindeangehörigen und Grundeingesessenen — das grundherrliche Land nicht ausgenommen — geduldet werden mußte. Und der alte Gemeinschaftsbesitz erhielt sich gegendenweise selbst dann noch, als einzelne Teile des Weidelandes zu Acker- und Wiesenland umgebrochen und in ständige Kultur genommen worden waren. Nur daß in diesem Fall selbstverständlich keine gemeinsame (kollektive) Nutzung möglich sich erwies; vielmehr wurde dieses feldmäßig bewirtschaftete ehemalige Weideland in Lose eingeteilt und wurden diese Lose den Gemeindeangehörigen auf kürzere oder längere Zeit, nicht selten selbst auf Lebenszeit, nach einem bestimmten Turnus unentgeltlich oder doch nur mit einer mäßigen Genußauflage belastet zur Nutzung überlassen. Der alte Name „Allmend" hat sich für die besprochenen Arten von Gemeinschaftsbesitz vornehmlich in Süddeutschland erhalten, während in Mittel- und Norddeutschland die gemeinsam genutzten Ländereien mit dem Namen „Gemeinheiten" bezeichnet zu werden pflegen, gleichviel ob es sich um gemeinsam genutztes Gemeinde- oder Privatvermögen handelt.

Es ist nun keineswegs zufällig, daß in derselben Zeit, als die Landesregierungen die der Grundherrlichkeitsverfassung entspringende rechtliche und wirtschaftliche Gebundenheit des bäuerlichen Bodens zu beseitigen unternahmen, die öffentliche Meinung nicht minder kräftig die Beseitigung der „Gemeinheiten" und jeder Art von Feldgemeinschaft forderte. Die Gründe aber, mit denen man die Aufteilung des geschichtlich überkommenen und gemeinsam genützten Gemeinschaftsbesitzes zu Sondereigentum, und mit denen man die Aufhebung gemeinsamer Benutzung von Privatländereien rechtfertigte, waren vorwiegend solche des volkswirtschaftlichen Produktionsinteresses, d. h. solche Gründe, die mit der Möglichkeit der Steigerung der Bodenproduktion als Folge dieser Maßregeln rechneten. In der That zeichneten sich die als gemeinsames Weideland genützten Ländereien vielfach durch mangelnde Pflege, rücksichtsloseste Ausnützung des Weidebetriebes und Überstellung mit Weidevieh aus; die Erträgnisse der Weideländereien waren sehr gering und meist stark im Rückgang begriffen, die Ernährung des Weideviehes und die Nutzungen aus demselben kümmerliche, die Düngererzeugung wegen des Düngerverlustes während der Weidezeit eine unzureichende, der Weidebetrieb also auch für die Ackerwirtschaft gegenüber der Stallfütterung mit Nachteilen begleitet. Für diese Stallfütterung war zudem durch die im vorigen Jahrhundert erfolgte Einführung des Kleebaues, also einer von dem Vorhandensein von Wiesen und Weiden unabhängigen Futtererzeugungsquelle, weithin die Voraussetzung geschaffen worden. Ebenso aber schien der mit der steigenden Volkszahl zunehmende Bedarf an Brotfrüchten auf eine lohnendere Verwendung des seitherigen Weidelandes durch dessen Umwandlung in Fruchtland mit Notwendigkeit hinzuweisen. Endlich war die auf dem Boden lastende Grunddienstbarkeit von Weiderechten Dritter eine Fessel für die intensivere Ausnützung des Bodens und mußten solche Weiderechte namentlich der Einführung von Zwischenkulturen sowie der Einbürgerung von Handelsgewächsen hinderlich sich erweisen.

Solche, vom Standpunkt der Volkswirtschaft und vom Standpunkt der Privatwirtschaft wenig befriedigenden Zustände brachten es mit sich, daß die Aufteilung der alten Gemeinheiten zu Sondereigentum nicht bloß etwa regierungsseitig anempfohlen, sondern zunächst vielfach zwangsweise eingeführt (dekretiert) wurde, wie namentlich in der Regierungszeit Friedrich des Großen; wogegen allerdings die spätere Zeit weniger gewaltsam verfuhr, indem nunmehr die Durchführung der Maßregel von der Antragstellung eines oder mehrerer Beteiligter (sog. Provokationsverfahren) oder von einem Mehrheitsbeschluß abhängig gemacht wurde. Und für diese, die Beseitigung der alten Gemeinheiten und jeder Art von Feldgemeinschaft anstrebende Gesetzgebung sind namentlich die preußischen Gemeinheitsteilungsordnungen des vorigen Jahrhunderts, die später in dem preuß. Gesetz vom 7. Juni 1821 einheitlich zusammengefaßt wurden, maßgebend für die Ordnung des Gegenstandes auch in anderen deutschen Staaten geworden.

Die Verteilung der Gemeinheiten unter die seither Nutzungs=
berechtigten zu Eigentum erfolgt nach dieser Gesetzgebung meist unter Berücksichtigung des mittleren, in den letzten Jahren gehaltenen Vieh=
standes. In der Regel geht mit der Aufhebung der Gemeinheiten auch eine Aufhebung und Ablösung von lästigen Grunddienstbar=
keiten (namentlich Weiderechten) Hand in Hand, und endlich sollen die bei der Gemeinheitsteilung und der Ablösung von solchen Grunddienst=
barkeiten beteiligten Besitzer die ihnen zuzuweisende Landentschädigung thunlichst in zusammenhängender, wirtschaftlicher Lage erhalten, in welch letzterem Falle, wenn und soweit also die Gemeinheitsteilungen mit Zusammenlegungen verbunden sind, die Unternehmungen auch wohl Specialseparationen genannt werden.

Die Aufteilung von Waldungen, in denen gemeinsame Nutzungs=
rechte bestehen, ist im Gegensatz zu dem gemeinsamen Weideland und zu dem mit Weideservituten belasteten Land meist überall an erschwerende Voraussetzungen geknüpft und in der Regel nur insoweit für zulässig er=
klärt worden, als die einzelnen Anteile zur forstmäßigen Benutzung ge=
eignet bleiben oder vorteilhaft als Acker oder Wiesen benutzt werden können.

Heutzutage sind in der überwiegenden Anzahl aller Gemeinden die „Gemeinheiten" (Allmenden) so ziemlich beseitigt und das verbliebene Ge=
meinvermögen beschränkt sich meist auf Wald, und wo Acker= und Weide=
land als Gemeinvermögen besteht, pflegt es wie der Wald auf Rechnung der Gemeinde verwaltet zu werden. Wesentlich nur in Süddeutschland (ebenso in der Schweiz und einzelnen Provinzen Österreichs) haben sich noch umfangreichere Reste des alten Allmendbesitzes erhalten, teils in Gestalt von gemeinsam genutzten Gebirgsweiden, teils in Form von Acker= und Weideland, das in der eingangs erwähnten Weise den Ge=
meindeangehörigen in der Form der Zuteilung von Ackerlosen zur naturalen Nutzung auf Zeit (nicht selten auf Lebenszeit) überlassen wird. Welche Gründe sind es nun aber, die diesen abweichenden Verlauf veranlaßt haben?

Soweit es sich um Gebirgsallmendeweiden handelt, erklärt sich der abweichende Verlauf teils dadurch, daß deren Umwandlung in Ackerland nach den Boden= und Klimaverhältnissen sich als unthunlich erwies, teils dadurch, daß eine Nutzung dieser Ländereien zu Weidezwecken verständigerweise überhaupt nur in Form gemeinsamen Auftriebs und unter Aufstellung gemeinsamer Hirten, d. h. nur in den Formen kollektiver Wirtschaftsweise denkbar ist. Was aber die sog. Feld= (Acker= und Wiesen=) Allmenden anlangt, so erblickte man in dem Vorhandensein von solchem Allmendevermögen und in der Möglichkeit der Zuweisung von Allmendnutzungen an die Ortsbürger eine in verschiedenen Richtungen wertvolle Gemeindeeinrichtung. Denn der jedem, auch dem ärmsten Ortsbürger in gleicher Weise zustehende Anspruch auf Allmendegenuß bildet einen festen Kitt zwischen der Gemeinde und den Bürgern und hält den Abzug der Bevölkerung nach auswärts einigermaßen in Schranken. Die Zuteilung von Allmendegenuß giebt den kleinen Leuten in der Gemeinde einen starken wirtschaftlichen Rückhalt und bewahrt vor dem Hinabgleiten in den Zustand völliger Verarmung. Der Genuß einer Anzahl Allmendelose, die für die älteren Bürger reichlicher als für die jüngeren bemessen zu werden pflegen, ermöglicht und erleichtert die Vermögens-Auseinandersetzungen zwischen Eltern und Kindern. In Fabrikorten endlich gewährt der Allmendegenuß in wohlthätiger Weise der ansässigen Arbeiterbevölkerung die Möglichkeit der Erwirtschaftung eines Teils ihres Haushaltsbedarfs und mildert die Nachteile des reinen Fabriksystems. Und da der Allmendeberechtigte nur unter bestimmten Voraussetzungen (z. B. wegen Verwahrlosung des Allmendegrundstücks) aus dem Allmendegenuß entsetzt werden kann, so hat man nicht mit Unrecht mit dem Allmendegenuß den Begriff der „Heimstätte" verbunden. — Ähnliche Vorzüge weist der Zustand auf, wenn die Gemeindeangehörigen allmendeähnliche Nutzungen am Gemeindewald, d. h. Anspruch auf bestimmte Mengen von Brenn- oder Nutzholz (Gabholz) haben. —

Erwägungen der vorstehenden Art und die Einsicht, daß in der Einrichtung des Allmendewesens eine Stärkung des wirtschaftlich schwachen Teils der Landbevölkerung zu erblicken und von ihrem Fortbestand eine Fernhaltung von Klassengegensätzen auf dem flachen Lande zu erwarten sei, haben in Süddeutschland ein planmäßiges Gemeinheitsteilungswesen der oben besprochenen Art nicht aufkommen lassen, vielmehr dazu geführt, die Aufteilung des Allmendebesitzes an erschwerende Voraussetzungen (Zustimmung des größeren Teils der Nutzungsberechtigten, wohl auch Staatsgenehmigung) zu knüpfen; und auch in den Ländern der eigentlichen Gemeinheitsteilungen hat man nachmals in einzelnen Staatsgebieten schärfer als früher zwischen dem gemeinsamer Nutzung unterliegenden Gemeindegut (Bürgervermögen) und dem gemeinsam genutzten Privatvermögen unterschieden und die Teilungen fortan auf letzteres beschränkt (Preußische Deklaration vom Jahre 1847).

Die wohlthätigen Wirkungen der Gemeinde-Allmendeeinrichtung haben sich bis auf den heutigen Tag bewährt, und nur da, wo der Gemeinde-Allmendebesitz im Verhältnis zum Privateigentum ein übergroßer ist und ein sehr reichlicher Allmendegenuß einer sorglosen Gesinnung Vorschub leistet, kann man von Nachteilen der Einrichtung sprechen; in solchen Fällen nimmt man wohl auch eine übertriebene „Schollenkleberei" und in deren Gefolge Erscheinungen der Übervölkerung in den betreffenden Landgemeinden wahr. Der zu Allmendezwecken bestimmte Teil des Gemeindevermögens soll also, wenn die Vorzüge der Einrichtung nicht ins Gegenteil umschlagen sollen, immer nur in mäßigen Grenzen sich halten.

Mit diesen Einschränkungen werden also diejenigen Landgemeinden, die noch Reste des alten Gemeinschafts= (Allmende=) Besitzes sich bewahrt haben, recht daran thun, diesen Besitz dauernd festzuhalten, solche Gemeinden aber, deren Allmendebesitz im Laufe der Zeit verloren gegangen ist, zweck= mäßig darauf sehen, bei passender Gelegenheit einen Allmendebesitz sich wieder zu beschaffen. Eine Gelegenheit hierzu bieten mitunter Zwangs= verkäufe; denn es liegt gewiß mehr im Interesse der Gemeindeangehörigen, daß die Gemeinde selber als Käufer der unter den Hammer kommenden Anwesen oder von Teilen solcher auftritt, statt daß solche Anwesen von gewerbsmäßigen Güterspekulanten oder Geldverleihern erworben werden. Manchen unerfreulichen Vorgängen im Grundeigentums= verkehr, die sich an den spekulativen Güterhandel und an das Gewerbe der sogenannten „Güterschlächterei" knüpfen, könnte durch eine der= artige Interventionspolitik der Gemeinden wirksamer vielleicht als durch gesetzliche Maßnahmen die Spitze abgebrochen werden.

§ 5. Gebundenheit und Freiheit des Güterverkehrs.

Die gleichmäßige Verteilung des Grundeigentums unter die Stammes= genossen, wie sie von den deutschen Völkerschaften bei der ersten Besitz= nahme des Bodens angestrebt wurde (§ 2), hat sich nicht lange Zeit aufrecht erhalten lassen; schon gegen das Ende des ersten Jahrtausends unserer Zeitrechnung ist diese ehemalige Besitzesgleichheit gänzlich ge= schwunden, d. h. es findet sich schon damals eine bunte Mischung von großen, mittleren und kleineren Gütern. Zum Entstehen großer und übergroßer Güter gaben Veranlassung teils die von den Fürsten und Vornehmen im alten Martland vorgenommenen Rodungen und die Einbeziehung des gerodeten Lands zum vorhandenen Vermögens= besitz, teils die umfangreichen Landschenkungen der Könige an ihre Vasallen und an die Kirche, teils die zahlreichen Stiftungen von Gütern zu frommen Zwecken; in späterer Zeit wohl auch die widerrechtliche Ein= ziehung von Bauerngütern zu Gunsten von Grundherrschaften; auch der freihändige Ankauf von Hufen verarmter Besitzer seitens reicher Nachbarn ist hier zu erwähnen.

Von ganz besonderem und nachhaltigem Einfluß auf die Wandlungen in der Grundeigentumsverteilung aber mußten sich die Vermögens= auseinandersetzungen im Erbgang erweisen, und zwar bald wiederum besitzhäufend, wo im natürlichen Erbgang oder durch letzten Willen seither getrennt besessene Güter in eine Hand kamen, bald besitzver= kleinernd, wo mangels eines letzten Willens kraft des bestehenden Erbrechts der Grundbesitz unter mehrere Erben sich teilte. In dieser Hinsicht ist wohl zu beachten, daß den meisten älteren deutschen Stammes=

rechten das, was wir heute Vererbung nach Anerbenrecht nennen, d. h. ungeteilter Übergang des Guts an einen Erben (Einzelerbfolge oder Individualsuccession) fremd war; gleich nahe Erben hatten also nicht nur gegenüber der fahrenden, sondern auch gegenüber der liegenden Habe gleiches Erbrecht. Daher schon um die Wende des 13. Jahrhunderts in vielen Teilen Deutschlands, namentlich in dem dichter bevölkerten Süden und Westen, eine starke Zersplitterung in der Grundeigentumsverteilung sich bemerkbar machte und ein deutscher Forscher bemerken konnte, daß um die Wende des 15. und 16. Jahrhunderts z. B. in der Mosel- und Rheingegend nicht mehr die Hufe, sondern die Viertelhufe das Normalgut geworden war. Hufen kleineren Umfangs waren übrigens schon früher sehr zahlreich von den Grundherrschaften in dem von ihnen gerodeten Marktland ausgethan und mit ihren hörigen Leuten besetzt worden, welch letztere, hingesehen auf die Gegenleistungen der Grundherrschaft in Naturalien, auch auf solchen kleinen Gütchen sehr wohl bestehen konnten, ja den landwirtschaftlichen Betrieb wohl nur als Nebenbeschäftigung versahen (so namentlich in den sogenannten Waldkolonieen).

Das ältere deutsche Erbrecht, das in der geschilderten Weise der naturalen Teilung der bäuerlichen Anwesen im Erbgang Hindernisse nicht in den Weg legte, erfuhr nachmals eine tiefgreifende Umgestaltung. Das Interesse nämlich der Grundherrschaften an der Erhaltung der Spannfähigkeit der frohnpflichtigen Bauernanwesen und ebenso das Interesse der Landesherren an der Erhaltung der staatssteuerlichen Leistungskraft der Landbevölkerung führte allgemach dazu, weitere Teilungen der Bauerngüter oder Teilungen unter ein gewisses Maß im freihändigen Verkehr und auf den Todesfall zu verbieten und den Erbgang an einen Erben zu verordnen. Dieser Zustand der rechtlichen Gebundenheit des bäuerlichen Grundeigentums, dem eine ähnliche Ordnung bei den Gütern der Vornehmen entsprach — Einrichtung des Stammguts- und Fideikommißwesens der adligen Güter —, verschaffte sich mit der Zeit in dem größten Teil von Deutschland Geltung; und er blieb rechtens bis in den Anfang dieses Jahrhunderts, wo gleichzeitig mit den Schranken der grundherrlichen Verfassung — siehe § 3 — diese gesetzlichen Hindernisse der Verfügungsfreiheit über die Substanz des Bodens meist ebenfalls fielen, d. h. es gelangte der Grundsatz der Freiheit des Güterverkehrs (der Mobilisierung des Grundeigentums) zum Durchbruch. Die wirtschaftliche und sociale Bedeutung der bis dahin bestandenen rechtlichen Gebundenheit im Liegenschaftsverkehr aber ist darin zu erblicken, daß ohne diese Gebundenheit mittlere und größere bäuerliche Güter heutzutage wohl nur in sehr viel geringerem Umfang, als es wirklich der Fall ist, erhalten geblieben wären.

Darüber, ob heutzutage das System der strengen Gebundenheit (gesetzliche Unteilbarkeit) der Güter oder aber ob das System der Freiheit des Güterverkehrs (Bodenmobilisierung) im allgemeinen den Vorzug verdiene, ist schon in § 1 eine vorläufige Antwort gegeben worden: denn dort wurde ausgeführt, daß jener Zustand der Grundeigentumsverteilung — und zwar sowohl vom Standpunkt der Bodenkultur, wie im Interesse einer gedeihlichen Fortentwicklung des Staatslebens — der erstrebenswertere sei, bei dem möglichst viele Staatsangehörige im Besitz von Grund und Boden sich befinden. Daraus folgt zugleich, daß in Ländern mit rasch steigender Bevölkerungszahl, wie Deutschland, die Zahl der jeweiligen Grundeigentumseinheiten, entsprechend der Zunahme der Bevölkerung, ebenfalls wachsen, m. a. W. daß die vorhandenen Grundbesitzungen mit der Zeit kleiner werden müssen. Mit dieser Forderung ist aber selbstredend die unbedingte Festhaltung an der geschichtlich überlieferten Grundeigentumsverteilung, d. h. die starre Aufrechterhaltung der rechtlichen Gebundenheit, die jede Verkleinerung der überkommenen Anwesen durch Teilung im Grundsatz ausschließt, nicht vereinbarlich.

Danach würde in Deutschland der seit den Tagen der Ablösungsgesetzgebung, also seit mehr als 3—4 Generationen mit wenigen Ausnahmen zu Recht bestehende Zustand der Freiheit des Güterverkehrs beizubehalten sein, ein Ergebnis, das sich im wesentlichen mit den Anschauungen und Wünschen des größeren Teils der ländlichen Bevölkerung deckt. Dieses Ergebnis schließt indes nicht aus, daß unter bestimmten Besonderheiten der Bodenbeschaffenheit, der Lage und des Klimas und im Hinblick auf die dadurch bedingten Besonderheiten des Landwirtschaftsbetriebs Ausnahmen von der Regel der Freiheit im Güterverkehr zweckmäßig Platz greifen: ebenso kann die Schaffung besonderer Garantieen gegen eine allzu weitgehende Zersplitterung der landwirtschaftlichen Anwesen im Erbweg unter Umständen nötig oder nützlich sich erweisen, wie dies im Verlauf der Darstellung näher zu begründen sein wird.

§ 6. Große, mittlere und kleinere Güter; das Ziel einer guten Grundeigentumsverteilung.

Aus dem Satz, daß möglichst viele Menschen Eigentumsrechte am Grund und Boden haben sollen und daß deshalb mit dem Anwachsen der Bevölkerung — da ja der Grund und Boden selber einer Vermehrung nicht fähig ist — die Zahl der Besitzeinheiten sich zu mehren und die vorhandenen Güter fortschreitend sich zu verkleinern haben — aus diesem Satz darf nicht gefolgert werden, daß die völlige Aufteilung aller großen und mittleren Güter in kleine und kleinste Anwesen ein erstrebenswertes Ziel sei; vielmehr ist zu wünschen, daß dieser Aufteilungsprozeß sich in gewissen Grenzen halte und die großen und mittleren Güter nicht gänzlich verschwinden. In dieser Hinsicht ist namentlich folgendes zu beachten:

1. Wenn schon das sehr starke Vertretensein des Großgrundbesitzes in einem Lande unerwünscht und wenn es geradezu gesellschaftswidrig (antisocial) ist, wenn die Landbesitzungen einzelner zu übermäßiger Größe sich herauswachsen, d. h. das Wesen von Latifundien annehmen — man vergleiche Schottland, wo das ganze Land 800—900 Familien gehört —, so wäre doch auch das völlige Verschwinden großer Güter, d. i. Güter von solcher Ausdehnung, daß sie zu ihrer Bewirtschaftung einen Wirt der gebildeten höheren Stände voraussetzen, beklagenswert. Das Vorhandensein von großen Gütern, d. h. solchen, die im Mittel einen Flächenraum von über 100 ha einnehmen, bleibt vielmehr aus zwei Gründen wünschenswert. Einmal aus Gründen des landwirtschaftlichen Produktionsprozesses, weil erfahrungsgemäß alle oder die meisten technischen Fortschritte im Ackerbau und in der Tierzucht, in der rationellen Verwendung des Maschinenwesens 2c. von den Inhabern der großen Güter ausgegangen sind. Dies hängt teils mit der größeren Betriebskapitalkraft zahlreicher Inhaber dieser Landgüter, teils mit der gründlicheren fachwissenschaftlichen Ausbildung, teils damit zusammen, daß dieser Teil der Grundbesitzer zu den jeweiligen Forschungsergebnissen der Wissenschaft auf landwirtschaftlichem Gebiet, eben wegen ihrer höheren Allgemeinbildung, einen vorurteilsfreieren, unbefangeneren Standpunkt einzunehmen pflegt, als die Inhaber kleinerer und mittlerer Betriebe. Größere Güter sollten aber auch aus politischen Gründen nicht gänzlich fehlen. Der größere Grundbesitz ist durch die wirtschaftliche Unabhängigkeit seiner Inhaber in besonderem Maße befähigt und berufen zur ehrenamtlichen Thätigkeit im Volksleben, in der Gemeinde und in größeren Verwaltungsverbänden; auch die Volksvertretung kann ihn nicht gut missen, zumal ohne eine erste Kammer, in der der größere Grundbesitz das konservative Element des Staatslebens zu vertreten hat, eine für die ruhige Fortentwicklung des Staatsganzen nachteilige Lücke zu verzeichnen sein würde. Zu verlangen aber ist von dem Großgrundbesitz, daß er den vorbezeichneten Aufgaben auch wirklich nachkomme, also den mittleren und kleineren Gütern durch musterhaften Betrieb ein rühmliches Beispiel gebe, einer einseitigen Vertretung der specifischen Großgrundbesitzinteressen sich enthalte, vielmehr sich der Interessen gerade auch der kleineren Standesgenossen kräftig annehme und den Aufgaben der Selbstverwaltung und der politischen Aufgaben mit Hingebung sich widme.

2. Das starke Vorhandensein auch von kleinen und kleinsten Gütchen, also etwa solchen von einer Größe von 2 ha abwärts im Süden und Westen, von 5 ha oder 10 ha an abwärts im mittleren und nördlichen Deutschland, ist an sich aus drei Gründen erfreulich und anzustreben: politisch, weil die Grundangesessenheit zahlreiche Leute mit

dem Bestand der Staats- und der gesellschaftlichen Ordnung verknüpft: wirtschaftlich, weil ein selbst kleiner Grundbesitz vielen, in ihrer Lebensstellung abhängigen oder nach ihrer Berufsstellung nicht auskömmlich gesicherten Personen — Tagelöhner, kleine Handwerker ꝛc. — einen wertvollen wirtschaftlichen Rückhalt gewährt; socialpolitisch, weil dadurch Klassengegensätze auf dem flachen Land verhütet werden. Dagegen wäre das ausschließliche Vorkommen solch kleiner Betriebe als Folge fortgesetzter Austeilung der großen und mittleren Güter, also ein Zustand vollendeter „Besitzersplitterung" schon deshalb unerwünscht, ja nachteilig, weil diese Kleinwirte, um existieren zu können, vielfach auf den Betrieb von hochwertigen Specialkulturen — Rebbau, Obst- und Gemüsebau, Tabak-, Hopfenbau — angewiesen und deshalb nicht in der Lage sind, zur Erzeugung der für die Ernährung der übrigen Bevölkerung notwendigsten Produkte — Getreide, Kartoffeln, Fleisch — wesentliches beizutragen. Es kommt dazu, daß, je kleiner die landwirtschaftlichen Betriebe sind, sie um so mehr von dem jeweiligen Ausfall der Ernten in ihrer Lebenshaltung abhängig zu sein pflegen, um so eher in Zustände finanzieller Bedrängnis und der Schuldnot geraten, um so leichter dem Wucher verfallen, namentlich dann, wenn alles so zu sagen auf eine Karte gesetzt ist, wie in den ausgesprochenen Handelsgewächs- oder Rebgemeinden. Das ausschließliche Vorkommen von Zwergwirten setzt daher den Staat leicht von Zeit zu Zeit Wohlstandserschütterungen aus oder veranlaßt häufige Notstandsaktionen. (Vgl. die Futternot des Jahres 1893!) Weil es ferner an Beispielen rationeller lohnender Betriebsweisen in Gebieten mit ausschließlichen Kleinwirtschaften fehlt, bleiben die Bemühungen um Hebung der landwirtschaftlichen Technik vielfach ohne Erfolg oder setzen sich doch nur sehr langsam in die Wirklichkeit um. Endlich aber ist bei solcher Besitzverteilung eine große Anzahl Kleinwirte in einem Teil des Jahres zu unfreiwilliger Unthätigkeit verurteilt, weil nicht überall Gelegenheit zur Nebenbeschäftigung auf größeren Gütern oder Anwesen gegeben ist. Hausindustrielle Beschäftigung erweist sich häufig als unlohnend, Arbeit in Fabriken ist nicht immer möglich und, wo sie möglich ist, mitunter gesundheitsschädlich und daher nicht durchweg ein erstrebenswerter Ausweg.

3. Deshalb darf man wohl jene Grundeigentumsverteilung als die beste (als das Ideal) ansehen, in der neben großen Gütern und in der neben zahlreichen kleinen und kleinsten Anwesen auch die Bauerngüter mittlerer Größe (je nach Boden und Klima zwischen 3—100 ha schwankend), also solche landwirtschaftliche Anwesen, die ihren Inhabern eine auskömmliche wirtschaftliche Lebensstellung und dementsprechend auch eine feste gesellschaftliche Stellung ermöglichen, in stattlicher Zahl vorhanden sind und in keiner Gemeinde gänzlich fehlen. Denn die Inhaber dieser Bauerngüter mittlerer Größe sind recht eigentlich berufen, die technischen Fortschritte von den Großgütern

zu übernehmen und sie nach den kleineren Gütern hin zu vermitteln; diese Inhaber von Bauerngütern mittlerer Größe sind daher neben den Besitzern größerer Güter die geborenen Stützen des landwirtschaftlichen Vereinslebens in den Dorfgemeinden, aber auch aller genossenschaftlichen Bestrebungen; der Gemeindeverwaltungsdienst in den Landgemeinden findet in ihnen seine hauptsächlichsten und besten Organe, und wo der kleine und kleinste ländliche Betrieb häufig auf Specialkulturen sich angewiesen sieht und jedenfalls von eigentlichen Nahrungsmitteln (Körnerfrüchten, Kartoffeln, Fleisch) wenig für den Markt zu erzeugen vermag, sind es diese mittleren und größeren Bauernwirtschaften, denen zusammen mit dem Großbesitz im wesentlichen die Nahrungsmittelbeschaffung für die übrigen Berufsstände obliegt.

Man darf wohl sagen, daß in dem größeren Teil von Deutschland die thatsächliche Grundeigentumsverteilung dem vorstehend aufgestellten Ideal leidlich entspricht: nur im Norden und namentlich im Nordosten ist der Großbesitz, im Südwesten der kleinste Besitz gegendweise stärker vertreten, als erwünscht erscheint; dort wäre also durch Aufteilung einer Anzahl Großgüter für Vermehrung der bäuerlichen Stellen Sorge zu tragen, hier (im Süden und Südwesten) mindestens einem weiteren Fortschreiten der Besitzerzersplitterung vorzubeugen. In welcher Weise dies geschehen kann, bildet den Gegenstand besonderer Darstellung (Kap. II).

§ 7. Die Betriebsformen in der Landwirtschaft; Kollektivwirtschaft und Einzelunternehmung; Eigenbewirtschaftung und Pacht (Erbpacht, Zeitpacht) insbesondere.

Daß jemals, auch in den Anfängen der Geschichte unseres Volkes, bei den zum Feldbau benutzten Ländereien eine Art Kollektivwirtschaft, d. h. gemeinsame Bestellung des Landes, Verteilung der gewonnenen Erzeugnisse unter die Angehörigen nach bestimmtem Maßstab oder auch Verwertung der gewonnenen Erzeugnisse auf gemeinsame Rechnung — stattgefunden hat, ist sehr unwahrscheinlich; vielmehr dürfte selbst zu der Zeit, wo das Land noch als Eigentum des Stammes angesehen wurde, die Bewirtschaftung der den einzelnen Stammesgenossen zugewiesenen Landesteile eine durchweg privatwirtschaftliche gewesen sein, also in der Form der Einzelunternehmung sich abgespielt haben. Nur Weide und Wald wurden gemeinsam (kollektiv) genützt, und während diese Art der Nutzungsweise sich bei dem Gemeindeweideland aus naheliegenden Gründen (S. 13) bis auf den heutigen Tag ziemlich unverändert erhielt, hat bei den Gemeindewaldungen eine geregelte forstliche Verwaltung die alten kollektiven Nutzungsweisen (freie Waldweide, Rechte auf Holznutzung nach Maßgabe des Familienbedarfs ꝛc.) längst mehr und mehr verdrängt, und es sind nur noch Reste solcher kollektiver Nutzungsweisen am Wald in Form genau zugemessener Gabholzverabreichungen aus dem Gemeindewald übrig geblieben. — Ein ganz vereinzelt gebliebenes

Beispiel land- und forstwirtschaftlicher Nutzung auf der Grundlage des Gemeinschaftsbetriebes bilden die Gehöferschaften des Regierungsbezirks Trier und die Hauberggenossenschaften des Regierungsbezirks Arnsberg (Kreis Siegen); es ist aber zweifelhaft, ob man es hier wirklich mit Überbleibseln einer in uralter Zeit etwa allgemein herrschend gewesenen Feld- und Waldgemeinschaft und nicht vielmehr mit einer erst im Mittelalter entstandenen Betriebsgemeinschaft von grundherrlich angesetzten hörigen Bauern zu thun hat. — Außerhalb Deutschlands sind als Beispiele von auf gemeinsame Rechnung geführten Landwirtschaftsbetrieben besonders die südslavischen Hauskommunionen zu nennen (so namentlich in Serbien und Kroatien), deren allmähliche Auflösung indes ebenfalls seit Jahrzehnten zu beobachten ist.

Das nahezu ausschließliche Vorkommen der Einzelunternehmung im Landwirtschaftsbetrieb erklärt sich leicht aus dem Wesen der menschlichen Natur, das zur kraftvollen Geltendmachung der eigenen Persönlichkeit, zur Bethätigung der persönlichen Vorzüge und Eigenschaften hindrängt und nicht gerne freiwillig auf die Unabhängigkeit des Schaltens und Waltens innerhalb des gegebenen Wirtschaftsrahmens verzichtet. Dieser Drang nach freier wirtschaftlicher Bethätigung der persönlichen Kraft steht auch völlig im Einklang mit den Forderungen der Wirtschaftlichkeit und des Kulturfortschritts; denn nur die Wirtschaftsführung auf eigene Rechnung und Gefahr giebt einen hinreichend starken Anreiz zur höchstmöglichen Entfaltung der wirtschaftlichen Fähigkeiten und Tugenden. Die landwirtschaftlichen Produktivgenossenschaften sind aus diesem Grunde unter den verschiedenen Arten genossenschaftlicher Unternehmungen bis auf den heutigen Tag sehr vereinzelt geblieben, und wo sie vorkommen, umfassen sie niemals das Ganze des landwirtschaftlichen Betriebes, sondern nur einzelne Teile desselben, wie etwa das Molkereiwesen oder die Weinerzeugung. Die Produktivgenossenschaft ist eben nur ausnahmsweise, nämlich da am Platz, wo entweder die Schwierigkeit und Kostspieligkeit der Einzelverarbeitung und des Einzelabsatzes bestimmter Erzeugnisse oder die Möglichkeit der Kostenersparnis bei gemeinsamer Verarbeitung bestimmter Erzeugnisse unter Benützung maschineller Einrichtungen dem Kollektivbetrieb (der „Gemeinwirtschaft") Vorzüge einräumt, die der Einzelunternehmung und namentlich der Einzelunternehmung in der Form des Kleinbetriebes abgehen.

Im Bereich der Einzelunternehmung selber aber darf als die naturgemäßeste Form der Nutzung des Grund und Bodens bezeichnet werden diejenige durch den wirtschaftenden Eigentümer selber, d. i. die Form der Eigenbewirtschaftung oder der Selbstverwaltung; sie schien in den ersten Jahrhunderten der Geschichte unseres Volkes etwas so selbstverständliches, daß sie sogar erste Voraussetzung der Bewahrung der Besitzrechte überhaupt bildete; d. h. derjenige, der nicht das Gut selber bewirtschaftete, ging desselben an andere Glieder der engeren Verwandtschaft verlustig. Es ist bemerkenswert, daß dieser Grundsatz des Rückenbesitzes auch in die neuere amerikanische Heimstättengesetzgebung übergegangen ist, indem auf den Schutz des Heimstättenrechts gegen Zwangsvollstreckung nur der Rückenbesitzer Anspruch erheben kann. Mit dem Aufkommen zahlreicher Großgüter bürgerten sich allmählich neben der Selbstverwaltung des Grundbesitzes durch den Eigentümer andere Formen der Bewirtschaftung ein: einmal das System der Administration durch eingesetzte Verwalter, aber doch nur in beschränkterem Umfange und meist nur auf den königlichen Gütern und den dem Staat gehörigen Domänen, sodann und in größerem Umfang und das System der Administration mehr und mehr verdrängend das System der Verpachtung, und zwar letzteres zunächst in der Form der Erbpacht. Das Wesen der letzteren besteht darin, daß dem Pächter (Erbbeständer) ein erbliches Nutzungsrecht an der Liegenschaft gegen Entrichtung eines jährlichen Entgelts (Kanons) und einer jeweils beim Antritt des Nutzungsrechts zu entrichtenden Anerkennungsgebühr (Erbbestandgeld, Handlohn) zusteht. Wie schon in der späteren römischen Kaiserzeit, so bildete die Erbpacht auch im ganzen Mittelalter eine sehr beliebte Bewirtschaftungsform, die insbesondere bei den kirchlichen Gütern, aber auch bei den Gütern fürstlicher Geschlechter und des hohen Adels, sowie bei den Kolonisationsunternehmungen in den Marschgegenden Norddeutschlands und den Gebietsteilen rechts der Elbe gerne angewendet wurde. Und da mit dem Verfall der bäuerlichen Freiheit die alten Eigentumsrechte der Bauern an der Hufe allgemach ebenfalls zu Erbleihverhältnissen sich umwandelten, so erschien schließlich in Deutschland die mittelalterliche Wirtschaftsorganisation, ja selbst diejenigen der späteren Jahrhunderte im wesentlichen auf der Einrichtung der Erbleihe aufgebaut. Erst die Ablösungsgesetzgebung, die nicht nur die Befreiung von lästigen Abgaben und Diensten und die Herstellung voller persönlicher Freiheit, sondern die auch die Wiederverleihung voller und möglichst unbeschränkter Eigentumsrechte an die bodenbebauende Bevölkerung sich zum Ziel setzte, räumte wie mit den übrigen Schranken der Grundherrlichkeitsverfassung, so auch mit dem Institut der Erbpacht auf; ja sie untersagte zumeist deren Wiederbegründung, so daß heutzutage das Institut nur noch vereinzelt, nämlich in Mecklenburg-Schwerin und in einigen kleineren mitteldeutschen Staaten, rechtlich zugelassen ist und in Geltung besteht.

Als Vorzüge gegenüber dem Eigentum kann man der Erbpacht nachrühmen, daß sie der Institution des Eigentums nahe kommt, ohne doch den Erbpächter beim Eintritt in das Erbpachtverhältnis zur Aufwendung so großer Kapitalmittel wie beim eigentlichen Landerwerb zu nötigen; ein Vorzug gegenüber der Zeitpacht ist der, daß wegen der Möglichkeit der Vererbung des Erbpachtguts auf die Nachkommen des Erbpächters die bei der Zeitpacht mit deren jeweiligem Ablauf möglichen

§ 7. Die Betriebsformen in der Landwirtschaft, Erb- und Zeitpacht 2c. 23

Pachtzinssteigerungen entfallen; endlich bieten die in den Erbpachtverträgen vorgesehenen Beschränkungen der Verfügungsfreiheit dem Obereigentümer (Erbpachtgeber) eine Handhabe, in Bezug auf Teilung und beliebige Verschuldung der Erbpachtgüter unwirtschaftlichen Dispositionen des Erbpächters hindernd entgegenzutreten. Wo die bäuerliche Bevölkerung seither mit einem Mindermaß von Besitzrechten auf der Scholle saß — etwa nur als Zeitpächter —, wird sie den Übergang zur Vererbpachtung sicher als eine Wohlthat empfinden, wie z. B. in Mecklenburg; aber es ist doch sehr zweifelhaft, ob sie sich auf die Dauer in der Stellung von Erbpächtern gegenüber derjenigen von Volleigentümern behaglich fühlen würde. Wer den stark entwickelten Unabhängigkeitsdrang unserer bäuerlichen Bevölkerung kennt und weiß, wie sehr sie darauf abhebt, auf dem Grund und Boden möglichst uneingeschränkt sich bethätigen zu können, wird eine Wiedererstehung der Erbpacht in größerem Umfang kaum für wahrscheinlich oder auch nur für wünschenswert halten; und Gründe dieser Art sind es denn auch gewesen, die in Preußen dazu geführt haben, bei der seit Jahren im Gang befindlichen inneren Kolonisation im Osten von Deutschland, d. h. bei der Neubegründung von Bauernstellen auf den Ländereien ehemaliger Großgüter, nicht die Form der Erbpacht, sondern die des Rentengutes zu wählen, dessen Wesenseigentümlichkeiten später noch erläutert werden.

Aus diesen Gründen ist denn auch mit der Zeit überall da, wo der Eigentümer an der Bewirtschaftung des Grund und Bodens gehindert ist, oder wo sich der Grund und Boden im Eigentum des Staats, der Kirche, der Stiftungen, der Gemeinden und anderer juristischer Personen befindet, die Zeitpacht die mit Vorliebe angewendete Bewirtschaftungsform geworden, und dieselbe hat, wie schon bemerkt, im besonderen auch die Form der Administration durch Verwalter mehr und mehr verdrängt. — Der Vorzug des Zeitpachtwesens beruht auf der Möglichkeit, ohne großen Kapitalbesitz landwirtschaftlicher Thätigkeit sich hingeben zu können, und weil es einer Kapitalhinauszahlung, wie im Fall des Kaufs, nicht bedarf, so kann das vorhandene Kapitalvermögen in den Betrieb selber verwendet werden. Dies hat die weitere günstige Folge, daß auch minder vermögende Leute Arbeitskraft und Wissen in den Dienst größerer landwirtschaftlicher Unternehmungen stellen können; unter allen Umständen fördert die Möglichkeit der ausschließlichen Widmung vorhandenen Kapitalvermögens für die Zwecke des Betriebes die Intensität der Wirtschaftsführung und ermöglicht manche Betriebsverbesserungen, zu deren Durchführung solchen Gutseigentümern, die einen Teil ihres Vermögens für die Zwecke des Ankaufs hingeben müssen, die Mittel vielfach fehlen. Daher denn auch nicht selten die Erscheinung zu verzeichnen ist, daß manche Landwirte als Pächter besser gedeihen wie selbstwirtschaftende Gutseigentümer und zahlreiche Pachtwirtschaften durch musterhaft geführten Betrieb geradezu vorbildlich geworden sind.

Voraussetzung für einen lohnenden Pachtbetrieb bleibt freilich eine solche Ausgestaltung der Pachtbedingungen, daß dem Pächter eine möglichst freie Bewegung gewährleistet und namentlich die Dauer der Pachtzeit nicht zu kurz bemessen ist (nicht unter 12—18 Jahre), da nur unter dieser Voraussetzung der Gefahr einer bodenberaubenden (deteriorierenden) Wirtschaftsweise vorgebeugt und eine Garantie für pflegliche Behandlung des Bodens gegeben sein wird. Eine weitere Voraussetzung ist, daß die Vergütung für den Pachtgenuß, der Pachtzins, in richtigem Verhältnis zum Wert des Pachtobjektes steht. Über die Höhe des Pachtzinses entscheidet aber gemeinhin nicht sowohl die Wertabschätzung des einzelnen Pachtlustigen als vielmehr der freie Wettbewerb aller um das betreffende Pachtobjekt Konkurrierenden; und da hier nicht immer kühle Besonnenheit und vorsichtige Veranschlagung der mutmaßlichen Erträgnisse den Ausschlag giebt, so sind Pachtüberzahlungen leider nicht selten und wohl noch häufiger vorkommend, als Überzahlungen beim Grundeigentumserwerb, weil das Eingehen eines Pachtvertrages ein geringeres finanzielles Risiko als der Abschluß eines Kaufvertrages bedeutet. In dieser leichten Möglichkeit von Pachtüberzahlungen liegt der schwache Punkt des Zeitpachtwesens, der nur dann überwunden werden kann, wenn in höherem Grade, als es noch immer der Fall ist, die Kenntnisse von der Abschätzung von Landgütern auf ihren Roh- und Reinertrag sich Eingang verschaffen. (Wichtigkeit eines guten fachwirtschaftlichen Unterrichts, namentlich auch im Gebiet der Betriebs- und Taxationslehre!)

Für Angehörige der bäuerlichen Bevölkerung kommt im Hinblick auf das hier vertretene Maß von Kapitalkraft und landwirtschaftlicher Fachbildung die Großpacht, d. h. die Anpachtung von ganzen landwirtschaftlichen Anwesen, seltener in Betracht, vielmehr handelt es sich, wo die bäuerliche Bevölkerung als Pächter auftritt, meist um Zupacht von einzelnen Grundstücksparzellen zur Ergänzung eines eigentümlich besessenen, aber für den Unterhalt der Familie unzureichenden Grundbesitzes. Die wirtschaftlich wohlthätigen Folgen der Möglichkeit solcher Zupacht sind an sich nicht zu bestreiten, aber sicher ist, daß, je kleiner die zur Verpachtung ausgebotenen Grundparzellen sind, um so größer die Gefahr von Pachtüberzahlungen ist. Denn einmal pflegt sich mit der Kleinheit des Pachtobjektes der Kreis der zahlungsfähigen Bewerber zu erweitern, sodann aber mangeln gerade in den hier vorwiegend als Pachtbewerber auftretenden Kreisen der kleinbäuerlichen Bevölkerung die Voraussetzungen für eine richtige Abschätzung des Pachtwerts in der Regel am allermeisten; auch verschaffen sich bei den abgegebenen Geboten persönliche Stimmungen und Empfindungen: Mißgunst, Eifersüchtelei, Renommisterei und falsches Protzentum („was der bietet, kann ich auch bieten") nicht selten in höherem Grade als rein sachliche Erwägungen Einfluß. Es kommt dazu, daß die Pächter beim jedesmaligen Ablauf der Pachtzeit, um im Genuß des Pachtobjektes sich zu behaupten, häufig zu wesentlich höheren Pachtpreisen als den vordem gezahlten sich verstehen müssen. Daher ständiges Steigen der Pachtpreise selbst in Zeiten eines Sinkens der Bodenerträgnisse ein der Parzellenpacht eigentümliches Merkmal ist und häufig die Erscheinung verzeichnet werden kann, daß Parzellenpächter trotz angestrengtester Arbeit und sorgfältigster Bestellung zu keinem rechten Gedeihen kommen. Die in der Ausbietung kleiner Parzellen liegende Tendenz zu Pachtüberzahlungen läßt eben dem Pächter regelmäßig nur einen sehr dürftigen Unternehmergewinn, oder richtiger gesagt, Arbeitslohn übrig. Vom Standpunkt spekulativster Verwertung des Grund und Bodens mag die Parzellenpacht für den Eigentümer die vorteilhafteste Art der Bewirtschaftung sein, ja selbst die Zerschlagung von Großgütern zwecks Vergebung in Parzellenpacht unter jenem Gesichtspunkt nützlich erscheinen (Irland!); aber der nachhaltige Vorteil der Parzellenpächter selber geht damit keineswegs immer Hand in Hand. Thatsächlich siecht und kümmert denn auch in Ländern, wie in Irland, wo die Parzellenpacht die vorwiegende Bewirtschaftungsform ist, die Landbevölkerung seit langer Zeit dahin, während in Deutschland, wo die Parzellenpacht glücklicherweise im allgemeinen nur die Ausnahme bildet und meist nur als Parzellen-Zupacht zu vorhandenem Kleineigentum auftritt, ein Landproletariat wie das irische nicht entstehen konnte.

Eine Abmilderung der Nachteile, die dem Ausbieten des Landes zu Pachtgenuß in kleinen Parzellen anhaften, läßt sich erreichen, wenn den seitherigen Pächtern der Verbleib im Pachtgenuß auch nach Ablauf der Pachtzeit zu dem früheren Pachtzins oder — im Fall neuer Festsetzung — zu einem nach Rücksichten der Billigkeit gebildeten Pachtanschlag gesichert, also nicht regelmäßig zu neuer Ausbietung der Pachtlose im Wege des öffentlichen Wettbewerbs (der Versteigerung) geschritten wird. Die wirksamste Lösung freilich bestände darin, den Parzellenpächtern den Erwerb der seither in Pacht gehabten Grundstücke unter leidlichen Bedingungen zu Eigentum zu ermöglichen, ein Ziel, dem die irische Landgesetzgebung unter Anwendung selbst von Zwangsmitteln gegen den widerstrebenden Großbesitz seit Jahren zustrebt. In Deutschland, wo die Parzellenpacht in der Regel nur da vorkommt, wo Domänenbesitz oder liegenschaftliches Eigentum von Korporationen (Stiftungen 2c.) in Form von Parzellen im Gemenge liegt, bedarf es, schon des nur vereinzelten Vorkommens der Parzellenpacht halber, besonderer gesetzgeberischer Aktionen nicht; doch dürfte die allmähliche Abstoßung solchen Parzellenbesitzes in einer die seitherigen Pachtbesitzverhältnisse schonenden Weise, d. h. thunlichst unter Einweisung der Parzellenpächter selber in den Eigentumsbesitz und unter Gewährung billiger Zahlungsbedingungen (Zulassung der Abtragung der Kaufschuld in mäßigen Raten, Annuitäten), wohl angezeigt erscheinen. Die Domänen-

politik des Staats kann sich daher positiv in einer für die bäuerliche
Bevölkerung nutzbringenden Weise bethätigen, indem sie der starken
Nachfrage nach Land seitens der kleineren und kleinsten Wirte solchergestalt
mit dem dem nachhaltigen Bedürfnis entsprechendsten Mittel, nämlich
durch Landüberweisung zu dauerndem Genuß (zu Eigentum)
entgegenkommt. Auf diesem Wege wird dann auch erreicht, daß eine
durch verbesserte Bodentechnik und sorgfältigere Arbeit am Boden erfolgte
Steigerung der Reinerträgnisse den Bewirtschaftern des Grund und
Bodens selber zu gute kommt und nicht, wie im Gebiet des Pacht=
wesens und namentlich in dem des Parzellenpachtwesens so häufig der
Fall, dem Bodeneigentümer gewissermaßen als unverdientes Ge=
schenk in den Schoß fällt. Unverdient kann man diese Einkommensbe=
reicherung deshalb bezeichnen, weil die reinertragssteigernde, verfeinerte
Bodenarbeit der Pächter ohne Zuthun des verpachtenden Boden=
eigentümers sich vollzieht, gleichwohl aber die Folge hat, daß beim
jedesmaligen neuen Ausbieten des Bodens zur Pachtvergebung die durch
die Fortschritte der Bodenkultur geschaffenen günstigeren Anbaubedingungen
Anreiz zu höheren Pachtangeboten geben und damit Veranlassung werden,
die Anteile an dem Ertrag der bodenbewirtschaftenden Thätigkeit ständig
zu Gunsten der nichtwirtschaftenden Bodeneigentümer und zu Ungunsten
der Bewirtschafter (der Pächter) zu verschieben.

**§ 8. Das private Grundeigentum und die Bestrebungen auf Ver=
staatlichung des Grund und Bodens; Landbevölkerung und
Socialdemokratie; der Besitz der toten Hand.**

Mit der Betrachtung am Schluß des vorigen Paragraphen ist ein
besonders wichtiger Gesichtspunkt für die Würdigung der
Grundeigentums= und Bewirtschaftungs=Formen gewonnen
worden. Denn es entspricht dem Gebot der wirtschaftlichen Gerechtigkeit,
daß die Früchte der Arbeit am und im Boden thunlich uneinge=
schränkt der werbenden Arbeit selber und nicht zum Teil einem
Tritten zufallen. Diesem Gebot wird vollkommen nur da entsprochen
sein, wo Eigentümer und Wirtschafter in einer Person sich vereinigen,
in unvollkommener Weise da, wo, wie bei der Pacht, Eigentümer
und Wirtschafter sich trennen und jener für die Überlassung des Guts
eine besondere Vergütung — den Pachtzins — zu beanspruchen hat.
Das Zusammenfallen des Eigentümers und des Wirt=
schafters in einer Person ist aber nur im Bereich einer Gesellschafts=
ordnung möglich, die das private Eigentum am Grund und Boden
aufrecht erhält; unmöglich dagegen im Bereich einer Gesellschafts=
ordnung, die das private Eigentum am Grund und Boden durch seine
Überführung in Staatsbesitz aufheben würde: denn die Bewirt=
schaftung und Nutzbarmachung dieses verstaatlichten Grund und Bodens
würde angesichts der wirtschaftlichen Mängel, die einer Bewirtschaftung

durch Beamte oder gar einem staatlich organisierten Gemeinschaftsbetrieb anhaften, nur im Wege der Verpachtung denkbar sein. Die Socialdemokratie schließt daher schon aus dem Grunde eine den Interessen der Landbevölkerung schädliche Gedankenrichtung in sich, weil sie mit ihrer Forderung der Verstaatlichung des Grund und Bodens die naturgemäßeste Form der Bewirtschaftung, die Eigenbewirtschaftung, gänzlich beseitigen und die sämtlichen Angehörigen der Landbaubevölkerung zu Zeitpächtern umwandeln würde. Mit dieser Umwandlung zu Zeitpächtern wäre aber die Wirtschaftslage und Lebensstellung der ländlichen Bevölkerung nicht mehr von ihrer werbenden Thätigkeit am Boden allein, sondern ganz vorwiegend von dem zufälligen jeweiligen Ausfall der in kurzen Zwischenräumen sich vollziehenden Pachtversteigerungen und von der dabei sich ergebenden Pachtzinshöhe abhängig.

Der Hinweis der Socialdemokratie darauf, daß auch die heutige Gesellschaftsordnung das Zeitpachtwesen kennt und aus den obenerwähnten Gründen daran festhalten muß und daß viele Pächter nicht nur vortrefflich wirtschaften, also auch dem allgemeinen Produktionsinteresse dienen, sondern auch gedeihen, kann selbstverständlich keinen Grund abgeben für eine ausnahmslose Beseitigung der Eigenbewirtschaftung. Und zwar ist jener Hinweis schon deshalb unzutreffend, weil das Pachtwesen seine guten Seiten doch wesentlich nur dann aufweist, wenn und soweit es sich um Pachtgüter mittleren und größeren Umfangs handelt, die einen mit hinreichenden Kapitalmitteln ausgestatteten und zugleich intelligenten Pächter als Wirtschafter voraussetzen. In dem Zukunftsstaat der Socialdemokratie wäre indessen eine solche aristokratische Aufteilung des Landes in Pachtgüter mittleren und größeren Umfangs undenkbar: der der Bewegung auf Verstaatlichung des Grund und Bodens wesentlich mit zu Grunde liegende demokratische Gedanke der Genußbeteiligung möglichst vieler Mitglieder der Gesellschaft am Grund und Boden müßte vielmehr auf eine mit der wachsenden Volkszahl zunehmende Verkleinerung der Pachteinheiten hindrängen. Daraus würden alle jene Mißstände entstehen, die nach den Ausführungen im vorigen Paragraphen das Parzellenpachtwesen jederzeit noch begleitet haben: d. h. unter der Verwaltung des verstaatlichten Grund und Bodens sähe sich die auf die Pacht am Grund und Boden angewiesene Bevölkerung zu steter Verkürzung der Pachtzeiten, zu wachsender Unsicherheit des Verbleibs im Pachtgenuß und zu steigenden Pachtzinsen mit der Folge zunehmender Auswucherung zu Gunsten der Gesamtheit verurteilt.

Als ein hervorragender politischer und gesellschaftlicher Vorzug des Privateigentums und der Eigenbewirtschaftung konnte im § 1 dieser Darstellung das feste Verwachsensein des Wirtschafters mit der bebauten Scholle und die daraus entspringenden Tugenden des Heimatsgefühls und der Anhänglichkeit an die Volksgemeinschaft, den Staat, bezeichnet werden. Mit der völligen Verdrängung der Eigenbewirtschaftung und der systematischen Umwandlung aller Landwirte in Zeitkleinpächter käme dagegen in das landwirtschaftliche Berufs- und Erwerbsleben ein Element der Unruhe und Beweglichkeit, das für die Bewahrung jener Tugenden gewiß nicht förderlich wäre; jedenfalls müßten die der jetzigen Landbevölkerung anhaftenden Eigenschaften der Stetigkeit und konservativen Beharrlichkeit verloren gehen, die mit ihre besten Charakterzüge sind, weil in diesen Eigenschaften vorwiegend ihre **staatserhaltende Gesinnung** wurzelt. Ferner träte an die Stelle der seitherigen Landeigentümer, die der Mehrzahl nach ihre Scholle von Generation zu Generation vererben, mit der Verstaatlichung des Bodens eine häufigem Ortswechsel unterworfene Pächterbevölkerung, deren Daseinsbedingungen von dem jeweiligen zufälligen Ergebnis der versteigerungsweisen Ausbietung der Pachtparzellen abhängig und deshalb von Pachtperiode zu Pachtperiode unsicher und schwankend wären. Die Kleinpächter sähen sich daher notgedrungenermaßen zu **rücksichtsloser Ausbeutung der Pachtobjekte** gedrängt, gegen die auch die schärfsten Pachtkontrakte vergeblich ankämpfen würden. Wiederum sehr im Gegensatz zum System der Eigenbewirtschaftung in der heutigen Gesellschaftsordnung, in der der Wirt in höchstem Grade daran interessiert ist, die Produktionskraft des Guts dauernd sich zu sichern und jeder mit diesem Ziel in Widerspruch befindlichen Wirtschaftsweise (Raubwirtschaft!) sich zu enthalten. Es giebt eben keine Wirtschaftsform, die der Regel nach einen gleich hohen Anreiz wie die Eigenbewirtschaftung gewährt, einen Betrieb auf die jeweils erreichbare höchste Intensitätsstufe emporzuheben, d. h. den Boden mit Nährstoffen möglichst zu bereichern, die gegenwendende Kraft des Wassers für die Bodenkultur nutzbar zu machen, dauernde, wertsteigernde Kulturen einzuführen ꝛc. Die Eigenbewirtschaftung leistet daher auch unter dem Gesichtspunkt der volkswirtschaftlichen Produktionsinteressen, d. h. der größtmöglichen Erzeugung von Nahrungs- und Genußmitteln mehr als irgend eine andere Bewirtschaftungsform; und keine Änderung unserer Gesellschaftsordnung würde daher die Regelmäßigkeit, Stetigkeit und Ausreichendheit der Nahrungs- und Genußmittelversorgung für das Volk mehr gefährden als die von der Socialdemokratie erstrebte Überführung des Bodens in den Gemeinschaftsbesitz und die Umwandlung aller seitherigen Bodeneigentümer in eine Klasse kleiner und kleinster, in ihren Einkommensverhältnissen von den Launen der künftigen Gesellschaftsleitung und von wechselnden Pachtbedingungen abhängiger, daher zum Raubbau förmlich hingedrängter Zeitpächter.

Die Socialdemokratie setzt sich also nicht nur mit den Wünschen der Landbaubevölkerung nach gesicherten Daseinsbedingungen in schärfsten Widerspruch, würde nicht nur deren vornehmste Charaktereigenschaften gründlich zerstören, sondern sie ist auch in ihren Endzielen unvereinbar mit einer ruhigen Fortentwicklung des Volks- und Staatslebens, weil sie die wichtigste Voraussetzung hierfür, die höchste Anspannung der Bodenkräfte im Dienste der Gesamtheit, schwer gefährdet. Aus politischen wie aus socialen und volkswirtschaftlichen Gründen ist daher die Socialdemokratie schon wegen ihrer Bodenverstaatlichungsziele zu bekämpfen, und die Landbaubevölkerung hat allen Anlaß, in den Reihen der Bekämpfer der Socialdemokratie in vorderster Linie zu stehen.

Diese Ausführungen treffen nicht minder die Anhänger der aus an sich volksfreundlichen Gesinnungen hervorgegangenen Bewegung der socialen Bodenreformer; denn auch diese fordern, wenn sie auch zunächst nur die Überführung des städtischen Besitzes in Gemeinschaftsbesitz anstreben, im Endziel doch auch die Verstaatlichung des landwirtschaftlichen Grund und Bodens. Das von den socialen Boden- oder Landreformern angestrebte Ziel, daß der Grund und Boden kein ausschließliches Vorrecht (Monopol) weniger bevorzugter Familien sein, daß vielmehr der Genuß am Boden und daß die Anteilnahme an dem mit der fortschreitenden Kultur wachsenden Grundrentenbezug möglichst vielen Angehörigen des Volks zugänglich werde, ist auch im Bereich der privaten Grundeigentumsordnung erreichbar; hierzu ist nur notwendig, daß das geltende Recht der Möglichkeit des jederzeitigen Eigentumserwerbs durch kaufkräftige Persönlichkeiten keine rechtlichen Schranken entgegensetzt. Solche Schranken haben allerdings früher, nämlich in der Zeit der Herrschaft der rechtlichen Gebundenheit (§ 5), bestanden. In der Gegenwart aber sind diese Schranken meist gefallen und es ist heutzutage nahezu überall in Deutschland auch dem ärmsten Tagelöhner der Erwerb einer kleinen Scholle Land ermöglicht. Und wo gegendweise die jetzige Grundbesitzverfassung und ein besonderes Familienrecht dem Grundbesitzerwerb der kleinen Leute noch Hindernisse bereiten (in den Provinzen östlich der Elbe), ist man bemüht, solche Hindernisse durch besondere Gesetzgebungsakte der sogenannten Landpolitik (Gesetzgebung der inneren Kolonisation, Rentengutsgesetze in Preußen!) mehr und mehr zu beseitigen.

Auch die geschichtliche Betrachtungsweise führt in gleicher Weise wie die vorausgegangenen allgemeinen Betrachtungen zu einer völligen Abweisung der Bodenverstaatlichungspläne, mögen diese nun von der direkt staats- und gesellschaftsfeindlichen Socialdemokratie oder von der Richtung der sog. Bodenreformer ausgehen. Die wirtschaftsgeschichtliche Forschung zeigt nämlich, daß bei allen Kulturvölkern ursprünglich Privateigentum an Grund und Boden unbekannt war; nur allmählich und zwar zunächst an Haus und Hof und an den in besondere Kultur genommenen Hausgrundstücken bildeten sich strengere Besitzrechte aus, während die Feldflur noch periodisch in Losen zur Verteilung und Nutzung auf Zeit gelangte (wie noch jetzt in großen Teilen Rußlands!).

Im Laufe der Zeit wurden dann aber selbst diese periodischen Landverlosungen (von der sich Reste in dem zerbröckelten Allmendewesen Süddeutschlands und der Schweiz erhalten haben) eingestellt, und es entstanden an den ehemals zur Verlosung gelangenden Teilen der Feldflur nach und nach freie, ausschließliche, vererbbare Besitzrechte. Wenn eine solche Entwicklung bei allen Völkern, die eine gewisse niedrige Stufe der Bodenkultur und des allgemeinen Bildungszustandes überwunden haben, vorfindlich ist, so darf man sie nicht als eine zufällige oder gar naturwidrige, sondern man muß sie als eine solche ansehen, die wirtschaftlich und gesellschaftlich gleich notwendig war. Und diese Notwendigkeit ist in die Augen springend, weil die sorgfältigere Bestellung des Bodens, d. h. die Hineinverwendung von mehr Arbeit und Kapital in den Boden da nicht wird geleistet werden wollen, wo eine Sicherheit für die dauernde Belassung im Besitz nicht besteht. Die allmähliche Umgestaltung des ursprünglichen Gemeinschaftsbesitzes in vollen Privatbesitz ist daher nichts anderes als der Ausdruck für die Notwendigkeit sorgfältigerer Bodenarbeit als Folge der wachsenden Volkszahl, einer sorgfältigeren Bodenarbeit, für die die Beseitigung der alten Feldgemeinschaft erste Voraussetzung bleibt. Daher der ländliche Gemeinschaftsbesitz in Rußland (der sog. Mir) mehr und mehr ebenfalls der Abbröckelung entgegengeht und, soweit er noch in ungeänderter Reinheit sich erhalten hat, als wesentliche Ursache des Tiefstands der Bodenkultur in diesem Reich, der häufigen Mißernten und der Massenarmut der dortigen Landbevölkerung angesehen werden darf. Solch russischen Zuständen würde unzweifelhaft mit der Verwirklichung der Pläne der Socialdemokratie und der Bodenreform auch das westliche Europa entgegengehen. Daß dies nicht geschehe, daran hat nicht nur der Staat, sondern daran hat vor allem die Landbevölkerung selber das allergrößte Interesse. Diese handelt daher selbstmörderisch, wenn sie, wie da und dort leider der Fall, mit der Socialdemokratie liebäugelt; ihrem innersten Wesen und Empfinden nach muß vielmehr die Landbevölkerung die Socialdemokratie als ihren Todfeind betrachten und zu bekämpfen suchen.

Diese Betrachtungen werden dadurch nicht hinfällig, daß in den meisten Kulturstaaten einzelne Teile des Grund und Bodens im Besitz des Staates, der Gemeinde, der Kirche, sonstigen Korporationen und, soweit dies zutrifft, außerhalb des Verkehrs sich befinden. Man kann auf diesen gesamten außerhalb des Verkehrs befindlichen Besitz den Begriff der „toten Hand" anwenden, obwohl nach dem gewöhnlichen Sprachgebrauch darunter nur der kirchliche Besitz verstanden wird. Das Vorhandensein solchen Besitzes der toten Hand ist für die Beweisführung der Bodenverstaatlicher deshalb nicht maßgebend, weil es sich dabei zum überwiegenden Teil um forstwirtschaftliches Gelände handelt, dieses aber wegen der Besonderheit der Wirtschaftsweise sich ganz besonders zur Bewirtschaftung durch den Staat oder Korporationen, d. h. durch

Persönlichkeiten von ewiger Dauer eignet. Als solche Besonderheiten der forstwirtschaftlichen Wirtschaftsweise sind namentlich anzuführen: lange Umtriebszeiten, die eine Bewirtschaftung auf größeren zusammenhängenden Flächen voraussetzen, Notwendigkeit einer den Grundsätzen der Nachhaltigkeit Rechnung tragenden Wirtschaftsführung, Kostspieligkeit mancher Waldkulturen: ferner das allgemein staatliche Interesse an der Erhaltung eines gewissen Waldbestandes aus Gründen des Klimas und der Wasserwirtschaft, namentlich soweit es sich um Schutzwaldungen handelt. Diese Interessen sind jedenfalls am sichersten gewahrt, wenn ein wesentlicher Teil der Waldungen und wenn mindestens alle Schutzwaldungen vom Staat oder — nach den Grundsätzen des Staatsbetriebs — von Korporationen bewirtschaftet werden. Das im Staats- oder Korporationsbesitz befindliche landwirtschaftliche Gelände bildet dagegen überall nur einen sehr kleinen Bruchteil des gesamten landwirtschaftlichen Grund und Bodens und ist eher in der Abnahme als in der Zunahme begriffen. Dem Volksgefühl hat auch von jeher eine Häufung landwirtschaftlichen Geländes im Besitz der toten Hand widerstrebt, und diesem Volksgefühl entsprechend ist die allgemeine Staatspolitik solchen Besitz-Häufungen jederzeit entgegengetreten, wofür die Geschichte aller Völker vielfältige Beispiele liefert. Die Verstaatlichungsbestrebungen finden also in dem ortsweisen Vorkommen von außerhalb des Verkehrs befindlichem liegenschaftlichem Eigentum keinerlei Stütze. Den innersten Grund aber für jenes Widerstreben gegen Vermehrung des Besitzes der toten Hand wird man darin zu erkennen haben, daß der Besitz von Grund und Boden nicht nur wirtschaftliche Rechte, sondern auch ein Stück gesellschaftlicher Macht in sich schließt, welch letztere je nach Lage der Verhältnisse sehr wohl dazu führen kann, die bodenbewirtschaftenden Klassen in ein Verhältnis weitgehender socialer Abhängigkeit von den grundbesitzenden Korporationen zu versetzen. Würde nach dem Endziel der Socialdemokratie oder der Bodenreformer die Umwandlung des gesamten landwirtschaftlichen Grundbesitzes in den Besitz der toten Hand, d. h. des Staats vollzogen sein, so ergäbe sich daraus naturnotwendig eine Staatsallmacht, die politisch sicher noch größere Nachteile zeitigen müßte als die oben geschilderten Nachteile wirtschaftlicher Art, von denen die Herabdrückung der Grundeigentümer zu Zeitpächtern als Folge der Verstaatlichung begleitet wäre.

§ 9. Die Entwicklung des Landwirtschaftsbetriebs; Standort der Landwirtschaftszweige; Voraussetzungen extensiven und intensiven Betriebs; Betriebssysteme.

Die Anfänge der Bodenkultur jedes Volkes sind in Dunkel gehüllt. Erste Voraussetzung derselben bleibt, daß die Völker oder Stämme sich seßhaft gemacht, also im Gegensatz zu dem schweifenden Leben der Jäger- oder Nomadenvölker eine dauernde Verbindung mit der Mutter

Erde eingegangen haben. Erst von diesem Zeitpunkt ab sind die Bedingungen für ein räumlich begrenztes Gemeindeleben und durch Zusammenschluß der einzelnen Gemeindewirtschaften auch die Voraussetzungen zur Errichtung größerer staatlicher Gebilde gegeben; im **Landbau wurzelt daher recht eigentlich, wie jeder Kulturfortschritt, so auch jede staatliche Organisation.**

Die Fortschritte der **Bodenkultur** zeigen sich darin, daß einmal Zahl und Art der nutzbaren Pflanzen und Tiere sich mit der Zeit mehrt, sodann darin, daß nicht nur auf Steigerung des Ertrages, sondern auch auf Verbesserung der Beschaffenheit der Erzeugnisse hingearbeitet wird. Diese Fortschritte vollziehen sich zunächst auf empirischem Wege, d. h. unter Benützung von Regeln, zu denen die Erfahrung und Beobachtung allmählich hingeleitet hat; später und namentlich in der Gegenwart führt sich als Lehrmeisterin auch die **Wissenschaft** ein und giebt dem bis dahin ausschließlich auf Erfahrungsregeln sich stützenden, mehr handwerksmäßig betriebenen Landwirtschaftsgewerbe eine feste, auf sorgfältiger Beobachtung der Naturvorgänge beruhende Unterlage, auf der fußend die Technik des Landwirtschaftsbetriebes in unseren Tagen eine in früheren Zeiten nicht erreichte Höhe erlangt hat.

Ungeachtet der wirksamen und früher unbekannten Hilfsmittel, die die Wissenschaft dem Landwirtschaftsgewerbe, namentlich im Gebiet der Bodenchemie (Bereicherung des Bodens durch künstliche Düngemittel!), gebracht hat, ist dasselbe doch in weitgehendem Maße abhängig von den Verhältnissen des **Klimas** und der **Bodenbeschaffenheit**, dergestalt, daß nicht überall alle Bodenerzeugnisse oder wenigstens nicht überall in gleicher Güte erzeugt werden können; infolge der Verschiedenheit von Boden und Klima vollzieht sich daher eine räumliche **Sonderung und Scheidung** einzelner Produktionszweige und es bilden sich für jeden derselben **natürliche Standorte** aus; so ist das Gebirgsland und ebenso das niederschlagsreiche Küstengebiet der natürliche Standort für die Weide-, Milch- und Mastwirtschaft, das sonnige Rheinthal für ausgedehnten Wein- und Handelsgewächsbau, die sandigen Böden Norddeutschlands für die Roggen- und Kartoffelkultur und die auf diesen Kulturen beruhenden Nebengewerbe.

Bei den auf regelmäßigen Absatz der Produkte angewiesenen Wirtschaften vollzieht sich daneben eine weitere **Sonderung und Scheidung** einzelner Produktionszweige im Anschluß an und bedingt durch bestimmte wirtschaftliche Verhältnisse und Beziehungen, so daß man auch von einem wirtschaftlichen Standort bestimmter Produktionszweige sprechen kann. Weil beispielsweise die Milch Transporte auf längere Zeit nicht verträgt und Gleiches für feinere Obstarten (namentlich Beerenfrüchte) zutrifft, pflegte sich die Milchwirtschaft und ebenso die feinere Obstkultur schon sehr frühzeitig im Umkreise größerer Verkehrsmittelpunkte anzusiedeln. Weil ferner in diesen letzteren jederzeit Nachfrage nach frischen

Gemüsen vorhanden ist und diese ebenfalls einem längeren Transport widerstreben, ist aus diesem Grund für die Entwickelung eines blühenden Gemüsebaues im Umkreis solcher Verkehrsmittelpunkte ebenfalls eine Voraussetzung gegeben, und diese Entwickelung wird durch den erleichterten Bezug städtischer Fäkalien sehr gefördert. Weil weiterhin da, wo die Bevölkerung eine dichte ist, wegen der stets großen Landnachfrage auch die Bodenwerte am höchsten stehen, so sind die Landwirte in Gegenden einer gewissen Bevölkerungsdichtigkeit mit besonderer Dringlichkeit auf die Kultur hochwertiger Pflanzen, also auf Tabak-, Hopfenbau, Gemüse-, Obstkultur, auf die Kultur feiner Speisekartoffeln und ähnliches, d. h. wiederum auf eine mehr gartenartige Kultur angewiesen; häufig fallen diese Gebiete mit jenen des vorherrschenden Kleingrundbesitzes zusammen. Der Anbau minder lohnender Früchte, wie namentlich der Körnerfrüchte, wird mehr und mehr in diesen Gebieten auf die Bedürfnisse des eigenen Haushalts eingeschränkt; für gewisse Arten der Tierhaltung, die zu ihrer Ernährung das Vorhandensein großer Brachfluren voraussetzen, wie die Schafhaltung, ist in Gebieten dieser landwirtschaftlichen Hochkultur überhaupt kein Raum mehr („Das Schaf weicht der Kultur"): all dies im Gegensatz zu den größeren Wirtschaften, in denen der Fruchtbau (neben der Viehhaltung und Viehmast) die vorherrschende Produktionsrichtung bleibt und bleiben muß. Mit jeder tiefergehenden Änderung wirtschaftlicher Verhältnisse und Beziehungen pflegt daher innerhalb der durch Boden- und Klimaverhältnisse gegebenen natürlichen Standorte sich eine örtliche Verschiebung bestimmter Produktionszweige zu vollziehen, d. h. eine Anpassung der Bodenkultur an diejenigen wirtschaftlichen Änderungen einzutreten, wie sie durch Zunahme der Bevölkerung, durch Steigen der Bodenwerte, durch Bildung neuer oder Vergrößerung vorhandener Verkehrsmittelpunkte geschaffen werden. Ob diese Anpassung, und in welchem Grade sie sich vollzieht, ist zugleich ein Prüfstein für das Maß der in der ländlichen Bevölkerung vorhandenen Intelligenz und fachwirtschaftlichen Ausbildung; manche Leiden der Gegenwart entspringen mit dem Umstand, daß der ländlichen Bevölkerung da und dort dieses Anpassungsvermögen in erforderlichem Maße abgeht. Und es zählt zu den wichtigeren Aufgaben der landwirtschaftlichen Staatsfürsorge, diesen Prozeß der Anpassung an die veränderten Verhältnisse durch geeignete förderliche Maßnahmen, die im wesentlichen mit den Aufgaben der technischen Landwirtschaftspflege zusammenfallen, thunlichst in die Wege zu leiten.

Wenn, wie aus diesen Betrachtungen zu entnehmen ist, für den wirtschaftlichen Standort einzelner Produktionszweige die Lage zum Markt, insbesondere die Nähe des Marktes, die leichte Erreichbarkeit desselben wesentlich mitbestimmend ist, so geht daraus zugleich hervor, von welchem Einfluß jede Verbesserung der Verkehrswege, die die entfernter liegenden Produktionsgebiete gewissermaßen dem Markt räumlich näher bringen, für die Gestaltung des landwirtschaftlichen Berufslebens sich erweisen muß. Je entlegener (marktferner) eine Gegend von dem Hauptabsatzort ist, je weiter der Transport dahin, je größer die Transportkosten, um so größer ist der Preisabzug, den die Landwirte jener Gegenden an den zur Versendung dorthin bestimmten Produkten sich gefallen lassen müssen; und bei sehr großer Entfernung ist möglicherweise ein Absatz und deshalb auch eine für den Absatz arbeitende Produktion unmöglich, weil und sofern die Versendungskosten einen den Produktionskosten entsprechenden Erlös dem Produzenten nicht mehr übrig lassen. Als schlagendes Beispiel mag Argentinien angeführt sein, das erst mit der Erschließung des Landes durch Eisenbahnen an eine Nutzbarmachung seines Bodens durch Weizenbau denken konnte. Marktferne Produktionsgebiete haben deshalb das naturgemäße Bestreben, durch Verbesserung der Verkehrswege (Bau von Straßen und Eisenbahnen), durch Herbeiführung billiger Transportgelegenheiten (Herstellung von Kanälen), durch Ermäßigung der Eisenbahn- und Kanalfrachten den Nachteil der entfernten Lage zum Markt auszugleichen, d. h. in größere Nähe des Marktes zu rücken. Mit Erfüllung dieser Wünsche erwächst dann aber der im Umkreis dieser Hauptabsatzorte betriebenen Landwirtschaft ein bis dahin nicht gekannter Wettbewerb, und diese konkurrenzierten Landesteile sind daher bemüht, solche markt- und absatzverschiebenden Änderungen des Verkehrswesens thunlichst hintanzuhalten, wie dies bei dem bekannten Kampf gegen die mit der wachsenden Entfernung fallenden Tarife (Staffeltarife!) vonseiten der west- und süddeutschen Landwirtschaft zu Tage getreten ist. Ein Vorgang, der darthut, daß nicht immer und überall innerhalb eines und desselben Wirtschaftsgebiets die Interessen aller Landwirte zusammenfallen, ja sich oft gegenseitig kreuzen, und der zugleich zeigt, in welche schwierige Lage mitunter die Regierung eines Landes versetzt sein kann, weil jede Entscheidung, wie sie auch erfolgen mag, einen Teil der Interessenten unbefriedigt lassen wird. — Markt- und Absatzverschiebungen der bezeichneten Art, wie sie sich auf die vorbezeichnete Weise innerhalb Deutschlands abspielten, haben sich seit Jahrzehnten im Gebiet des internationalen Verkehrs infolge Verbilligung der transoceanischen Wasserfrachten und der Eisenbahntarife in denkbar größtem Umfange verwirklicht. Die ehemals wegen ihrer Marktferne gänzlich unschädlichen großen Ländergebiete Rußlands, Amerikas, Indiens, Australiens sind uns räumlich nahe gerückt worden und haben infolgedessen große Preisumwälzungen nahezu auf dem ganzen Gebiet landwirtschaftlicher Erzeugung veranlaßt. Und diese Preisumwälzungen sind nicht nur zur Hauptursache der Notlage eines Teils der deutschen und europäischen Landwirtschaft geworden, sie haben auch — neben sonstigen mißlichen Folgen (Sinken der Grundrente, Zunahme der Verschuldung 2c.) — eine Reihe wirtschaftlicher Standortsverschiebungen — örtliche Ausdehnung ein-

§ 9. Voraussetzungen extensiven und intensiven Betriebs.

zelner Zweige des Handelsgewächsbaues, wie namentlich des Rübenbaues, Zurückdrängung anderer Zweige des Handelsgewächsbaues, wie namentlich des Flachs-, Hanf- und Tabakbaues, Vermehrung des Ackerfutterbaues auf Kosten des Körnerbaues, Einschränkung der Schafhaltung — zur Folge gehabt, Verschiebungen, die auch heute noch fortdauern.

Wie in jedem Gewerbe, so ist auch in dem landwirtschaftlichen Gewerbe für den Erfolg der wirtschaftlichen Thätigkeit nicht bloß die Frage, was erzeugt wird, sondern auch die weitere Frage, wie, d. h. mit welchen Mitteln erzeugt wird, und nach welchen Grundsätzen der landwirtschaftliche Betrieb zum Zweck der Erzeugung von Produkten eingerichtet ist, von entscheidender Bedeutung. Zu der Erzeugung landwirtschaftlicher Erzeugnisse bedarf es aber neben der Arbeit am und im Boden eines gewissen Maßes von Kapital, insbesondere zur Beschaffung des lebenden und toten Inventars, zur Zahlung von Löhnen, zur Anschaffung von Saatgut, zur Vornahme von bodenverbessernden Arbeiten u. dgl. mehr. Wo sich der Landwirtschaftsbetrieb in einfachen Formen bei sorgloser Bestellung der Felder und unter Zuhilfenahme eines gerade dürftig ausreichenden Viehstandes, d. h. ohne erhebliche Arbeits- und Kapitalaufwendungen vollzieht, spricht man von extensivem, in umgekehrtem Falle und bei starkem Arbeits- und Kapitalaufwand von intensivem Betrieb. Jener herrscht vor und ist berechtigt, so lange die Bevölkerung dünn ist, das Land in reichem Maße und billig zur Verfügung steht, und wo die verhältnismäßig geringe Produktion gleichwohl ausreicht, der Landbevölkerung eine auskömmliche Existenz zu gewähren und diese, nebst den übrigen Volksklassen, mit den nötigen Nahrungs- und Genußmitteln zu versorgen. Je mehr aber die Bevölkerung wächst, der Grund und Boden eben deshalb seltener und teurer wird und die Grundbesitzeinheiten sich verkleinern, mithin schon aus diesem Grunde stärker ausgenutzt werden müssen, wenn sie ihren Inhabern ein Auskommen gewähren und der vermehrten Gesamtbevölkerung die nötigen Nahrungs- und Genußmittel liefern sollen, erfolgt allgemach der Übergang zu intensiveren Betriebsweisen, ein Übergang, der in dem allmählichen Ersatz der uralten Feldgraswirtschaft durch die neuzeitlichen verbesserten Koppelwirtschaften, der ebenfalls uralten Dreifelderwirtschaft mit reiner Brache und Weidegang durch die verbesserte Dreifelderwirtschaft mit angebauter Brache und Stallfütterung, und durch die noch höher stehenden mehrfelderigen Wirtschaftssysteme zum Ausdruck kommt.

In eine Würdigung der einzelnen Wirtschaftssysteme — ihrer Vorzüge und Mängel — ist in diesem Zusammenhang nicht einzutreten, wohl aber darauf aufmerksam zu machen, daß jedes verbesserte System erhöhten Arbeits- oder Kapitalaufwand oder auch beides zugleich erfordert. Diese erhöhten Arbeits- und Kapitalverwendungen stellen wirtschaftlich ein Opfer dar, das nur dann gebracht werden kann, wenn es in höheren Roh- und Reinerträgnissen

3*

seinen vollgültigen Ersatz findet. Nun ist aber die Möglichkeit der Steigerung der Bodenerträgnisse von der Flächeneinheit keine unbeschränkte und der Grad der Steigerung überhaupt von der Gunst der die Ernteergebnisse beeinflussenden allgemeinen Faktoren: Bodengüte, Wärme, Feuchtigkeit wesentlich abhängig. Dem Übergang zu intensiveren Systemen sind daher auf minder fruchtbaren Böden und in rauheren Gegenden gewisse Schranken gesetzt, und es erklärt sich daraus, daß selbst in Ländern mit hochentwickelter Landwirtschaftstechnik, wie Deutschland, extensive neben intensiven Wirtschaftssystemen fortbestehen, wie namentlich in den rauhen Gebirgsgegenden, sowie auf zahlreichen ausgesprochenen Moor- und Sandböden. Weil ferner der wirtschaftliche Erfolg einer mit größerem Arbeits- und Kapitalaufwand betriebenen Produktion nicht bloß von der Steigerung des Ernte-Ertrags, sondern in einer für den Markt arbeitenden Wirtschaft auch von dem Marktpreis der verkauften Erzeugnisse abhängig ist, so bildet für den Übergang zu intensiveren Betriebssystemen und für die Festhaltung dieser Systeme der Preisstand der landwirtschaftlichen Erzeugnisse eine wesentliche Voraussetzung. Dünne Bevölkerung, schwache Nachfrage nach landwirtschaftlichen Produkten, relativ niedrige Bodenwerte, extensiver Betrieb und geringe Preise der Bodenprodukte bedingen sich also ebenso gegenseitig, wie dichte Bevölkerung, starker Begehr nach Bodenprodukten, hohe Bodenwerte, intensiver Betrieb und ein relativ hoher Verkaufspreis der Bodenprodukte. Daher, wenn ein bestimmter Intensitätsgrad des Landwirtschaftsbetriebs erreicht ist, nichts schmerzlicher sich fühlbar macht, als ein zumal plötzliches Heruntergehen der Produktenpreise von ihrer seitherigen Höhe, weil darin eine der Voraussetzungen enthalten ist, die für die arbeits- oder kapitalintensive Wirtschaftsweise bestimmend waren, und weil die Fortführung der Wirtschaft in der seitherigen Weise nunmehr direkt verlustbringend zu werden droht. Ebenso bildet aber ein solches Sinken der Produktenpreise ein Hindernis für die bis dahin minder intensiv betriebenen Wirtschaften, zu intensiveren Betriebsweisen fortzuschreiten oder gar kostspielige Meliorationen vorzunehmen, beides zum Nachteil nicht bloß der betreffenden Wirtschaften, sondern der ganzen Volkswirtschaft, deren Interessen ja doch auf die größtmöglichste Nutzbarmachung der Bodenkräfte hinweisen. Für die Regierungen ergeben sich aus dieser Betrachtung Fingerzeige, die bei der Art und Richtung der einzuschlagenden Landwirtschaftspolitik nicht unberücksichtigt bleiben dürfen und insbesondere auch bei der Gestaltung der Zollpolitik Beachtung erheischen.

§ 10. Eigenproduktion und Produktion für den Absatz; Natural-, Geld- und Kreditwirtschaft; Fortdauer naturalwirtschaftlicher Bräuche und Einrichtungen.

Ursprünglich ist die Produktion landwirtschaftlicher Erzeugnisse ausschließlich oder doch ganz überwiegend Eigenproduktion, d. h. zur

§ 10. Eigenproduktion und Produktion für den Absatz ꝛc. 37

ausschließlichen Befriedigung des Haushaltsbedarfs des Wirts und seiner Angehörigen bestimmt. Weil und solange es keine städtische Bevölkerung giebt, eine berufsständische Gliederung also fehlt, insbesondere Gewerbe- und Handelsthätigkeit nicht oder nur notdürftig entwickelt ist, fehlt es auch an der Voraussetzung eines Marktes, d. h. an der regelmäßigen Absatzmöglichkeit für landwirtschaftliche Erzeugnisse. Jeder Bauer- und jeder größere Gutshof bildet in dieser Zeit ein abgeschlossenes Wirtschaftscentrum, innerhalb dessen sich Produktion und Bedürfnisbefriedigung abspielen. Mit anderen Worten: der Bauer erzeugt mit seinen Angehörigen das zum Unterhalt der Familie gerade nötige Bedarfsquantum an Nahrungsmitteln und darüber hinaus landwirtschaftliche Produkte nur insoweit, als ihm Lieferungen von Naturalien an Dritte: den weltlichen oder kirchlichen Grundherrn und an den König obliegen; der Flachs- oder Hanfbau, das Spinnrad und ein einfacher Webstuhl sorgt für die Bedürfnisse der Kleidung, den Brenn- und Baubedarf liefert der im Besitz der Gemeindegenossen befindliche Wald oder es greift naturale Verabreichung aus den Waldungen des Grundherrn Platz; die vorkommenden Bau-, Tischler- und die Reparaturarbeiten in Haus und Hof werden ebenfalls von den Bauern vorgenommen; eine Arbeitsteilung fehlt, jeder Bauernhof führt ein wirtschaftliches Sonderleben. Ähnlich auf den großen Gutshöfen der Grundherren und des Königs, nur daß hier die Arbeiten im Feld und auf dem Gutshof, einschließlich der Verarbeitung der Erzeugnisse, hörigen Leuten obliegen, denen dafür Wohnung, Kleidung und Kost gegeben wird.

Dieses wirtschaftliche Sonderleben des Gutshofs mit seiner ausgesprochenen Familien- oder Hauswirtschaft erleidet allmählich Umgestaltungen; die ursprünglich rein ländliche Bevölkerung wird im Laufe der Zeit von einer städtischen durchsetzt: in den Städten, aber auch auf dem flachen Lande, bildet sich ein Stand berufsmäßiger Handwerker aus, die wenigstens für einen Teil ihres Haushaltsbedarfs auf den Ankauf von Brotfrüchten, von Fleisch und Holz angewiesen sind: es beginnen Austauschbeziehungen zwischen dem flachen Land und den Städten und zwischen den landwirtschaftlichen und den gewerblichen Haushaltungen, und weil nun der Bauer oder Gutsherr für die aus der Wirtschaft abzugebenden Naturalien (Gegenwerte erhält, mit denen er die gewerblichen Leistungen Dritter eintauschen kann, wird darauf verzichtet, alle und jede Bedürfnisse des Lebens auf dem Hofe selber herzustellen; die Voraussetzung hierfür bildet aber die Erweiterung der landwirtschaftlichen Produktion über den eigenen Bedarf hinaus, d. h. die Produktion wird neben und an Stelle der ausschließlichen Eigenproduktion zugleich eine für den Markt arbeitende Produktion. Und je vorteilhafter die Austauschbeziehungen für den Hofinhaber sich gestalten, um so mehr entwickelt sich das Bestreben, Menge und zugleich Beschaffenheit der landwirtschaftlichen Erzeugnisse den Bedürfnissen des Marktes anzupassen.

Erweiterung der Tauschbeziehungen, Möglichkeit des Marktabsatzes und Hebung der Bodenkultur stehen daher in innerem Zusammenhang. Daher eine sorgfältigere Bodenkultur überall da zuerst einsetzt, wo ein aufblühendes städtisches und gewerbliches Leben einen größeren Markt und günstige Austausch= (Absatz=) Beziehungen im Gefolge hat, d. h. im Süden und Westen Deutschlands wesentlich früher als im Norden und Nordosten, in der Umgebung der Städte in höherem Grade als in den abseits gelegenen Wirtschaftsgebieten.

Der Austausch zwischen der Landbaubevölkerung und der städtischen und gewerblichen Bevölkerung vollzieht sich anfänglich in natura: der Weber oder Schmied erhält also seinen Gegenwert in Produkten der Landwirtschaft, in Korn und Fleisch: das Hofgesinde wird ebenfalls in natura abgelohnt, in dieser Form auch öffentlich=rechtlicher Abgabepflicht Genüge geleistet. Und dieser naturalwirtschaftliche Verkehr hat sich zum Teil bis in die neuere Zeit, ja bis in die Gegenwart hinein erhalten: noch im Anfang unseres Jahrhunderts wurden die meisten Abgaben an den Staat in naturaler Form — Getreidezehnte, Weinzehnte, Blutzehnte! — entrichtet, wie der Staat seinerseits die Beamten, zum Teil wenigstens, mit Naturalien entlohnte: und die Auslöhnung des Gesindes erfolgt auch heute noch in großen Teilen Norddeutschlands in der Form der Zuweisung von Ackergrundstücken oder der Weidegestattung für ein oder mehrere Tiere oder von Anteilen am Druschergebnis, und auch in anderen Teilen Deutschlands wird wenigstens ein Teil des vereinbarten Lohnes in Form der Gewährung von Schuhwerk, Leinwand, Kleiderstoffen gegeben.

Ein Geldverkehr, d. h. die Vermittelung der Tauschbeziehungen der Wirtschaften untereinander unter Zuhilfenahme geprägten Geldes als allgemeinsten Wertmaßstabes, bildet sich zuerst in den Städten aus, ergreift aber schon sehr frühe auch den Verkehr der Landbevölkerung untereinander und mit den Städten: auf dem Markt entsteht ein in Geld ausgedrückter Marktpreis für die zum Verkauf gelangenden Waren, und mit dem Geldgegenwert, den der Produzent erhält, ist er in der Lage, Gegenstände der Handwerksthätigkeit oder die von weiterher durch den Handel vermittelten Bedarfsgegenstände einzutauschen. Wie die Erzeugnisse, so erhält nun auch der Grund und Boden Geldwert, und von diesem Zeitpunkt ab wird der Grund und Boden selber Gegenstand des Verkehrs, kann verkauft, d. h. in Geld umgesetzt werden. Die Arbeitsleistungen des Gesindes werden nunmehr größtenteils, die Staatssteuern und Gemeindeabgaben mit der Zeit ganz in Geld entrichtet: es entwickelt sich also in jedem, auch dem kleinsten bäuerlichen Haushalt ein bestimmtes Geldbedürfnis, und dieses Geldbedürfnis zwingt nunmehr jeden, auch den kleinsten bäuerlichen Wirt, für den Verkehr zu produzieren, d. h. einen Teil seiner Produkte auf dem Markt in Geld umzusetzen. Auf diese Weise entsteht eine in den ältesten Zeiten unbekannte Abhängigkeit vom

Markt, und zwar sowohl nach der Seite der Absatzmöglichkeit überhaupt hin, wie nach der Seite der Preisgestaltung, von deren Höhe die Größe der Geldeinnahmen abhängig ist.

Sobald der Gutshof aus der wirtschaftlichen Vereinzelung der ältesten Zeit heraustrat, mit dem Verkehr in Beziehungen gebracht und in die Geldwirtschaft einverflochten wird, in diesem Augenblick wird der landwirtschaftliche Produzent Inhaber von Vermögensrechten und Vermögensverpflichtungen, deren Befriedigung und bezw. Erfüllung indessen nicht immer Zug um Zug erfolgt, sondern häufig auf einen späteren Zeitpunkt verlegt wird. Der landwirtschaftliche Produzent erscheint also bald als Gläubiger für Forderungen aus dem Verkauf landwirtschaftlicher Erzeugnisse, bald als Schuldner für den Kaufpreis der von ihm bezogenen Waren oder Leistungen. Neben dem baren Geldverkehr und Hand in Hand mit demselben entwickelt sich also auch ein Kreditverkehr auf dem flachen Lande, und der Kreditverkehr mußte sich bei der landwirtschaftlichen Bevölkerung schon deshalb frühzeitig einbürgern, weil die Zahlungsverpflichtungen des landwirtschaftlichen Produzenten zeitlich nicht durchweg mit dem Zeitpunkt des Fruchtverkaufs landwirtschaftlicher Erzeugnisse, d. h. mit der Zeit nach der Ernte zusammenfallen. Je blühender die Bodenkultur sich entfaltete, je mehr Kapital (Geld) in den Boden verwendet wurde, um eine höhere Erträglichkeit desselben zu erzielen, um so lebhafter mußten sich auch die Kreditbeziehungen der Landbaubevölkerung gestalten. Dabei trat mit der Zeit neben dem regelmäßigen Fall des Überganges des Gutshofes im Erbgang auch derjenige durch Kauf nicht gar selten ein: durch solche Gutskäufe wurden — neben den Kreditbedürfnissen aus Anlaß des Betriebs und der Anforderungen des täglichen Lebens — ganz neue Kreditverpflichtungen geschaffen; nicht minder durch die strengere Ausgestaltung des Familienrechts, das dem Gutserben Auszahlungen an die Geschwister auferlegte, denen oft nicht sofort in einer Summe genügt werden konnte; wo Mißernten, Hagelschlag, Viehsterben, Kriegsschatzungen die rechtzeitige Tilgung eingegangener Verbindlichkeiten hinderten, mußte ebenfalls Zahlungsaufschub erbeten, d. h. Kredit in Anspruch genommen werden. In dem Kreditverkehr der Landbaubevölkerung konnte man daher allgemach den Betriebs- und Haushaltskredit, den Grund- und Familienkredit und den Notkredit unterscheiden. So wurde, wenn auch nicht in der raschen Entwickelung wie in den Städten, so doch unwiderstehlich und mehr und mehr auch die Landbaubevölkerung durch den Übergang zur Geldwirtschaft in einen ausgebildeten Kreditverkehr verflochten, und dieser Kreditverkehr und die aus ihm entstehenden Verpflichtungen zur Zahlung von Schuldzinsen und Schuldkapitalien mußten die Abhängigkeit der landwirtschaftlichen Produzenten vom Markt und von der Marktpreisbildung, wie sie sich bereits unter der Herrschaft des Geldverkehrs ausgebildet hatte, weiter erhöhen und verschärfen.

Mit diesen geschichtlich gewordenen und durch die Verkehrsbeziehungen der Menschen untereinander bedingten Verhältnissen ist zu rechnen, und es muß daher, wie das gewerbliche Berufsleben, so auch die landwirtschaftliche Berufstätigkeit den Bedürfnissen des langsam zu immer größerer Entwickelung gelangten Geld- und Kreditverkehrs und im Zusammenhang damit auch den Bedürfnissen des Marktverkehrs entsprechend angepaßt werden. Wer anders handeln, wer diesem notwendig gewordenen Anpassungsprozeß sich entziehen, also beispielsweise auf hochwertigem Gelände Schafhaltung treiben oder seine Erzeugnisse dauernd in einer den Käufern nicht genehmen Beschaffenheit auf den Markt bringen wollte, würde unerbittlich von den Rädern des Verkehrs zermalmt werden. Auch der Staat kann mit den ihm zu Gebote stehenden Machtmitteln das Rad der Zeit nicht zurückschrauben; seine Aufgabe muß sich vielmehr darauf beschränken, auch hier den Anpassungsprozeß zu fördern, Auswüchse zu beseitigen, solchen Organisationen den Weg zu bahnen, welche eine zweckmäßige Funktionierung des Räderwerks der landwirtschaftlichen Betriebstätigkeit, gerade auch soweit der Kreditverkehr mit hereinspielt, verbürgen. Dies im einzelnen auszuführen wird eine Hauptaufgabe der Darstellung in den folgenden Kapiteln sein.

Immerhin sollte wohl beachtet werden, daß auch heute noch — inmitten eines alle Verhältnisse beherrschenden Geld- und Kreditverkehrs — gerade auf dem flachen Lande für den naturalwirtschaftlichen Verkehr der Bevölkerung untereinander ein gewisser natürlicher Spielraum übrig geblieben ist, der freilich bedauerlicher Weise ohne zwingenden Grund sich immer mehr einengt. In sehr vielen Teilen Deutschlands besteht zwar auch heute noch die Gepflogenheit, das für den eigenen Bedarf des Haushalts nötige Getreide auf die Mühle zu verbringen und gegen einen bestimmten Bruchteil der Mehlausbeute vermahlen zu lassen; aber diese Übung bröckelt sichtlich ab, indem man die gesamte Körnerernte und zwar auch seitens der kleinsten Landwirte zum Verkauf bringt, um dann mit dem Erlös den Mehlbedarf beim Händler einzukaufen; und doch würde die Beibehaltung der alten Übung die Abhängigkeit des Produzenten vom Markt und vom Marktpreis wesentlich abschwächen. Ein erheblicher Teil der Getreidevorräte, die nach der Ernte in den einzelnen landwirtschaftlichen Haushaltungen lagern und auf einen Abläufer von außen her warten, könnte ferner sehr wohl innerhalb der Dorfgemeinde Absatz und Verwendung finden, wenn die Tagelöhner und kleinsten Wirte das von ihnen benötigte Zuschußquantum von Korn und Mehl den Inhabern größerer Wirtschaften abnehmen oder wenn sie für ihre Dienste sich in natura abfinden lassen wollten, statt den zu beanspruchenden Geldlohn in die Hand des Mehlhändlers oder Bäckers wandern zu

§ 10. Fortdauer naturalwirtschaftlicher Gewohnheiten ꝛc.

lassen, der in letzter Linie damit vielleicht die Arbeit des nordamerikanischen oder argentinischen Getreideproduzenten vergütet. Die zahlreichen Tage unfreiwilligen Müßiggangs in kleinen und mittleren Wirtschaften während der Winterszeit, wo die Feldgeschäfte ruhen, könnten endlich sehr wohl zum Ausdrusch des Getreides nutzbringend verwendet werden, wo jetzt bis in die entlegensten Ortschaften hinein die Dreschmaschine die Arbeit des Ausdruschs auch für den kleinsten Landwirt zu verrichten pflegt. Auch die Spinnstube und damit die eigene Verarbeitung des selbstgewonnenen Flachses und Hanfes ist mehr und mehr verschwunden und an deren Stelle versorgt der Hausierer das Leinwandbedürfnis der ländlichen Bevölkerung, die mittelbar wiederum auf diese Weise dem russischen oder italienischen Flachs-Produzenten Absatz verschafft. Große Geldsummen wandern auf diesen Wegen aus den Landorten hinaus, die bei vernünftiger Naturalwirtschaft erspart werden könnten, d. h. nicht erst auf den weitläufigen Weg des Zumarktebringens der Produkte und des Eintauschs gegen Geld mühsam und in steter Abhängigkeit vom Markt und der Marktpreisbildung beschafft werden müßten. „Altväterische" Gewohnheiten und Übungen der früheren Zeit, wie sie vorstehend nur beispielsweise angedeutet wurden, verdienen daher in höherem Maße konserviert zu werden, als es der Fall ist, und der konservative Sinn der bäuerlichen Bevölkerung würde nach dieser Seite hin jedenfalls mehr Berechtigung für sich in Anspruch nehmen dürfen als im Gebiet der landwirtschaftlichen Produktionstechnik, wo umgekehrt dem „Zug der Zeit", dem Vorwärtsschreiten zum Besseren und Vollkommenen nicht selten das konservative Festhalten an eingelebten Betriebsweisen den größten und zähesten Widerstand bereitet. Eine ausgesprochene Geld- und Kreditwirtschaft erfordert einen gewissen kaufmännisch und spekulativ geschulten Sinn, aber gerade dieser ist bei der ländlichen Bevölkerung, namentlich in den unteren und mittleren Besitzschichten, noch keineswegs überall entsprechend vorhanden und eben deshalb ein unvermittelter oder rascher Übergang in die Geld- und Kreditwirtschaften nicht ohne Gefahren. Dies sollte die bäuerliche Bevölkerung beherzigen und daher nicht ohne zwingenden Grund Arbeitsleistungen oder Bedarfsgegenstände einkaufen, die sie selber herzustellen in der Lage ist: denn sie vermehrt damit ihren jährlichen Geldbedarf, ohne doch immer in der Lage zu sein, der thatsächlichen Geldknappheit durch den Absatz ihrer Produkte zu lohnenden Preisen abzuhelfen.

Bei alledem ist ein guter Bruchteil der ländlichen Bevölkerung auch heute noch im Zustand einer gewissen familienwirtschaftlichen Eigenproduktion verblieben, und je kleiner die Wirtschaften sind, um so größer ist der Bruchteil der Erzeugnisse des Feldes und Hofes — an Kartoffeln, Gemüse, Korn, Fleisch, Milch, Eiern, Fett, Getränken —, der nicht auf den Markt gebracht, sondern in dem eigenen Haushalt verbraucht wird. Wesentlich aus diesem Verhältnis heraus ist es zu erklären, wenn in Zeiten starker Marktflauheit und eines Rückganges der Preise landwirtschaftlicher Erzeugnisse (z. B. der Körnerfrüchte) die Wirtschaftslage der bäuerlichen Wirte minder stark oder doch minder gefährlich durch solche Marktvorgänge beeinflußt wird als diejenige der Inhaber großer und größter Betriebe, bei denen die geordnete Weiterführung des Betriebs durch die Möglichkeit des Absatzes der ganzen oder des weitaus größten Teils der Produktion gegen angemessene Preise bedingt ist. Man muß diese Thatsache sich gegenwärtig halten, um zu verstehen, daß eine durch **Preisdruck** erzeugte augenblickliche Notlage unter Umständen in schärferem Maße unter den Inhabern größerer Betriebe zu Tage treten kann als bei kleinen, und daß das Interesse der kleinen und kleinsten Betriebe an der Preishebung bestimmter Erzeugnisse nicht dasselbe zu sein braucht wie bei den Inhabern großer Betriebe.

§ 11. Landbaubevölkerung und Landwirtschaft in der Gegenwart. Die Aufgaben des Staats.

Die vorausgegangene Darstellung zeigt, daß in der Entwicklungsgeschichte unserer Landbaubevölkerung vorwärtsschiebende und zurückdrängende Kräfte sich wiederholt im Laufe der Jahrhunderte geltend gemacht haben. Wenn aber, ungeachtet aller Wirrsale und Bedrängnisse, mit denen die Landbaubevölkerung seit den Tagen des Mittelalters zu ringen hatte, dieselbe gleichwohl vor dem Schicksal bewahrt blieb, in allgemeines Siechtum und Massenelend zu verfallen, wie in einzelnen romanischen Staaten — Spanien, Italien —, oder von einem übermächtigen Großgrundbesitz gänzlich aufgesogen zu werden, wie in England und Schottland, so darf dieses gütige Geschick der innerlich gesunden, zähen, widerstandsfähigen Natur unseres deutschen Bauernstandes, nicht zum geringsten Teil aber auch der fürsorgenden Politik einsichtsvoller Regenten zugeschrieben werden. Und diese Politik des Bauernschutzes gewinnt in unseren Tagen abermals erhöhte Bedeutung, da ein Zusammentreffen einer Anzahl widriger Umstände die Lage des landwirtschaftlichen Gewerbes, und zwar für alle Besitzgruppen, große und kleine, zu einer besonders schwierigen gemacht hat.

Vergegenwärtigen wir uns nochmals, daß durch eine Gesetzgebung großen Stils, wie sie die Ablösungsgesetzgebung war, die große Masse der ländlichen Bevölkerung ziemlich unvermittelt aus dem Zustand einer gewissen wirtschaftlichen und socialen Abhängigkeit in diejenige vollster Unabhängigkeit und nahezu schrankenloser wirtschaftlicher Freiheit versetzt worden ist: es kann kaum befremden, daß von dieser Freiheit, zumal im Gebiet des Kredits, nicht überall sofort ein vernünftiger, maßvoller Gebrauch gemacht wurde. In dieser selben Zeit einer auf dem Grundsatz freiester wirtschaftlicher Bewegung aufgebauten Ordnung brach die ohnehin vielfach durchlöcherte, wesentlich auf dem nachbarlichen Verkehr beruhende

§ 11. Landbaubevölkerung und Landwirtschaft in der Gegenwart ꝛc.   43

Naturalwirtschaft ziemlich zusammen, und an deren Stelle trat eine verwickelte Geld- und Kreditwirtschaft, die jeden, auch den kleinsten Produzenten in eine weitgehende Abhängigkeit vom Markt und der Marktpreisbildung brachte. Das Anziehen der Bodenwerte drängte überall zu einer intensiveren Wirtschaftsweise hin, die indessen nicht allen Wirten, mangels der erforderlichen Kapitalkraft oder auch mangels der wünschenswerten Einsicht und Fachbildung, gelang. Die Abhängigkeit vom Markt erheischte eine sorgfältigere Bedachtnahme auf die Anpassung der Qualität der Bodenerzeugnisse an die Anforderungen des Markts, welche Anpassung aus ähnlichen Gründen nicht überall rechtzeitig erfolgte. Die Entwicklung der Industrie und das rasche Anwachsen der nichtländlichen Bevölkerung schuf zwar erweiterte Absatzmöglichkeiten, aber diese selbe Entwicklung brachte auch ein überall wahrnehmbares Anziehen der Arbeitslöhne; hierdurch und durch die wachsenden steuerlichen und sonstigen Lasten, auch durch die unmerkbar, aber auch unaufhaltsam gestiegenen Bedürfnisse der allgemeinen Lebenshaltung vermehrten sich die Produktionskosten des landwirtschaftlichen Betriebs; Zinslasten für den in Anspruch genommenen Boden- und Betriebskredit, zu dessen ordnungsmäßiger Befriedigung nicht durchweg genügende Organisationen zur Verfügung standen, traten als ein betriebsverteuerndes und den Fortschritt zu intensiveren Wirtschaftsweisen hemmendes Element hinzu. Von folgenschwerster Einwirkung aber und die stürmische Bewegung, in der sich das landwirtschaftliche Gewerbe unter solchen Umständen ohnehin befand, noch weiter steigernd war die in der Wirtschaftsgeschichte der Völker ohnegleichen dastehende Entwicklung des neuzeitlichen Verkehrswesens. Weit abgelegene und deshalb bis dahin völlig unbeachtet gebliebene Produktionsgebiete wurden durch Eisenbahnen, sowie durch die Verbesserungen des Schiffahrtswesens den heimischen Märkten plötzlich nahe gerückt und eine völlige Marktverschiebung war die Folge: die Abhängigkeit vom nächsten Markt wandelte sich in eine Abhängigkeit von entfernt gelegenen Märkten, ja vom Weltmarkt um; nicht mehr entschied Angebot und Nachfrage der näheren Umgebung der Produktionsstätte über den Preis der Ware, sondern Angebot und Nachfrage der weiteren Wirtschaftsgemeinschaft, ja der ganzen Erde; nicht mehr der Ernteausfall der einzelnen Gegend oder des einzelnen Landes, sondern in vielen und den wichtigsten Erzeugnissen — Getreide, Handelsgewächse — war nun der Ernteausfall der verschiedenen Weltteile maßgebend für die Preisgestaltung. Dieser auf den Haupthandelsplätzen — London, Chicago, New-York, Odessa ꝛc. — notierte Weltpreis, der nach den billigsten Bezugsmöglichkeiten sich regulierte, erstreckte seinen Einfluß bis in die abgelegenste Dorfgemeinde: die Abhängigkeit des Preises von den heimischen oder örtlichen Erzeugungskosten war damit verschwunden und, wo eine Anpassung der Erzeugungskosten an die veränderte Preislage nicht oder nicht rechtzeitig erfolgte, die Unterlage für eine Fortführung des Betriebs ins Wanken gekommen.

Diese Entwickelung vom ehemals örtlich gebundenen Verkehr zum Weltverkehr, von der Absatzwirtschaft auf engem Raum zur Weltwirtschaft, eine Entwickelung, die mit der Einführung der Dampfkraft und der durch sie ermöglichten Massenbewegung der Güter auf weiteste Entfernungen in kürzester Zeit zu billigstem Preis wie Ursache und Wirkung zusammenfällt, kann unmöglich aufgehalten oder gar zurückgeschraubt werden. Hier giebt es nur Eines: den Landwirtschaftsbetrieb und seine wirtschaftlichen Grundlagen den veränderten Verhältnissen anzupassen. Diesen Anpassungsprozeß herbeizuführen, ist in erster Reihe Aufgabe der Wirtschafter selber: aber ihn zu erleichtern und zu fördern, die zur Stütze des landwirtschaftlichen Gewerbes dienenden Organisationen zu verbessern und, wo sie fehlen, neu zu schaffen, ist zugleich Aufgabe des Staats.

Eine Aufgabe des Staats zur Linderung und Heilung der Schwierigkeiten, mit denen die Landbaubevölkerung in der Gegenwart zu kämpfen hat, liegt schon deshalb vor, weil der Staat nach der neuzeitlichen Auffassung des Staatsbegriffs die höchste Interessengemeinschaft darstellt, in der jedes einzelne Glied des vielgestaltigen Organismus Förderung seiner wirtschaftlichen wie sittlichen Zwecke durch den Staat und seine Machtmittel erwarten und beanspruchen darf. Die Aufgabe des Staats, fördernd, heilend, helfend einzugreifen, ist aber auch deshalb gegeben, weil, wenn die Landbaubevölkerung, wie bei uns, einen so starken Bruchteil der Volksgemeinschaft darstellt, das Wohlergehen der ersteren eine wesentliche Voraussetzung der Erhaltung der wirtschaftlichen Kraft und der politischen Machtstellung des Staates bedeutet; weil insbesondere die Wehrfähigkeit des Staates wesentlich durch das Vorhandensein oder Nichtvorhandensein einer kräftigen Landbaubevölkerung bedingt ist, weil ferner die breite Masse der Landbaubevölkerung einen sehr leistungsfähigen Konsumenten für die Erzeugnisse der heimischen Gewerbethätigkeit darstellt und weil die Erhaltung dieser Konsumtionskraft, d. i. die Sicherung eines großen inländischen Marktes, eine wesentliche Voraussetzung für das nachhaltige Gedeihen der Handels- und Gewerbsthätigkeit bildet („Hat der Bauer Geld, hat's die ganze Welt"). Die heimische Industrie würde in der That auf sehr schwankendem Untergrund ruhen, wenn sie vorwiegend auf den Absatz nach außen sich angewiesen sähe, und nicht mit Unrecht hat man Großbritannien, das in dieser Lage sich befindet, mit einem Koloß verglichen, der auf thönernen Füßen ruht.

Vor allem aber ist nochmals an die volkswirtschaftliche und politische Bedeutung einer innerlich gesunden und leistungskräftigen Landbaubevölkerung unter dem Gesichtspunkt der Erhaltung einer gesunden Grundeigentumsverteilung im Sinne von § 1 und § 6 zu erinnern: diese Erhaltung, so wesentlich für die

§ 11. Landbaubevölkerung und Landwirtschaft in der Gegenwart 2c.   45

kulturelle Fortentwicklung des ganzen Volkslebens, wäre mit der Untergrabung der Existenzbedingungen der heimischen Landwirtschaftsthätigkeit ernstlich bedroht, namentlich dem Ankauf schwächerer Wirtschaften durch kapitalkräftige Hände, d. h. einer ungesunden Besitzhäufung des Bodens, wahrscheinlich auch einer unerwünschten Vermehrung des Besitzes der toten Hand, alles unter Schwächung der Zahl der Landbaubevölkerung, der Weg geebnet. Mit dem Dahinsiechen der Landbaubevölkerung nach Zahl und Beschaffenheit ihrer Glieder wäre aber die bürgerliche Gesellschaft selber in empfindliche Mitleidenschaft gezogen. Denn die ständige Durchsetzung und Untermischung der städtischen Bevölkerung durch einen reichlichen Bevölkerungsstrom vom flachen Land her darf nicht unterbunden werden, wenn die städtische Bevölkerung körperlich und geistig auf normaler Stufe erhalten bleiben soll; wie denn eine aufmerksame Beobachtung geschichtlicher Hergänge darzuthun scheint, daß bei einer Reihe von Völkern der eingetretene Niedergang der städtischen Bevölkerung und damit der kulturelle Niedergang überhaupt mit der Schwächung oder Vernichtung des Bauernstandes in ersichtlichem Zusammenhang steht. Unter diesem Gesichtspunkt erhält daher die Frage nach der Erhaltungswürdigkeit einer wohlgedeihenden Landbaubevölkerung eine neue Beleuchtung: denn wenn die Landbaubevölkerung danach gewissermaßen als der „Jungbrunnen" für die Volksgemeinschaft sich darstellt, wenn man sie nicht mit Unrecht den „unersetzlichen Vorratsbehälter für den Menschenbedarf aller übrigen Stände" genannt hat, die sich rascher verbrauchen als die auf dem flachen Lande lebenden Geschlechter, so erscheint eine Schwächung der Landbaubevölkerung als dem allgemeinen Gesellschaftsinteresse unmittelbar zuwiderlaufend und umgekehrt die Stärkung der Landbaubevölkerung durch dieses allgemeine Gesellschaftsinteresse dringend geboten. Mit diesem Ergebnis aber findet dann auch eine die Interessen der Landbaubevölkerung wahrende Politik der staatlichen Fürsorge d. h. eine kraftvolle Landwirtschafts- (Agrar-) Politik ihre innerliche Begründung.

Die auf eine kräftige Handhabung der Landwirtschafts- (Agrar-) Politik sich richtenden Bestrebungen werden heutzutage dann und wann durch den Hinweis auf die neuzeitliche, in weitgehenden Forderungen sich ergehende Agrarbewegung in Mißkredit zu bringen versucht. Man bemängelt insbesondere, daß die Ziele dieser Bewegung darauf hinauslaufen, die Machtmittel des Staats in einseitiger, die Interessen der anderen Gesellschaftsstände mißachtender Weise in den Dienst landwirtschaftlicher (agrarischer) Interessen zu stellen: und man spricht in diesem Sinn von „agrarischen Begehrlichkeiten" und bei besonders „maßlosen" Forderungen und Wünschen wohl auch von „Agrardemagogie". Richtig ist, daß, wie in allen Interessenkämpfen, so auch in der Erkämpfung besserer landwirtschaftlicher Daseinsbedingungen vonseiten der Angehörigen der Landbaubevölkerung und bestimmter politischer Parteirichtungen und gerade in der Gegenwart viele bedauerliche Übertreibungen unterlaufen und daß mitunter Forderungen an die Staatsgewalt gestellt werden, denen in einer auf der Freiheit des Erwerbs und auf der Freiheit des Bodeneigentums aufgebauten Gesellschaftsordnung überhaupt nicht entsprochen werden kann. Unrichtig wäre es dagegen, aus solchen Übertreibungen und Mißgriffen in der Aufstellung von Programmen den Schluß zu ziehen, daß eine landwirtschaftliche Frage überhaupt nicht vorhanden sei, und daß der Staat gut daran thue, den Umbildungsprozeß, in dem das landwirtschaftliche Gewerbe sich befindet, seinem natürlichen Verlauf zu überlassen. Gegenüber diesem freihändlerischen Standpunkt des Gehen= und Geschehenlassens ist vielmehr die Notwendigkeit einer aktiven Fürsorgepolitik immer und immer wieder zu betonen, freilich zugleich sorgfältig zu prüfen, innerhalb welcher Grenzen diese Politik der Fürsorge sich zu halten habe.

Von den Gegnern einer den landwirtschaftlichen Interessen wohlwollenden Staatspolitik pflegt auch der Thatsache Gewicht beigelegt zu werden, daß die landwirtschaftliche Bevölkerung in Deutschland keineswegs mehr an Zahl gegenüber den anderen Berufsständen überwiege, im Gegenteil mit jeder Zählungsperiode eine Abnahme aufweise, wogegen die in Industrie und Handel thätigen Bevölkerungselemente in raschem Wachstum begriffen seien. Die Thatsache selbst ist richtig, indem sich die landwirtschaftliche Bevölkerung seit 1882—1895 von 19,2 auf 18,5 Millionen gemindert hat; auf 100 Erwerbsthätige im Hauptberuf entfielen 1882 noch 43,38 % in der Landwirtschaft Thätige, 1895 aber nur noch 36,19 %. Aber auch mit diesem numerischen Rückgang steht die Landbevölkerung immer noch unter den Produktivständen in erster Reihe, und die wirtschaftliche, sociale und politische Bedeutung der mit dem Grundbesitz in Deutschland verknüpften Interessen ist in der Gegenwart eher eine erhöhte als eine verminderte. Auch ist zu beachten, daß der Abfluß von Elementen der Landbaubevölkerung zu industriellen Erwerbsarten sich nach der 1895er Berufsstatistik nicht aus dem Kreis der in der Landwirtschaft selbständig Thätigen, sondern aus dem Kreis der dienenden Bevölkerung vollzogen hat; es entfielen von 100 in der Landwirtschaft Thätigen:

	1882	1895
von den Selbständigen	27,78 %	31,07 %
von dem höheren Personal	0,81 „	1,16 „
von dem niederen Personal	71,41 „	67,77 „

Nur im Bereich der letzteren ist also eine Abnahme zu verzeichnen. Aus der neuesten Berufsstatistik kann daher die Folgerung, als ob die Landbaubevölkerung einen seiner Bedeutung nach abnehmenden Bestandteil der Gesamtbevölkerung darstelle, nur als sehr bedingt zutreffend bezeichnet und jedenfalls ein Beweisgrund gegen eine thatkräftige Agrarpolitik nicht abgeleitet werden.

§ 12. Selbsthilfe und Staatshilfe; allgemeinste Grundsätze der Landwirtschaftspolitik; große und kleine Mittel.

Bei dem in der Gegenwart besonders heftig entbrannten Streit über die Ziele, die eine wohlwollende Regierung in ihrer Landwirtschaftspolitik sich zu setzen habe, sollte man nie vergessen, daß der Betrieb der Landwirtschaft eine Gewerbsthätigkeit darstellt, deren Erfolg nicht bloß von den äußeren Vorbedingungen des Bodens und Klimas und denjenigen Vorbedingungen, die durch die allgemeine Ordnung des Staatslebens gegeben sind, sondern auch und zwar nicht zum geringsten Teil von der moralischen und intellektuellen Beschaffenheit des Wirts, m. a. W. von dessen geschäftlicher Tüchtigkeit abhängig bleibt. Man sollte namentlich nie vergessen, daß die Erwerbsarbeit am Grund und Boden auf einem Zusammenwirken von Natur, Arbeit und Kapital beruht, daß der Zweck dieser Erwerbsarbeit die Herstellung marktfähiger Erzeugnisse ist, und daß darüber, ob die Produktion als eine lohnende sich erweist, nicht ausschließlich der jeweilige Marktpreis, sondern auch die von der Flächeneinheit erzielte Produktenmenge und deren Beschaffenheit und der thatsächliche Betriebsaufwand entscheidet. Für die Höhe des von den Feldern und aus dem Stalle erzielten Rohertrags, ebenso für die Höhe des Betriebsaufwands und vor allem für die Qualität der für den Markt hergestellten Erzeugnisse, d. h. deren inneren Wert, bleibt aber wesentlich maßgebend die Art der Betriebsführung, d. h. das Maß der Befähigung des Wirts, die im Grund und Boden wirkenden Kräfte der Natur mit dem möglichst geringen Aufwand von Mitteln zur höchstmöglichsten Steigerung zu bringen. Ohne technisches Wissen und Können, ohne wirtschaftliches Zuratehalten der Produktionsmittel, ohne verständiges Verknüpfen der verschiedenen Arten von Betriebsarbeiten, ohne jederzeitige Anpassung der Produktionsrichtung an die Bedürfnisse des Marktes nach Gattung und Beschaffenheit der Hauptabsatzerzeugnisse würde, auch bei im übrigen lohnenden Preisen, die landwirtschaftliche Produktion des Erfolgs gleichwohl entbehren.

In einer Zeit, in der der Meinung Vorschub geleistet werden möchte, daß alle und jede Hilfe vom Staat und seiner gesetzgeberischen Thätigkeit zu kommen habe, ist es deshalb nicht überflüssig, zu betonen, daß jede, auch die wirksamste und umfassendste staatliche Aktion versagen müßte, wenn sie nicht zugleich von verständiger, auf technisches und wirtschaftliches Wissen und Können sich stützender Betriebsthätigkeit des Wirts getragen ist. Statt ausschweifende Hoffnungen an das Eingreifen des Staates zu Gunsten der Produktion zu knüpfen, sollten vielmehr die Angehörigen der Landbaubevölkerung zu der nüchternen Erkenntnis sich verstehen, daß auch die durchgreifendsten staatlichen Aktionen doch nur die private Wirtschaftsthätigkeit ergänzen, niemals aber die energische Kraftentfaltung des Einzelwirts ersetzen können.

Das alles liegt eigentlich klar zu Tage und doch begegnet man heutzutage so häufig der Ansicht, als ob es nur einer Anzahl Gesetze und des guten Willens, diese zu erlassen, bedürfe, um allen Schwierigkeiten mit einem Schlage Herr zu werden. Diese fast mystische Auffassung von der Wunderkraft gesetzlicher Vorschriften in Ansehung der Wirtschaftsthätigkeit kann gar nicht genug bekämpft werden, weil sie auf falsche Wege hin- und von den richtigen Wegen ableitet. Beispielsweise würde selbst die denkbar vollkommenste Ordnung des Kreditwesens doch nie verhüten können, daß ein Wirt von dem im Wege des Kredits beschafften Kapital einen unrichtigen Gebrauch macht; oder soll vielleicht auch die Art des Gebrauchs der kreditierten Kapitalien vorgezeichnet und deren Verwendung im einzelnen überwacht werden? Die beste Organisation des Versicherungswesens ferner würde denjenigen Wirten nichts nützen, die es ablehnen, sich solcher Einrichtungen zu bedienen; oder soll etwa für alle irgend möglichen, überhaupt versicherungsfähigen Schäden ein Versicherungszwang verfügt werden? Auch die Schaffung der gesetzlichen und verwaltungsmäßigen Vorbedingungen für genossenschaftliche Thätigkeit müßte Schall und Rauch bleiben, wenn und sofern die Einsicht von der Notwendigkeit genossenschaftlichen Zusammenschlusses und der gute Wille zur Bethätigung genossenschaftlichen Sinnes fehlen sollten. Ob endlich die Felder große oder kleine Erträgnisse abwerfen, ob die Beschaffenheit der Felderzeugnisse und die Produkte des Stalles gute oder schlechte sind, hängt — soweit nicht Witterungseinflüsse mitspielen — ausschließlich von der Hand des Wirtes ab; oder soll etwa im Sinn des mittelalterlichen Dorfrechts Ort, Zeit und Art der Vornahme der Feld- und Erntearbeit durch polizeiliche Ordnung auch heute noch vorgeschrieben und überwacht werden? Und ähnlich auf vielen anderen Gebieten. Das in der Gegenwart so häufig verspottete Wort, daß jeder seines Glückes Schmied sei, birgt noch immer einen Kern von Wahrheit in sich. Und die in diesem alten Spruch enthaltene Mahnung zur Selbsthilfe, d. h. zur Auffassung aller moralischen und intellektuellen Tugenden gilt eben, wie für jeden Wirtschafter, so auch für die Landbaubevölkerung.

Freilich nicht Selbsthilfe allein, sondern eine Selbsthilfe, die im Rahmen einer richtig geleiteten Wirtschaftspolitik sich entfalten und von einer solchen Politik Förderung, Unterstützung, Beihilfe erwarten darf; kein Gehen und Geschehenlassen im Sinne der freihändlerischen Auffassung einer längst überwundenen Wirtschaftslehre, sondern Stützung des Wirtschaftslebens durch eine Rechts- und Wirtschaftsordnung, die nicht bloß den Geschicktesten und Begabtesten, sondern die auch den minder Geschickten und Begabten die Behauptung im Daseinskampf ermöglicht; kein gleichgültiges Zusehen, sondern hilfreiche Unterstützung der produktiven Thätigkeit durch vorbeugende, verhütende, unter Umständen auch unterdrückende Maßnahmen der Gesetzgebungs- und Verwaltungsthätigkeit. Also Selbsthilfe gepaart mit Staatshilfe!

Aus diesen Sätzen folgt, daß, wenn immer diese Staatshilfe Platz greift, sie von einem beherrschenden Grundgedanken getragen sein muß: **das Gefühl der wirtschaftlichen Selbstverantwortlichkeit muß in den wirtschaftenden Individuen aufrecht erhalten**, die Verantwortlichkeit für die Folgen wirtschaftlichen Thuns oder Unterlassens darf nicht von den Einzelnen auf die Allgemeinheit abgewälzt werden. Niemals darf die Richtung der Wirtschaftspolitik den Schein erwecken, als ob es Aufgabe des Staats sein könne, jedem eine auskömmliche Existenz zu gewährleisten, gleichviel, über welches Maß von Einsicht und Arbeitskraft er verfügt. Jede Art von Politik, die von diesem Grundsatz abwiche, wäre schon deshalb zu verwerfen, weil sie zu einer unerträglichen Reglementierung des wirtschaftlichen Lebens von oben führen und in ihren letzten Zielen an Stelle der freien Berufsarbeit und einer auf Freiheit wirtschaftlicher Bewegung sich gründenden Gesellschaftsordnung den socialistischen Zwangsstaat setzen würde. Das in unserer ländlichen Bevölkerung stark entwickelte Unabhängigkeitsgefühl könnte sich mit einem von Staats wegen reglementierten Berufsleben am allerwenigsten befreunden.

Auch davor ist zu warnen, als ob es gewissermaßen ein einziges Allheilmittel, ein **Universalmittel** gäbe, das landwirtschaftliche Gewerbe und die Landbaubevölkerung in durchweg befriedigende Verhältnisse zu versetzen. Wie auf das Gedeihen des landwirtschaftlichen Berufslebens eine große Menge von Einzelfaktoren einwirkt, so setzt sich eben auch die „landwirtschaftliche Frage" aus einer Menge Einzelfragen zusammen, die alle ohne Ausnahme ihrer Lösung bedürfen. Die landwirtschaftliche Frage ist also nicht nur eine Frage der Grundeigentumsverteilung oder nur eine solche des Kreditrechts oder des Erbrechts oder eine solche der Betriebstechnik, sondern sie ist ein Gemisch zahlreicher Unterfragen; und wenn schon zeitweise die eine oder andere dieser Fragen besonders stark in den Vordergrund gerückt erscheint, wie dermalen die Frage der Preisgestaltung landwirtschaftlicher Erzeugnisse unter dem Einfluß des überseeischen Wettbewerbs, so wäre es doch sehr verkehrt, deshalb andere Fragen zu übersehen und die ihrer Lösung dienlichen Mittel gewissermaßen als „**die kleinen Mittel**" im Gegensatz zu den „**großen Mitteln**" gering zu achten. Nicht selten sind es gerade die „großen Mittel", die in gewissem Sinn versagen, weil mit ihrer Anempfehlung dem Staat unlösbare Aufgaben gestellt sein würden, oder die schon deshalb, weil sie mit den Interessen anderer Volkskreise in offenen Widerspruch treten, in einer alle Volksinteressen gleichmäßig wahrenden Staatspolitik keinen Raum finden können, wenn anders erbitterte, das Volksleben in dem innersten Grund aufregende Interessenkämpfe vermieden werden sollen. Das Grenzgebiet, auf dem solche Interessenkämpfe von jeher am meisten sich abgespielt haben, ist dasjenige der Brot- und Fleischversorgung des inländischen Marktes, und der Staatspolitik sind deshalb gerade auf diesem Gebiet gewisse unüberschreitbare Schranken gezogen oder es ist ihr doch eine gewisse vorsichtige Zurückhaltung auferlegt. Ein gewissenhaftes Abwägen in solchen Fragen ist durch die Natur der Dinge gegeben und an eine die laut gewordenen Wünsche nicht voll berücksichtigende Staats-Politik sollte deshalb nicht sofort der Vorwurf einer „Preisgabe landwirtschaftlicher Interessen" geknüpft werden.

Die nachfolgenden Betrachtungen sollen darlegen, in welcher Weise Selbsthilfe und Staatshilfe zusammen wirken können, um dem Ziele der Erhaltung einer gesunden Landbevölkerung näher zu kommen; und wenn dabei nicht alles, was die Landbaubevölkerung selber erstrebt, gebilligt werden kann, so mögen die Leser aus landwirtschaftlichen Kreisen daraus den Anlaß entnehmen, auch ihrerseits ernsthaft zu prüfen, ob sie sich mit ihren Wünschen und Forderungen denn durchweg auf dem richtigen Wege befinden. „Prüfet alles und das Beste behaltet!"

§ 15. Der Staat und die landwirtschaftliche Interessenvertretung; landwirtschaftliche Vereine und Genossenschaften; die korporative Organisation der Landwirtschaft.

Dem Staat würde in Bezug auf die Behandlung landwirtschaftlicher Fragen eine schwer lösbare Aufgabe gestellt sein, wenn er nicht auf das verständnisvolle Mitwirken sachverständiger Glieder des landwirtschaftlichen Berufsstandes in organisiert sichergestellter Form rechnen könnte; und die Landwirtschaft hinwiederum müßte häufig für ihre Wünsche und Forderungen tauben Ohren begegnen, wenn sie nicht Organe hätte, die berechtigt und verpflichtet sind, als Vertreter landwirtschaftlicher Interessen solche Wünsche und Forderungen in amtlicher Form den Regierungen zur Kenntnis zu bringen. Aber auch für die Entwicklung des landwirtschaftlichen Berufslebens an sich und abgesehen von den Beziehungen der Landwirtschaft zur staatlichen Gesetzgebung und Verwaltungsthätigkeit ist der organische Zusammenschluß der Glieder des landwirtschaftlichen Berufsstandes zu körperschaftlichen Bildungen (Vereinen, Genossenschaften, Landwirtschaftskammern) von großer Bedeutung gewesen, und es ist daher nötig, am Schlusse dieser Einleitung dieser körperschaftlichen Bildungen kurz zu gedenken und sie in ihrem Wirken zu würdigen.

Zu einem mächtigen Hebel für die Fortschritte in der Technik und Ökonomie des landwirtschaftlichen Betriebs, aber auch für die Fortbildung des Agrarrechts und für die nachdrückliche Vertretung der landwirtschaftlichen Interessen im Staatsleben sind vor allem die landwirtschaftlichen Vereine geworden, deren erste Entstehung in die Mitte des vorigen Jahrhunderts fällt, die im Laufe dieses Jahrhunderts in allen deutschen Staaten eine reiche Ausbildung ihrer Organisation erfahren

§ 13. Landwirtschaftliche Vereine und Genossenschaften rc.

haben und regelmäßig aus Staatsmitteln Dotationen zur Förderung ihrer Vereinszwecke zu erhalten pflegen. Der Aufgabenkreis der landwirtschaftlichen Vereine ist gemeinhin ein dreifacher: 1. sie sind Organe der Belehrung, Aufklärung und Aufmunterung in allen Gebieten der Landwirtschaftstechnik; 2. sie sind freiwillige Organe der staatlichen Landwirtschaftspflege, indem sie bei den pfleglichen Veranstaltungen der oberen Landwirtschaftsbehörde mitwirken; 3. sie sind sachverständige Organe der Regierung in allen das landwirtschaftliche Berufsleben berührenden Fragen und in dieser Eigenschaft zugleich Interessenvertretungskörper. — Neben diesen landwirtschaftlichen Vereinen haben sich überall landwirtschaftliche Specialvereine zur Förderung besonderer Zweige des landwirtschaftlichen Gewerbes gebildet (Pferdezucht-, Geflügel-, Bienenzuchtvereine, Vereine für Molkereiwesen, Obst-, Weinbau-, Gartenbauvereine, Vereine für Hebung der Moorkultur).

Eine erfreuliche Erweiterung hat die landwirtschaftliche Vereinsorganisation durch die 1885 vollzogene Gründung der Deutschen Landwirtschaftsgesellschaft erfahren, die vor allem die Pflege des Ausstellungswesens zur Aufgabe sich setzt, daneben aber auch als vermittelndes Centralorgan bei dem Bezug von landwirtschaftlichen Bedarfsartikeln funktioniert und dem technischen Fortschritt unter Fernhaltung wirtschaftspolitischer Fragen zu dienen bestrebt ist.

Von großer Bedeutung für das landwirtschaftliche Berufsleben neben den landwirtschaftlichen Vereinen haben sich endlich die landwirtschaftlichen Genossenschaften erwiesen; ja es bedeutet geradezu einen Markstein in der Geschichte der Landwirtschaft, als der Gedanke der „Vergesellschaftung im Erwerb" von den Städten aus mehr und mehr Wurzeln auch in den Dorfgemeinden schlug und entsprechend der mannigfachen Verzweigung des landwirtschaftlichen Gewerbes zu einer großen Mannigfaltigkeit von Einzelbildungen (Genossenschaften) sich verdichtete. Als solche neuzeitliche Schöpfungen sind insbesondere die der Befriedigung des Kreditbedürfnisses dienenden ländlichen Kreditvereine (Darlehenskassen), ferner die Einkaufs- und Verkaufsgenossenschaften (ländliche Konsumvereine) zu nennen, von denen noch später näher zu reden sein wird. An dieser Stelle kann die allgemeine Bemerkung genügen, daß durch diese neuzeitlichen Genossenschaften nicht etwa nur das wirtschaftliche Erwerbsleben, sondern auch das geistige und sittliche Sein der im Bereich der Genossenschaft thätigen Mitglieder in günstigem Sinne beeinflußt worden ist. Und zwar nicht bloß deshalb, weil für den Fortschritt in geistiger und sittlicher Hinsicht die Emporhebung zu einer höheren Stufe wirtschaftlichen Wohlbefindens stets regelmäßige Voraussetzung sein wird, sondern auch, weil die Zugehörigkeit zur Genossenschaft und das Arbeiten in ihr und für sie eine Schule der Selbstzucht, der opferwilligen Hingabe und des Gemeinsinns ist und weil das genossenschaftliche Zusammenwirken auf die Genossen

4*

wie ein verstärkter Ansporn zur Entfaltung von Betriebsamkeit und geschäftlicher Intelligenz einwirkt. Die Aussicht, durch vereinte Kraft wirtschaftliche Ergebnisse zu erzielen, auf die der Einzelne in seiner Isoliertheit verzichten müßte, hebt zugleich mächtig das Selbstbewußtsein und das Vertrauen auf die eigene Kraft. Länger als in anderen Erwerbsständen der Fall, ist die breite Masse der grundbesitzenden Bevölkerung in einem Zustand wirtschaftlicher und socialer Abhängigkeit festgehalten worden, deren nachteilige Wirkungen auch nach erfolgtem Abschluß des bäuerlichen Befreiungswerks und der Ablösungsgesetzgebung noch geraume Zeit sich geltend machten; und mehr als die anderen Erwerbsstände steht die bäuerliche Bevölkerung im Bann der Tradition und damit des Vorurteils und des Mißtrauens gegen Fremdes und Neues, auch wenn es besser ist als das Alte. In beiden Richtungen verheißt das Genossenschaftswesen bedeutungsvoll zu werden, indem es zu größerer wirtschaftlicher Selbständigkeit erzieht und wirksam die Lehre predigt, daß die Erwerbsstände nicht alle Hilfe von außen her, durch den Staat, seine Gesetzgebung und seine Verwaltungsthätigkeit erwarten sollen, sondern daß jeder Einzelne zunächst sich selber verantwortlich bleibt für die Folgen seines Thuns und Lassens, und indem es weiter der indolenten Selbstgenügsamkeit mit dem Bestehenden durch das gelungene Beispiel wirtschaftlicher Erfolge siegreich entgegentritt. So wird die in dem Agrarrecht und der Agrarpflege sich verkörpernde Staatshilfe gerade durch die im Genossenschaftswesen sich bethätigende Selbsthilfe in wirksamster, aber auch notwendiger Weise ergänzt, da schließlich jede noch so schöpferische Agrarpolitik ohne die werkthätige Mitarbeit des Landvolks leerer Schall bleiben müßte.

Wie sehr nun auch, gerade in Deutschland, das Genossenschaftswesen in den letzten Jahrzehnten eine erfreuliche Entwickelung aufweist, so zeigt doch die verhältnismäßige Langsamkeit dieser Entwickelung, daß die ländliche Bevölkerung für das Wesen des genossenschaftlichen Zusammenarbeitens recht eigentlich zu erziehen ist, und daß, ehe der Genossenschaftsgedanke zu einem das ganze Berufsleben beherrschenden Faktor werden kann, vor allem gewisse, dem Genossenschaftswesen hemmend entgegentretende Charaktereigenschaften zumal der bäuerlichen Elemente: Vorurteil und nörgelnde Besserwisserei, Mißtrauen gegen die eigenen Standesgenossen und Besorgnis vor Übervorteilung, Mangel an opferwilliger Hingabe für die gemeinsamen Standesinteressen — langsam überwunden werden müssen. Mit Machtworten der Gesetzgebung ist ein Erfolg auf diesem Gebiet am allerwenigsten auszurichten, und der in einem Nachbarstaat (Österreich) bestandene Plan, auf gesetzgeberischem Wege Zwangsgenossenschaften des Grundbesitzes zu schaffen, muß so lange als ein verfrühter erscheinen, so lange nicht die ländliche Bevölkerung in ihrer Mehrheit von dem Genossenschaftsgedanken lebendig

§ 13. Die korporative Organisation der Landwirtschaft ꝛc.

erfüllt und deshalb gewillt und befähigt ist, innerhalb des Rahmens der Zwangsgenossenschaft die ihr angesonnenen Aufgaben auch wirklich zu erfüllen. Die korporative Verfassung des Grundbesitzes auf dem Wege der Gesetzgebung behufs Lösung der verschiedenen für das Erwerbsleben der Landwirte wichtigen Aufgaben im Bereich der Technik des Betriebs, des Kredit- und Versicherungswesens, des Einkauf- und Absatzwesens muß zwar als Endziel der jetzigen genossenschaftlichen Bewegung gelten, da die dermalige Vielheit und Buntscheckigkeit der Einzelgenossenschaftsbildungen und des landw. Vereinswesens, die die einzelnen Landwirte nötigt, zwei, drei und mehr Genossenschaften oder Vereinen anzugehören, unmöglich dauernd befriedigen kann. Und erst innerhalb einer korporativen Verfassung des gesamten Grundbesitzes des Einzelstaats mit Bezirks- und lokaler Gliederung wird der fruchtbringende und schöpferische Gedanke der Association zur vollen Entfaltung kommen, wird der Grundbesitz die Fähigkeit und die Kraft zur selbständigen besseren Verwaltung seiner wirtschaftlichen Angelegenheiten und der nachdrücklichen Vertretung seiner Interessen finden können. Ein erfolgversprechender Ansatz zu solcher korporativen Verfassung ist mit Schaffung von Landwirtschaftskammern in Preußen gemacht worden, die auf Grund des Gesetzes vom 30. Juni 1894 in den meisten preußischen Provinzen an die Stelle der ehemaligen landwirtschaftlichen Provinzialvereine getreten sind und von den älteren landwirtschaftlichen Vereinen außer durch ihre straffere Organisation sich insbesondere auch dadurch unterscheiden, daß sie innerhalb gewisser Grenzen das Recht zur Umlageerhebung zugewiesen erhalten haben. Das Wirken der Landwirtschaftskammern wird um so erfolgreicher sich gestalten, in je engerer Fühlung dieselben mit den durch ihre Gründung organisationsmäßig nicht berührten lokalen landwirtschaftlichen Vereinen und Genossenschaften sich halten und deren Aufgaben und Ziele in verständnisvoller Weise zu fördern sich bemühen.

Übrigens ist nicht zu vergessen, daß eine sehr naturgemäße Vertreterin der gemeinsamen Standes- und Berufsinteressen der grundbesitzenden Bevölkerung die Dorfgemeinde selber ist, wie denn in der That viele Jahrhunderte hindurch gerade die Dorfgemeinde es war, die mit ihrer die Wirtschaftsführung der einzelnen Dorfgenossen streng regelnden Verfassung „einen kleinen, eigenartigen Staat mit selbstgeübtem Recht" gebildet und für die Entwickelung des Bewußtseins bürgerlicher Sitte und Gesetzlichkeit wie wirtschaftlicher Ordnung und Einsicht sich förderlich erwiesen hat. Die neuere Zeit hat zwar die ehemalige Autonomie der Dorfgemeinden in ihrer Eigenschaft als „Genossenschaften zum Landesanbau und zur Landesnutzung" in der Ordnung des örtlichen Wirtschaftsrechts beseitigt oder ihr doch verhältnismäßig enge Grenzen gesetzt, aber noch immer ist die Gemeinde als solche in erster Reihe eine Gemeinschaft zur Förderung der wirtschaftlichen Zwecke ihrer Angehörigen. Und zwar kommt diese wirtschaftliche Thätigkeit der Gemeinde nicht etwa nur in der Anlage und Unterhaltung von Wegen und Wasserläufen, in der Ordnung und Handhabung der Feldpolizei und der Bestellung der Feldhut, in der Verwaltung des Gemeinde= und Allmendvermögens, sondern auch in weitergreifenden Veranstaltungen: Anstellung von männlichem Zuchtmaterial für die Viehzuchtzwecke der Gemeindeangehörigen, Vermittelung von Absatzgelegenheiten (Vieh=, Frucht= und Obstmärkten), Darbietung von Einrichtungen zur Förderung des Handels und Wandels (Anstellung von Gemeindewagen und Gemeinderossen, Errichtung von Weinkellern zur gemeinsamen Lagerung von Most und Wein, Errichtung von Viehleihkassen, Sparkassen, Volksbibliotheken ꝛc.) zum Ausdruck. Freilich ist im Laufe der Zeit vielen Landgemeinden die wünschenswerte Einsicht in diese Seite der Gemeindeverwaltungsthätigkeit entschwunden und — teilweise im Zusammenhang mit den aus anderen Ursachen gestiegenen Ansprüchen an die steuerlichen Leistungen der Gemeindegenossen (für Schulzwecke, Gesundheitszwecke ꝛc.) — allmählich eine ängstliche Zurückhaltung wirtschaftlichen Aufgaben gegenüber eingetreten, die sich für die Weiterentwickelung dieser Gemeinwesen keineswegs nützlich erwiesen hat. Vielfach ist ein Wirken der Dorfgemeinde im Interesse der ihr angehörenden landwirtschaftlichen Grundbesitzer mit der Zeit freilich auch deshalb erschwert worden, weil die Bevölkerung sich mit anderen Elementen — Handwerkern, Industriellen, Kaufleuten, Arbeitern — mischte und diese ebenfalls steuerzahlenden Elemente der Verwendung von Gemeindemitteln im einseitigen Interesse eines einzelnen Berufsstandes naturgemäß widerstreben. Immerhin muß daran festgehalten werden, daß in der Dorfgemeinde als solcher der natürlichste Verband der Grundbesitzer für Förderung ihrer Wirtschaftszwecke gegeben ist, und es bleibt daher zu wünschen, insbesondere so lange es nicht zu einer korporativen Verfassung der Grundbesitzer kommt, daß, ehe man zur Bildung besonderer Vereinigungen für wirtschaftliche Zwecke schreitet, stets erwogen werde, ob nicht das Ziel einfacher, rascher, mit geringerem Aufwand an Zeit und Geld, in Anlehnung an die gegebenen Organe der Gemeindeverwaltung, nötigenfalls unter Aufbringung des Aufwands im Wege der Kostenrepartition (Vorausbeiträge) unter die die betreffende Einrichtung Benutzenden (statt im Wege der geordneten Steuererhebung), erreicht werden kann.

Mit dem Wesen jeder Interessenvertretung, nicht bloß der landwirtschaftlichen, hängt es wie Ursache und Wirkung zusammen, daß in den der Wahrung der standschaftlichen Interessen dienenden Vereinen und Körperschaften sich mitunter eine gewisse Ausschließlichkeit der Ziele und Forderungen geltend macht, namentlich bei Erörterung von Fragen, die das Gebiet der allgemeinen Wirtschaftspolitik (Steuer=, Zoll=, Währungsfragen ꝛc.) berühren. Die unverblümte und rückhaltlose Geltendmachung der eigenen Berufsinteressen ist aber an sich etwas Naturgemäßes und die Beschaffung der Möglichkeit hierzu jedenfalls politisch

§ 13. Der Staat und die landwirtschaftliche Interessenvertretung ꝛc. 55

klüger und heilsamer für den Staat, als die geflissentliche Ignorierung von Übelständen oder eine systematische Schönfärberei. Auch ist in konstitutionellen Staaten mit einer geordneten parlamentarischen Vertretung im allgemeinen nicht zu besorgen, daß unter dem Einfluß einer einseitigen und rücksichtslos ihre Ziele verfolgenden Interessenvertretung nachhaltig eine Regierungsweise Platz greife, die als eine dem Wohl des Staatsganzen nicht entsprechende Politik von Sonderinteressen einzelner Berufsstände sich darstellt. Der aus freihändlerischen Kreisen nicht selten gegen die landwirtschaftlichen Interessenvertretungskörper gerichtete Vorhalt, daß sie gewohnheitsmäßig für die Verfolgung einseitiger agrarischer Interessen mit Hintansetzung anderer berechtigter Interessen ausgenützt würden, trifft in dieser Allgemeinheit keinesfalls zu. Vielmehr darf und muß anerkannt werden, daß die reformatorische Fort- und Umbildung des Agrarrechts und der Agrarpflege in gutem Sinn zu einem erheblichen Teil den wertvollen Anregungen und Anträgen der Vertreter des Grundbesitzes in diesen Körperschaften und der hingebungsvollen Arbeit dieser Körperschaften überhaupt zu verdanken ist. Auch haben die zunächst allerdings im eigenen Standesinteresse vertretenen Wünsche auf dem Gebiet der allgemeinen Wirtschaftspolitik doch auch zur Aufhellung und Klärung der hier einschlagenden vielumstrittenen Fragen wesentlich beigetragen und nicht in letzter Linie veranlaßt, daß die unter den Verhältnissen der Gegenwart für die mitteleuropäischen Völker unmögliche Politik des Freihandels mehr und mehr in eine solche eines maßvollen Zollschutzes sich umgewandelt hat. — Im übrigen ist es begreiflich, daß jede einseitige Interessenvertretung Gegendruck von anderer Seite hervorruft, und zwar um so kräftiger, je maßloser die Forderungen im gegebenen Fall sich darstellen und je empfindlicher durch sie andere Interessentenkreise — Industrie, Handwerk, Handel — berührt werden. Gewisse neuzeitliche Interessenvereinigungen, wie etwa der 1893 in Deutschland gebildete „Bund der Landwirte" oder einzelne Bauernvereine und deren Programme sind wohl an sich beachtenswert als symptomatische Erscheinungen dafür, daß in weiten Kreisen des Landvolks bestimmte Richtungen der allgemeinen Wirtschaftspolitik als beschwerend angesehen werden, können aber unter Umständen der landwirtschaftlichen Sache mehr schaden als nützen, weil und sofern eine in Übertreibungen sich ergebende agrarische Propaganda leicht auch berechtigte Forderungen diskreditiert oder doch der wirksamen Verfolgung solcher Abbruch thut. Daher mit einer maßvollen Vertretung der agrarischen Sonderinteressen, zumal in Staaten mit gemischt industriell-agrikolem Charakter, durch welche Art von Vertretung sich im großen und ganzen die seitherigen landwirtschaftlichen Interessenvertretungskörper ausgezeichnet haben, einer befriedigenden Fortentwicklung der agrarischen Verhältnisse sicher am meisten gedient ist, nicht aber mit lärmenden Aktionsprogrammen, die selten anders als mit schweren Enttäuschungen enden.

Zweites Kapitel.

Der Grund und Boden im Güterverkehr.

Beeinflussung des Güterverkehrs und der Grundeigentums=
verteilung durch die Gesetzgebung, insbesondere im Wege der
inneren Kolonisation und des landwirtschaftlichen Erbrechts.

§ 14. Allgemeinste Würdigung der für die Preisbildung des Grund und Bodens maßgebenden Faktoren.

Die natürliche Unterlage der landwirtschaftlichen Unternehmerthätig=
keit bildet der Grund und Boden, der unter der Einwirkung mensch=
licher Arbeit, erforderlichenfalls nach vorgenommener Herrichtung des
Bodens (Rodung, Ebnung, Entwässerung ꝛc.) genötigt wird, bestimmte
pflanzliche Stoffe in regelmäßiger Aufeinanderfolge zu liefern. Der Erfolg
der am und im Boden sich abspielenden Thätigkeit ist daher sehr wesent=
lich von der Beschaffenheit des Bodens und zwar sowohl seiner
physikalischen wie bodenchemischen Beschaffenheit bedingt. Zwischen den
Extremen der sehr fruchtbaren und der ganz unfruchtbaren Böden liegt
aber eine lange Reihe von Zwischengliedern mit fast unmerklichen Über=
gängen. Je weniger günstig die Böden sich darstellen, sei es in ihrer
physikalischen Beschaffenheit, wobei namentlich die Durchlässigkeit in Betracht
kommt, sei es in der Zusammensetzung der chemischen Bestandteile, wobei
namentlich das Vorkommen oder Fehlen von Kalk oder Phosphorsäure
zu erwähnen ist, um so einseitiger, je günstiger dagegen in physikalischer
und bodenchemischer Hinsicht die Böden sind, um so vielseitiger kann
sich die Benützungsweise gestalten; d. h. es giebt Böden, die wesentlich
nur auf Roggen, Hafer und Kartoffeln, nicht aber zugleich auf Gerste,
Weizen, Zuckerrüben genützt werden können; solche, auf denen die kleeartigen
Gewächse, und solche, auf denen diese nicht gedeihen; solche, die in be=
sonderem Maße für hochwertige Handelspflanzen wie Tabak und Hopfen
und wieder andere, die für die Obst= oder Rebkultur sich vorzugsweise
eignen.

Aus naheliegenden Gründen wird die landwirtschaftliche Berufs=
thätigkeit da vorteilhafter gebettet sein, wo die Beschaffenheit der Böden

§ 14. Allgemeinste Würdigung der für die Preisbildung maßgebenden Faktoren. 57

und die Gunst des Klimas eine Vielseitigkeit der landwirtschaftlichen Kultur ermöglicht; denn in diesem Fall schließt die Wirtschaftsweise eine Art Selbstversicherung nicht bloß gegenüber dem möglichen Ernteausfall einzelner Gewächse, sondern auch gegenüber der ungünstigen Preislage für das eine oder das andere Erzeugnis in sich; außerdem gewähren gute Böden überhaupt mehr Sicherheit für eine gewisse Gleichmäßigkeit der Ernten von Jahr zu Jahr als minder gute. Und unter solchen Gesichtspunkten der Möglichkeit des Anbaus wertvollerer Gewächse, der Möglichkeit einer vielseitigen Anbau- und Benützungsweise und der Möglichkeit des Bezugs gesicherter Ernten vollzieht sich die Wertschätzung des Bodens, und das Ergebnis dieser Wertschätzung sind die Bodenwerte, die daher, entsprechend der zahllosen Verschiedenheiten der Bodenqualität, sehr beträchtlich variieren und in einer langen Stufenleiter niedriger, mittlerer und hoher Wertziffern mit zahllosen Zwischengliedern zu Tage treten. Diese Variierung der Bodenwerte wird durch Verhältnisse und Beziehungen, die abseits der Bodenqualität liegen: regelmäßige oder unregelmäßige Form des einzelnen Grundstücks, Lage desselben zum Wirtschaftshof, leichte oder schwere Zugänglichkeit, Nähe oder Entferntheit des Marktorts, Art der Verbindung zu letzterem, Höhe der Überführungskosten der Produkte zum Markt (Land-, Eisenbahn-, Wasserfracht), bald in wertsteigernder, bald in wertmindernder Weise beeinflußt und hierdurch wiederum ein Grund für weitere zahllose Preisabstufungen geschaffen. Eine große Unterschiedlichkeit der Bodenwerte ist freilich immer erst auf entwickelteren Kulturstufen vorfindlich als Folge der kunstvolleren Bodentechnik, der weitgehenden Mannigfaltigkeit der Bodenbenützung und der Kompliziertheit der Absatzverhältnisse, während auf niedrigen Kulturstufen mit primitiven Anbauweisen beim Vorwalten einförmiger Bodenbenützung und einfach und fest abgegrenzter Absatzverhältnisse eine verhältnismäßig geringe Verschiedenheit der Bodenwerte zu Tage tritt. — Einen Boden nach seiner Ertragsfähigkeit und nach den für die Bodenbenützung und den Produktenabsatz maßgebenden Verhältnissen und Beziehungen richtig zu beurteilen und zu bewerten (zu taxieren), ist nach dem Gesagten eine schwierige Aufgabe, für die die wissenschaftlichen Grundlagen und die auf Erfahrung beruhenden Regeln zu liefern Sache der Taxationslehre ist, die deshalb einen besonders wichtigen Bestandteil des landwirtschaftlichen Unterrichtswesens darstellt, leider aber in ihrer Bedeutung von den praktisch ausübenden Landwirten noch immer zu wenig gewürdigt wird.

Der zahlenmäßige Ausdruck für die Bewertung (Taxation) eines Grundstücks oder Landguts ist dessen Tausch- (Verkehrs-) Wert oder Preis. Eine Preisbildung kann sich aber erst dann vollziehen, wenn und soweit Grundstücke und Landgüter Gegenstand von Verkehrsoperationen, also gekauft und verkauft werden, nicht also schon dann, wenn, wie bei der ersten Besiedelung eines Landes und geraume Zeit nachher,

Grund und Boden in Hülle und Fülle für die ersten Ansiedler und die unmittelbar nachrückenden Generationen zur Verfügung steht. In diesen Zeiten kann man wohl von einer Verschiedenheit des Gebrauchswerts des Bodens, hingesehen auf das verschiedene Maß seiner Erträglichkeit, sprechen, der Tausch- (Markt-) Wert ist aber gewissermaßen noch gebunden. Um ihn aus dieser Gebundenheit zu lösen, bedarf es einer Nachfrage nach Grund und Boden vonseiten solcher, die sich in den Besitz von Land setzen wollen, und des Angebots entsprechender Grundstücke vonseiten der seitherigen Besitzer. Nun werden zwar für die Größe der Preisbemessung die oben erwähnten, dem Gebrauchswert des Grundstücks oder Landguts entnommenen Wertschätzungen in erster Reihe, aber doch keineswegs endgiltig maßgebend sein: denn ein sehr dringlicher Begehr nach Land kann Veranlassung werden, einen **über den inneren Gebrauchs- oder Ertragswert hinausgehenden Preis** anzubieten, und umgekehrt kann eine dringliche Veranlassung zum Verkauf auf seiten des bisherigen Besitzers diesen veranlassen, mit einem **unter dem Ertragswert bleibenden Preis** sich zu begnügen. Die wechselnden Verhältnisse von Angebot und Nachfrage bedingen also bald größere, bald geringere Abweichungen von dem normalen, durch den Gebrauchs- (Ertrags-) Wert bestimmten Preispunkt, d. h. es können, sobald der Grund und Boden Gegenstand des Marktverkehrs geworden ist, nach dem jeweiligen Verhältnis von Angebot und Nachfrage sowohl Unterzahlungen als Überzahlungen eintreten. Diese unvermeidliche Abhängigkeit der Bodenpreisbildung von dem Verhältnis des Bodenangebots einer-, der Bodennachfrage andererseits ist wohl zu beachten, weil hierdurch für die Preisbildung ein Element wirksam wird, das mit dem inneren Gebrauchs- oder Ertragswert des Bodens lediglich nichts zu thun hat.

Wird zunächst von diesen, durch das Verhältnis von Nachfrage und Angebot bedingten Abweichungen von dem inneren Wert abgesehen, so stellt sich der Geldwert oder Preis eines Grundstücks oder Landguts als der kapitalisierte Betrag der aus demselben zu ziehenden reinen Jahresnutzungen dar; die Kapitalisierungsziffer selber aber richtet sich nach der Größe des Leihzinses der verleihbaren Geldkapitalien. Wäre der reine Nutzungswert eines Landguts 5000 Mk. und der Zinsfuß von Leihkapitalien betrüge 5 %, so würde als Kapitalisierungsziffer sich die Zahl 20 ergeben, und der Verkäufer erhielte als Kaufpreis 20 × 5000 Mk. = 100 000 Mk., welches Grundkapital ihm die seitherige Rente von 5000 Mk. sichert; wäre aber der Zinsfuß nur 4 %, so müßte der Verkäufer statt 100 000 Mk. einen Kaufpreis von (25 × 5000 =) 125 000 Mk. beanspruchen, um sich auch fernerhin in Genuß einer Rente von 5000 Mk. zu setzen. Hieraus ergiebt sich also ein weiteres Abhängigkeitsmoment für die Bodenpreisbildung, das in der jeweiligen Höhe des Zinsfußes für Leihkapitalien begründet ist, und das seine Wirkung in der Weise geltend macht, daß

§ 15. Die Abweichungen des Verkehrswertes von dem Ertragswert.

mit dem Steigen des Zinsfußes der Geldkapitalwert des Grund und Bodens sich verringert, mit dem Sinken des Zinsfußes dagegen sich erhöht. Auch dieses für die Bodenpreisbildung wichtige Moment ist wohl zu beachten: denn es hat Veränderungen in dem Geldkapitalwert des Bodens im Gefolge, denen der jeweilige Besitzer völlig einflußlos gegenübersteht, das also ohne des Letzteren Zuthun bald vermögensbereichernd, bald vermögensmindernd wirkt und infolge hiervon auch die jeweilige Beleihungsfähigkeit des Bodens erweitert oder einengt.

Diese Betrachtungen zeigen also, daß sich zwar in einem gegebenen Zeitpunkt und unter gegebenen Wirtschaftsverhältnissen für jedes Grundstück ein ganz bestimmter, wesentlich durch Ertragsfähigkeit und Lage zum Marktort gegebener Gebrauchswert im Verhältnis zum Gebrauchswert anderer Grundstücke feststellen läßt, daß aber der diesem Gebrauchswert entsprechende Geldkapitalwert (Verkehrswert, Preis) keineswegs ein unveränderlicher ist, vielmehr dem Schwanken des Zinsfußes auf dem allgemeinen Geldmarkt zu folgen gezwungen ist, und daß daneben auf die Höhe des jeweiligen Bodenpreises oder Verkehrswerts alle jene zahlreichen und häufig schwer erkennbaren Einflüsse sich wirksam erweisen, die durch die, orts- und zeitweise in den denkbar verschiedensten Stärkegraden auftretenden Verhältnisse von Angebot und Nachfrage veranlaßt werden. Deshalb ist denn auch die Bodenpreisgestaltung so häufig Änderungen unterworfen, ohne daß sich Änderungen in dem Gebrauchs- oder Ertragswert des Bodens selber ergeben; und treten nicht selten Bodenpreise zu Tage, die so sehr im Widerspruch mit den Ertragswertverhältnissen stehen, daß sie nur aus den Verhältnissen von Nachfrage und Angebot auf dem Grundmarkt und anderweiten dabei thätigen besonderen Kräften oder Einflüssen erklärt werden können. Dies nachzuweisen, wird die Aufgabe des nächsten Paragraphen sein.

§ 15. Die Abweichungen des Verkehrswertes (Preises) des Grund und Bodens von dem Ertragswert.

Eine vergleichende Betrachtung der Güter- und Grundstückspreise innerhalb einer Gemarkung, sowie von Ort zu Ort und von Land zu Land zeigt, daß in befremdlichster Weise eine mehr oder minder große Verschiedenheit der Preise zu Tage tritt, ohne daß diese Verschiedenheit durch eine entsprechende Verschiedenheit der Bodenqualität, der Lage zum Markt und der anderen, die Reinerträgnisse beeinflussenden Thatbestände sich ohne weiteres erklären ließe. Ferner zeigt die geschichtliche Betrachtung, daß im Laufe der Zeit Steigerungen in dem Preis des Grund und Bodens sich vollziehen, die unmöglich durch die in derselben Zeit gestiegene Rentabilität der Güter allein veranlaßt sein können; ja daß diese Bodenpreissteigerung selbst dann noch sich fortsetzt, wenn durch

Sinken der Produktenpreise, Steigen der Erzeugungskosten die Rentabilität thatsächlich im Sinken begriffen ist. Die Fälle sind nicht selten, daß zu derselben Zeit in nebeneinanderliegenden Gemarkungen mit gleichen oder ähnlichen Bodenverhältnissen und gleichen oder ähnlichen Absatzverhältnissen die Preise für Acker- oder Wiesland zwischen 2000 und 3000 Mk. pro Hektar schwanken. Auch konnte man lesen, daß ein Gut in Holstein im Laufe dieses Jahrhunderts zu folgenden Preisen umgesetzt wurde: 1819 zu 84 000 Mk., 1852 dagegen zu 260 000 Mk., 1862 zu 510 000 Mk., 1871 zu 855 000 Mk., d. h. es ist in diesem Beispiel die Preisbewegung nach oben, bezogen auf den Preis von 1819, in den angegebenen Jahren mit den Prozentzahlen 285,5, 607,1, 1017,8 zum Ausdruck gekommen. Nun ist aber gewiß einleuchtend, daß weder die in den obenerwähnten Fällen zu Tage tretende Preisdifferenz von 50 %, bei verschiedenen Grundstücken derselben Bodenqualität, die in der gleichen Zeit zum Verkauf kamen, noch die an einem und demselben Anwesen im Laufe dieses Jahrhunderts in dem zweitangeführten Beispiel zu Tage getretene, bis zu 1000 %, aufsteigende Wertsteigerung aus der örtlichen oder zeitlichen Verschiedenheit der Ertragsverhältnisse erklärbar ist. Man hat es also hier mit unregelmäßigen, „anormalen", d. h. ohne genügende Rücksicht auf den thatsächlichen Bodenreinertrag verwirklichten Preisbildungen zu thun. Und das Vorhandensein solcher anormaler Preisbildungen wird vielleicht sinnfälliger noch als durch die oben gewählten Beispiele durch die Thatsache außer Zweifel gesetzt, daß in Gegenden mit geringen Boden- und ungünstigen Klimaverhältnissen häufig gleich hohe, ja selbst höhere Bodenpreise sich eingebürgert haben als in günstiger situierten Gegenden.

Die Ursachen dieser anormalen Preisbildungen, d. h. des Abspringens des laufenden Verkehrswertes des Grund und Bodens von dem kapitalisierten Wert des mittleren Reinertrags (Gebrauchs- oder Ertragswert) zu erörtern und aufzudecken ist wichtig; denn wenn, wie die späteren Betrachtungen über die Verschuldung zeigen werden, ein empfindlicher, unter Umständen gefährlicher Verschuldungsstand gerade auch mit diesen anormalen Preisbildungen wie Wirkung und Ursache zusammenhängt, so wird man in der Aufdeckung dieser Ursache zugleich ein wichtiges Mittel zur Beseitigung eines Teils der Verschuldungsursachen selber gefunden haben. Als Ursachen anormaler Preisbildungen und damit zugleich als Ursachen der zeitweise auftretenden empfindlichen Bodenverschuldung sind aber namentlich die folgenden zu erwähnen:

1. Die Wertabschätzung eines einzelnen landwirtschaftlichen Grundstückes oder gar eines ganzen landwirtschaftlichen Anwesens nach seinen mittleren Reinerträgen, d. i. die Ermittelung des Reinertragswertes vollzieht sich nicht so leicht und einfach wie etwa die eines städtischen Mietsgebäudes; im Gegenteil erfordert die Ermittelung des durchschnittlichen Wertes und des nach Abzug aller auf dem landwirtschaftlichen Betrieb lastenden Ausgaben sich ergebenden Reinertrages große Sachkenntnis und

§ 15. Die Abweichungen des Verkehrswertes von dem Ertragswert. 61

Erfahrung, und zwar wegen der Schwierigkeit der zuverlässigen Feststellung der Bodenbonität und der daraus sich ergebenden mittleren Ernte-
ziffern sowie der von Ort zu Ort und von Gegend zu Gegend nicht selten
beträchtlich variierenden Erzeugungskosten. Irrungen sind daher, zumal
beim Mangel einer exakten landwirtschaftlichen Buchführung, der selbst bei
großen Gütern zu beobachten ist, keineswegs ausgeschlossen, nicht einmal
bei eigentlichen Taxations-Sachverständigen, geschweige denn bei der
großen Anzahl von Angehörigen des landwirtschaftlichen Berufs aus den
Kreisen des kleineren, mittleren und größeren Grundbesitzes, die bei Erwerb von Grund und Boden, ohne mit den Elementen der Taxationslehre näher vertraut zu sein, auf ihr eigenes, häufig recht wenig sach-
verständiges Urteil sich zu verlassen pflegen. Oberflächliche Beurteilung und mangelnde Sachkenntnis, willkürliche Übertragung
von sog. Erfahrungszahlen auf bestimmte Bodenobjekte, während
doch diese letzteren vermöge ihrer besonderen Beschaffenheit oder Lage eine
Korrektur jener Erfahrungszahlen unbedingt erheischen würden, verleiten
daher manchmal zu Wertfeststellungen, die von der Wirklichkeit — sei es
nach unten oder nach oben — mehr oder weniger beträchtlich abweichen.

2. Neben Irrungen der vorerwähnten Art tritt sehr häufig als ein
die Richtigkeit der Schätzung beeinträchtigender Faktor die Neigung
zur Verallgemeinerung einzelner ausgezeichneter Betriebsergeb-
nisse auf; d. h. der Käufer ist versucht, aus der Thatsache, daß in einem
oder mehreren bekannten Einzelfällen eine ungewöhnlich hohe Rente erzielt
wurde, den Schluß zu ziehen, daß eine solche Ausnahmsrente die Regel
bildet, während sie vielleicht doch nur als Folge des Zusammentreffens
besonders glücklicher Umstände — z. B. vorzügliches technisches und
ökonomisches Geschick, große Betriebskapitalkraft eines bestimmten Guts-
leiters — sich darstellt. Auch wird nicht selten übersehen, daß technische
Betriebsfortschritte, deren geschickte Aneignung höhere Reinerträgnisse im
Gefolge zu haben pflegt, nicht auf allen Bodenarten mit gleichem Erfolg
in Anwendung gebracht werden können, oder daß die Vorbedingung solcher
Betriebsfortschritte oder die Einführung besonders rentabler Kulturen auf
manchen Böden eine vorherige kostspielige Melioration zur Voraussetzung
hat. Zwischen der Möglichkeit von rentensteigernden Betriebs-
fortschritten, zu der durch die Landwirtschaftslehre der Weg erschlossen
worden ist, und der thatsächlichen Verwirklichung solcher renten-
steigernder Betriebsfortschritte erhebt sich deshalb manchmal eine unübersteigbare Scheidewand, sei es, daß der Grund hierfür in der einer
besonders intensiven Bodenkultur hinderlichen Bodenbeschaffenheit, sei es,
daß er in der mangelnden Betriebskapitalkraft des Besitzers und der daraus
sich ergebenden Unmöglichkeit der ausreichenden Meliorierung des Bodens
wurzelt. Solche unzulässigen Verallgemeinerungen erzielter Be-
triebsergebnisse als Folge möglicher Betriebsfortschritte in Verbindung
mit einer optimistischen Überschätzung der eigenen Unternehmer-

thätigkeit bilden danach eine zweite Quelle für Irrungen in der Bodenbewertung und äußern sich in Überzahlungen, d. i. in der Bewilligung von Bodenpreisen, hinter denen die thatsächlich zu erzielende Bodenrente mehr oder weniger beträchtlich zurückbleibt.

3. Ebenso wird gar nicht selten eine im Gebiet der Bodenproduktion sich einstellende günstige Konjunktur als Folge gestiegener Produktenpreise insofern überschätzt, als diese günstige Konjunktur als eine dauernde und die dieser Gunst zu Grunde liegenden Tendenzen als nachhaltig wirksam angesehen werden. Eine solche Überschätzung der augenblicklichen Absatzkonjunkturen und die Irrungen über die mutmaßliche Dauer derselben sind gerade in den letzten Jahrzehnten zur wirksamsten Ursache anormaler Preisbildungen auf dem Grundmarkt geworden. D. h. die Notlage, in der sich zahlreiche Besitzer von Gütern in allen Teilen Deutschlands heute befinden, hat zu einem wesentlichen Teil darin ihren Grund, daß das erhebliche Steigen der Getreide- und anderer Produktenpreise in den sechziger und anfangs der siebenziger Jahre, gegendenweise auch die wachsende Rentabilität einzelner Specialkulturen, wie namentlich des Zuckerrübenbaues, des Tabak- und des Hopfenbaues, und die Annahme des Verharrens in dieser Preislage oder gar weiteren Steigens der Produktenpreise zur Bewilligung ungewöhnlich hoher Bodenpreise geführt hat, deren Unvereinbarkeit mit dem durchschnittlichen, d. i. den Preisverhältnissen einer längeren Periode entsprechenden Ertragswert hinterher und in dem Augenblick aufs grellste zu Tage treten mußte, als die Produktenpreisbewegung nach oben plötzlich zum Stillstand kam oder gar, wie inzwischen geschehen, sich ins Gegenteil verkehrte. In diesen Fällen darf man also wohl von einer durch falsche Spekulation veranlaßten Bodenüberzahlung sprechen, die für die letzten Käufer, in deren Händen das Anwesen schließlich verblieben ist, namentlich dann ihre empfindliche und unter Umständen gefahrdrohende Wirkung ausüben wird, wenn, wie es doch die Regel bildet, die Kaufpreise nicht bar erlegt, sondern zum größeren Teil (bis zur Hälfte, zwei Drittel) hypothekarisch eingetragen worden sind.

4. Neben solchen Irrungen und Fehlschlägen in der spekulativen Bewertung der näheren oder ferneren Zukunft treten als preissteigernde Faktoren jene unwägbaren und unmeßbaren Regungen des Seelenlebens auf, die sich bei dem Begehr um Grund und Boden wegen der mit dessen Besitz verknüpften socialen oder politischen Vorteile in oft sehr exaltierter Weise geltend machen. Mittel- und Großbauern z. B. verstärken die Nachfrage auf dem Grundmarkte sehr häufig, nicht sowohl deshalb, weil ihr Besitz an sich unzureichend wäre, als weil sie die Behauptung des standesmäßigen Ansehens in der Gemeinde überlieferungsgemäß mehr mit einem möglichst großen als mit einem besonders sorgfältig bewirtschafteten, wenn schon kleineren Besitz in Verbindung zu setzen gewohnt sind. Auch Vertreter des größten Grundbesitzes

§ 15. Die Abweichungen des Verkehrswertes von dem Ertragswert. 63

und Angehörige der geldkapitalistischen Kreise beteiligen sich nicht selten mit ihrer meist sehr zahlungsfähigen Nachfrage auf dem Grund= markt, weil sie von solchen Käufen eine Verstärkung ihrer sozialen Stellung oder ihres politischen Einflusses erhoffen, oder weil sie die An= lage von Geldkapitalien in Grund und Boden als eine besonders ge= sicherte ansehen. Aber gerade in diesen Kreisen tritt, gegenüber der mit dem Erwerb eines größeren Grundbesitzes verknüpften sozialen oder politischen Machtstellung, die Frage nach der mutmaßlichen Rentabilität oft gänzlich zurück, und es werden infolgedessen Preise bewilligt, die den kapitalisierten Reinertragswert um ein Beträchtliches übersteigen. So ungefährlich nun auch in vielen dieser vorgenannten Fälle die thatsächliche Überzahlung des Grund und Bodens für die einzelnen Käufer sein mag, so bleibt doch das allgemeine Urteil über die Höhe des Boden= werts von solchen Vorgängen auf dem Grundmarkt nicht un= berührt; denn diese thatsächlichen Überzahlungen können sehr wohl die Meinungen und Ansichten über den inneren Bodenwert im Sinn einer Überschätzung des letzteren, also irrig, beeinflussen und viele Angehörige des landwirtschaftlichen Berufsstandes verleiten, ähnlich hohe Bodenpreise zu zahlen, obwohl sie, angewiesen auf die Erträgnisse des zu erwerbenden Gutes und nicht im Besitz überreichlicher Mittel, allen Anlaß hätten, mehr als den kapitalisierten Reinertrag n i c h t zu bewilligen. Die oben unter Ziffer 1, 2 und 3 erwähnten Sünden, die so oft beim Ankauf von Grund und Boden unterlaufen, sollten daher schon deshalb zu ver= meiden gesucht werden, weil die t h a t s ä c h l i c h e Gestaltung der Boden= preise in einer Reihe von Fällen aus den vorstehend erwähnten Gründen häufig eine i r r e l e i t e n d e ist. Die Mahnung zur Bethätigung größter Vorsicht beim Ankauf von Grund und Boden kann des= halb, gerade weil sie in den letzten Jahrzehnten so oft ungehört verhallt ist und der Zusammenbruch einer Reihe von landwirtschaftlichen Existenzen in letzter Linie in der Bewilligung unverständig hoher Kaufpreise wurzelt, nicht eindringlich genug wiederholt werden.

5. Die eben erwähnten besonderen seelischen Einflüsse, die zeit= und gegendweise eine besonders lebhafte Nachfrage nach Grund und Boden zeitigen, werden übrigens nur dann ganz verständlich, wenn man sich vergegenwärtigt, daß der Grund und Boden zu den u n v e r m e h r= b a r e n P r o d u k t i o n s m i t t e l n zählt und daß er nebenbei eine Über= tragbarkeit von einem Ort auf den anderen nicht zuläßt, somit auch kein Mangel an Land an dem einen Ort durch Überfluß an einem anderen nicht oder doch nur auf dem Weg der Personenbewegung (Aus= wanderung, Ortssitzverlegung) ausgeglichen werden kann. Nun ist es aber ein bekanntes Gesetz der Preisbildung, daß bei unvermehrbaren Gütern für die Höhe des Preises die D r i n g l i c h k e i t der Nachfrage schließlich das entscheidende Moment ist; das rasche Ansteigen der Bau= grundstücke in aufblühenden Städten zu oft sinnloser Höhe bildet hierfür

ein schlagendes Beispiel. Man spricht in solchen Fällen von Seltenheits=, Not= oder Monopolpreisen, und auch bei landwirtschaftlich benutztem Grund und Boden werden daher die Preise die Neigung haben, die Eigenschaft von Seltenheits=, Not= oder Monopolpreisen anzunehmen, sobald die Bevölkerung allen Grund und Boden in thatsächlichen Besitz genommen hat und für die nachwachsenden Geschlechter die Möglichkeit, ebenfalls in den Besitz von solchem zu gelangen, mehr und mehr sich einengt. Auch ist klar, daß die besondere Art von Wertschätzung, die man dem Besitz am Grund und Boden in den verschiedenen socialen Schichten entgegenbringt, in gleichem Verhältnis steigen muß, als es schwierig wird, den Wünschen auf Anteilnahme am Grundbesitz Befriedigung zu verschaffen. Die in der vorausgegangenen Ziffer erwähnten wertsteigernden Tendenzen werden also in dichtbevölkerten Staaten bei stetig zunehmender Bevölkerungszahl besonders häufig in die Erscheinung treten; daher stehen in den dichtbevölkerten und teilweise übervölkerten Landgemeinden des südlichen Deutschland die Bodenpreise, unter sonst gleichen Verhältnissen der Bodenkultur, erheblich höher als in dem schwächer bevölkerten Norden, und differieren selbst im Süden von Gemarkung zu Gemarkung die Bodenpreise in einem höheren Prozentverhältnis, als durch die Verschiedenheit der Bonität, des Klimas ꝛc. gerechtfertigt wäre, Differenzen, die gar nicht anders als durch die Verschiedenheit der Dichtigkeit der Bevölkerung und die dadurch bedingte Verschiedenheit im Stärkegrad der Bodennachfrage sich erklären lassen. Am heftigsten pflegt die Bodennachfrage mit dem Gefolge ungewöhnlich hoher Bodenpreise da zu sein, wo Freiteilbarkeit besteht, die Anwesen also im Erbgang auseinanderfallen; denn da viele Wirte auf den im Erbweg verkleinerten Anwesen ihren Unterhalt nicht mehr finden, sind sie mit einer gewissen zwingenden Notwendigkeit auf die allmähliche Wiedervergrößerung des ihnen zugefallenen Besitztums angewiesen. Um jede dem Verkauf ausgesetzte Bodenparzelle wird also ein heißer Wettbewerb entbrennen und dieser „Landhunger" pflegt dann vor dem Ertragswert als äußerster Grenze des Bodenpreises selten Halt zu machen. Aus diesem Landhunger von Besitzern der im Erbweg verkleinerten Anwesen erklärt sich denn auch die an sich auffällige und bereits oben gestreifte Thatsache, daß Gemarkungen mit ungünstigen Boden= oder Klimaverhältnissen nicht selten höhere Bodenpreise aufweisen, als solche mit günstigeren Boden= oder Klimaverhältnissen; denn weil dort, wegen der geringeren Erträgnisse von der Flächeneinheit, zur Ernährung einer Familie eine größere Wirtschaftsfläche notwendig ist, so muß auch die Nachfrage nach Land in landwirtschaftlich ungünstiger situierten, aber stark bevölkerten oder übervölkerten Landesteilen im allgemeinen in dringlicherer Weise in die Erscheinung treten als anderwärts. — Die abenteuerlichsten Preisbildungen pflegen

§ 15. Die Abweichungen des Verkehrswertes von dem Ertragswert.

sich dann zu ergeben, wenn bestimmte Kulturarten, z. B. Wiesen, nur in sehr beschränktem Umfang in einer Gemarkung vertreten sind.

Die Gesamtheit der vorstehenden Betrachtungen ergiebt, daß die in dem Verhältnis von Angebot und Nachfrage nach Grund und Boden begründeten anomalen Preisbildungen in gewissem Sinn unabwendbar sind im Gegensatz zu denjenigen anomalen Preisbildungen, die durch unrichtige Bewertung, falsche Schlußfolgerungen und sonstige Irrungen vonseiten der Käufer veranlaßt werden. Und doch kann von einer gänzlichen Unabwendbarkeit der aus der Unvermehrbarkeit des Grund und Bodens für die Preisbildung entstehenden Gefahren nicht wohl gesprochen werden. Beispielsweise ist eine Abhilfe in dem regelmäßigen Abzug eines Teils der Bevölkerung aus den übervölkerten Landgemeinden in minder bevölkerte, sei es des Inlands oder des Auslands, gegeben; d. h. die Binnenwanderungen und die Wanderungen in das Ausland tragen sehr wesentlich dazu bei, die örtliche Nachfrage nach Land periodisch zu entlasten und die Boden-Preisbewegung in normalere Bahnen einzulenken, und eine planmäßige Auswanderungspolitik fällt daher unter diejenigen politischen Maßnahmen, die auch vom agrar-politischen Standpunkt aus kräftig zu vertreten sind. In der gleichen Richtung wohlthätig wirksam kann das Aufblühen von gewerblicher und Handelsthätigkeit wirken, weil nunmehr massenhaft Arbeitskräfte, die andernfalls landwirtschaftlich hätten thätig sein und die Nachfrage nach Land hätten verstärken müssen, in andere lohnende Beschäftigungsweisen, sei es in selbständiger, sei es in unselbständiger Stellung, abgezogen werden. In Ländern mit rasch wachsender Bevölkerung ist daher das Aufblühen von Industrie und Handel — von vielen anderen Gesichtspunkten abgesehen — gerade auch wegen der dadurch bedingten Entlastung der Bodennachfrage und der Hintanhaltung weiteren ungesunden Steigens der Bodenpreise besonders bedeutungsvoll, und es zeugt von geringem Verständnis für den inneren Zusammenhang der Dinge, wenn dieses Aufblühen gerade in agrarischen Kreisen so oft mit mißgünstigen Augen angesehen wird.

So unerwünscht nun auch für die nicht besitzenden, also auf den Besitzerwerb von Grund und Boden abhebenden Bevölkerungsteile es ist, wenn als Folge der relativen Seltenheit des Produktionsinstruments Boden, gewissermaßen naturgesetzlich, Bodenpreise sich ergeben, die den kapitalisierten Betrag des mittleren Reinertrags übersteigen, so mag ein Trost für diese Entwicklung der Dinge in der Betrachtung liegen, daß diese Tendenz zum Steigen der Bodenpreise auf die Dauer ein kulturschädliches, sondern ein kulturförderndes Element in sich schließt. Denn je höher die Kaufpreishingabe für ein bestimmtes Gut, um so stärker auch die Anforderungen, die an den Erwerber in Bezug auf geschickte Bewirtschaftung des Guts gestellt werden, um so dringlicher

Buchenberger. 5

die Notwendigkeit, die Kräfte des Bodens zur Hervorbringung organischer Substanz aufs äußerste anzuspannen, d. h. auf das Intensivste zu wirtschaften und durch diese intensive Hochkultur die Behauptung des Besitzes trotz eines hohen Anlagekapitals zu ermöglichen. Mit anderen Worten: niedrige Bodenpreise gehen in der Regel mit wenig sorgfältiger und meist extensiver, hohe Bodenpreise dagegen mit besonders sorgfältiger und denkbar arbeits- und kapitalintensiver Bodenkultur Hand in Hand. Ein Land mit stetig wachsender Bevölkerungsziffer bedarf aber, wenn es in Bezug auf Nahrungsmittelversorgung nicht schlechthin in Abhängigkeit von dritten Staaten kommen soll, einer stetig wachsenden Intensität der Bodenbewirtschaftung. Und vielleicht hat die Vorsehung kein wirksameres Erziehungs- und stetes Aneiferungsmittel, um in dieser Richtung thätig zu sein, gekannt, als jenes Gesetz der Bodenpreisbildung, das infolge der Unvermehrbarkeit des Bodens und seiner Eigenschaft als einer Seltenheitsware die Bodenpreise immer ein weniges über den bis dahin erreichten Rentabilitätspunkt hinauszuheben bestrebt ist und eben dadurch diejenige Reaktion des jeweiligen Besitzers hervorruft, die den Ausgleich für die Überzahlung auf dem Weg einer Steigerung der Rentabilität, d. h. gerade auf demjenigen Wege sucht, der dem allgemeinen Fortschritt der Menschheit am besten dient.

§ 16. Umfang des Verkehrs im Grund und Boden; Würdigung der Freiheit des Güterverkehrs; Statistik der Grundeigentumsverteilung.

Besitzesverschiebungen im Grund und Boden sind zu allen Zeiten und in allen Kulturstufen zu verzeichnen gewesen, aber in den älteren Zeiten waren doch solche Besitzesverschiebungen in Ermangelung lebhafteren Verkehrs im Grund und Boden nicht eben häufig. Besitzwechsel, wo sie vorkamen, hatten in jener älteren Zeit vorwiegend in Überschuldung, die zu freihändigen oder Zwangsverkäufen Veranlassung gab, oder in der Anheiratung von Gütern der Frau oder aber in den mit dem Tode des seitherigen Besitzers in Verbindung stehenden Besitzwechseln, also in Erbübergängen ihre verursachende Begründung. Daneben spielten — vom 15. Jahrhundert ab — mit dem Verfall der bäuerlichen Freiheit und dem Erstarken der grundherrlichen Gewalten zeitweise auch die Besitzentsetzungen bäuerlicher Wirte und die Einziehung ihrer Ländereien zum grundherrlichen Stammvermögen gegendweise eine namhafte Rolle. Im großen und ganzen aber wird sich ein umfangreicher Verkehr in landwirtschaftlichem Grund und Boden unter Lebenden in den meisten Teilen Deutschlands in älterer Zeit nicht abgespielt haben, und vom Ausgang des Mittelalters bis an die Schwelle unseres Jahrhunderts schon deshalb nicht, weil die Güter der Grundherren vermöge besonderen Familienrechts,

die bäuerlichen Güter aber vermöge der Eingliederung in die Grundherr=
lichkeitsverfassung regelmäßig weder im ganzen noch im einzelnen frei
veräußerlich waren.

Ein lebhafterer Verkehr im Grundeigentum entwickelte sich
naturgemäß erst dann, als in der ersten Hälfte dieses Jahrhunderts hin=
sichtlich der adligen Güter das strenge Familienfideikommißrecht der
älteren Zeit gemildert, in einzelnen Staaten auch ganz beseitigt und
betreffs der bäuerlichen Güter jede Art von Obereigentum aufgehoben
wurde und mit der Verleihung des vollen und freien Eigentums an dem
Besitz auch die seitherigen Schranken der Veräußerungsfreiheit fast überall
in Wegfall kamen; ferner als mit der Verkündigung des Grundsatzes der
bürgerlichen Gleichheit vor dem Gesetz der Erwerb größerer Güter (Ritter=
güter) nicht mehr ein Vorrecht der adligen Geschlechter verblieb; endlich
als mit der fast allenthalben erfolgten Aufhebung der strengen Formen
der alten Gebundenheit — gesetzliche Unteilbarkeit — überall die recht=
liche Möglichkeit bestand, neben ganzen landwirtschaftlichen Anwesen auch
Einzelgrundstücke dem Verkauf auszusetzen. Mit einem Wort: erst die
mit der Beseitigung der alten Grundherrlichkeits= und Grundeigentums=
verfassung Hand in Hand gehende **Mobilisierung des Grundeigen=
tums**, d. h. **die Freiheit des Bodenverkehrs** schuf die Voraussetzung
für einen umfangreicheren, lebhafteren Verkehr in landwirtschaftlichen
Grundstücken überhaupt.

Entgegen einer landläufigen Annahme ist nun aber festzustellen,
daß trotz der Freiheit des Güterverkehrs dieser niemals den Anlauf genommen
hat, sich ins schrankenlose zu entwickeln: die statistischen Ziffern
beweisen es, und jeder Kenner ländlicher Verhältnisse weiß es auch ohne
solche Ziffern, daß die jährlich durch Kauf und Verkauf umgesetzten
Liegenschaften immer nur einen kleinen Bruchteil der Gesamtfläche dar=
stellen. Dies ist auch sehr begreiflich; wer Grund und Boden besitzt,
pflegt ihn zäh festzuhalten und nur aus zwingenden Gründen sich seiner
zu entäußern; das trifft jedenfalls der Regel nach für den Bauernstand,
sicher auch für den größten Teil der dem mittleren und Großgrundbesitz
zugehörigen Kreise zu.

Die Freiheit des Güterverkehrs, d. h. die rechtlich bestehende
Möglichkeit, jederzeit und überall Grund und Boden zu verkaufen und
zu kaufen, auch über den liegenschaftlichen Besitz von Todeswegen inner=
halb der durch das Pflichtteilsrecht gezogenen Schranken zu verfügen, hat
zweifelsohne **volkswirtschaftlich und socialpolitisch** im großen und
ganzen nach den jetzt vorliegenden Erfahrungen eines Jahrhunderts über=
wiegend günstig gewirkt. In zahlreichen Fällen sind infolge jener
Möglichkeit Grundstücke und ganze landwirtschaftliche Anwesen in den
Besitz von Wirten gelangt, die dem landwirtschaftlichen Beruf ein be=
sonderes Verständnis und Geschick entgegenbrachten und zur Vervoll=
kommnung des landwirtschaftlichen Betriebs nach der technischen und be=

triebsökonomischen Seite wesentlich beigetragen haben. Dies trifft namentlich für den größeren und mittleren Grundbesitz zu, und viele Beispiele lassen sich dafür anführen, daß eine Menge von Fortschritten der Bodenkultur durch Landwirte, die sich aus nichtlandwirtschaftlichen Kreisen rekrutiert haben, herbeigeführt worden sind. Nicht immer ist eben derjenige, dem durch den Erbgang ein landwirtschaftliches Gut zugefallen ist, durch Neigung oder Geschick dazu berufen, ausübender Landwirt zu sein und der Aufgabe eines Landwirts mit Erfolg sich zu unterziehen. Auch für das landwirtschaftliche Gewerbe ist Blutauffrischung wünschenswert, und der oft gehörte Wunsch „von der Bewegung des besten Wirtes zum Gut" bliebe in vielen Fällen ohne die Freiheit des Güterverkehrs unerfüllbar. Hierzu kommt, daß die einmal gegebenen Größenverhältnisse der einzelnen landwirtschaftlichen Besitzungen vielfach das Produkt zufälliger Umstände sind und daß kein Bedürfnis besteht, diese Größenverhältnisse ein für allemal dauernd zu bewahren. Im Gegenteil kann der Fluß der wirtschaftlichen Entwickelung eine Verkleinerung der größeren und mittleren Güter häufig rätlich erscheinen lassen, beispielsweise wenn die Betriebskapitalkraft des gegebenen Besitzers gegenüber einem ererbten Besitz nicht ausreichend sich erweist, um das Gut in der durch die Zeitverhältnisse bedingten Intensität des Betriebes zu bewirtschaften. Auch der Mangel an Arbeitskräften oder die Höhe des Arbeitslohnes kann es überwiegend nützlich erscheinen lassen, größere und mittlere Güter durch Abtrennung einzelner Teile umtriebsfähiger zu machen; in vielen, ja den meisten Fällen hängt eben die Größe des Reinertrages nicht sowohl von dem Flächeninhalt des Anwesens, als von der Kapital- und Arbeitsintensität des Betriebes ab. Jedenfalls darf man, vom volkswirtschaftlichen Standpunkt der Neuzeit gemessen, die Pietät vor dem geschichtlich Überkommenen nicht so weit treiben, daß man um ihrenwillen die gegebenen Größenverhältnisse der Güter schlechthin unangetastet ließe, selbst um den Preis einer minder intensiven Wirtschaftsweise, die mit einer Minderproduktion von landwirtschaftlichen Erzeugnissen gleichbedeutend wäre. Endlich ist der social-politische Vorzug der möglichsten Zugänglichmachung der Anteilnahme am Besitz von Grund und Boden an weiteste Volkskreise nicht zu unterschätzen, worauf schon früher (§ 1) hingewiesen wurde; eine starre Bindung der einmal gegebenen Grundeigentumsverteilung würde neben der im Besitz befindlichen Grundbesitzerskaste ein eigentumsloses Landproletariat mit all den üblen Folgen, die ihm anhaften, schaffen und den Zug in die Großstädte vom flachen Lande weg ins ungemessene vermehren. Auch den bescheidensten Existenzen auf dem flachen Land sollte die Erwerbung eines Stückchens Boden rechtlich und thatsächlich nicht unmöglich gemacht sein; denn dieser Eintritt in die besitzende Klasse schleift vorhandene Gegensätze ab, ermöglicht ein weiteres Aufklimmen auf der socialen Stufenleiter, und

§ 16. Würdigung der Freiheit des Güterverkehrs.

die Aussicht des wirtschaftlichen Vorwärtskommens auf der eigenen Scholle erzeugt erst oder verstärkt doch jene wirtschaftlichen Tugenden des Fleißes und der Sparsamkeit, die eine wesentliche Vorbedingung auch der sittlichen Lebensführung bilden.

Als eine Schattenseite der Freiheit des Güterverkehrs hat man bezeichnet, daß die Anteilung der vorhandenen landwirtschaftlichen Anwesen in unwirtschaftlicher Weise sich vollziehen, also einerseits weitgehende Besitzzersplitterung („Pulverisierung" oder „Atomisierung" des Bodens), andererseits eine Häufung des Besitzes in der Hand einzelner Personen zu übergroßen Besitzungen (Latifundien) als schließliche Folge sich ergeben kann. An diesem Einwand ist soviel richtig, daß gegendenweise die Zerstückelung des Grund und Bodens — sowohl was einzelne Parzellen als ganze landwirtschaftliche Anwesen anlangt — weiter gediehen ist, als aus technischen Gründen oder aus Gründen der Behauptung eines selbständigen Nahrungsstandes erwünscht erscheint, und daß wiederum gegendenweise der übergroße Besitz eine zu weitgehende Ausdehnung auf Kosten des bäuerlichen Besitzes erfahren hat. Aber im großen und ganzen ist doch die Besitzverteilung in Deutschland auch heute noch und selbst in solchen Gebietsteilen, in denen seit Jahrhunderten eine große Bewegungsfreiheit im Grund- und Bodenverkehr Rechtens war, wie namentlich im Süden und Westen, eine gesunde, und hat sich namentlich die Besorgnis einer wohlstandgefährdenden Besitzzersplitterung als Folge der Freiheit des Güterverkehrs als übertrieben herausgestellt; freilich sind, was aber an sich nur zu begrüßen, heutzutage viel mehr Existenzen auf dem flachen Lande und Grundeigentümer, als je vordem der Fall war. In Deutschland wurden nach der Berufsstatistik von 1882 5,2 Millionen landwirtschaftliche Betriebe gezählt, welche 31,8 Millionen ha Land bewirtschafteten, und zwar wurden damals 3 061 831 Betriebe unter 2 ha (58 $^0/_0$ der Gesamtzahl) mit 1 825 938 ha Wirtschaftsfläche (5,7 $^0/_0$ der Gesamtfläche), ferner 2 189 522 Betriebe von 2—100 ha (41,5 $^0/_0$ aller) mit 22 256 771 ha (69,9 $^0/_0$ der Gesamtfläche), endlich 24 991 Betriebe über 100 ha (0,5 $^0/_0$ aller) mit 7 786 763 ha (24,4 $^0/_0$ der Gesamtfläche) ermittelt. Nahezu die Hälfte aller Betriebe entfällt also auf die zweite Besitzgruppe von 2—100 ha, d. h. auf den bäuerlichen Besitz, der an der landwirtschaftlichen Fläche mit fast drei Viertel beteiligt ist, und nur ein kleiner Teil der Wirtschaftsfläche ist in kleinste Parzellenbesitze (unter 2 ha) zersplittert (rund $^1/_{20}$). Aber jedenfalls darf man es als einen erheblichen gesellschaftlichen Vorteil erachten, daß rund 3 Millionen Menschen, die größtenteils Landarbeiter, zum kleineren Teil Fabrikarbeiter, Handwerker sind, an den Segnungen des Grundbesitzes teilnehmen. Scheidet man selbst die Gruppe von 2 bis 5 ha aus, weil zu einem Teil noch unselbständige, zu einem anderen Teil noch bäuerliche Zwergbetriebe enthaltend, so verbleiben als mittlere und größere bäuerliche Betriebe (von 5—20 ha und von 20 bis 100 ha) immer noch 1 208 115 (21,9 %, aller) mit einer Wirtschaftsfläche von 19 066 568 ha, die 59,9 % der gesamten landwirtschaftlichen Bodenfläche gleichkommt. Allerdings ist dieser wichtige Teil der bäuerlichen Betriebe in den einzelnen deutschen Staaten keineswegs gleichmäßig vertreten: am schwächsten in Mecklenburg, wo auf sie 34 %, am stärksten in Bayern, wo auf sie 80,4 % der Wirtschaftsfläche entfallen; in Preußen, Baden, Elsaß-Lothringen kommt die von dieser Besitzesgruppe (5—100 ha) bewirtschaftete Fläche dem Reichsdurchschnitt (59,9 %) ziemlich nahe; über dem Reichsdurchschnitt stehen, betreffs des Anteils dieser Gruppe an der Wirtschaftsfläche, außer Bayern insbesondere noch Sachsen (70,1 %), Württemberg (64,1 %), Hessen (62,0 %); auch in den kleineren mitteldeutschen Staaten überwiegen die mittel- und großbäuerlichen Betriebe.

Im allgemeinen läßt sich sagen, daß das Deutsche Reich etwa in der Linie der Elbe derart zweigeteilt ist, daß westlich der Elbe die kleineren und mittleren, östlich der Elbe die größeren Betriebe überwiegen. Der Großbesitz (über 100 ha) ist in den östlichen preußischen Provinzen, wo er bis zu 57 %, der gesamten landwirtschaftlichen Fläche einnimmt (Pommern), sowie in den beiden Mecklenburg (56 und 59 % der Fläche), der größere bäuerliche Besitz (20—100 ha) namentlich in Oldenburg, Braunschweig, sowie in den preußischen Provinzen Schleswig-Holstein, Hannover, Brandenburg, auch in Ost- und Westpreußen, der kleine und mittlere bäuerliche Besitz (2—20 ha) vorwiegend in Bayern, Sachsen, Württemberg, Baden, Hessen, Elsaß-Lothringen, der kleinste Besitz (unter 2 ha) namentlich in den 4 letztgenannten Staaten am stärksten vertreten.

§ 17. Polizeiliche und verwaltungsrechtliche Hemmungen der Freiheit des Grundeigentumsverkehrs; Stückschluß; gesetzliche Unteilbarkeit; Bekämpfung der Güterschlächterei.

Der Grundsatz der wirtschaftlichen Freiheit des Grundeigentumsverkehrs, wie er im Anfang des Jahrhunderts in Preußen durch die Stein-Hardenberg'sche Gesetzgebung und ähnlich in den meisten anderen deutschen Staaten verkündet und in die Wirklichkeit übersetzt wurde, hat neuerdings durch den Hinweis auf die Möglichkeit eines Mißbrauchs dieser Freiheit manche Bekämpfung erfahren. Nun ist zwar eine unzweifelhafte Thatsache, daß in einzelnen Gegenden, sei es durch freihändigen, durch Zwangsverkauf oder im Erbweg, landwirtschaftliche Anwesen und Einzelgrundstücke unter das Maß verkleinert worden sind, bei welchem eine auskömmliche Lebenshaltung oder eine vorteilhafte Bestellung noch möglich sich erweist, und daß in anderen Gegenden im Laufe dieses Jahrhunderts zahlreiche bäuerliche Betriebe ganz verschwunden sind, sei es, daß deren Zerschlagung auf dem Weg des spekulativen Güterhandels, sei es, daß deren Ankauf durch den privaten Großgrundbesitz oder durch andere kapitalkräftige, physische oder juristische Personen stattgefunden hat. Aber aus diesen an sich bedauerlichen Thatsachen kann ein hinreichender Beweisgrund für die Beseitigung der Freiheit des Güterverkehrs nicht abgeleitet werden, da man damit sich zugleich all der Vorzüge berauben würde, die inhaltlich der vorausgegangenen Betrachtungen mit dieser Freiheit des Güterverkehrs aufs engste verknüpft sind. Es kann sich vielmehr nur darum handeln, unter grundsätzlicher Aufrechterhaltung der Freiheit des Güterverkehrs Schranken gegen einen Mißbrauch dieser Freiheit aufzurichten. Als polizeiliche und verwaltungsrechtliche Maßnahmen, die diesem Zweck entsprechen würden und in verschiedenen Staaten zur Anwendung gelangt sind, verdienen namentlich die folgenden eine Erwähnung:

1. Dem Nachteil einer übermäßigen Verkleinerung einzelner Grundstücksparzellen läßt sich durch den sog. Stückschluß, d. h. durch eine gesetzliche Anordnung begegnen, mittelst deren Teilungen von Liegenschaften unter ein bestimmtes Flächenmaß (z. B. von Acker- und Wiesenland unter 10 oder 20 a) verboten sind. Sind gegendenweise durch fortgesetzte Teilungen zahlreiche Grundstücke auf ein unwirtschaftlich kleines Maß gebracht worden, so kann die Beseitigung der daraus sich ergebenden Übelstände nur durch Zusammenlegung derselben zu größeren Grundstückseinheiten, d. h. nur im Weg der Feldbereinigungs- und Verkoppelungsgesetzgebung (vergl. Kap. IV) sich vollziehen; ist dann mittelst dieses gesetzlichen Verfahrens die Anzahl der Grundstücksparzellen auf einer Gemarkung vermindert und eine entsprechende Größe der Parzellen hergestellt worden, so würde in Ermangelung von Vorschriften über Stückschluß möglicherweise schon nach kurzer Zeit durch abermalige Teilungen der Parzellen (freihändige oder im Erbweg) der alte Zustand wieder aufleben: der „Stückschluß" bildet daher ein nötiges Gegenstück der Feldbereinigungsgesetzgebung.

2. In einzelnen Staaten oder doch für bestimmte Gebietsteile einzelner Staaten (Sachsen und andere mitteldeutsche Staaten, badischer Schwarzwald) hat sich sogar die Geschlossenheit (gesetzliche Unteilbarkeit) landwirtschaftlicher Anwesen bis auf den heutigen Tag erhalten, und es fragt sich, ob für die Aufrechterhaltung solch weitgehender Einschränkungen der persönlichen Verfügungsfreiheit über das Grundeigentum durchschlagende Gründe sich geltend machen lassen. Diese Frage ist eine vielumstrittene, sie kann aber aus den früher erwähnten Gründen (§ 16) doch wohl nur ganz ausnahmsweise im Hinblick auf Besonderheiten des Klimas, der Bodenverhältnisse und der dadurch bedingten Besonderheit der Wirtschaftsweise mit „Ja" beantwortet werden. Solche eine Sonderstellung im Grundeigentumsrecht wohl rechtfertigende Besonderheiten liegen in der That vielfach in Gebirgs- und Waldgegenden vor, wo der Landwirtschaftsbetrieb in durch Höhenlage, Klima, Bodenverhältnisse gegebenen sehr einfachen extensiven Wirtschaftsformen sich abspielt und

eine Steigerung der Brutto- und Reinerträgnisse über eine gewisse, nicht sehr weit gezogene Grenze schlechthin ausgeschlossen ist, und wo deshalb für die einzelnen landwirtschaftlichen Anwesen die Grenze der Unterhaltsmöglichkeit für die darauf sitzenden bäuerlichen Familien bei Zulassung der Freiteilbarkeit sehr bald erreicht bezw. überschritten sein würde. Meist bilden auch in diesen Gebirgs- und Waldgegenden die Anwesen (Höfe) in ihrer Mischung von Acker, Wiesenland, Weidefeld und Wald derart eine wirtschaftliche Einheit, daß die Zugehörigkeit dieser verschiedenen Kulturarten zu einem Hof sich gegenseitig bedingt, also nicht willkürlich der eine oder andere Gutsteil abgetrennt werden kann, wenn nicht die Aufrechterhaltung eines geordneten, dauernd lebensfähigen Betriebs erschwert oder unmöglich gemacht werden soll. Die wirtschaftlich ungünstige Lage, in der eine große Anzahl deutscher Gebirgsdörfer (im südlichen Schwarzwald, im Vogelsberg, im Rhöngebirge, im Westerwald, Taunus ꝛc.) sich seit langer Zeit befinden, hängt augenscheinlich mit der weitgehenden Aufteilung des Grundbesitzes in diesen Gegenden, wobei für die vorhandenen und die neu zugehenden Haushaltungen der Nahrungsspielraum sich mehr und mehr verengte, wie Wirkung und Ursache zusammen. Die Unmöglichkeit, auf den verkleinerten Anwesen die Arbeitskräfte der Familien hinreichend zu beschäftigen, und die Unzureichendheit des Wirtschaftsertrags der verkleinerten Anwesen für die Bestreitung des Haushaltsbedarfs drängte die Kleinwirte mit Notwendigkeit zum Aufsuchen von anderweiten Verdienstgelegenheiten, insbesondere auch in der Form der Hausindustrie, ohne daß indessen in der Mehrzahl der Fälle dieser Ausweg dauernde Besserung verschaffte. Denn meist ist der auf diesem Wege zu erlangende Verdienst ein äußerst kärglicher (so in der Hausweberei, Strohflecht-, Spielwarenindustrie) und manche Hausindustrien scheinen überhaupt wegen der Schwierigkeit der Absatzverhältnisse oder der wachsenden Ansprüche des Konsums an die Qualität der Waren kaum mehr existenzfähig, wie wiederum die Hausweberei, zum Teil auch die einfacheren Schnitzereiarbeiten und die Küblerei. Sehr häufig ist der Verlauf der gewesen, daß zwar zunächst die Einbürgerung einer Hausindustrie den betreffenden Gegenden eine wirtschaftliche Erleichterung gebracht hat, daß aber infolge der um um so rascher vor sich gehenden Vermehrung der Bevölkerung, die von weiterer Zersplitterung des Grundeigentums begleitet war, jene Erleichterung nach wenigen Generationen ins Gegenteil umschlug. Man muß daher einräumen, daß die Zulassung des Grundsatzes der Freiteilbarkeit in Gegenden der vorbesprochenen Art nicht ohne gewichtige Bedenken ist, indem sie leicht zu einer Vermehrung der ansässigen Familien über das durch die Erwerbsverhältnisse bedingte Maß, d. h. zu Zuständen örtlicher Übervölkerung führt, denen durch Beschaffung von Nebenverdienst (Waldarbeiten, hausindustrielle Beschäftigung) höchstens orts- oder zeitweise mildernd begegnet, in der Mehrzahl der Fälle aber dauernd nicht abgeholfen werden kann. Und

§ 17. Gesetzliche Unteilbarkeit; Bekämpfung der Güterschlächterei. 73

weil aus diesen Gründen in solchen Gegenden Wert darauf zu legen ist, daß die Anzahl der grundangesessenen Familien sich nicht wesentlich vermehre, so läßt sich die Aufrechterhaltung der Gebundenheit des Grundeigentums, welche die beliebige Verkleinerung der Anwesen im Wege des Verkaufs und auch die Aufteilung im Erbgang hindert und eben deshalb mittelbar einen Auswanderungszwang gegenüber einem Teil der nachwachsenden Generation in sich schließt, wohl rechtfertigen. Dies gilt mindestens für so lange, als nicht etwa Großindustrie in solchen Gebirgs- und Waldgegenden sich angesiedelt hat und hierdurch die Erwerbsverhältnisse der ansässigen ländlichen Bevölkerung in eine Richtung gedrängt werden, die eine ängstliche Bedachtnahme auf die thunliche Erhaltung der bestehenden Grundeigentumsverteilung nicht mehr in dem früheren Maße erforderlich erscheinen läßt. Doch würde selbst in diesen Fällen an Stelle der grundsätzlichen Beseitigung der Gebundenheit deren Beibehaltung, aber unter liberaler Anwendung der Verwaltungsbefugnisse inbetreff der Zulassung von Teilungen vorzuziehen sein. — Daß nach dem Gesagten die Zulassung der Freiteilbarkeit in vielen, heutzutage durch vorherrschenden Pauperismus der Bewohner sich auszeichnenden Waldgegenden Deutschlands wenig angezeigt war, kann nicht wohl in Zweifel gezogen werden; dies gilt auch von der in den sechziger Jahren unterschiedslos erfolgten Aufhebung der Geschlossenheit (des sogen. „Beistiftungszwangs") in dem österreichischen Alpenland. Umgekehrt kann man Zweifel hegen, ob in einem nach der Technik des Landwirtschaftsbetriebs sowohl wie nach der industriellen Seite hin hochentwickelten Lande wie Sachsen die allgemeine Aufrechterhaltung der Geschlossenheit, also auch außerhalb der Gebirgs- und Waldgegenden, noch ein Bedürfnis ist.

3. Wo Freiteilbarkeit besteht, ist es gar nicht selten das Treiben gewerbsmäßiger Güterspekulanten, das zu einer Zerschlagung („Zertrümmerung") ganzer landwirtschaftlicher Anwesen Anlaß giebt, indem verschuldete Höfe angekauft und in Parzellen ausgeboten werden, für die es selten an entsprechender Nachfrage fehlt: wird dabei, wie üblich, durch raffinierte Mittel (Verabreichung von Getränken ꝛc.) die Kauflust der Bieter künstlich zu steigern versucht, so sind drückende Schuldverpflichtungen der Bieter gegenüber dem verkaufenden Spekulanten in der Mehrzahl der Fälle ebenso sehr die unausbleibliche Folge jenes Treibens, wie das Verschwinden ganzer Höfe und deren Auflösung in einzelne Stücke von meist unzweckmäßiger Größe. Eine Abhilfe gegenüber solchen Geschäftsgebahrungen liegt teils auf gewerbepolizeilichem Gebiet (Unterstellung des gewerbsmäßigen Güterhandels unter die genehmigungspflichtigen Gewerbebetriebe, Möglichkeit der Untersagung dieses Betriebs, falls Unzuverlässigkeit in Bezug auf die Ausübung des Geschäftsbetriebs vorliegt), teils auf dem rein polizeilichen Gebiet (z. B. durch Erlassung eines Verbots der Abhaltung von Versteigerungen in Wirtshäusern), teils

auf dem Gebiet des Wucherstrafrechts (falls die aus den Versteigerungen sich ergebenden Kaufschuldverbindlichkeiten wucherartig ausgenutzt werden); und es ist wichtig und bemerkenswert, daß in allen diesen Hinsichten durch die neuere deutsche Gesetzgebung auf dem Gebiet des Gewerbe= und Strafrechts vorbeugende und unterdrückende Vorschriften erlassen worden sind. In die Reihe der hierher zählenden vorbeugenden oder verhütenden Maßnahmen zählt es ferner, wenn, wie in Württemberg Rechtens ist, der Wiederverkauf der erworbenen Grundstücke vor Ablauf eines mehrjährigen Zeitraums verboten bezw. unter Strafe gestellt ist. Ausschreitungen auf diesem Gebiet kann auch dadurch vorgebeugt werden, daß die Gemeinden als Käufer für feile Anwesen auftreten und dadurch die Thätigkeit gewerbsmäßiger Güterspekulanten lahmzulegen sich bemühen, worauf schon früher aufmerksam gemacht wurde (S. 15); auch der Staat als Domänenfiskus kann unter Umständen eine ähnlich ersprießliche Thätigkeit durch Ankauf von Anwesen, deren Zerschlagung zu besorgen ist, entfalten, sei es, daß er die Anwesen behält und dauernd verpachtet oder zu gelegener Zeit ganz oder in schicklichen Abschnitten wieder in den Verkehr bringt.

§ 18. Fortsetzung; staatlicher Eingriff in die Ordnung der Grund= eigentumsverteilung durch das Mittel der inneren Kolonisation.

Das Gegenstück zu den Zuständen weitgehender Besitzzersplitterung bildet die Besitzhäufung des Grundbesitzes in einzelnen Händen; und diejenigen staatlichen Maßnahmen, die darauf abheben, an Stelle dieser einseitigen Besitzverteilung eine günstigere im Weg der Schaffung neuer landwirtschaftlicher Besitzeinheiten herzustellen, bezeichnet man als innere Kolonisation (Ansiedelungspolitik). In den Maßnahmen der inneren Kolonisation vollzieht sich daher eine unter Umständen sehr einschneidende Korrektur der geschichtlich überkommenen Besitzverhältnisse. Die Heranziehung von Kolonisten in schwach bevölkerte Gegenden hat in der preußischen Geschichte, aber auch in anderen deutschen Staaten, namentlich nach den verwüstenden Stürmen des dreißigjährigen Krieges periodenweise einen wichtigen Bestandteil der allgemeinen Staatspolitik gebildet: es braucht nur an die mit erheblichen staatlichen Geldopfern durch den großen Kurfürsten und später durch Friedrich den Großen besonders in den östlichen Provinzen (im Oder=, Warthe= und Weichselgebiet) gegründeten Bauernkolonien, deren Elemente aus allen möglichen Ländern sich rekrutierten, erinnert zu werden: die Zahl der im 17. und 18. Jahrhundert auf diesem Wege geschaffenen neuen Stellen kann man gut auf 30—40000 spannfähige Bauerngüter und 100—120000 Kleinbetriebe veranschlagen, so daß die ganze Grundeigentumsverteilung der östlichen preußischen Provinzen durch diese Akte der Kolonisation aufs stärkste beeinflußt worden ist.

Die neue preußische Ansiedelungspolitik hat an diese ältere Politik in glücklicher Weise angeknüpft. Sie verfolgt ein doppeltes Ziel:

§ 18. Grundeigentumsverteilung und Ansiedelungspolitik.

sie will gegenüber den in einzelnen preußischen Provinzen seit Jahren in verstärktem Maße hervortretenden polonisierenden Bestrebungen durch Ansetzung deutscher Kolonisten ein wirksames Gegengewicht setzen; sie will aber vor allem in den Gegenden des vorherrschenden Großgrundbesitzes durch Bildung großer, mittlerer und kleinerer Bauernstellen eine günstigere Grundeigentumsverteilung herbeiführen und sociale und wirtschaftliche Übelstände beseitigen, die sich aus der seitherigen einseitigen Besitzverteilung ergaben. Diese Übelstände sind namentlich in folgenden Richtungen zu Tage getreten: die Unmöglichkeit für die auf dem flachen Land lebenden unselbständigen Elemente (Tagelöhner), Grundeigentum zu erwerben und sich allmählich zu einer wirtschaftlich und social unabhängigeren Stellung emporzuarbeiten, hat, seit die Gesetzgebung über Freizügigkeit und Auswanderungsrecht der Abwanderung dieser Elemente nach anderen Gegenden oder nach dem Ausland Hindernisse nicht mehr bereitete, zahlreiche Leute veranlaßt, der Heimat den Rücken zu kehren, und dem an sich dünnen Bevölkerungsstand jener Provinzen Jahr für Jahr starken Abbruch gethan; mit dem Umsichgreifen dieser Bewegung ist es für die Großgüter fortgesetzt schwieriger geworden, das zur Bewirtschaftung erforderliche Personal an Gesinde und Tagelöhnern sich zu beschaffen; und nicht mit Unrecht wird die Notlage der östlichen Provinzen zu einem guten Teil auf diese Landflucht der kleinen Leute und das allmähliche Versiegen eines entsprechenden Arbeiterangebots zurückgeführt. Unter dieser Bevölkerungsabnahme leidet schließlich aber nicht nur der Großbesitz, sondern auch das ansässige Gewerbe und die Handelsthätigkeit, weil die Zahl der Abnehmer der Erzeugnisse des Gewerbfleißes sich stetig mindert und weil eine ausschließlich auf den Ertrag von Tagelohn angewiesene Landbevölkerung einen kaufkräftigen Konsumenten überhaupt nicht darstellt. So sind allgemein politische mit volkswirtschaftlichen, socialen und privatwirtschaftlichen Gesichtspunkten zusammengetroffen, mit der Folge, daß am Ausgang des Jahrhunderts der Weg der Ansiedelungspolitik in großem Styl von Neuem beschritten wurde.

Bei der Ansetzung von Bauernstellen in den Gebieten des Großgrundbesitzes kann man entweder so verfahren, daß der Staat Großgüter aufkauft, sie parzelliert und in entsprechenden Größenabstufungen an die Bewerber um solche Stellen abgiebt; oder auch so, daß die Großgrundbesitzer selber — mit oder ohne Mitwirkung des Staats — im Bereich ihres Grundbesitzes das Ansiedelungswerk vollziehen. Den durchgreifendsten Erfolg wird man auf dem erstgedachten Weg zu verzeichnen haben, zumal der Staat in diesem Fall auf die Auswahl der Kolonisten und die Art und die Bedingungen ihrer Ansetzung den maßgebenden Einfluß behält: er ist gewählt worden in dem Gesetz vom 26. April 1886 über die Beförderung deutscher Ansiedelung in den preußischen Provinzen Westpreußen und Posen. In dem zweiten Fall hängt der Umfang des Ansiedelungswerks von der Geneigtheit des Großgrundbesitzes ab, Bodenmaterial zur Ansiedelung bäuerlicher Wirte zur Verfügung zu stellen; und diese Geneigtheit wird aus naheliegenden Gründen nur dann in größerem Umfang zu Tage treten, wenn unter dem Druck wirtschaftlicher Verhältnisse die Verkleinerung des Wirtschafts= Areals auf eine der Betriebskapitalkraft des Besitzers entsprechende Größe, ferner die Möglichkeit der Schuldabstoßung mittelst der eingehenden Grund= stückserlöse, endlich die Ansässigmachung kleiner und mittlerer Wirte und die damit verknüpften besonderen Vorteile (Schaffung und Erhaltung landwirtschaftlicher Arbeitskräfte, Verhinderung der Abwanderung vom flachen Land) als überwiegend nützliche Maßnahmen für den Großgrund= besitz sich darstellen. Bei der Schwierigkeit eines ausschließlich privaten Vorgehens auf diesem Gebiet und bei dem allgemeinen staatlichen In= teresse, das an die Fernhaltung und Beseitigung einseitiger und an die Herbeiführung gesunder Bodenbesitzverhältnisse sich knüpft, thut der Staat jedenfalls wohl daran, dem privaten Ansiedelungswerk durch die Gesetz= gebung unterstützend und fördernd zur Seite zu stehen; und solchen Er= wägungen sind die preußischen Gesetze vom 27. Juni 1890 und 7. Juli 1891 entsprungen, die eine sehr umfassende staatliche Hilfsaktion in die Wege leiten sollen und wegen der besonderen Rechtsform, unter der der Eigen= tumserwerb der neu zu schaffenden Bauernstellen sich vollzieht, den Namen Rentengutsgesetze führen. — (Ein ähnliches Ansiedelungs= werk wie es in Preußen nunmehr im Gange ist, hat sich in Mecklen= burg=Schwerin auf Grund einer landesherrlichen Verordnung vom 16. November 1867 thatsächlich vollzogen, indem in diesem Lande eine Menge lediglich mit Zeitpachtrecht ausgestatteter bäuerlicher Wirte unter Erbpachtrecht gestellt und daneben zahlreiche Kleinstellen (Büdnerstellen) neu geschaffen wurden.)

Die wichtige Frage, welche Besitzrechte den Ansiedlern auf den neu zu schaffenden Stellen einzuräumen seien, ist durch die preußische Gesetzgebung, abweichend von Mecklenburg, nicht im Sinn der Erb= pacht (vergl. S. 22), sondern im Sinn der Übertragung zu Eigentum entschieden worden. Dabei hat der Gesetzgeber in bemerkenswerter Weise auf das altdeutsche Rechtsinstitut des Rentenkaufs zurückgegriffen, d. h. die Erwerbung des Eigentums ist nicht, wie seither nach gemeinem Recht, an die Zahlung des Kapitalwerts der Liegenschaft oder an die Ein= gehung einer Kapitalschuld gebunden, sondern dieser Eigentumserwerb wird schon durch die Verpflichtung zur Zahlung einer jährlichen Rente wirksam. Die grundsätzliche Bedeutung dieser Neuerung, welche an Stelle der Kapitalverschuldung die Rentenschuld setzt, wird später noch ihre besondere Würdigung finden: hier genügt es, darauf hinzuweisen, daß die Möglichkeit, durch Zahlung einer aus den Erträgnissen des Guts zu erwirtschaftenden Rente liegenschaftliches Eigentum zu erwerben, das Ansiedlungswerk ebensosehr erleichtert wie in seiner socialpolitischen Trag= weite verstärkt hat, weil die mit der Übernahme einer Kapitalschuld jeder=

§ 18. Grundeigentumsverteilung und Ansiedelungspolitik. 77

zeit verknüpften Gefahren und Nachteile vermieden werden und weil der Kreis der ansiedelungslustigen Bewerber sich wesentlich erweitern kann, wenn ein vorhandener Kapitalbesitz nicht in erster Reihe für die Bewerbung um Ansiedlungsstellen ausschlaggebend ist, sondern wenn auch minder vermögliche, aber geschickte und fleißige Elemente als Bewerber um solche Stellen auftreten können.

Im Interesse der Nachhaltigkeit des unternommenen Ansiedlungswerks und der dauernden Sicherung der damit erstrebten Zwecke, insbesondere zur Fernhaltung unwirtschaftlicher Verkleinerung der neu geschaffenen Stellen hat die preußische Rentenguts=gesetzgebung die Rentengüter neuerdings dem Anerbenrecht (siehe § 20) unterstellt und bereits in der grundlegenden Gesetzgebung von 1890/91 die Abveräußerung von Teilen der Ansiedelungsgüter oder deren Teilung von der Genehmigung des zum Bezug der Rente Berechtigten abhängig gemacht, diesem auch im Fall eines Verkaufs ein Vorkaufsrecht eingeräumt; auch ist zu diesem Behuf die Ablösbarkeit der Rente oder doch eines Teils derselben von der Zustimmung beider Teile abhängig gemacht worden; die Rente kann also unter Umständen den Charakter einer ewigen Rente annehmen. In dieser Art der Regelung liegt nichts, woran an sich ein Ansiedelungslustiger Anstand nehmen müßte; und selbst die scheinbare Härte, welche der Unterordnung der eigenen Entschließung unter diejenige eines Dritten betreffs der Vornahme von Teilungen oder Abveräußerungen vielleicht vom Gesichtspunkt des Angesiedelten anhaften mag, erscheint dadurch wesentlich abgeschwächt, daß die von dem privaten Großgrundbesitzer versagte Genehmigung zu einem das Rentengut betreffenden Rechtsakt durch die Staatsbehörde erteilt werden kann; noch mehr dadurch, daß der Staat vermittelst der Einrichtung einer besonderen Bankorganisation (Rentenbanken!) in die Rentenforderungen einzutreten befugt ist und in diesem Fall die dem Rentenberechtigten eingeräumten Befugnisse ausschließlich handhabt. Umgekehrt erweist sich diese Übernahme der Rentenforderungen auf die staatliche Rentenbank auch für den kolonisierenden Großgrundbesitz als wertvoll, weil er als Gegenwert für die abgetretenen Rentenansprüche deren Kapitalwert erhält, also sofort in den Besitz flüssiger Mittel zur Deckung von Schulden oder zur Verstärkung des Betriebskapitals gelangt.

Die Begründung von Rentengütern ist insbesondere nach der rechtlichen Seite hin dadurch wesentlich durch die preußische Gesetzgebung gefördert worden, daß, soweit es sich um hypothekarisch belastete Großgüter handelt, auf Ansuchen die Generalkommission in den Formen des Auseinandersetzungsverfahrens die Begründung unternimmt, insbesondere also die Hypothekenverhältnisse ordnet und die Einweisung des Ansiedlers in das von allen Privathypotheken befreite und nur mit der Rentenbankrente belastete Rentengut besorgt. Weiter kann das Ansiedelungswerk durch Erleichterungen, die dem Ansiedler gewährt werden, mannigfache Förderung erfahren: dahin zählt insbesondere die Einräumung einer Anzahl Freijahre, in denen die Entrichtung der Rente ruht, ferner die Übergabe des Guts in einem betriebsfähigen Zustande, die Überlassung von Baumaterialien zur Errichtung der Baulichkeiten zu mäßigem Preis, die Überweisung von Wirtschaftsvorräten zur Deckung des nächsten Bedarfs bis zur Erzielung der ersten Ernte und anderes mehr. In dieser für die Ansiedler wertvollen Weise pflegt bei dem Ansiedelungswerk in Posen und Westpreußen unter Inanspruchnahme der hierfür besonders bewilligten großen Geldmittel (100 Mill. Mk.) verfahren zu werden, während ein ähnliches Vorgehen in den anderen preußischen Provinzen mangels entsprechender Staatskredite zur Zeit ausgeschlossen ist.

Die Bedeutung des Eingriffs in die bestehende Grundeigentumsverteilung, wie er sich im Wege der beschriebenen Ansiedelungs- und bezw. Rentengutsgesetzgebung seit einigen Jahren vollzieht, liegt klar zu Tage: und diese Bedeutung beschränkt sich nicht auf den Bereich der preußischen Monarchie, sondern greift viel weiter. Bekanntlich leiden einzelne Teile Mittel- und namentlich Süddeutschlands an Zuständen einer thatsächlichen Übervölkerung und diese letztere führt alljährlich Tausende von kräftigen Leuten beiderlei Geschlechts über das Meer, um unter fremden Himmelsstrichen eine neue Heimat sich zu gründen: dem Deutschtum und dem Vaterlande gehen diese Auswanderer fast ausnahmslos verloren. Wenn nun in Deutschland selber, nämlich in dessen östlichen Provinzen, noch für Hunderttausende von Bauernfamilien Raum ist, sollte es da für die Auswanderungslustigen nicht rätlicher sein, ihr Heim in jenen neu erschlossenen Ansiedelungsbezirken aufzuschlagen, statt irgendwo jenseits des Meeres ihr Glück zu versuchen! Zumal in der Gegenwart, wo die besten Ansiedelungsgründe in Nordamerika längst vergeben sind und hier wie in anderen transozeanischen Ländern die Bedingungen wirtschaftlichen Gedeihens lange nicht mehr so günstig liegen als vor 20 und 30 Jahren. Schon sind eine Anzahl süddeutscher Gemeindeniederlassungen im östlichen Deutschland entstanden: es wäre zu wünschen, daß dem gegebenen Beispiel andere bäuerliche auswanderungslustige Elemente folgten, statt, was noch immer die Regel bildet, mit ihrem bescheidenen Hab und Gut einem unsicheren Schicksal weit draußen in der Fremde entgegenzugehen.

Auch die wirtschaftliche Rückwirkung des in Rede stehenden Gesetzgebungswerks auf die Lage des Großgrundbesitzes, insbesondere des verschuldeten, ist nicht zu unterschätzen: und die große Menge der bei den staatlichen Behörden (Generalkommissionen) einlaufenden Anträge auf Rentengutsbildungen spricht in dieser Hinsicht deutlich genug. Die Abstoßung eines Teils des Gutsareals, meist der Außenwerke, ermöglicht einen um so intensiveren Betrieb auf der verbliebenen Restfläche, und die erzielten Kaufschillinge, soweit sie nicht zur Tilgung der drückendsten Schuldenverbindlichkeiten Verwendung finden müssen, liefern die für diesen intensiveren Betrieb erforderlichen Mittel; in den Familien der angesetzten Ansiedler wächst allmählich ein Stamm tüchtiger Arbeitskräfte heran, d. h. die Arbeiternot wird mit der Zeit ihre jetzige Schärfe verlieren, der ganze Landwirtschaftsbetrieb der östlichen Gegenden mit der zunehmenden Dichtigkeit der Bevölkerung des flachen Landes an Stetigkeit und nachhaltiger Kraft gewinnen. Von einem „kleinen Mittel" sollte man daher im Hinblick auf die zur Durchführung dieser Ziele bereitgestellten Machtmittel des Staats (Behördenorganismus der Generalkommissionen und der Ansiedelungskommission in Posen und Westpreußen; Rentenbankorganisation und Übernahme der Rentenschulden auf diese Banken) nicht reden; vielmehr steht für die beteiligten Gegenden ein „großes Mittel" in Frage, dessen Wirksamkeit freilich der Natur der Sache nach erst nach längerer Zeit sich voll erweisen kann.

§ 19. Hemmungen der Freiheit des Grundeigentumsverkehrs und der Grundeigentumsverteilung durch das Erbrecht; die Fideikommisse insbesondere.

Wie bereits erwähnt, sind von tiefgreifenderem Einfluß auf die Grundeigentumsverteilung als die Rechtsakte unter Lebenden die auf den Todesfall wirksam werdenden Rechtsvorgänge. Denn die Aufteilung des Grundbesitzes unter eine Vielheit von Staatsangehörigen, die möglichste Zugänglichmachung des Grundeigentums für Jedermann kann nicht sicherer bewirkt werden, als durch Übertragung des Grundsatzes der Freiheit des Güterverkehrs auf die Vermögens-Auseinandersetzungen, die der Tod des Familienoberhauptes nötig macht. Umgekehrt giebt es kein wirksameres Mittel, die einmal bestehende, d. h. geschichtlich überkommene Grundeigentumsverteilung zu erhalten (zu konservieren), als die Auferlegung rechtlicher Beschränkungen betreffs des Grundbesitzes für die Verfügungen von Todeswegen. Der große Einfluß des geltenden Erbrechts auf die Vorgänge im Grundeigentumsverkehr und auf die thatsächliche Grundeigentumsverteilung liegt also klar zu Tage; und der alte und ewige Gegensatz von Freiheit und Beschränkung, von einer mehr liberalen oder mehr konservativen Ausgestaltung des Rechtslebens ist auch auf diesem Gebiet des Erbrechts gerade in der Gegenwart wieder erneut in die Erscheinung getreten. Denn wenn die Besonderheit des Erbrechts von so tief einschneidendem Einfluß auf den Verlauf des Grundeigentumsverkehrs sich erweist, so kann augenscheinlich das Erbrecht zu einer sehr kräftigen Waffe gegen befürchtete Auswüchse der Freiheit dieses Verkehrs geschmiedet werden; und je schärfere Schranken gegen persönliche Willkür des Besitzers für den Fall seines Ablebens aufgerichtet werden, um so stärker werden die Hemmungen sein, die sich Änderungen der bestehenden Grundeigentumsverteilung in den Weg stellen.

Seine schärfste Ausgestaltung im Sinne unveränderter Erhaltung der gegebenen Grundeigentumsverteilung erfährt das Erbrecht dann, wenn es zuläßt oder verordnet, daß Güter von dem jeweiligen Eigentümer auf dessen Geschlechtsnachfolger bis zum Ausgang des Geschlechts oder doch bis zu einem bestimmten Zeitpunkt ungeteilt überzugehen haben, wenn ferner den jeweiligen Besitzern die Veräußerung oder Zerkleinerung, ja selbst die Verschuldung des Besitzes gar nicht oder nur unter erschwerenden Voraussetzungen gestattet ist, wenn endlich solche Güter den Rechtsvorzug genießen, daß auf sie niemals die Zwangsversteigerung, sondern nur die Zwangsverwaltung Anwendung finden kann. Güter, die einem solchen Sonderrecht unterliegen, heißen Fideikommisse (auch Stammgüter, immerwährende Majorate) und das ihre Verfassung regelnde Recht Fideikommißrecht. Das Fideikommiß bildet also auf der langen Linie der Erbrechtsentwicklung den schärfsten Gegensatz zu dem Grundsatz der Freiteilbarkeit und die nachdrücklichste Hemmung der Freiheit des Güterverkehrs; die Gebundenheit des Eigentums ist in diesem Institut in vollendetstem Maße verwirklicht und eine fideikommissarische Festlegung des gesamten Grundbesitzes würde einer Verewigung der einmal gegebenen Grundeigentumsverteilung gleichkommen.

Das Fideikommiß ist nicht, wie man glauben könnte, auf dem Boden der deutschen Rechtsentwicklung entstanden, die vielmehr auch im Bereich der Großgüter schon sehr frühe der naturalen Teilung zuneigte (S. 16), sondern aus den romanischen Staaten (vermutlich aus Spanien) nach Deutschland verpflanzt worden. Im Laufe dieses Jahrhunderts, unter der Einwirkung der Ideen der bürgerlichen Rechtsgleichheit vielfach bekämpft, hat das Fideikommißrecht mannigfache Wandlungen durchgemacht, ist in einzelnen deutschen Staaten aufgehoben, in anderen in der einschränkenden Kraft seiner Rechtsnormen mehr oder weniger abgeschwächt worden; letzteres insbesondere in der Richtung, daß der Grundsatz der Unteilbarkeit, Unveräußerlichkeit und Unverschuldbarkeit vielfach gemildert, auch die Haftung des Guts für bestimmte Arten von Fideikommißschulden nicht mehr schlechthin ausgeschlossen wurde. Überall endlich ist die Errichtung neuer oder die Vergrößerung bestehender Fideikommißgüter von der Genehmigung der Staatsbehörde abhängig gemacht worden.

Der der Einrichtung zu Grunde liegende Gedanke, ein Gut im Besitz einer Familie zu erhalten und den Glanz bestimmter Geschlechter, der mit dem Besitz von Grund und Boden auch nach heutigen Anschauungen untrennbar verknüpft erscheint, dauernd zu bewahren, ist an sich nicht abzulehnen; mindestens nicht von jenen, die das Vorhandensein einer bestimmten Anzahl Großgüter in einem Staat und die dauernde Erhaltung solcher Großgüter als wertvoll in politischer und volkswirtschaftlicher Hinsicht ansehen (siehe S. 18); und man wird grundsätzliche

§ 19. Die Fideikommisse insbesondere.

Bedenken gegen die Rechtseinrichtung namentlich dann zurückdrängen dürfen, wenn von der Einräumung des in den Augen anderer Grundbesitzer ein anstößiges Privilegium bildenden Rechtsvorzugs der absoluten Nichthaftbarkeit des Guts für Schulden abgesehen wird, wie meist jetzt der Fall ist. Mit der wiederholt vertretenen Forderung einer volkstümlichen Austeilung des Grund und Bodens im Gegensatz zu einer ausgesprochenen aristokratischen (S. 2, 17) würde dagegen eine große Vielheit von thatsächlich und rechtlich außerhalb des Verkehrs stehenden Fideikommißgütern nicht im Einklang sein; und es ergiebt sich daraus die Folgerung, nicht nur, daß die Errichtung von Fideikommißgütern der staatlichen Genehmigung bedarf, sondern auch, daß von dieser Genehmigung überall nur ein sparsamer Gebrauch zu machen und diese jedenfalls zu versagen ist, wo in bestimmten Landesteilen bereits eine nennenswerte Anzahl solcher Güter besteht, die Grundeigentumsverteilung also das einseitige Bild des vorherrschenden Großbesitzes auf Kosten des mittleren und kleineren Grundbesitzes bereits aufweist. Nicht nachteilig, sondern volkswirtschaftlich nützlich wird sich das Fideikommiß dann erweisen, wenn den wesentlichsten Bestandteil des Fideikommißvermögens Waldungen bilden, da Privatwaldungen im allgemeinen nur in der Hand des Großbesitzes rationeller Bewirtschaftung unterliegen und die schonliche Behandlung und Erhaltung des privaten Waldbestandes jedenfalls im System des Fideikommißrechts am besten gewährleistet ist.

In Deutschland ist der fideikommissarisch gebundene Grundbesitz im großen und ganzen nur mäßig vertreten, verhältnismäßig noch am stärksten im deutschen Nordosten, obwohl auch hier die Fideikommiß- (und Lehen-) Güter doch nur 6—7% der ertragsfähigen Fläche bilden. Dagegen ist in Großbritannien nahezu der ganze Großbesitz einem dem deutschen Fideikommißrecht verwandten, wenn schon wesentlich abgeschwächten Familienrecht (Recht der sog. Entails) unterworfen und es macht die dadurch bewirkte Starrheit der Grundeigentumsverteilung um so nachteiliger sich geltend, als ohnehin die Besitzverteilung durch übermäßiges Überwiegen des Groß- und übergroßen (Latifundien-) Besitzes eine denkbar einseitige Ausgestaltung aufweist. Gehört doch in England und Wales über ein Viertel des ganzen Landes 874 Personen mit einem Grundrenteneinkommen von 240 Mill. Mk., in Schottland gar nur 580 Personen drei Viertel des Grund und Bodens mit einem solchen Einkommen von 80 Mill. Mk. und in Irland 744 Personen die Hälfte des ganzen Landes mit einem Einkommen ähnlicher Höhe. Es darf nicht Wunder nehmen, daß angesichts dieses Mißverhältnisses, in dem die thatsächliche Bodenbesitzverteilung mit dem berechtigten Wunsch auf thunlichste Verallgemeinerung der Besitzrechte am Grund und Boden steht, in dem Inselreich die anfänglich nur gegen die Beseitigung der Entails sich richtende Bewegung allmählich zu einer solchen auf Nationalisierung (Verstaatlichung) des Grund und Bodens ausgewachsen ist, ein bemerkenswertes

Zeichen, wie sehr in heutiger Zeit dem Empfinden weiter Volks=
kreise die Monopolisierung des Grund und Bodens in den
Händen weniger widerstrebt. Das deutsche Fideikommiß wie das verwandte englische Entail ist eine
dem Familien= und Standesbewußtsein der Vornehmen des Volks entsprungene
und daher dem Großgrundbesitz angepaßte Einrichtung; sie ist
entstanden in Reaktion gegen ein die Gleichberechtigung der Geschwister
aussprechendes und die Teilung der Güter förderndes Volksrecht; und
um des Zweckes willen, dem das Fideikommiß seine Entstehung verdankt:
den Glanz und das Ansehen der Familie aufrecht zu erhalten, scheute man
nicht davor zurück, den nachgeborenen Geschwistern des zur Nachfolge
berufenen Majorats= (Stammguts=) Herrn weitgehende Opfer durch Ver=
weisung auf knappe Abfindungsrenten (Apanagen) aufzuerlegen. Schon
diese Betrachtung ergiebt, daß ein ähnliches Recht aus der bäuerlichen
Bevölkerung heraus sich nicht entwickeln konnte, weil eben in diesen
Kreisen alle Voraussetzungen für ein solches Recht fehlen. Weder ist
hier der Familiensinn, der mit einer späteren Zukunft rechnet, so mächtig
entwickelt, daß sich der jeweilige Inhaber des Guts im Interesse kommender
Generationen weitgehende Beschränkungen seiner Verfügungsfreiheit über
das Gut freiwillig auferlegen möchte, noch auch ist jenes Maß von
Selbstverleugnung im Kreis der Familienangehörigen vorhanden, dessen
es bedarf, wenn auf die Erbansprüche zu Gunsten eines bevorzugten
Erben vonseiten aller anderen im wesentlichen verzichtet werden soll. Es
hat daher nichts auffälliges, daß der in einzelnen Staaten (Bayern 1855,
Hessen 1858) unternommene Versuch, durch eine besondere Gesetzgebung
der Errichtung von bäuerlichen Fideikommißgütern mit Veräuße=
rungs=, Teilbarkeits= und Verschuldungsbeschränkungen Eingang zu ver=
schaffen, völlig fehlgeschlagen ist. Ein stark ausgeprägter Sinn für
wirtschaftliche Ungebundenheit, das Bedürfnis, gegenüber den nächsten
Angehörigen in Angelegenheiten des Hauses und der Ökonomie seine
Unabhängigkeit zu wahren, sind eben so sehr wesentliche Merkmale des
bäuerlichen Charakters, daß jede Gesetzgebung von vornherein dem weit=
gehendsten Mißtrauen und passiven Widerstand begegnen wird, die darauf
rechnet, daß sich der Bauer freiwillig einem Rechte unterordnet, das
das gerade Gegenteil solcher Charaktereigenschaften zur unerläßlichen
Voraussetzung hat.

Sehr verschieden von dem Fideikommißrecht und fideikommißähn=
lichen Rechtseinrichtungen sind jene Rechtsnormen, welche lediglich dar=
auf abzielen, die naturale Teilung der Landgüter im Erbweg zu er=
schweren, die also der Einbürgerung der Einzelerbfolge Vorschub
leisten wollen. Diese Rechtseinrichtungen zu erörtern, soll im folgenden
Paragraphen unternommen werden.

§ 20. **Fortsetzung: Das bäuerliche Anerbenrecht (Recht der Einzelerbfolge).**

Der im Anfang dieses Jahrhunderts neu verkündete und durch die Gesetzgebung verwirklichte Grundsatz der Freiteilbarkeit der Güter (Mobilisierungsfreiheit) führt in seiner Anwendung auf den Verkehr von Todeswegen zur naturalen Verteilung des liegenschaftlichen Nachlasses, beeinflußt also die Grundeigentumsverteilung im Sinne der Zugänglichmachung des Grundeigentums an thunlichst weite Kreise der Volksgemeinschaft in wirksamster und nachhaltigster Weise. Umgekehrt muß ein Erbrecht, welches darauf abhebt, die landwirtschaftlichen Anwesen in Erbfällen in ihrer Substanz unangetastet, also sie ungeteilt vom Vater auf nur ein Kind unter den miterbberechtigten Kindern oder auf einen sonst nächstverwandten Erben übergehen zu lassen, wesentlich konservierend auf die gegebene Grundeigentumsverteilung wirken und den mit der Freigebung der Teilbarkeit der Güter verknüpften Absichten einen starken Riegel vorschieben. Und es fragt sich auch hier wieder, ob und inwieweit die Einschaltung einer solchen Hemmung in die Freiheit des Güterverkehrs nach den vorliegenden Erfahrungen angezeigt und nötig sei. Auch diese Frage ist eine vielumstrittene; das Nachfolgende wird zur Klärung der Frage beizutragen vermögen.

Wo wegen der Besonderheit der landwirtschaftlichen Betriebsverhältnisse die uneingeschränkte Zulassung der Freiteilbarkeit grundsätzlichen Bedenken überhaupt begegnet, wie in Gebirgs- und Waldgegenden, für die die Beibehaltung der Geschlossenheit (rechtlichen Gebundenheit) der älteren Zeit nach den Ausführungen auf S. 71 ff. auch heute noch sich empfiehlt, muß diese Geschlossenheit folgerichtig auch für den Erbgang aufrecht erhalten bleiben; das System der Einzelerbfolge, d. h. die Übernahme des Anwesens durch einen der Erben (den sog. Anerben), ist daher in diesen Gegenden die naturgemäße Folge der Geschlossenheit selber. Und weil, wo diese Geschlossenheit besteht, eine Teilung des liegenschaftlichen Nachlaßvermögens unter die mehreren Erben, selbst im Weg der letztwilligen Disposition des Erblassers, schlechthin ausgeschlossen ist, kann man diese Form des Rechts der Einzelerbfolge wohl als „Zwangsanerbenrecht" bezeichnen. Dieses Zwangsanerbenrecht kommt in der Gegenwart nur noch sehr vereinzelt vor (Sachsen und andere mitteldeutsche Staaten, badischer Schwarzwald), es ist aber ehemals, seit dem Ausgang des Mittelalters, das in Deutschland für die Vererbung bäuerlicher Anwesen vorherrschende Erbrecht gewesen und bis zum Anfang des Jahrhunderts das vorherrschende geblieben. Ein „volkstümliches" Recht in dem Sinne, daß es aus dem Rechtsbewußtsein der bäuerlichen Bevölkerung selber sich entwickelt habe, kann man es gleichwohl nicht nennen; vielmehr ist es in vielen Gegenden im Gegensatz zu dem herrschenden Erbrecht, das zur Naturalteilung hinneigte, durch die

6*

Grundherren und nachmals durch die Territorialherrschaften der im Grundherrlichkeitsverband stehenden bäuerlichen Bevölkerung aus Gründen, die vorwiegend mit der guten Erfüllung der Spann-, Frohn- oder Abgabepflicht der Bevölkerung zusammenhingen, aufgenötigt worden (siehe S. 16). Diese Entstehungsweise der Geschlossenheit bäuerlicher Anwesen mit Zwangsanerbenrecht darf indessen nicht zu der Folgerung verleiten, daß die Rechtseinrichtung, wenn sie schon zunächst vorwiegend privatwirtschaftlichen und fiskalischen Erwägungen ihre Entstehung verdankte, volkswirtschaftlich keinem Bedürfnis entsprochen habe. Dies war vielmehr für die rückwärts liegende Zeit sicher der Fall, weil damals die Technik des Betriebs im allgemeinen noch wenig entwickelt, deshalb die Brutto- und Reinerträgnisse der landwirtschaftlichen Berufsarbeit niedrige waren und daher jedes Gut wegen der herrschenden extensiven Betriebsweise eine gewisse ansehnliche Größe haben mußte, wenn eine bäuerliche Familie darauf sollte bestehen („hausen") können. Nun machte sich aber im Mittelalter in vielen Gegenden als Folge der üblichen Naturalteilung im Erbgang eine weitgehende Besitzzersplitterung zum Schaden einer wohlständigen Entwicklung des flachen Landes mehr und mehr bemerkbar. Ohne das Eingreifen der Grund- und Landesherren würde dieser Prozeß mutmaßlich immer weiter um sich gegriffen haben. Die Aufrichtung einer Schranke gegen den wachsenden Zersplitterungsprozeß, d. h. die in jenem Recht gegebene Vorsorge dafür, daß in weitem Umfang „spannfähige" und auch steuerlich leistungsfähige („prästationsfähige") Güter erhalten blieben, darf daher für jene Zeit eine in ihren Wirkungen volkswirtschaftlich wohlthätige genannt werden (vergl. auch § 17 Ziffer 2).

Seit der Sprengung des Grundherrlichkeitsverbandes, der Ablösung der bäuerlichen Lasten, der Zurückgabe der vollen persönlichen Freiheit an die bäuerliche Bevölkerung sind nahezu überall die Teilbarkeitsbeschränkungen der älteren Zeit und ist damit auch die Rechtseinrichtung des Zwangsanerbenrechts gefallen, zum Teil freilich erst in neuerer Zeit (Hannover, Oldenburg, Braunschweig, ebenso in Österreich). Gleichwohl hat sich das System der Einzelerbfolge (das Anerbenrecht) gewohnheitsmäßig in weiten Kreisen der bürgerlichen Bevölkerung erhalten und es wird diese Anerbenrechtssitte durch Übergabe des Anwesens durch einen Rechtsakt unter Lebenden (Gutsübergabeverträge, Kindskäufe) zu sichern gesucht; und länderweise hat das System der Einzelerbfolge eine dieselbe regelnde Ordnung durch die Gesetzgebung selber erfahren. Diese Gesetzgebung stellt gegenüber den allgemeinen Erbrechtsnormen, die jedem gleich nahen Erben ein gleiches Erbrecht auf die Hinterlassenschaft und folgerichtig demnach auch einen gleichen Anteil an der hinterlassenen liegenschaftlichen Habe einräumen, ein Sonderrecht dar, über dessen rechtliche Ausgestaltung das Folgende zu sagen ist:

Das neuzeitliche Anerbenrecht sieht von jeder privatrechtlichen Beschränkung der Verfügungsfreiheit des Eigentümers über das Gut ab,

§ 20. Das bäuerliche Anerbenrecht.

läßt also eine Teilung oder Verkleinerung des Guts durch Rechtsakte unter Lebenden oder auf den Todesfall zu, hindert insbesondere den Gutsbesitzer nicht, durch solche Rechtsakte (Gutsübergabeverträge, letztwillige Verfügungen) das Gut auch unter mehrere Erben zu verteilen; rechtlich wirksam wird vielmehr dieses neuzeitliche Anerbenrecht nur in dem Fall, daß der Erblasser betreffs des Nachlasses nichts verfügt hat, also ab intestato vererbt wird: das dem Anerbenrecht unterworfene Gut darf in diesem Fall im Erbgang nicht in natura geteilt, sondern muß ungeteilt dem nach näherer Bestimmung des Gesetzes berufenen Erben (dem Anerben) übergeben werden. Ergreift das Anerbenrecht kraft Gesetzes bestimmte Kategorien von Gütern eines Staats oder einer Provinz, so spricht man von direktem Intestatanerbenrecht; wird aber die Anwendung des Anerbenrechts von einem ausdrücklichen Willensakt des Besitzers, daß er sein Gut dem Anerbenrecht unterwerfen wolle, abhängig gemacht, so spricht man von indirektem oder fakultativem Anerbenrecht, und da dieser Willensakt gemeinhin durch Eintrag des Guts in eine bei den Gerichten zu führende öffentliche Rolle („Höferolle") sich bethätigen muß, so hat man dieses letztere Erbrechtssystem auch kurz als „System der Höferolle" bezeichnet. Das erstere System ist in Braunschweig und einigen anderen kleineren mitteldeutschen Staaten, ferner in Österreich, das System der Höferolle in Preußen zur Anwendung gelangt: jenes ist augenscheinlich das wirksamere, weil es die Anwendung des Anerbenrechts nicht erst von einem ausdrücklichen Willensakt des Besitzers, das Gut in die Höferolle eintragen zu lassen, abhängig macht. Es verdient daher da, wo die Erhaltung der Einzelerbfolge besonders wichtig erscheint, den Vorzug: zumal die Erfahrung in Preußen gezeigt hat, daß vielfach die bäuerlichen Landwirte aus Gründen verschiedenster Art: aus Lässigkeit, aus Scheu vor peinlichen Auseinandersetzungen mit den nächsten Familienangehörigen oder auch wegen der Abneigung der Besitzer, sich vorzeitig der Verfügung über das Gut zu entziehen, den Eintrag in die Höferolle unterlassen, Erwägungen, denen es zuzuschreiben ist, daß für die Renten- und Ansiedlungsgüter das preußische Gesetz vom 8. Juni 1896 das Anerbenrecht kraft Gesetzes wirksam werden läßt. — Die Erbfolgeordnung ist in den neuzeitlichen Anerbenrechtsgesetzen meist subsidiär geregelt, d. h. dem Besitzer ist in der Berufung des Anerben freie Wahl gelassen und nur in Ermangelung einer bezüglichen Bestimmung des Erblassers tritt die im Gesetz festgestellte Successionsordnung ein, wobei diese entweder nur auf die Abkömmlinge oder, was zweckmäßiger, auch auf die Ahnen und Geschwister und deren Nachkommen ausgedehnt sein kann, wohl auch dem überlebenden Ehegatten ein Erbfolgerecht oder doch eine Sitzgerechtigkeit eingeräumt ist und im übrigen die Erbberechtigten weiblichen Geschlechts zwar nicht grundsätzlich ausgeschlossen werden, aber doch in der Regel den in gleichem Grad verwandten männlichen Erben nachstehen. Die Frage, ob unter den Nachkommen des gleichen Grads der älteste (Einrichtung des Majorats) oder der jüngste (Einrichtung des Minorats) als Anerbe zu berufen sei, wird die Gesetzgebung am besten im Einklang mit der Landessitte entscheiden, da entscheidende Vorzüge oder Nachteile weder dem Majorat nach dem Minorat anhaften. Einen wichtigen und zugleich schwierigen Punkt der Ordnung bildet die Festsetzung des Übernahmewerts des Guts (die Gutstaxe), zu dem der Anerbe behufs der Auseinandersetzung mit den Miterben das Gut zu übernehmen hat: schwierig namentlich deshalb, weil hierbei zwei sich widerstreitende Interessen: einmal des Anerben an einer mäßig bemessenen Taxe, um im Besitz des Guts sich behaupten zu können, und sodann das Interesse der Geschwister an einer möglichst gerechten Abfindung ihrer Erbansprüche sich schroff gegenüberstehen. Aus den früher erwähnten Gründen (§ 15) würde die Zugrundelegung des laufenden Verkehrswerts, weil dieser so häufig in anormaler Weise auf Grund zufälliger Verhältnisse von Nachfrage und Angebot sich bildet, jedenfalls nicht in Betracht kommen können, sondern der auf Grund vorzunehmender Reinertragsberechnungen zu ermittelnde nachhaltige Ertragswert für die Vermögensauseinandersetzungen als maßgebend erklärt werden müssen; und in diesem Sinn ist denn auch gemeinhin die gesetzliche Regelung erfolgt. Sie ist aber hierbei meist nicht stehen geblieben, sondern hat, in Übernahme älterer Rechtsnormen oder geltender Erbrechtssitten, dem Gutsübernehmer (Anerben) meist noch ein „Voraus" (Präcipuum), d. h. besondere Vergünstigungen eingeräumt. Dieses Voraus ist entweder so geordnet, daß das Hofinventar oder daß der Gebäudewert nicht in Anschlag gebracht, sondern vorweg dem Anerben zugeschrieben wird, oder so, daß die ermittelte Gutstaxe um einen bestimmten Prozentbetrag ermäßigt, d. h. das Gut um einen sogenannten „kindlichen Anschlag" überlassen wird. Daneben pflegen wohl auch dem Anerben billige Abzahlungsfristen gewährt oder bestimmt zu werden, daß die eingetragenen Erbanteile während der Minderjährigkeit der Miterben nicht gekündigt werden dürfen, wohl auch während dieser Zeit nicht verzinst zu werden brauchen. Wo der Anerbe gegenüber seinen Miterben solche Vergünstigungen genießt, die natürlich nicht zu einer Verkürzung der Pflichtteile führen dürfen, ist vereinzelt den Miterben im Fall des Verkaufs des Guts durch den Anerben für eine Anzahl Jahre ein Vorkaufsrecht oder doch ein Anspruch auf Übererlös gegenüber der Anschlagstaxe, zu der das Gut dem Anerben überlassen war, eingeräumt worden.

Um zu einer richtigen und unbefangenen Würdigung dieses neuzeitlichen Anerbenrechts zu gelangen, ist es gut, sich vor Augen zu halten, daß die in Rede stehende Gesetzgebung lediglich diejenige Rechtsübung in die geschriebenen Formen des Rechts gegossen hat, die, und zwar im Gegensatz zu dem gemeinen Erbrecht, bei der bäuerlichen Bevölkerung selber in vielen Teilen Deutschlands, im Süden wie im Norden, konserviert worden ist. Man darf aus dieser zähen Festhaltung einer im

Gegensatz zu dem herrschenden Erbrecht befindlichen Erbrechtssitte, wie sie in den Übergabeverträgen zu Tage tritt, folgern, daß die bäuerliche Bevölkerung hierbei von wohlerwogenen Berufsstands- und Familieninteressen sich leiten läßt. Und zwar wird man die innersten, für die Aufrechterhaltung jener Sitte sprechenden Erwägungen der ländlichen Bevölkerung nicht etwa nur auf das Bestreben des Hofbesitzers zurückzuleiten haben, das ihm von seinen Vorfahren überkommene Gut ungeschmälert auch nach seinem Tod erhalten zu sehen, sondern vor allem auch auf die Erwägung, daß, wenn ein Gut gerade groß genug ist, um einer Familie Arbeit und auskömmlichen Unterhalt zu gewähren, eine Anteilung desselben unter mehrere Kinder mutmaßlich zu einer Herabdrückung der Lebenshaltung jedes einzelnen Kindes führen müßte, was dem natürlichen Empfinden der Eltern widerstrebt. In vielen Fällen erscheint die Aufteilung eines Guts den Beteiligten unwirtschaftlich auch deshalb, weil die vorhandenen Gutsgebäude in einem richtigen Verhältnis zu dem verkleinerten Gutsteil desjenigen Erben, der die Gebäude übernehmen soll, sich nicht mehr befinden würden, also die Gutsrente unverhältnismäßig hoch durch das Gebäudekapital (Verzinsung, Unterhaltung, Versicherung) belastet wäre, während die andern Erben zum Bau neuer Gutsgebäude sich genötigt sehen. — Diese Erwägungen haben augenscheinlich eine über reine Privatinteressen hinausgehende allgemeine volkswirtschaftliche Bedeutung. Bedeutsam in letzterer Hinsicht ist auch der Umstand, daß aus Gründen verschiedenster Art das ausschließliche Vorkommen des Kleinbesitzes unerwünscht ist, vielmehr die Durchsetzung des Kleinbesitzes mit Gütern mittlerer Größe den Vorzug verdient (S. 19 ff.), und zwar nicht am wenigsten auch deshalb, weil die Inhaber kleiner Güter für die Nahrungsmittelversorgung der übrigen Stände, insbesondere soweit es sich um den Getreidebedarf handelt, wenig zu leisten vermögen, ein fortgesetzter Anteilungsprozeß also Land und Volk in wachsende Abhängigkeit hinsichtlich des wichtigsten Nahrungsmittels von dem Ausland versetzen müßte. Wo der Landwirtschaftsbetrieb nach Boden und Klima im wesentlichen auf Getreide-, Kartoffelbau und Viehhaltung angewiesen ist, und das trifft für weite Landesstrecken in Deutschland zu, muß an und für sich die Guts- (Wirtschafts-) Fläche eine wesentlich größere sein, wenn sie den Wirten eine selbständige Existenz gewährleisten soll, als im Bereich der auf den Bau hochwertiger Specialkulturen sich stützenden Wirtschaften. Mindestens für alle diejenigen zahlreichen Betriebe, die gerade an der Grenze der Unterhaltsmöglichkeit stehen, würde deshalb in solchen Gegenden des vorherrschenden Getreidebaues eine weitere Verkleinerung der Anwesen im Erbweg unratsam sein. Allerdings ermöglicht jeder Fortschritt in der Technik des Betriebs eine Abminderung der Größeneinheit der Betriebe, und in dem Maße, als jener Fortschritt sich vollzieht, kann unbeschadet der Erhaltung wohlständiger Verhältnisse auf dem flachen Land eine solche Verkleinerung, die mit der Zunahme der Zahl der Wirte, also der Vermehrung der Bevölkerung des flachen Landes gleichbedeutend ist, Platz greifen. Aber solche technische Fortschritte pflegen sich nur langsam zu vollziehen und die Verkleinerung der Anwesen und die Bevölkerungszunahme auf dem flachen Lande wird daher zweckmäßig diesen Fortschritten nicht vorauszueilen haben, sondern ihnen nachfolgen. Andernfalls könnten leicht Zustände der örtlichen Übervölkerung Platz greifen, die hinterher nur sehr schwer zu heilen sind. Durch die Beseitigung der starren Gebundenheit der älteren Zeit ist dem mit der Zunahme der Bevölkerung an und für sich wünschenswerten Aufteilungsprozeß des Grund und Bodens freie Bahn gegeben und eine dann und wann befürwortete allgemeine Rückkehr zu jener strengen Gebundenheit der älteren Zeit ist unbedingt abzuweisen; aber sicher liegt kein Grund vor, jener mildesten Form der Gebundenheit gegenüber, wie sie in der thunlichen Aufrechterhaltung der ungeteilten Übergabe der Güter in den Formen des Anerbenrechts zu Tage tritt, sich ablehnend da zu verhalten, wo diese den Rechtsüberzeugungen der Bevölkerung entspricht und eine den gegebenen örtlichen und zeitlichen Wirtschaftsbedingungen gemäße ist.

Der Widerspruch gegen das neuzeitliche Anerbenrecht richtet sich denn auch weniger gegen die Institution der Einzelerbfolge als solche, sondern gegen jenen Teil des Anerbenrechts, der durch Festsetzung eines „Voraus" den Anerben gegenüber den miterbenden Geschwistern privilegiert. In dieser Privilegierung des Anerben liegt allerdings ein schwacher Punkt des Anerbenrechts, über den man sich nicht ohne weiteres durch die Betrachtung hinwegsetzen darf, daß auch in den Gebieten der Anerbenrechtssitte diese Bevorzugung des Anerben bis in die Gegenwart durch die Eltern geübt oder doch zu üben versucht wurde. Dem Geist der Zeit, dem stets stärker hervortretenden Gleichheitsgefühl widerspricht die vermögensrechtliche Bevorzugung eines einzelnen Kindes; und je mehr die egoistischen Regungen innerhalb der bäuerlichen Kreise die Oberhand gewinnen, um so schwerer, aber auch um so bedenklicher wird es, die vermögensrechtliche Bevorzugung des einen Kindes zum Nachteil aller anderen zum Rechtssatz zu erheben. Indessen übersehen diejenigen, die aus solchen Bedenken heraus zu einer völligen Ablehnung des „Voraus" gelangen, daß die Anwendung der gemeinrechtlichen Erbteilungsvorschriften auf die Auseinandersetzung zwischen Anerben und Geschwistern, d. h. die Behandlung aller Kinder auf völlig gleichem Fuß, den Anerben häufig schon beim Gutsantritt in eine wenig beneidenswerte Lage versetzen müßte; bedingt ja doch das Vorhandensein von vier Geschwistern die Belastung des Guts mit drei Vierteln, bei fünf Geschwistern mit vier Fünfteln des Gutswerts. Ohne ein mindestens mäßiges „Voraus" ist deshalb ein Anerbenrecht, wenn der Anerbe soll bestehen können, in der Regel der Fälle, d. h. dann, wenn neben dem Liegenschaftsvermögen sonstiges Barvermögen nicht vorhanden ist, schwer durchführbar; ja es

ist in mäßiger Begrenzung die in der Gewährung des „Voraus" liegende
Vergünstigung schließlich auch im Interesse der Geschwister selber gelegen,
weil die Miterben doch nur im Fall des Gedeihens des Anerben ihre
auf das Gut eingetragenen Gleichstellungsforderungen als gesichert erachten,
nur in diesem Fall mit Sicherheit auf eine Erwirtschaftung der Zinsen
und Kapitalbeträge ihrer Forderungen durch den Anerben sich Rechnung
machen können. Wollte man anders verfahren, so bliebe in der Regel
der Fälle nur übrig, das elterliche Gut dem Verkauf auszusetzen und den
Erlös unter alle Miterben zu verteilen. Der Familie als solcher ginge
dann aber das Gut verloren, und ob im Fall eines Verkaufs zu wesentlich
höheren Preisen, als die Anerbentaxe beträgt, der neue Erwerber nun
auch wirklich für die eingetragenen Kaufschillingsforderungen unbedingt
sicher ist, bleibt ungewiß. Den grundsätzlichen Bedenken gegen das
„Voraus" des Anerben wird daher nur insoweit stattzugeben sein, daß
das „Voraus" in einem mäßigen Prozentsatz des Gutswerts zu bestehen
habe. Unter allen Umständen wird aus den obigen Gründen (§ 15)
zu vermeiden sein, daß der zufällige Wert des Guts im Augenblick des
Gutsüberganges, also der Verkehrswert, der Vermögensauseinandersetzung
zu Grunde gelegt werde, wie denn auch das neue bürgerliche Gesetz=
buch für die vermögensrechtlichen Auseinandersetzungen der Miterben zu
dem Anerben den Ertragswert für maßgebend erklärt hat.

Auch mit dieser Ordnung bleibt die Lage des Anerben in all den
Fällen, in denen nicht außer dem Gut Barvermögen vorhanden ist, um
daraus die Erbportionen der miterbenden Geschwister zu bestreiten, risiko=
reich genug: ist er doch im Augenblick des Gutsantritts sofort mit einer
erheblichen Schuldenlast behaftet, deren Zins= und Tilgungslast an dem
Reinertrag der Gutswirtschaft zehrt. Diese Zwangsverschuldung des
Anerben ist freilich eine mit dem Institut des Anerbenrechts, mag die
Regelung der Abfindungspflicht wie immer geartet sein, untrennbar ver=
knüpfte Begleiterscheinung und die durchschnittlich höhere Verschuldung
der Güter in Anerbenrechtsbezirken gegenüber anderen Gegenden daher
wohl erklärlich. Zu einer grundsätzlichen Verurteilung der Anerbenrechts=
institution braucht dieser Verschuldungszwang gleichwohl keinen Anlaß
zu bieten, wohl aber allen Anlaß, die Übertragung dieser Institution
auf Gebiete zu unterlassen, für welche das Anerbenrecht als eine
zwingende Notwendigkeit sich nicht darstellt (siehe nächsten Paragraphen).
Der so oft erhobenen Forderung der Notwendigkeit einer
Verallgemeinerung der Anerbenrechtseinrichtung ist daher zu
widersprechen. Weiter aber ist klar, wie wichtig gerade für die unter
Anerbenrecht lebenden und der Zwangsverschuldung mit Erbabfindungs=
ansprüchen unterworfenen Wirte eine gute, die langsame Abtragung der
Erbabfindungsschulden ermöglichende Organisation des Realkredits
und ferner eine solche Gestaltung des Verschuldungsrechts sich
erweist, das dem schuldnerischen Anerben in Fällen augenblicklicher Zahlungs=

Verlegenheit einen gewissen Schutz gegenüber den äußersten Eventualitäten des Exekutionsverfahrens gewährleistet; und ebenso erhellt für die unter Anerbenrecht Stehenden die Wichtigkeit des Vorhandenseins einer guten Versicherungsorganisation, die den Anerben vor den Folgen unvorhergesehener schädigender Ereignisse und Zwischenfälle thunlich behütet. Ja es darf die Frage aufgeworfen werden, ob solche Ausgestaltungen des Agrarrechts oder doch einzelner Teile desselben, um hinreichend wirksam zu sein, nicht mit gewissem Zwangscharakter auszustatten seien (Tilgungszwang für die eingetragene Erbabfindungsschuld, Versicherungszwang!), da man immerhin einigermaßen bezweifeln darf, ob durchweg in den bäuerlichen Familien der Anerbenrechtsgebiete ein hinreichendes Maß von wirtschaftlicher Einsicht, Pflichtgefühl und Familienvorsorge vertreten ist, um die jederzeitige freiwillige, regelmäßige Schuldabtragung und die freiwillige Versicherungsnahme, letztere besonders auch in der Form der Lebens- und Ausstattungsversicherung, nachhaltig zu verbürgen.

Die in der Zwangsverschuldung des Anerbenrechts liegenden Gefahren werden abgeschwächt, wenn der Anerbe seiner Abfindungspflicht, statt durch Hingabe von Kapital, durch Leistung einer Rente an die Miterben Genüge leisten kann, wenn er also an Stelle einer Kapitalverpflichtung lediglich eine Rentenverpflichtung einzugehen braucht. Das System der Abfindung der Miterben in Renten statt in Kapital ist erstmals für die preußischen Renten- und Ansiedlungsgüter durch Gesetz vom 8. Juni 1896 zur praktischen Verwirklichung gelangt, wobei im Interesse der Miterben die Ablösung ihrer Erbabfindungsrenten in Kapital durch Vermittelung der staatlichen Rentenbanken auf Wunsch stattfinden kann. Auf die grundsätzliche Bedeutung dieser Neuerung und auf das Wesen der Rentenschuld gegenüber der Kapitalschuld wird noch später eingangen werden (Kap. III § 25).

Diejenigen, welche jede auch minimale Vergünstigung des Anerben als ein bitteres und nicht zu rechtfertigendes Unrecht gegenüber den miterbberechtigten Geschwistern ansehen und daher grundsätzliche Gegner einer Anerbenrechtsgesetzgebung sind, vertreten mitunter die Meinung, man solle die alte Einrichtung der „Familiengemeinschaft" zu erneuern sich bemühen, derart, daß das in die Erbschaft fallende Anwesen von einem oder auch mehreren der Erben auf Rechnung aller Erben verwaltet und die Erträgnisse geteilt würden; es schwebt dabei eine Rechtseinrichtung vor, die sich in einzelnen slavischen Völkerschaften an der unteren Donau in Form der sogenannten „Hauskommunionen" erhalten hat, aber doch auch seit geraumer Zeit dem Verfall entgegenzugehen scheint. Unmöglich ist eine solche Lösung nicht, aber doch nur als Ausnahme denkbar: in der großen Mehrzahl der Fälle wird die Landbevölkerung einem solchen „Zusammenhausen" schon deshalb widerstreben, weil es zur Quelle zahlloser Streitigkeiten unter den zusammenhausenden Familien werden müßte; auch verträgt der heutige Landwirtschaftsbetrieb mit seinen gesteigerten Anforderungen an Intelligenz und Thatkraft des Wirtschafters das Dreinreden vieler nicht: „Einer muß Herr im Hause sein", wenn die Wirtschaft gedeihen soll. Ginge es auch zur Not in der ersten, so doch schwerlich in der zweiten oder gar dritten Generation. Der Wunsch, die naturale Teilung von Anwesen im Erbgang hintanzuhalten, kann daher anders als im System der Einzelerbfolge und eines dieses kodifizierenden Anerbenrechts praktischer Erfüllung nicht wohl entgegengeführt werden.

§ 21. Fortsetzung; Würdigung der naturalen Teilung des Liegenschaftsnachlasses; abschließende Betrachtungen.

Ruht die Bedeutung des Anerbenrechts in der Verhütung allzu weitgehender Aufteilung des Grundeigentums in Gegenden, in denen dieser Aufteilungsprozeß nach den allgemeinen Bedingungen des Landwirtschaftsbetriebs ungünstig wirken könnte, so wurzelt umgekehrt **die Bedeutung der naturalen Teilung des Liegenschaftsvermögens unter die Miterben** in der dadurch begünstigten Verallgemeinerung der Grundeigentumsanwartschaften. Dies sollte nicht allzu gering angeschlagen werden, weil, wie früher bereits betont wurde, nichts geeigneter ist, die socialen Gegensätze auf dem flachen Lande zu versöhnen, aber auch den Zug vom flachen Land weg in die Städte einzudämmen, als die Möglichkeit der Grundansässigmachung möglichst vieler Familien. Die Nachlaßregulierung auf der Grundlage der Naturalteilung ist auch nicht etwa, wie manchmal angenommen wird, erst ein Ergebnis der revolutionären Bewegung am Ausgang des vorigen Jahrhunderts, sondern **gutes, altes deutsches Recht**; und insbesondere haben die fränkischen und thüringischen Stämme schon sehr frühzeitig dieser Art des Erbrechts gehuldigt (S. 16). Es ist auch nicht richtig, daß die Zulassung dieser Form des Erbrechts mit der Zeit zu einer völligen „Pulverisierung" des Grund und Bodens, zu einer vollkommenen Besitzersplitterung und schließlich zu einer Proletarisierung der Landbevölkerung mit Notwendigkeit führen müsse; die thatsächliche Besitzverteilung und die Wohlstandslage der Landbevölkerung in jenen Teilen Deutschlands, in denen seit Jahrhunderten nach geltendem Recht die Naturalteilung die Regel bildet, steht mit jener Annahme keineswegs im Einklang. Dies erklärt sich dadurch, daß jederzeit innerhalb dieser Gebiete sehr wirksame Gegentendenzen sich geltend machen, die dem Zerbröckelungsprozeß, wie ihn das System der Freiteilbarkeit an sich immer von neuem einleitet, hindernd in den Weg treten: und zwar in der Weise, daß jeder Besitzer der im Erbgang verstückelten Anwesensanteile das natürliche Bestreben hat, durch allmählichen Zukauf seinen Erbschaftsanteil wieder auf einen den Familien- und Hausstandsbedürfnissen entsprechenden Umfang hinaufzuheben. An der Möglichkeit dieses Zukaufs fehlt es aber in diesen Gebieten der Freiteilbarkeit nicht, da Jahr für Jahr infolge äußerer Veranlassungen: Wegzug, Todesfall, Übergang einer Anzahl Erben zu anderen als landwirtschaftlichen Berufsarten — Grundstücke zum Verkauf gelangen. Weit mehr als in den Anerbenrechtsgebieten ist daher in den Gegenden der naturalen Teilung ein bestimmter Teil des Grundeigentums in Bewegung begriffen: mittlere und größere fallen auseinander, aber kleine und kleinste Anwesen wachsen allgemach zu solchen mittlerer Größe wieder empor.

Als eine Besonderheit der naturalen Teilung des Liegenschaftsnachlasses gegenüber der Einzelerbfolge ist zu bezeichnen, daß die Belastung mit Erbabfindungsansprüchen an Geschwister, also die bedenkliche Zwangsverschuldung des Anerbenrechts wegfällt: etwaiges Barvermögen, das zur Verteilung kommt, kann daher als Betriebskapital der kleinen Wirtschaft dienen, und die intensivere Wirtschaftsweise, die den Gebieten der Freiteilbarkeit eigentümlich ist, steht damit im engsten Zusammenhang. Das Streben der Wirte der Freiteilbarkeitsgebiete, ihren Grundbesitz durch Zukauf zu vergrößern, hat freilich sehr häufig Schuldverbindlichkeiten (Kaufschillingsreste) im Gefolge: es bedingt aber einen erheblichen Unterschied, ob eine Schuldverpflichtung eine erzwungene ist und mit dem Gutsantritt zeitlich zusammenfällt, wie im Gebiet des Anerbenrechts, oder ob das Eingehen einer Schuld von dem Belieben des Wirts abhängt, ob insbesondere dieser in Bezug auf den Zeitpunkt des Eingehens von Schuldverpflichtungen sich ganz von seinen eigenen freien Entschließungen leiten lassen darf. Die Kauflust in den Gebieten der Freiteilbarkeit kann und wird also reger sein in Jahren reicher Ernte und guter Produktenpreise, die es gestatten, sofort einen Teil der Kaufschuld für Grundstückszukäufe abzutragen: sie wird zum Stillstand kommen, wenn die Kasse des Wirts minder gefüllt ist. Die wesentlich geringere Gesamtverschuldung der ländlichen Bevölkerung in den Gebieten der Freiteilbarkeit gegenüber den Anerbenrechtsbezirken darf daher zu einem guten Teil auf Rechnung des geltenden Erbrechts zurückgeführt werden. Auch wirkt die Verschuldung aus den angegebenen Gründen weniger drückend, häufig geradezu erzieherisch im Sinne einer Zwangssparkasse. Endlich übersieht man bei der Würdigung der Freiteilbarkeitsverhältnisse so häufig, daß die Anlage kleiner Ersparnisse in der Form des Grunderwerbs, also gewissermaßen als Immobiliarnotpfennig, in vielen Fällen wirtschaftlich richtiger sich erweist als die sonstige Nutzbarmachung, etwa in Form einer Sparkassen-Anlage; denn die Kapitalanlage in Grund und Boden, selbst wenn sie mit Schuldverbindlichkeiten in Form von Kaufschillingsresten verknüpft ist, verheißt nicht nur Zinsgenuß, sondern darüber hinaus — durch Ermöglichung der Verwertung der Arbeitskraft auf dem erworbenen Grundstück — auch Arbeitsverdienst, auf den sonst hätte verzichtet werden müssen. Die so häufig vorfindliche pessimistische Beurteilung der Verschuldungsziffern der Freiteilbarkeitsgegenden bedarf daher der Korrektur: in Wahrheit erweisen sich die Immobiliarschulden hier

§ 21. Würdigung der naturalen Teilung des Liegenschaftsnachlasses. 93

viel weniger bedenklich als die Gleichstellungsgelder in den Anerbenrechts=
gebieten und gelangen erfahrungsgemäß auch rascher zur Tilgung.

Richtig ist, daß im Laufe längerer Zeit das System der naturalen
Erbteilung zu einem Vorherrschen des Kleinbesitzes führt; und auch
das ist nicht zu leugnen, daß die durch diese Erbrechtsform veranlaßte
Begünstigung der Ansässigmachung immer neuer Wirte möglicherweise zu
einer Vermehrung der Zahl der Existenzen auf dem flachen Land über
den durch die landwirtschaftliche Berufsarbeit gewährleisteten Nahrungs=
spielraum hinaus, d. h. zu einer Übervölkerung mit allen dieser an=
haftenden Nachteilen Veranlassung geben kann und ortsweise gegeben hat.
Ganz unbedenklich ist daher das System der Naturalteilung nur
dann, wenn die Gunst des Klimas und der Bodenverhältnisse einen Betrieb
ermöglicht, der auch auf kleiner Wirtschaftsfläche einer Familie hinreichend
Arbeit und Unterhalt giebt, wenn also insbesondere die Vorbedingungen zu
einem mit hochwertigen Specialkulturen (Handelsgewächse, Reb=, Obst= und
Gemüsebau) ausgestatteten Betrieb oder zu sonstigem Nebenerwerb gegeben
sind. Einen sehr naturgemäßen Platz behauptet dieses System da,
wo der lohnende Absatz der Erzeugnisse der Kleinwirtschaften infolge der
Nähe kaufkräftiger Konsumtionsmittelpunkte (großer und gewerbsreicher
Städte) jederzeit gewährleistet ist, oder wo eine blühende und auf das
flache Land selber übersiedelnde Industrie den auf dem Anwesen der Eltern
nicht hinreichend beschäftigten Angehörigen der Kleinwirte eine Anzahl
lohnender Verdienstmöglichkeiten außerhalb der landwirtschaftlichen Berufs=
arbeit eröffnet. Ungünstig wirkt das System der Naturalteilung infolge
allmählichen Verschwindens einer Anzahl Anwesen umfangreicherer Aus=
dehnung insofern, als der Getreidebau gegenüber anderen Kulturen zu=
rücktritt und die thatsächliche Getreideproduktion gerade allenfalls noch
zur Ernährung der ländlichen Bevölkerung selber ausreicht, aber darüber
hinaus für die Versorgung der anderen Berufsstände mit Getreide keine
oder nur unerhebliche Mengen liefert; das ständige Getreidedefizit
des Westens und Südwestens von Deutschland, das durch Zu=
fuhr von anderen deutschen Getreideproduktionsgebieten, vorwiegend aber
durch Zufuhr von außerdeutschen Ländern her gedeckt werden muß, führt
in dieser Hinsicht eine beredte Sprache. Aus diesem Grund, in Ver=
bindung mit den obenerwähnten, eignet sich deshalb das System
der Naturalteilung ebensowenig zur Verallgemeinerung, wie
das im vorigen Paragraphen geschilderte Anerbenrecht: wohl
aber hat es neben diesem seine gute Existenzberechtigung und es ist nicht
unwahrscheinlich, daß es mit der wachsenden Intensität des Betriebs
und der dadurch bedingten Möglichkeit der Entnahme größerer Ernten
von demselben Flächenraum, ferner mit der weiteren blühenden Entwick=
lung der Industrie mit der Zeit eher an Ausdehnung gewinnen als
zurückgehen wird. Dies wird durch die 1895er Betriebsstatistik bestätigt:
von 1882 bis 1895 hat sich in Preußen die Zahl der Kleinbetriebe

(1 ha bis 5 ha) von 495 104 auf 522 994, die Zahl der Mittelbetriebe (5 ha bis 100 ha) von 602 852 auf 658 367 erhöht, dagegen ist die Zahl der Großbetriebe (100 ha und mehr) von 20 051 auf 19 199 zurückgegangen. Eines freilich sollte man gegenüber dem System der Naturalteilung nicht vergessen, daß es, wie alle auf dem Grundsatz freiester Bewegung beruhenden Gesetzgebungswerke, ein zweischneidiges Schwert darstellt und daß es einem Volk dann schwere Wunden schlagen kann und muß, wenn dieses nach der Allgemeinbildung seiner Landbevölkerung für diese äußerste Freiheit der Bewegung im Grundeigentumsverkehr noch nicht reif ist. M. a. W. es müssen, bevor das System der Naturalteilung und die Freiheit des Güterverkehrs überhaupt rechtlich zugelassen wird, jene Tugenden der wirtschaftlichen Vorsicht, der Bedachtnahme auf die Zukunft, der Familienvorsorge entwickelt sein, die verbürgen, daß von der Freiheit in der Teilung des Grundeigentums ein maßvoller Gebrauch gemacht werde. Voraussetzung ist also nicht nur etwa, daß die Landbevölkerung sparsam lebt, sondern jene Tugenden werden sich vor allem auch in der Enthaltung von vorzeitigen Eheschließungen, in dem Festhalten an einer verständigen Heiratspolitik, die das gemeinsame Einbringen von Grundbesitz in die Ehe anstrebt, aber auch in der rechtzeitigen Abstoßung der überflüssigen Bevölkerung in andere Berufsarten zu bethätigen haben. Nicht zum geringsten ist notwendig, daß das Landvolk in den Gebieten der Freiteilbarkeit ein gewisses nicht zu niedrig gegriffenes Maß von Lebensgenuß zu behaupten willens ist, also lieber auf einen eigenen Hausstand verzichtet, als einen solchen zu begründen, der ökonomisch nicht hinreichend sichergestellt erscheint. Wo, wie in den größten Teilen des westlichen und südlichen Deutschlands, diese Tugenden vorfindlich sind, ist die Besitzverteilung, ungeachtet des Vorwiegens des Kleinbesitzes, doch überall leidlich befriedigend geblieben, im Unterschied beispielsweise zu Italien, dessen agrarische Leiden in der Mehrzahl der Provinzen nicht am wenigsten damit zusammenhängen, daß durch eine bis zum Unverstand getriebene Aufteilung des Landes in kleinste Besitzjetzen die bäuerliche Bevölkerung im Laufe der Zeit zu einer elenden Masse proletarischer Schein-Existenzen herabgesunken ist. —

Das neue bürgerliche Gesetzbuch für Deutschland hat davon abgesehen, das Erbrecht in landwirtschaftlichem Grundeigentum grundsätzlich auf der Basis des Anerbenrechts zu ordnen; vielmehr gelten, auch wenn zu einem Nachlaß landwirtschaftliche Grundstücke gehören, prinzipiell die für alle Erbschaften maßgebenden Vorschriften, wonach der Nachlaß gemeinschaftliches Vermögen der Erben ist, jeder Miterbe jederzeit die Auseinandersetzung verlangen kann und diese durch Teilung der Erbschaftsstücke in Natur und, sofern eine solche Teilung ausgeschlossen ist (bei kleinen Grundstücken, bei Gebäuden ꝛc.), durch Verkauf des Gegenstandes und Verteilung des Erlöses zu erfolgen hat. Das neue bürgerliche Gesetzbuch hat aber die Erlassung eines Sondererbrechts in Landgüter der Landesgesetzgebung freigestellt, also die Beibehaltung der bestehenden Anerbenrechtsgesetze und die Erlassung solcher, wo sie noch nicht bestehen, rechtlich ermöglicht. Mit dieser Ordnung der Sache, die der Verschieden= artigkeit der wirtschaftlichen und der Rechtsentwicklung in den einzelnen Staaten gebührende Rechnung trägt, kann man sich auch vom landwirt= schaftlichen Standpunkt aus einverstanden erklären; denn es bleibt danach dem Ermessen der einzelstaatlichen Regierungen und Volksvertretungen überlassen, inwieweit sie nach den gegebenen Verhältnissen des Einzel= staats eine Korrektur der allgemeinen Erbrechtsvorschriften betreffs der Vererbung des landwirtschaftlichen Grund und Bodens für angemessen und nützlich erachten.

(**Abschließende Betrachtungen.**) Überblickt man den Gang, den die Beurteilung der Vorgänge und den die thatsächliche Rechtsentwicklung im Gebiet des Grundeigentumsverkehrs unter Lebenden und auf den Todesfall im Laufe der letzten Jahrzehnte genommen hat, so wird eine unbefangene Würdigung einräumen müssen, daß in dieser Zeit eine wesentliche Vertiefung der Anschauungen über die Natur des Grundeigen= tums und seiner Bedürfnisse sich vollzogen hat und mit jener ein= seitigen, der liberalisierenden Richtung der Volkswirtschaft entsprungenen Auf= fassung, welche in der Rechtsbehandlung der beweglichen und unbeweglichen Güter einen Unterschied nicht anerkennen wollte, gründlich gebrochen worden ist. Die Einsicht in die Bedeutung der Art und Weise des Grundeigen= tums ist in dieser Zeit eine gereiftere geworden und diese gereiftere Ein= sicht hat sich in den verschiedensten Richtungen zu gesetzgeberischer An= erkennung verholfen. Die Ausdehnung des Wucherstrafrechts auf den Grundeigentumsverkehr, die Neubelebung der altdeutschen Rechtseinrichtung der Verschuldung gegen Rente beim Kauf von Gütern, die Erlassung von Anerbenrechtsgesetzen und die Bemühung der Gesetzgebung, den Anerben vor denjenigen wirtschaftlichen Nachteilen zu bewahren, die sich aus der Anwendung der gemeinrechtlichen Vorschriften über die Nachlaßregulierung und die Schätzung des Nachlasses ergeben könnten, endlich die Bedacht= nahme auf Konservierung der Anerbenrechtsgewohnheiten, wo immer diese den wirtschaftlichen Verhältnissen bestimmter Landesteile entsprechen, bieten einen vollgültigen Beweis, wie auch auf diesem Gebiet die Gesetz= gebung der Gegenwart mit den Interessen des Grundbesitzes sich in Einklang zu setzen sich bemüht hat, und daß der oft gehörte Vorwurf einer grundsätzlichen Preisgabe dieser Interessen auch hier des Grundes gänzlich entbehrt. Insofern die neuere Gesetzgebung betreffs der Abschätzung der Güter in Erbfällen mit dem gemein= (römisch=) rechtlichen Ver= kehrswertsprinzip gebrochen und an dessen Stelle den Grundsatz der Abschätzung nach dem Ertragswert gesetzt hat, hat sie un= mittelbar schuldverhütend gewirkt; und dieser Bruch des neuen, in der Erbrechtsgesetzgebung zum Ausdruck gelangten Agrarrechts mit den alten juristischen Überlieferungen erscheint um so bedeutungsvoller, als erwartet werden darf, daß die bei Erbesauseinandersetzungen im Gebiet des kodifizierten Anerbenrechts zur Anwendung gelangenden Abschätzungsgrundsätze mit der Zeit auch die Feststellung der Gutswerte bei den zahlreich vorkommenden Gutsübergabeverträgen und schließlich auch den Güterverkehr unter Lebenden selber beeinflussen werden. Vergegenwärtigt man sich endlich, daß die Notlage, in welcher viele Hofbesitzer in Anerbenrechtsbezirken seit Jahrzehnten sich befinden, offenkundig auf zu hoch bemessene Gutstaxen zurückzuführen ist, so ermißt man leicht, um welche Errungenschaft es sich handelt, wenn, wie nunmehr geschehen, richtigere Abfindungsgrundsätze eingeführt worden sind, die nicht bloß, wie das gemeine Recht gethan, nur oder vorwiegend die Erbansprüche der Miterben, sondern ebensosehr die Person des Anerben berücksichtigen und diesem nicht mehr zumuten, als er nach Lage der Sache leisten kann. Und die in dem folgenden Kapitel zu gebende Darstellung über Verschuldung und Schuldnot und die tiefsten Ursachen der Verschuldung in der Gegenwart werden besonders deutlich erweisen, wie richtig es gewesen ist, daß die gemein= (römisch=) rechtlichen Rechtsgrundsätze gerade auf dem Gebiet zurückgedrängt worden sind, auf dem sie, wegen der Unvereinbarkeit des Verkehrswertsprinzips mit dem Zweck des Anerbenrechts, unzweifelhaft besonders nachteilig gewirkt haben. Man hat daher, mag immerhin die Wirkung der veränderten Gesetzgebung eine langsame sein, allen Grund, sie unter die „großen Mittel" einzureihen, und es würde geringe Einsicht in die Bedürfnisse des Grundbesitzes verraten, wenn das von der Gesetzgebung auf diesem Gebiet Geleistete als etwas für den Grundbesitz Unerhebliches angesehen werden wollte.

Drittes Kapitel.

Grund- und Betriebskapital, Grund- und Betriebskredit; Verschuldung und Entschuldung des Grundbesitzes.

§ 22. Die einzelnen Arten des Kredits; die Inanspruchnahme und das wirtschaftliche Risiko des Besitzkredits insbesondere.

Unter den Vermögensbestandteilen eines landwirtschaftlichen Betriebs muß man einerseits den Grund und Boden einschließlich der darauf befindlichen Baulichkeiten, andererseits die zur ordnungsmäßigen Führung des landwirtschaftlichen Betriebs erforderlichen Geldmittel und Einrichtungsgegenstände (lebendes und totes Inventar) unterscheiden; die ersterwähnten Bestandteile begreift man unter dem Namen „**Grundkapital**", die letzteren unter dem Namen „**Betriebskapital**".

Wer, ohne im Besitz von Grund und Boden zu sein, der landwirtschaftlichen Berufsarbeit sich widmen will, hat in einem besiedelten Land, in dem herrenlose Güter sich nicht mehr vorfinden, keine andere Wahl, als Grund und Boden zu pachten oder zu kaufen. Ob die Entscheidung zu Gunsten der Pacht oder des Kaufs ausfällt, sollte verständigerweise stets nur von dem Maß der zur Verfügung stehenden Mittel abhängig gemacht werden. Sind diese Mittel eben gerade ausreichend zur Beschaffung des für ein Anwesen bestimmter Größe erforderlichen Betriebskapitals, so wird nur von der Pacht die Rede sein, an einen Kauf also erst dann gedacht werden können, wenn das Barvermögen auch die Mittel zur Erlegung des Kaufschillings oder doch eines erheblichen Teils desselben darbietet. Nun ist aber die Ausreichendheit der Mittel zum Kauf und zum Betrieb eines landwirtschaftlichen Anwesens neben der Beschaffenheit vor allem von dessen Größe bedingt; und es bildet daher weiter einen Gegenstand der Überlegung, ob es vorteilhafter ist, ein kleineres Gut zu erwerben, zu dessen Ankauf und Betrieb die Mittel reichen, oder aber ein größeres Gut, obwohl diese Mittel zur Zahlung des Guts oder zu dessen ordnungsmäßigem Umtrieb nicht als ausreichend sich erweisen. Fällt die Entscheidung in letzterem Sinne aus, so muß der Käufer einen Teil des Kaufschillings schuldig bleiben und hat möglicherweise nicht einmal mehr die für die Beschaffung des Betriebskapitals nötigen Summen ganz zur Verfügung; er muß also seinen Kredit in Anspruch nehmen. Der Kredit heißt **Grundkredit** oder **Bodenkredit**, auch **Besitzkredit**, wenn er für Zwecke des Besitzerwerbs des Grundkapitals, und er heißt **Betriebskredit**, wenn er zum Zwecke der Beschaffung oder Ergänzung des Betriebskapitals in Anspruch genommen wird.

Die Gründe, welche den Einzelnen veranlassen, ungeachtet der Unzulänglichkeit der Mittel, zu kaufen statt zu pachten und im Fall des Kaufs für die Wahl eines größeren Guts mit Eingehen von Kreditverpflichtungen statt für die Wahl eines kleineren sich zu entscheiden, sind nicht immer leicht zu erkennen; aber sie müssen jedenfalls von erheblichem Einfluß sein, wenn sie die an sich und der Natur der Sache nach gegen das Eingehen von Schuldverbindlichkeiten bestehenden Bedenken zu überwinden vermögen. Man geht wohl am wenigsten fehl mit der Annahme, daß es, neben gelegentlichen ökonomischen Irrungen, wesentlich **Standesanschauungen**, wohl auch **Standesvorurteile** sind, die über die rein wirtschaftlichen Erwägungen häufig den Sieg davontragen. Je größer das Gut, desto angesehener, einflußreicher auch die Stellung des Gutsinhabers; daher also die den sog. besseren oder gebildeten Ständen angehörigen jungen Ökonomen, um nicht in der sozialen Stufenleiter herabzusteigen, regelmäßig für die Wahl eines größeren Guts sich entscheiden und geneigt sein werden, dem größeren wirtschaftlichen Risiko, das an den Erwerb unter Kreditinanspruchnahme sich knüpft, eine entscheidende Bedeutung nicht beizumessen. Solche standesmäßige Erwägungen neben dem Wunsch, eine dauernde Existenzgrundlage für sich und die Nachkommen zu beschaffen, geben wohl auch in vielen Fällen den Ausschlag zu Gunsten des Kaufs statt zu Gunsten der Pacht, indem auch hier die Erfahrung, daß kapitalkräftige Pächter regelmäßig besser prosperieren als betriebskapitalschwache Eigentümer, minder kräftig wirkt, als die entgegenstehenden, den Standesverhältnissen entnommenen Betrachtungen. Jedenfalls erhellt aus diesen wenigen Sätzen, um wie folgenschwere Entschließungen es sich in Fällen der besprochenen Art handelt; und wer vor der Wahl steht, sich in dieser oder jener Richtung zu entscheiden, sollte sich darüber klar sein, daß die wirtschaftlichen Folgen seiner wie immer gefaßten Entschließung ihm nicht abgenommen werden können. Es berührt daher einigermaßen seltsam, wenn mit Zuständen landwirtschaftlicher Verschuldung ganz allgemein, also ohne Unterschied der Art der Verschuldung und der Schuldursachen, Worte wie: „**Schuldknechtschaft**", „**Abhängigkeit vom Geldkapital**", „**Auspowerung des Grundbesitzes**" so häufig gerade auch im Munde derjenigen verknüpft werden, die mit vollem Vorbedacht in diese „Schuldknechtschaft" sich begeben haben, indem sie statt zu pachten sich ankauften oder Güter von einer ihre Barmittel weit übersteigenden Größe, d. h. unter starker Inanspruchnahme ihres Kredits zu erwerben sich entschlossen. Was hier von dem Ankauf ganzer landwirtschaftlicher Anwesen gesagt ist, gilt ähnlich auch von dem Ankauf einzelner landwirtschaftlicher Grundstücke, wie er im Kreise der bäuerlichen Bevölkerung zur Erweiterung des bereits innehabenden Besitzes so gerne geübt wird (S. 62 unten); doch wird im allgemeinen ein solcher unter Kreditinanspruchnahme erfolgender bloßer Grundstückszukauf ein minder erhebliches wirtschaftliches Risiko als der Ankauf eines ganzen Guts in sich schließen, und zwar ein um so geringeres Risiko, je kleiner das zugekaufte Grundstück im Vergleich zu dem vorhandenen Anwesen ist. Unwirtschaftlich sind solche Grundstückszukäufe jedenfalls dann, wenn die Wirtschaft mit Betriebskapital noch ungenügend ausgestattet ist; denn das Bestreben des Wirtschafters müßte in diesem Fall vor allem darauf gerichtet sein, alle Wirtschaftserübrigungen auf eine Verstärkung des Betriebskapitals zu verwenden, statt sie im Zukauf weiterer Grundstücke zu verzetteln, deren Hinzutritt zu dem vorhandenen Grundvermögen das Betriebskapital noch unzureichender als früher erscheinen läßt. Daß aber in dieser unwirtschaftlichen Weise nicht selten gesündigt wird und namentlich in den sechziger und siebenziger Jahren gesündigt, dadurch aber die Möglichkeit des Überganges zu intensiverer Wirtschaftsweise, d. h. zu einem lohnenderen Betriebe abgeschnitten wurde, wird kein Kenner ländlicher Verhältnisse in Abrede stellen können.

Das in dem freiwilligen Eingehen von Kaufschuldverpflichtungen begründete wirtschaftliche Risiko erfährt eine Steigerung, wenn und insoweit bei dem Ankauf Irrungen über den Wert des Guts zum Nachteil des Käufers unterliefen, also Wertüberschätzungen vorgekommen sind, die den Käufer mit einem Schuldbetrag belasten, der in der Ertragsfähigkeit des Gutes oder Grundstückes keine Unterlage findet. Die Lage eines Käufers, der für ein um 20—30 % überschätztes Gut nur 30 bis 40 % Anzahlung zu leisten imstande ist, würde selbst in einer Zeit wirtschaftlich aufwärtsgehender Bewegung eine nicht unbedingt sichere sein, in Zeiten minder günstiger Erwerbsaussichten ist sie schon vom Tage des Kaufs ab als eine fast verlorene anzusehen; und — so unwahrscheinlich dies den Fernerstehenden dünkt — solche Fälle unüberlegter Gutskäufe sind in den letzten 20 Jahren keineswegs nur vereinzelt geblieben. Ob es sich empfiehlt, im Wege der Gesetzgebung Schranken gegen derartige Verirrungen im Gebiet der Gutskäufe aufzurichten, bedarf einer besonderen Erörterung (§ 24); aber selbst beim Bestehen solcher Schranken würde ein größerer oder kleinerer Rest wirtschaftlichen Risikos doch in allen den Fällen bestehen bleiben, in denen bei Käufen nicht mit der erforderlichen Überlegung, Klugheit und Umsicht verfahren wurde. Unter allen Umständen lassen die vorstehenden Betrachtungen wiederum die große Wichtigkeit der landwirtschaftlichen Taxationslehre als

7*

derjenigen Fachwissenschaft erkennen, die die Bildung eines zutreffenden Urteils über die Rentabilität eines bestimmten Guts und über den danach sich ergebenden Kaufwert, der äußerstenfalls geboten werden darf, ermöglichen soll.

Minder frei wie der Erwerber eines Guts oder Grundstücks im Weg des Kaufs steht derjenige, der ein solches im Weg der Erbschaft zu übernehmen hat: häufig ist er nicht oder nur schwer in der Lage, den Gutsantritt auszuschlagen, z. B. weil er der einzige männliche Erbe ist, oder weil er einen andern Beruf als den landwirtschaftlichen nicht erlernt hat, oder weil er von den vorhandenen Erben der tauglichste zur Übernahme ist und seine Weigerung den Verkauf des Guts zur Folge hätte rc.: und auf die Festsetzung der Gutstaxe ist er regelmäßig ohne jeden oder doch ohne erheblichen Einfluß. Gerade diese eigentümliche Zwangslage aber, in der sich der Gutsübernehmer (Anerbe) befindet, welche Lage berechtigt, von einer durch die Gutsübernahme bedingten Zwangsverschuldung zu sprechen, rechtfertigt grundsätzlich ein intervenierendes Eintreten der Gesetzgebung zum Schutz des Gutsübernehmers, und in welcher Form diese Art der Intervention sich zu bethätigen habe, ist im vorigen Kapitel (S. 86 ff.) bereits eingehend dargelegt worden.

Wer immer Kredit in Anspruch nimmt, sei es Grundkredit (in der dreifachen Form des Kaufs-, des Erbabfindungs- und Meliorationskredits) oder Betriebskredit, muß dem Kreditierenden (Verkäufer, miterbberechtigten Geschwistern, Darleiher) Sicherheit dafür bieten, daß die eingegangene Schuldverbindlichkeit rechtzeitig werde eingelöst werden. Diese Sicherheit kann eine reale sein, in welchem Falle man von Realkredit und je nach der Art des Objekts der Sicherheitsbestellung (ob es unbeweglich oder beweglich ist) von Liegenschaftspfand- (auch Hypothekarkredit, Immobiliarkredit) oder Faustpfand- (auch Mobiliar-, Lombard-) Kredit spricht. Die Sicherheit kann aber auch in der persönlichen Vertrauenswürdigkeit, sei es des Kreditnehmers, sei es eines Dritten für die Schuld sich Verbürgenden beruhen, man spricht in diesem Falle von Personalkredit, und zwar letzterenfalls von Bürgschaftskredit. — Beim Eingehen hypothekarisch sicher zu stellender Schuldverbindlichkeiten sind bestimmte Rechtsförmlichkeiten zu erfüllen (Eintrag zum Grundbuch); das Eingehen der Personalkreditverpflichtungen vollzieht sich meist in der einfachen Form der Schuldscheinverschreibung oder in der Form der Wechselausstellung. Wegen der Strenge des Wechselrechts und der Unkenntnis eines großen Teils der Landbevölkerung mit den Einzelheiten dieses Rechts ist der Wechsel mindestens für die bäuerliche Bevölkerung keine zweckmäßige Form der Kreditnahme.

Der Grundkredit ist meist ein durch liegenschaftliches Unterpfand gesicherter und fällt daher gemeinhin mit dem Realkredit (Hypothekarkredit) zusammen. Der Betriebskredit ist meist Personalkredit, tritt aber auch, namentlich dann, wenn der Personalkredit bereits in hohem Maße geschwächt erscheint, in der Form des faustpfändlich oder hypothekarisch gesicherten Kredits auf. Doch bildet dies so sehr die Ausnahme, daß, wenn man von ländlichem Realkredit spricht, darunter regelmäßig der Grundkredit in den verschiedenen Formen seines Vorkommens verstanden wird.

§ 25. Die ländlichen Schuldverpflichtungen der Gegenwart im Vergleich mit früher; die Würdigung von Grundkreditverpflichtungen im allgemeinen; Zurückweisung pessimistischer Auffassungsweisen; ist die Grundkreditschuld ein schlechthin zu meidendes Übel?

Es wäre ein großer Irrtum, zu meinen, daß erst in der Gegenwart eine landwirtschaftliche „Kredit- und Verschuldungsfrage" entstanden sei; die Wahrheit ist, daß es zu allen Zeiten neben schuldenfreien und mäßig verschuldeten hochverschuldete Grundbesitzer gegeben hat, bei den Völkern des klassischen Altertums so gut wie bei jenen deutscher und romanischer Zunge in jeder Periode ihrer Entwicklung. Würde man eine Statistik der Kreditverpflichtungen früherer Zeiten besitzen und sie mit den statistischen Schuldziffern der Gegenwart in Vergleich setzen, so würde allerdings ein außerordentliches Anwachsen des Geldwerts der Schuldverpflichtungen festzustellen sein. Dieses Anwachsen ist aber zu einem Teil wenigstens ein nur scheinbares, da im Laufe der Zeit auch der Bodenwert um ein Vielfaches gestiegen ist. Ferner ist zu beachten, daß unter der Summe der Kreditverpflichtungen auch der landwirtschaftliche Betriebskredit enthalten ist und heutzutage zweifelsohne eine viel größere Rolle spielt wie früher als Folge des Übergangs zu intensiveren Betriebsweisen und des Verdrängens der naturalwirtschaftlichen Formen des Betriebs durch die Geldwirtschaft. Aber als „ökonomischer" Kredit des Landwirts ist er ein so notwendiges Erfordernis jeden landwirtschaftlichen Betriebs, wie der kaufmännische Kredit für die industrielle und Handelsthätigkeit, und die aus ihm sich ergebenden Kreditverpflichtungen haben deshalb an sich nichts beunruhigendes; denn er wirkt, falls sich seine Befriedigung nur unter angemessenen Formen vollzieht und auf die nötigen Bedürfnisse der landwirtschaftlichen Unternehmerthätigkeit beschränkt bleibt, betriebsfördernd und die Unternehmerthätigkeit befruchtend. Die nach Ausscheidung dieser Kreditverpflichtungen übrig bleibenden sind diejenigen des Grundkredits: dieser bildet nun freilich die breite Masse der Kreditverpflichtungen, mag es sich um Besitzkredit einschließlich des Erbabfindungskredits oder um Familienausstattungs- oder um Erholungskredit (zur Erholung von Unglücksfällen, wie Viehsterben, Mißernten und dergleichen) handeln, für welch letzteren seiner Größe wegen die liegenschaftliche Verpfändung ebenfalls häufig vorkömmt.

Die Frage, ob im Verhältnis zum Liegenschaftswert die Grundkreditverpflichtungen heute im Vergleich mit der rückwärts liegenden Zeit erheblich gewachsen sind, und in welchem Prozentsatz dies der Fall ist, läßt sich mangels ausreichender statistischer Unterlagen mit Sicherheit leider nicht beantworten. Man kann nur soviel mit Bestimmtheit sagen, daß es in der rückwärts liegenden Zeit Perioden gegeben hat, wo der Grundbesitz ähnlich hoch verschuldet war wie heute; so namentlich am Ausgang des vorigen und Anfang dieses Jahrhunderts, wie dies die unten mitgeteilten Ziffern erkennen lassen; auch die kritische Zeit der zwanziger Jahre dieses Jahrhunderts mit seinen „beispiellos" niedrigen Getreide= preisen war unzweifelhaft eine Periode starker Schuldzunahme. Die folgenden Jahrzehnte zählen als eine Zeit des allmählichen Erstarkens der deutschen Landwirtschaft, die bis in die Mitte der siebenziger Jahre reichte; es folgte dann der bekannte Rückschlag; und sicher ist in den letzten Jahrzehnten und namentlich in den letzten Jahren, insonderheit in den Gegenden des vorwiegenden Getreidebaues, der Schuldenstand wieder erheblich angewachsen.

Bei einem Vergleich der Gegenwart mit der älteren, der sog. „guten" Zeit sollte man indessen nie außer Betracht lassen, daß der Druck von Schuldverpflichtungen nicht bloß durch die Höhe des Schuldkapitals, sondern sehr wesentlich auch durch die Bedingungen des Darlehnsver= trags bestimmt wird, insbesondere also durch das Maß der jährlichen Zinsverpflichtungen. Bei einem Zinsfuß von 6 % lastet eine Schuld in Höhe von 50 000 Mk. betreffs der aufzubringenden Schuldverbindlich= keiten genau so schwer auf der Wirtschaft wie eine solche von 100 000 Mk., für welche ein Zins von nur 3 % vereinbart ist. Es ist leicht einzu= sehen, daß ein Vergleich des Geldbetrags der Schuldverpflichtungen der Gegenwart, denen durchweg ein im Verhältnis zu früher mäßiger Zinsfuß zu Grunde liegt, mit solchen vergangener Zeiten schon deshalb nicht ohne weiteres statthaft ist, weil und sofern die beiderlei Zinsfüße mehr oder weniger erheblich differieren. Wenn man liest, daß im Mittelalter ein Zinsfuß von 12 % nichts Seltenes war, häufig aber auf 20 und mehr Prozent anstieg, und daß noch vor gar nicht langer Zeit für hypothekarische Darlehen 5 und 6 % gezahlt werden mußten, so fällt ein solcher Ver= gleich nicht zu Gunsten der rückwärts liegenden Zeiten aus; und diese Zeiten gewinnen auch dadurch nicht, wenn man sich vergegenwärtigt, daß noch im vorigen Jahrhundert mangels jeglicher landwirtschaftlicher Kreditorganisation in den meisten Staaten der Kreditbedürftige lediglich auf die Dienste von Privatkapitalisten angewiesen war. Die kritiklose Bewunderung „der guten alten Zeit" hält daher gerade im Hinblick auf die Kreditverpflichtungen des Grundbesitzes der hellen Wirklichkeit der Thatsachen gegenüber nicht stand. Wie sehr aber im Ausgang des vorigen und am Anfang dieses Jahr= hunderts gegendenweise der ländliche Grundbesitz verschuldet war, mag aus folgenden Angaben ersehen werden: In Mecklenburg befanden sich 1775 ein Achtel aller Rittergüter in Konkurs, und zwischen 1800 und

§ 23. Die Würdigung von Grundkreditverpflichtungen im allgemeinen. 103

1804 betrug der Preis aller mecklenburgischen Rittergüter 89 Millionen Thaler, auf denen mindestens halb so viel Schulden ruhten. In Preußen schwankte 1805 das Verschuldungsprozent (im Verhältnis zum Tax- oder Erwerbswert) zwischen 25,9 und 75,4 $^0/_0$ bei ritterlichen Gütern und betrug im Durchschnitt aller Provinzen 58,0 $^0/_0$, bei den bäuerlichen Gütern zwischen 28,9 und 56,3 $^0/_0$ und betrug im Durchschnitt aller Provinzen 38,1 $^0/_0$. Eine im Jahre 1883 in 52 Amtsgerichtsbezirken vorgenommene Ermittelung der Hypothekenschulden hat eine durchschnittlich höhere Belastung im Vergleich zu der Zeit am Anfang des Jahrhunderts nicht ergeben. Aus neuester Zeit liegen Ermittelungen über Verschuldung des ländlichen Grundbesitzes nur für Bayern, Baden und Oldenburg vor. Für Bayern wurde festgestellt, daß unter 24 Erhebungsgemeinden die Verschuldung (hypothekarische Verschuldung) in 9 Gemeinden zwischen 5,21 und 17,25 $^0/_0$, in weiteren 8 Gemeinden zwischen 20,93 und 29,92 $^0/_0$, in weiteren 6 Gemeinden zwischen 34,78 und 39,72 $^0/_0$ sich bewegt, und daß nur eine Erhebungsgemeinde eine Verschuldung über 40 $^0/_0$ (nämlich 76,04 $^0/_0$) aufweist. Die badische, auf alle Landwirte des Landes ausgedehnte Schuldererhebung des Jahres 1896 erstreckte sich auf die Schuldverpflichtungen jeglicher Art, also auch auf diejenigen des Personalkredits. Sie ergab, daß in 52 Amtsbezirken das Verschuldungsprozent der rein landwirtschaftlichen Betriebe, gemessen am Vermögenswert, zwischen 7 und 44,7 $^0/_0$ schwankt, in 34 Amtsbezirken unter 20 $^0/_0$ bleibt, in 10 Amtsbezirken zwischen 20 und 30 $^0/_0$ sich bewegt und nur in 8 Amtsbezirken 30 $^0/_0$ (mit einem Höchstbetrag von 44,7 $^0/_0$) übersteigt, und daß die Verschuldung im Durchschnitt aller rein landwirtschaftlichen Betriebe und Amtsbezirke 17,7 $^0/_0$ beträgt. Für Oldenburg ergaben sich unter Benutzung der Einkommensteuerstatistik für 1894/95 folgende bemerkenswerte Ziffern: Auf je 100 selbständige oder nahezu selbständige Landwirte entfallen a) solche ohne Kapital und Schulden 41,1 $^0/_0$, b) solche nur mit Kapital 21,2 $^0/_0$, c) mit Kapital und Schulden 11,2 $^0/_0$, d) nur mit Schulden 26,5 $^0/_0$, also nur 38 Landwirte unter 100 sind mit Schulden behaftet, und unter den mit Schulden behafteten noch ein erheblicher Teil, der nebenbei Kapitalvermögen besitzt. Noch günstiger gestaltet sich das Verhältnis der Verschuldeten zu den Unverschuldeten, wenn die gesamte ländliche Bevölkerung, also einschließlich der landwirtschaftlichen Kleinbesitzer und Tagelöhner, ins Auge gefaßt wird, denn auf 100 Angehörige der ländlichen Gemeinden kommen alsdann nur 10, welche mit Schulden behaftet sind. Der Prozentsatz der Verschuldung der verschuldeten selbständigen Landwirte (einschließlich der zugleich Kapitalvermögen besitzenden) ist zu 23,5 $^0/_0$, und derjenige der verschuldeten Landwirte ohne Kapitalvermögen zu 34,5 $^0/_0$ ermittelt worden. Also auch diese Ziffern, wie diejenigen für Bayern oder Baden ermittelten, haben keineswegs eine allgemeine Verschuldung, noch weniger eine allgemeine Überschuldung in die Erscheinung treten lassen.

Gegenüber einer mit zunehmender Häufigkeit und voller Bestimmtheit auftretenden Meinung, daß die Verschuldung des ländlichen Grundbesitzes wesentlich ein Produkt der Neuzeit sei, und der Verwertung dieser Meinung zu Angriffen auf den modernen Staat unter gleichzeitiger Anpreisung rückwärts liegender Zeiten und gegenüber einem systematisch gezüchteten Pessimismus, der unter Hinweis auf die behauptete durchgängige Überschuldung des ländlichen Grundbesitzes den völligen Zusammenbruch der ganzen deutschen Landwirtschaft bereits vor Augen sieht, ist es gewiß nicht überflüssig, ausdrücklich festzustellen, 1. daß ein vergleichsweise hoher Schuldenstand unzweifelhaft zeitweise auch früher zu beobachten war, 2. daß die Voraussetzung für die Wahrscheinlichkeit des angekündigten Zusammenbruchs: die durchgängige hohe und übermäßige Verschuldung der ganzen deutschen Landbevölkerung bis jetzt in keinem einzigen deutschen Staat statistisch nachweisbar gewesen ist, wohl aber daß 3. soweit solche statistische Schuldermittelungen vorliegen, zwar in bestimmten Gegenden und Gemeinden der Verschuldungsprozentsatz ein hoher ist, daß aber diese verschuldeten Gemeinden überall mit solchen durchsetzt sind, die eine vergleichsweise geringe oder jedenfalls unbedenkliche Höhe der Verschuldung aufweisen.

Die übermäßig pessimistische Auffassung, die in der Gegenwart anknüpfend an die Kreditverpflichtungen des Grundbesitzes in der Tagespresse, in der Litteratur, in den Parlamenten sich Geltung zu verschaffen sucht, wurzelt teilweise in der Meinung, daß jede Verschuldung vom Übel sei, und diese Auffassung erblickt also in dem Vorhandensein jeder Art von Grundkreditverpflichtungen einen dem Grundbesitz direkt schädlichen Zustand. Jede Grundkreditverpflichtung ist gleichbedeutend mit der Nötigung, aus den laufenden Wirtschaftseinnahmen Deckungsmittel zur Verzinsung und Tilgung einer Schuld zu gewinnen, deren Aufnahme — im Gegensatz zu den Verbindlichkeiten des Betriebskredits — zur Steigerung der Wirtschaftserträgnisse nichts beizutragen vermag. Der Inhaber eines Guts im Wert von 100 000 Mk., das mit 50 % dieses Werts hypothekarisch mit Kaufschillingsresten oder Erbabfindungsansprüchen belastet ist, muß jährlich an Zinsen 2000 Mk. an den Gläubiger abführen, also die Früchte seiner Unternehmerthätigkeit mit einem Dritten teilen; und je höher er verschuldet ist, je größere Teilbeträge der Gutsrente durch die abzuführenden Zinsen verschlungen werden, um so mehr wandelt sich das Eigentum am Grundbesitz um in einen Zustand, der der Verwaltung des Guts für fremde Rechnung gleichkommt. Man hat dieses Arbeiten des verschuldeten Grundbesitzes für den Gläubiger unter Entlehnung von Vorstellungen, die an die alte Grundherrlichkeitsverfassung anknüpfen, mit der bei agrarpolitischen Erörterungen heutzutage nicht selten zu beobachtenden Übertreibung nicht selten als „Zinsknechtschaft" oder als „Unterwerfung

§ 23. Zurückweisung pessimistischer Auffassungsweisen.

des Grundkapitals unter die Herrschaft des Geldkapitals" bezeichnet: in Wahrheit liegen wirtschaftliche Abhängigkeitsverhältnisse vor, die dem ländlichen Grundbesitz nicht ausschließlich eigen sind, sondern überall vorkommen, wo eine Unternehmerthätigkeit nicht bloß auf das eigene Kapital, sondern teilweise auf das entliehene Kapital Dritter aufgebaut ist.

Diejenige Auffassung, welche in den Verpflichtungen des Grundkredits ein schlechthin zu meidendes Übel sieht, kann des übertreibenden Charakters, der ihr innewohnt, leicht entkleidet werden. Denn augenscheinlich ist der verschuldete Grundeigentümer, der aus den Wirtschaftsüberschüssen jährlich Zinsen und Tilgungsraten an den kreditierenden Gläubiger abführen muß, unter dem rein finanziellen Gesichtspunkt in keiner anderen Lage als der Pächter, der aus den Wirtschaftsüberschüssen den Pachtzins an den verpachtenden Eigentümer zu entrichten hat. Die finanzielle Leistung eines Pächters, der von einem Gut im Wert von 100000 Mk. 3000 Mk. Pachtzins, und diejenige des Eigentümers eines mit 60 % des Werts, d. h. mit einer Schuld von 60000 Mk. belasteten Guts gleicher Größe, für welche Schuld jährlich 4 % an Zins und 1 % für Tilgung zu zahlen sind, ist geldlich völlig die gleiche. Zu behaupten, daß ein solches Gut, für das ein Pächter mit gutem Gewissen 3000 Mk. bezahlen kann, von dem Eigentümer mit 3000 Mk. Zinsen und Tilgungsraten nur unter Gefährdung seiner Existenz belastet werden könnte, würde gleichbedeutend damit sein, der Einrichtung des Pachtwesens die Existenzberechtigung abzusprechen. Erachtet man aber die Pacht als eine wirtschaftlich berechtigte Form landwirtschaftlicher Unternehmerthätigkeit, und zeigt die Erfahrung, daß viele Pächter prosperieren, obwohl sie die ganze Grundrente als Pachtzins abzuführen haben, so kann jedenfalls die Übernahme von Grundkreditverpflichtungen in einer Höhe, daß letztere nach ihrem Jahresbetrag an Zinsen und Tilgungsraten hinter dem Betrag der Grundrente zurückbleiben, nicht an sich eine den Grundbesitzer und seine Existenz bedrohende, also nicht eine schlechthin abzulehnende, weil unbedingt schädliche Verpflichtung sein. Wäre selbst die Schuld so hoch, daß ihre Jahresleistungen dem üblichen Pachtzins gleichkämen, wie in dem oben angeführten Beispiel, so hätte der verschuldete Eigentümer vor dem Pächter doch immer noch voraus, daß er, entsprechend seiner Jahresleistung (Zins und Tilgungsrate), nach 40 Jahren als freier unverschuldeter Eigentümer auf dem Gute sitzt, während der Pächter durch seine denselben Geldbetrag erreichenden Jahresleistungen, und wenn er Zeit seines Lebens Pächter bleibt, auch nicht einen einzigen Quadratmeter des von ihm bewirtschafteten Landes zu Eigentum erwerben kann.

Die durch Kreditverpflichtungen geschaffenen Abhängigkeitsverhältnisse des Schuldners zum Gläubiger werden also nicht immer, sondern stets nur unter bestimmten Voraussetzungen verhängnisvoll für den Schuldner werden, nämlich dann, wenn wider Erwarten die aus dem Gut zu ziehenden Erträgnisse zur Verzinsung und allmählichen Tilgung der Schuld sich unzureichend erweisen, also das als Unterpfand eingesetzte Objekt dem Gläubiger zu verfallen droht. Dieser Fall kann schon bei mittlerer Verschuldung eintreten, sobald aus Gründen, deren Beseitigung nicht vom Wirtschafter abhängt, die Gutsrente beträchtlich sinkt; er wird mit Sicherheit eintreten, wenn hohe Verschuldung mit dem Sinken der Rente zeitlich zusammentrifft. Wo also im Zustand der Nichtverschuldung oder der mäßigen Verschuldung auch minder tüchtige Wirte sich zu halten und selbst kritische Zeiten zu überwinden in der Lage sind, wird im Zustand hoher Verschuldung möglicherweise selbst der tüchtigste Wirt beim Eintritt ungünstiger Zeiten weggefegt werden. Eine Besitzentsetzung zahlreicher grundbesitzender Familien ist aber nicht bloß ein privates Unglück derjenigen, die es angeht, sondern greift in seinen Wirkungen viel weiter. In der Regel geht der Besitzenthebung im Weg der Zwangsvollstreckung ein Zustand längeren Siechtums voraus, der sich in allmählicher Entblößung des Guts von Inventar und, beim Mangel der nötigen Geldbetriebsmittel, in einem Rückgang der Wirtschaftsführung im ganzen äußert (rücksichtslose Ausnützung der Bodenkraft bei ungenügender Düngung und Bestellung der Felder und unzureichender Unterhaltung der Gebäude), so daß das Gut der Verwahrlosung entgegengeht und es hinterher jahrelanger Bemühungen bedarf, um es in den Zustand normaler Ertragsfähigkeit zurückzuversetzen. Häufig gelangen solche Güter in den Besitz von Spekulanten oder untauglichen Wirten, und jedenfalls ergiebt sich für die unter solchen Verhältnissen besessenen Güter eine kürzer oder länger dauernde Übergangszeit, in der wegen des eingetretenen Zustandes der Verwahrlosung und erschöpfter Bodenkraft die nationale Produktion Not leidet. Kann man über solche Vorgänge hinwegsehen, falls sie vereinzelt auftreten, so erwächst aus ihnen dann ein nationalwirtschaftlicher Nachteil, wenn sie an einer großen Zahl von Gütern und landwirtschaftlichen Anwesen sich abspielen; die Krisis der fünfziger Jahre in Süddeutschland mit den massenhaften Zwangsverkäufen, dem Sinken aller Grundwerte, der herrschenden Mutlosigkeit spricht in dieser Hinsicht eine beredte Sprache. Eine durchgängig mittlere oder gar hohe Verschuldung trägt also immer den Keim schwerer Grundbesitzkrisen in sich; und an den obigen Einwendungen gegen die Grundkreditverpflichtungen ist daher so viel richtig, daß die letzteren thunlich in mäßigen Grenzen sich halten sollen und jede Kreditüberspannung zu vermeiden sei.

Die Besorgnisse, die an das Bestehen von Grundkreditverpflichtungen sich knüpfen, der Wunsch, von dem Grundbesitz auch in Zeiten einer sinkenden Rente jede Art von Krisis fernzuhalten, haben den Vorschlag gezeitigt, durch völlige Schließung der Hypothekenbücher für den ländlichen Grundkredit oder doch durch Einführung von Verschuldungsgrenzen Erschütterungen auf dem Grundmarkt als Folge einer allgemeinen Ver= oder Überschuldung ein für allemal fernzuhalten. Und die Frage ist nun, was von solchen Vorschlägen zu halten sei.

§ 24. Die Beschränkung der Freiheit im Grundkreditverkehr; Schluß der Hypothekenbücher und Einführung von Verschuldungsgrenzen.

Um zu einem Urteil darüber zu gelangen, von welchen Wirkungen das Verbot begleitet sein würde, ländliche Grundstücke mit Verpflichtungen des Grundkredits fernerhin zu belasten, muß man sich die beiden Hauptformen der Inanspruchnahme des Grundkredits (für Liegenschaftskäufe und Erbabfindungen) gegenwärtig halten. Im Bereich des Liegenschafts= verkehrs unter Lebenden wäre die Wirkung unzweifelhaft die, daß ein Erwerb von ländlichen Liegenschaften nur noch gegen Barzahlung, d. h. nur noch jenen möglich wäre, die kapitalkräftig genug sind, der Forderung der Barzahlung zu genügen. Die Forderung der Barzahlung kann also sehr leicht dazu führen, tüchtigen, fleißigen, strebsamen Elementen der Landbevölkerung das Emporklimmen auf der socialen Staffel über Gebühr zu erschweren und den Landerwerb zu einem Privileg der augen= blicklich Vermöglichsten zu machen, ohne daß diese letzteren immer die nötigen Garantien, tüchtige Wirte zu sein, bieten würden; selbst die Aufsaugung ländlicher Besitzungen durch städtische Kapitalisten, die die erworbenen Güter in der Form der Zeitpacht, vielleicht gar der Parzellen= pacht auszunützen suchen werden, wäre eine Gefahr, mit der man wohl rechnen müßte. Jetzt pflegen in den Gebieten der Freiteilbarkeit an Liegenschaftskäufen die Inhaber der im Erbweg verkleinerten Anwesen, ferner Tagelöhner, Fabrikarbeiter sich zu beteiligen, und die Regel ist, daß ein Drittel des Kaufschillings angezahlt wird, zwei Drittel im Rückstand bleiben; die verbleibenden Kaufschillingsreste sind häufig groß genug, aber es zählt doch zu den Ausnahmen, wenn die Abtragung derselben nicht rechtzeitig erfolgt oder über Gebühr sich verzögert. Alle diese der= malen auf dem Grundmarkt auftretenden kauflustigen Elemente würden mit der Verwirklichung der Forderung der Barzahlung zu einem guten Teil zu Gunsten vermöglicherer Elemente der Landbevölkerung verdrängt, die Grundsässigmachung wäre mithin den unbemittelteren Leuten gegen jetzt erheblich erschwert. Vollends der Ankauf ganzer landwirtschaftlicher Anwesen oder gar großer Güter wäre nur den wirklich Reichen im Lande möglich, ob immer den Tauglichsten, Geschicktesten bliebe zweifelhaft.

Könnte danach durch die grundsätzliche Nichthypothecierbarkeit von Kaufschillingsresten sehr leicht herbeigeführt werden, daß die Besitz= verhältnisse auf dem Lande durch Ausschluß der minder vermöglichen Elemente von der Anteilnahme am nationalen Grund und Boden eine Verschiebung in antisocialem Sinn erleiden, und daß die Be= wegung von der Eigentumswirtschaft zur Pachtwirtschaft eine unerwünschte Stärkung erfährt, so würde die Nichthypothecier=

bartelt von **Erbabfindungsgeldern** von ähnlich ungünstigen Wirkungen begleitet sein. Wird nämlich seitens der Gesetzgebung eine Haftung des Anerbenguts für die Erbansprüche der Miterben grundsätzlich ausgeschlossen, so führt dies zur Verkürzung der Erbportionen der miterbenden Geschwister überall dann, wenn nicht das Barvermögen des Erblassers ausreicht, die Miterben zu befriedigen, also in vielen Fällen zu einer derart **vermögensrechtlichen Bevorzugung des Anerben**, daß sie die Miterben als schreiende Ungerechtigkeit empfinden müssen. Dem socialen Frieden würde eine solche Ordnung des Grundkreditrechts, dem eine nach unseren deutschen Anschauungen und Empfindungen schwer verständliche Änderung des Erbrechts im Sinn der Beseitigung des **Pflichtteilrechts** vorausgehen müßte, augenscheinlich wenig dienen; denn das neue Recht befände sich mit dem **socialen Rechtsbewußtsein weitester Kreise im ausgesprochensten Widerspruch**. Die Hoffnung, der sich die Freunde dieser Ordnung hingeben, daß der Ausschluß der Miterben von der liegenschaftlichen Hinterlassenschaft dem Vater eine Vorsorge für diese Kinder in anderer Form, insbesondere durch Ansammlung von Barvermögen oder durch Abschluß von Ausstattungs- und Lebensversicherungsverträgen in dringlicher Weise auferlege, wird sich in zahlreichen Fällen als trügerisch erweisen. Man müßte also eine **Verpflichtung zur Versicherungsnahme** für die bezeichneten Zwecke den ländlichen Gutsbesitzern auferlegen, begäbe sich aber mit der Einführung eines solchen generellen Versicherungszwanges **auf einen Weg polizeilicher Bevormundung**, der den meisten ländlichen Grundbesitzern unerträglich erscheinen dürfte.

Diese Betrachtungen werden genügen, um darzuthun, daß die Forderung der Beseitigung des Grundkredits, d. h. die **gesetzliche Erzwingung der Barzahlung bei allen liegenschaftlichen Verkehrsgeschäften unter Lebenden und die Verweisung der Miterben auf etwa vorhandenes Barvermögen unter Ausschluß oder doch unter Kürzung ihrer Erbansprüche an das liegenschaftliche Nachlaßvermögen nur unter Eintauschung anderweiter schwerer Nachteile zu verwirklichen wäre und daher die bezüglichen Forderungen und Wünsche aus dem Programm praktischer Agrarpolitik auszuscheiden sind**.

Die vorstehend gegen eine völlige Beseitigung des Grundkredits durch Schluß der Hypothekenbücher erhobenen Bedenken treffen nur in abgeschwächtem Maße gegenüber jenen Vorschlägen zu, die auf die Festlegung einer **Verschuldungs- (Verpfändungs-) Grenze** abzielen derart, daß nur innerhalb dieser Grenze Einträge auf ein ländliches Grundstück sollen gemacht werden können. Immerhin ist folgendes zu beachten: Ist die Verschuldungs-Grenze verhältnismäßig hoch gegriffen, z. B. bis zu 50 oder 60 % des Ertrags- oder Beleihungswerts, so wird die Verwirklichung des Vorschlags eine erhebliche Wirkung auf die Verschuldung nicht ausüben, da nach allen vorliegenden statistischen Nachweisen auch seither nur der kleinere Teil ländlicher Besitzungen über jenes Maß verschuldet war; würde man aber die Verschuldungs=Grenze, um jede nennenswerte Grundkreditbelastung auszuschließen, niedrig greifen, z. B. auf 20 oder 30 % des Ertrags= oder Beleihungswerts, so würden sich beengende Wirkungen ergeben, die nicht viel jenen nachstehen, welche nach obigen Ausführungen als Folge der völligen Ausschließung des Grundkredits zu erwarten sind.

Nun hat aber eine wie immer geordnete schematische, d. h. für alle landwirtschaftlichen Grundstücke und Anwesen in gleicher Höhe bestimmte Festlegung einer oberen Verschuldungs=(Verpfändungs=)Grenze das weitere Bedenken gegen sich, daß sie der außerordentlichen Vielgestaltigkeit der Verhältnisse, unter denen der einzelne ländliche Grundbesitzer wirtschaftet und lebt, nur sehr ungenügend Rechnung tragen kann. Es wäre nämlich ein großer Irrtum, anzunehmen, daß landwirtschaftliche Grundstücke oder Anwesen von dem gleichen Ertrags= oder Beleihungswert die gleiche Beleihungsfähigkeit besitzen; denn letztere ist in hohem Grade nicht bloß durch Größe und Bonität des Guts, sondern auch durch die Person des Wirtschafters und die besonderen Lebensumstände, unter denen er lebt, bedingt. Eine bäuerliche Besitzung, die der Besitzer mit seinen eigenen Familienangehörigen betreibt, kann ein Maß von Kreditverpflichtungen ohne Gefahr eingehen, das für einen Besitzer eines Anwesens gleicher Größe, welches mit fremden Arbeitskräften bewirtschaftet werden muß, bereits eine bedenkliche wäre. Ob der Lebensunterhalt in einer Familie ein knapp zugeschnittener oder ein standesmäßig reichlicher ist, ob für längere Zeit hinaus Mittel zur Ausbildung der Kinder aus der Wirtschaftskasse abfließen oder ob dieses nicht der Fall, beeinflußt ebenfalls in hohem Grade die Höhe der gefahrlos zu übernehmenden Kreditverpflichtungen. Ob endlich der Wirt für seinen Beruf hervorragend oder mittelmäßig begabt ist, ob danach das landwirtschaftliche Anwesen nach der betriebstechnischen und ökonomischen Seite erfolgreich oder minder erfolgreich bewirtschaftet wird, ist für das Maß der Kreditverpflichtungen und für die Möglichkeit der jährlichen Abführung eines größeren oder geringeren Geldbetrages für Zinsen und Tilgungsraten von ganz entscheidender Bedeutung. Man vergißt eben bei der ganzen Würdigung der Grundkreditfrage so leicht, daß auch beim Grundkredit das persönliche Moment eine Rolle spielt, daß also nicht ausschließlich Größe und Beschaffenheit des Guts, sondern auch die Art der Lebens= und Wirtschaftsführung des Besitzers des Guts Maß und Höhe der gefahrlos zu übernehmenden Kreditverpflichtungen wesentlich mit beeinflußt.

Eine schematische, für alle landwirtschaftlichen Besitzungen in gleicher Höhe bestimmte Verschuldungs= (Verpfändungs=) Grenze scheitert aber auch deshalb an den Forderungen des praktischen Lebens, weil unvermutet und ohne Schuld des Wirtschafters die Notwendigkeit plötzlicher Kreditinanspruchnahme sich ergeben kann (Studiengelder für Söhne, Ausstattungskosten für Töchter, Bau-, und Instandsetzungs-, Meliorations-Kosten, Folgen elementarer Schäden und dergl. mehr). Ist in solchen Fällen der Personalkredit bereits erschöpft, so erübrigt nur die Aufnahme eines unterpfändlich gesicherten Darlehens: ist auch dies unmöglich, weil das Gut bis zur Verschuldungsgrenze bereits belastet ist, so müssen jene Ausgaben zum Schaden der Familienangehörigen bezw. (wenn sie zum Nutzen des Guts selber verwendet werden sollen) zum Schaden der Wirtschaft unterbleiben: unter Umständen und wenn die Ausgaben ganz besonders dringlicher Natur sind, z. B. die Familienehre auf dem Spiele steht, stände die Veräußerung des Guts selber in Frage. Diese Unvereinbarkeit einer schematisch geordneten Verschuldungsgrenze mit den nicht vorauszusehenden Bedürfnissen des Lebens bedingt daher die Notwendigkeit ausnahmsweiser Überschreitung der Verschuldungsgrenze mit Genehmigung der Staatsbehörde; in dem Entwurf eines Heimstätterechts, mit dem sich der deutsche Reichstag wiederholt in den letzten Jahren befaßt hat, findet sich in der That ein solcher Vorbehalt. Doch werden alle Bedenken auch mit Einfügung dieses Vorbehalts nicht beseitigt, im Gegenteil neue veranlaßt: denn an Stelle des über das Maß seiner Kreditverpflichtungen frei bestimmenden Eigentümers tritt nun die staatliche Behörde, an Stelle der Freiheit der Entschließung die polizeiliche Bevormundung. Die Behörde kann und wird in vielen Fällen die angemessene Entscheidung treffen; aber die Fälle, daß sie sich irrt und ohne genügenden Grund die nachgesuchte Genehmigung zur Schuldaufnahme versagt, sind nicht ausgeschlossen. Und wie lästig und peinlich müßte vielfach das durch die Prüfung des Gesuches um Aufnahme eines Darlehens veranlaßte amtliche Eindringen in die innersten Familienverhältnisse empfunden werden.

Nach diesen Ausführungen kann von der Festsetzung einer für den ganzen Grundbesitz ohne Ausnahme verpflichtend wirksamen oberen Verschuldungs- (Verpfändungs-) Grenze nicht wohl die Rede sein. Annehmbar erscheint eine solche Ordnung nur in folgenden zwei Fällen: einmal als örtlich begrenzte Institution, z. B. mit Beschränkung ihrer Anwendung auf Ansiedelungsgebiete, sofern es zwecks Gelingens des Ansiedelungsgebiets nötig erscheint, die Ansiedler für längere Zeit einer Art väterlicher Kuratel zu unterwerfen: die Einengung der Verschuldungsfreiheit erscheint dann als eine der Bedingungen des Ansiedelungsvertrags, denen sich der Ansiedler gleich allen andern Bedingungen zu unterwerfen hat. Zum andern als fakultativ gedachte Institution, d. h. so, daß die Einengung der Verschuldungsfreiheit nur jenen Gütern gegenüber wirksam wird, deren Inhaber sich diesem besonderen Grundkreditrecht freiwillig (durch Eintrag des Guts

§ 24. Schluß der Hypothekenbücher und Einführung von Verschuldungs-Grenzen. 111

in eine besondere Rolle) unterworfen haben. Zu einem solchen freiwilligen Verzicht auf die Entschließungsfreiheit in Sachen des Kredits kann ein wirksamer Anreiz durch Einräumung besonderer Privilegien gegeben werden, namentlich durch die Bestimmung, daß die diesem Sonderrecht unterworfenen Güter im Zwangsvollstreckungsverfahren eine Ausnahme=stellung einnehmen, z. B. niemals der Zwangsveräußerung, sondern stets nur der Zwangsverwaltung unterliegen. Gleichwohl bleibt zweifelhaft, ob ein solches auf der Grundlage freiwilliger Unterordnung aufge=bautes Sonderrecht, hieße es nun Heimstättenrecht oder Stamm=gutsrecht, in ländlichen Kreisen, ungeachtet seiner wohlmeinenden Mo=tive, großen Anklang finden wird. Was oben (S. 82) betreffs der bäuerlichen Fideikommißgüter gesagt wurde, gilt einigermaßen auch hier. Hochver=schuldete Eigentümer, d. h. solche, bei denen die thatsächliche Belastung die gesetzliche Verschuldungsgrenze bereits überschritten hat, kommen ohne=hin nicht in Betracht. Unverschuldete oder mäßig verschuldete Eigen=tümer werden im allgemeinen das Bedürfnis zur freiwilligen Unterordnung unter ein Verhältnis der staatlichen Bevormundung nicht empfinden und — wie die menschliche Natur nun einmal ist — sich stark genug fühlen, ihren Besitz auch außerhalb dieses Sonderrechts zu behaupten. Nur eine kleine Minderheit wird danach vermutlich von ihm Gebrauch machen, eine Wirkung ins Breite und in die Massen hinein bliebe ihm versagt.

Wie seiner Zeit bei der Erörterung der Frage der Verkehrsfreiheit im Liegenschaftsverkehr die Würdigung des „Für" und „Wider" zu dem Ergebnis hinleitet, daß im Grundsatz diese Freiheit des Liegenschaftsver=kehrs aufrecht zu erhalten sei (§ 16), so haben die vorstehenden Be=trachtungen zu einem ähnlichen Ergebnis bezüglich der Freiheit des Kreditverkehrs geführt: und dieses Ergebnis wird jedenfalls insolange unanfechtbar sein, als nicht nachgewiesen ist, daß die seit Anfang des Jahr=hunderts bestehende Freiheit durch ihre mißbräuchliche Ausnutzung auf diesem Gebiet in ganz überwiegendem Maße schädlich gewirkt und eine allgemeine Überschuldung oder doch eine in ihren Folgen verhängnisvolle weitgehende Verschuldung herbeigeführt habe. Bis jetzt ist dieser Nach=weis für kein deutsches Land erbracht worden. Mit diesem vorwiegend negativen Ergebnis wird aber die große Wichtigkeit der Kredit= und Verschuldungsfrage keineswegs mit verneint. Vielmehr erhebt sich die Frage, ob es nicht — bei grundsätzlicher Aufrechterhaltung der Freiheit im Kreditverkehr — möglich ist, gegen den Mißbrauch dieser Freiheit solche Dämme aufzuführen, innerhalb deren der Strom des Kredits gefahrlos abfließen kann, ohne daß man doch in den Fehler verfällt, diese Dämme so hoch zu türmen, daß die Zugänglichkeit des Stromes auch für nützliche und angemessene Zwecke übermäßig er=schwert würde. Diese Frage ist zu bejahen. Und zwar bietet der zu erstrebende wirksame Schutz gegen Mißbrauch der Kreditfreiheit einmal eine zweckmäßige Organisation des ländlichen Kredits, zum andern eine den Bedürfnissen des Grundbesitzes Rechnung tragende Ordnung des Zwangsvollstreckungswesens. Diesen beiden Materien ist daher zunächst näher zu treten.

§ 25. Rechtliche Ordnung des Grundkredits (Hypothekarkredits); Grundbuchwesen; Kapitalschuld und Rentenschuld.

Im Sinne der vorstehenden Betrachtungen ist der Grundkredit nicht an sich, sondern nur das Übermaß seiner Inanspruchnahme schädlich: Aufgabe und Ziel einer vernünftigen Agrarpolitik bleibt also, dem ländlichen Grundbesitz innerhalb der berechtigten Grenzen den von ihm benötigten Grundkredit ohne große Kosten und Umständlichkeiten zu einem der jeweiligen Lage des Kapitalmarktes entsprechenden Zinsfuß und unter solchen Bedingungen zugänglich zu machen, daß das mit dem Eingehen einer Schuld unter allen Umständen verknüpfte wirtschaftliche Risiko ein erträgliches bleibe. Und wenn in diesem Sinne verfahrend Gesetzgebung und staatliche Verwaltungsthätigkeit sich bemüht haben, rechtliche Ordnungen und Verwaltungseinrichtungen zu schaffen, die ebenso auf leichtere Zugänglichkeit des Grundkredits wie auf dessen angemessene Befriedigung abzielen, so kann nur eine den Verhältnissen des wirklichen Lebens abgewandte, d. h. verkehrte Betrachtungsweise dazu gelangen, diese Politik als „Akte der Unterwerfung des Grundbesitzes unter die Herrschaft des Kapitals" und als „den Anfang der Vernichtung des Grundbesitzes durch das Kapital" zu kennzeichnen. Vielmehr ist das Ergebnis einer nüchternen Betrachtungsweise das folgende: Der Grundbesitz ist in dem modernen Wirtschaftsleben auf die Dienste des Geldkapitals vielfältig angewiesen; in den weitaus meisten Fällen der Erbschaftsauseinandersetzung kann die Kapitalbeschaffung im Wege des Kredits gar nicht vermieden werden, wenn anders der Liegenschaftsbesitz nicht in fremde Hände gelangen soll; zahlreiche Angehörige der Volksgemeinschaft können nur unter Zuhilfenahme des Kredits Anteil am vaterländischen Grund und Boden sich erwerben; eine rechtliche Gestaltung des Hypothekenwesens, die das Geldkapital dem Grundbesitz und dessen Inhabern in Fällen des nötigen Bedarfs ohne zu große Schwierigkeiten zuführt, wird daher durch das eigenste Interesse der Grundbesitzer selber gefordert. Von diesem Gedankengang ist in der That die eine Reform des Hypothekenrechts anbahnende Gesetzgebung der letzten Jahrzehnte beherrscht gewesen, wenn sie mit den gesetzlichen und stillschweigenden Hypotheken aufräumte, das Eintragungsprinzip streng durchführte, ferner die Bestellung der Hypothek nur an bestimmten, genau umschriebenen Grundstücken zuließ (Specialitätsprinzip), endlich dem Grundsatz zur Verwirklichung verhalf, daß jede frühere Hypothekenbestellung der späteren im Range vorgehe (Recht der Priorität). Mit anderen Worten, das neuzeitliche Hypothekenrecht hat sich bemüht, dem Gläubiger zu ermöglichen, die auf einem Grundstücke bereits haftenden Lasten klar zu ersehen, hat ihn zugleich der Gefahr entrückt, daß sein Betreibungsrecht durch das Vorhandensein gesetzlicher und stillschweigender Hypotheken beeinträchtigt werde, und hat endlich das Rangverhältnis zwischen mehreren, dasselbe Grundstück belastenden Rechten in einer jeden Zweifel ausschließenden Weise geregelt. Der jederzeitigen Erkennbarkeit der rechtlichen Beziehungen der Grundstücke — der Eigentumsrechte, Grunddienstbarkeiten, Pfandlasten — wird durch den Eintrag dieser dinglichen Rechtsverhältnisse in öffentliche Bücher (Grundbücher) genügt; die Einträge in die Grundbücher genießen öffentlichen Glauben (Publicitätsprinzip); der Erwerb dinglicher Rechte an Liegenschaften (Eigentumsübertragung, Hypothekenbestellung) ist von dem Eintrag in das Grundbuch abhängig gemacht und nur die in dem Grundbuch eingetragenen dinglichen Rechte haben Dritten gegenüber Geltung (Eintragungsprinzip); kein Eintrag in das Grundbuch darf ohne das Vorhandensein der gesetzlichen Voraussetzungen erfolgen (Legalitätsprinzip). Dieses moderne Grundbuchsystem, in Preußen und anderen deutschen Staaten schon seit geraumer Zeit Rechtens, wird mit der Einführung des neuen bürgerlichen Gesetzbuchs allgemeines Recht in ganz Deutschland werden und mit dieser Ordnung in allen deutschen Staaten die rechtliche Unterlage für eine angemessene Befriedigung des Hypothekarkredits gegeben sein, eine nicht hoch genug anzuschlagende Errungenschaft überall da, wo seither das Grund= und Pfandbuchwesen einer klaren Ordnung noch ermangelte. Eine gute Landesvermessung und Kartierung der einzelnen Bodenparzellen bildet für die Durchführung des Grundbuchsystems die unerläßliche Voraussetzung, welcher Forderung bis zu dessen Einführung wohl überall entsprochen sein wird.

In der modernen Wirtschaft vollzieht sich regelmäßig die Aufnahme von Darlehen des Grundkredits in der Form der Verschuldung für ein bestimmtes Geldkapital und demgemäß die Belastung von Liegenschaften mit Hypotheken in der Form der Kapitalhypothek; doch ist diese Form der Kapitalverschuldung und Kapitalhypothek nichts der modernen Wirtschaft Eigentümliches, sondern die seit langer Zeit herrschende. Im Gegensatz hierzu hatte sich im Mittelalter, im Zusammenhang mit den kirchlichen Verboten des Zinsnehmens bei Geld=Darlehen, die Verschuldung gegen Rente ausgebildet, und zwar in der Form des Rentenkaufs, d. h. der Belastung eines Grundstücks, das im Besitz des Schuldners blieb, mit einem dinglichen Zins zu Gunsten des Gläubigers, wobei nur der Schuldner, nicht auch der Gläubiger kündigen durfte und der Schuldner oder dessen Erben durch Rückzahlung der Schuld die auf dem Grundstück haftenden Rentenverpflichtungen jederzeit ablösen konnten. An dieses mittelalterliche Institut des Rentenkaufs, das mit der Zeit mit der größeren Freiheit im Geld= und Darlehensverkehr gänzlich in Abnahme kam, anknüpfend, hat sich in der Gegenwart eine lebhafte Be-

Buchenberger. 8

wegung für Einführung der Verschuldung gegen Rente statt gegen Kapital bemerkbar gemacht. Zur Begründung dieser Forderung wurde darauf verwiesen, daß die Verschuldung in der Form der Kapitalverschuldung der Natur des ländlichen Grundbesitzes widerstrebe und deshalb ein diesem „feindliches Prinzip" darstelle. Denn im Sinn dieser Auffassungsweise ist der Grund und Boden selbst kein Kapital, sondern ein Rentenfond; und da er nur Renten, nicht aber Kapitalteile hervorzubringen vermag, so ist es widersinnig, die Verschuldung in Kapitalform zuzulassen, da der Grund und Boden als Rentenfonds der Forderung der Kapitalrückzahlung doch niemals gerecht werden kann. Indem die Gesetzgebung dem Grund und Boden im Widerspruch mit jener Natur Kapitalqualität aufnötigte und die Verschuldung gegen Kapital zuließ, hat sie nach dieser Meinung die Notlage des Grundbesitzes recht eigentlich verschuldet; denn mit der Auferlegung der Verpflichtung von Kapitalschulden nötigt sie, etwas, nämlich Kapitalteile, abzutreten, was in Wahrheit gar nicht vorhanden ist. Dem Wesen des Grund und Bodens als „Rentenfonds", d. h. als der Unterlage jährlich zu erzielender Renten, entspricht also nicht die Kapitalschuld, sondern die Rentenschuld; erst wenn mit dem Prinzip der Kapitalqualität des Bodens und demgemäß mit dem Prinzip der Kapitalverschuldung und der Kapitalhypothek gebrochen und die Rentenschuld als die einzige rechtlich zulässige Form der Bodenverschuldung zugelassen ist, wird die Schuldnot des Grundbesitzes beseitigt sein.

An dieser von Rodbertus erstmals vertretenen und nach ihm auch von anderen Schriftstellern befürworteten Auffassung ist richtig das Eine, daß eine zu Zwecken des Grundkredits aufgenommene Kapitalschuld der Regel nach nicht aus den Erträgnissen einer oder mehrerer Wirtschaftsperioden abgetragen werden kann und daß der infolge plötzlicher Kündigung der Schuld erwachsenden Verpflichtung zur Rückzahlung in der Regel nicht oder nur in der Form der Aufnahme eines neuen Darlehens sich genügen läßt; daß also, wo letzteres nicht gelingt, der mit der Schuld belastete Besitz nicht behauptet werden kann und der Zwangsvollstreckung verfällt. Diese Einwendungen sind nicht zu bestreiten, aber ebenso unbestreitbar ist, daß der Grundbesitz dieser Gefahr da, wo die Schuld unkündbar eingegangen wurde, entrückt ist. Zuzugeben ist ferner, daß die durchschnittliche Höhe der Grundrente und des landwirtschaftlichen Unternehmergewinnes in der Regel nicht ausreicht, größere Abzahlungen auf einmal zu leisten, die Verschuldung in der Form der Rente also an sich eine dem Wesen des Grundbesitzes sehr gemäße Form der Schuldverpflichtung darstellt; unrichtig aber ist, daß der Grundbesitz ganz und gar zu einer allmählichen Tilgung der Schuld, etwa in Form der Entrichtung einer Zuschlagsrente, unfähig sei; die tägliche Erfahrung beweist das Gegenteil. Diese erleichterte Form der Schuldabtragung ist aber auch im Bereich der Kapitalverschuldung möglich, nämlich in der

Form der Amortisationsschuld, d. h. der Abtragung der Schuld in kleinsten Beträgen. Unrichtig ist ferner die Meinung, die Einbürgerung der Rentenschuld an Stelle der Kapitalverschuldung bilde die einzig wirksame Schranke gegen eine aus Überschuldung entspringende Notlage; denn in der Endwirkung ist es für die Lage des Grundbesitzes ohne Bedeutung, ob er bestimmte Bruchteile des Renteneinkommens in der Form von Rentenanteilen oder in der Form von Kapitalzinsen an Dritte abgeben muß; gerade im System der „Ewigrente" müßte sogar infolge der unvermeidbaren Umstände, die zur Auflegung neuer Renten nötigen (wie bei jedem neueren Erbfall), mit Sicherheit schließlich eine Überschuldung eintreten, welcher das herrschende Kapitalverschuldungsprinzip durch die ihm eigentümliche Rückzahlungspflicht fortwährend zu begegnen sucht.

Aus diesen Gründen schießt die Forderung, die Form der Kapitalverschuldung grundsätzlich auszuschließen und nur noch die Rentenschuld als die einzig zulässige Verschuldungsform rechtlich fernerhin zuzulassen, in dieser Allgemeinheit offenbar über das Ziel hinaus; wohl aber spricht vieles dafür, auch diese letztere Form der Verschuldung als rechtlich ebenbürtig neben der Kapitalverschuldung zuzulassen: das neue bürgerliche Gesetzbuch hat dieser Forderung entsprochen. Die Anwendung der Rentenschuld erscheint namentlich in zwei Richtungen beachtenswert und bedeutsam: einmal da, wo, wie in Ansiedelungsgebieten, die Ansiedelung auch kapitalschwächerer Elemente, wenn sie im übrigen die für Kolonisten nötigen wirtschaftlichen Eigenschaften aufweisen, erwünscht erscheint und vermieden werden muß, daß das vorhandene Barvermögen der Ansiedelungslustigen im Landstellenankauf festgelegt werde, statt im Betrieb der neuen Wirtschaft selbst Verwendung zu finden (S. 76 u. 77); in der Zulassung auch minder bemittelter Elemente zum Erwerb nationalen Grund und Bodens ohne das Risiko der Kapitalschuldverpflichtung liegt zugleich eine versöhnende und deshalb socialpolitisch bedeutsame Nebenwirkung der Rentenschuld, die nicht gering angeschlagen werden sollte. Zum zweiten wird die Anwendung der Rentenschuld bedeutsam in den Fällen der Erbschaftsauseinandersetzung des Anerben mit den Miterben, weil die Nötigung zur Barauszahlung der Gleichstellungsgelder den Anerben leicht in die Zwangslage versetzt, unter ungünstigen Bedingungen ein Darlehen aufnehmen zu müssen, und unter allen Umständen die Betriebskapitalkraft des den Besitz des Guts neu Antretenden zum Nachteil der guten Wirtschaftsführung schwächt. Wo der Grundsatz der Rentenschuld gegenüber Miterben mit rechtlich verbindlicher Wirkung Platz greift, muß diesen aber die Möglichkeit eröffnet werden, im Bedarfsfall ohne allzugroße Umständlichkeiten oder Opfer den Kapitalwert ihrer Forderungen flüssig machen zu können. Die Einführung des Prinzips der Rentenschuld erfordert daher die Errichtung von besonderen staatlichen Kreditinstituten, die auf Wunsch der Beteiligten an Stelle der seitherigen Renten-

8*

gläubiger in das Verhältnis der Rentenschuld eintreten und Jenen auf Verlangen die dem Betrag der Rente entsprechenden Kapitalobligationen (Rentenbriefe) aushändigen. In Preußen, wo durch die Rentengutsgesetze von 1890 und 1891 (siehe § 18) erstmals die rechtliche Möglichkeit eröffnet wurde, den Ankauf von Liegenschaften durch Belastung des gekauften Guts mit einer Rente (statt der Hingabe von Kapital) zu vollziehen, und wo durch ein späteres Gesetz vom 8. Juni 1896 auch für die Abwicklung der Erbansprüche der Miterben an Renten- und Ansiedelungsgütern die Abfindung in Renten (statt in Kapital) verfügt worden ist, dienen jener Vermittlerrolle zwischen Rentengläubigern und Rentenschuldnern die s. Z. für die Zwecke der Reallastenablösung begründeten staatlichen Rentenbanken.

In den Gegenden der **Freiteilbarkeit** und der **Naturalteilung des Grundbesitzes** in Erbfällen wird das Bedürfnis nach Einbürgerung der Rentenschuld sich schwerlich geltend machen. Die Schuldverpflichtungen — meist Kaufschillingsreste — sind nicht von solcher Höhe, daß die Abtragung dieser Kapitalschuld in einer Anzahl Termine in der Mehrzahl der Fälle den Erwerbern besonders schwer fiele. Auch pflegt gerade der kleine und mittlere bäuerliche Besitz der Belastung des Grundeigentums mit Renten ein stark ausgeprägtes Mißtrauen entgegenzubringen. Das Anwendungsgebiet der Rentenschuld wird daher auf die preußischen Ansiedlungsgebiete und allenfalls noch auf die Gegenden des Anerbenrechts beschränkt bleiben.

§ 26. Die wirtschaftliche Organisation des Grund- (Hypothekar-) Kredits. (Unkündbarkeit und Amortisation; Verknüpfung der Schuldentilgung mit der Lebensversicherung; Zinsfuß; Beleihungsgrundsätze.)

Mit der rechtlichen Ordnung des Hypothekenrechts allein ist es nicht gethan: es ist ebenso wichtig, daß die Darbietung und die Inanspruchnahme des Grundkredits unter Bedingungen und Voraussetzungen erfolge, die dem Wesen des Grund und Bodens und der an letzterem sich abspielenden landwirtschaftlichen Unternehmerthätigkeit angepaßt sind, und daß organische Einrichtungen getroffen werden, welche die Erfüllung dieser Bedingungen und Voraussetzungen jederzeit gewährleisten. Welcher Art diese Bedingungen und Voraussetzungen sind, bedarf daher einer Darstellung.

1. **Unkündbarkeit des Grundkredits.** Schon oben ist betont worden, daß dem ländlichen Grundbesitz mit einer nur vorübergehenden, zeitlich kurz bemessenen Eröffnung von Grundkredit nicht gedient ist. Mag es sich um Inanspruchnahme von Besitzkredit (Kauf, Erbesübernahme) oder um diejenige des Meliorationskredits oder um sonstige Investierung von festen Kapitalien (Gebäuden) in den Grund und Boden handeln, in allen Fällen reichen die Erträgnisse eines oder mehrerer Jahre nicht hin, um eine Tilgung der Hypothek herbeizuführen. Die Kündigung einer auf

unbestimmte Zeit bestellten Hypothek wird daher häufig von der Wirkung begleitet sein, daß zur Befriedigung des Gläubigers entweder ein Teil des Guts verkauft werden muß, in welchem Fall der ursprüngliche Zweck des hypothekarischen Darlehens wieder verloren geht, oder daß der Schuldner zur Aufnahme einer anderen Schuld schreiten muß, was nicht immer leicht gelingen mag. Die in der Kündbarkeit hypothekarischer Darlehen liegende Gefahr ist um so größer, je mehr der Gläubiger das Ausleihen von Geldkapitalien rein spekulativ betreibt, daher auf Rückforderung der ausgeliehenen Summen sofort abheben wird, sobald eine anderweite Kapitalanlage einträglicher dünkt. Zumal der wucherische Gläubiger hat in dem jederzeitigen Kündigungsrecht ein denkbar starkes Pressionsmittel gegenüber dem Schuldner. Je vielseitigere Anlagemöglichkeiten sich für das Kapital darbieten, je weniger es darauf angewiesen ist, sich dem ländlichen Grundbesitz zur Verfügung zu stellen, um so bedenklicher wird eine jederzeit kündbar eingegangene Schuld: denn in Zeiten sehr starken Kapitalbedarfs (vonseiten des Großhandels und der Großindustrie), ferner im Fall der Möglichkeit lohnender Anlage von Geld in Eisenbahn-, Industrie- und ähnlichen Werten droht dem ländlichen Grundbesitz die Gefahr massenhafter Kündigungen oder Zinsfußerhöhungen, was leicht zu einer Krisis führen kann. Die „Grundkreditnot" der sechziger Jahre bietet in dieser Beziehung ein sehr bemerkenswertes Beispiel. Deshalb wird mit Recht in der Einführung der Unkündbarkeit hypothekarischer Darlehen ein besonders wichtiger Schritt zur Anbahnung gesunder Kreditzustände erblickt und werden deshalb solche Organisationen erstrebt, die dieser Forderung zu entsprechen vermögen. Diese Forderung ist schlechthin unerfüllbar, solange im Grundkreditverkehr der einzelne Gläubiger und der einzelne Schuldner sich gegenüberstehen, jener also in der Form der Individualhypothek sich vollzieht: erfüllbar vielmehr nur da, wo besondere Kreditinstitute für die Bedürfnisse des Grundkredits bestehen und schlechthin vollkommen erfüllbar nur innerhalb einer öffentlich-rechtlichen, d. h. von Rücksichten des allgemeinen Interesses erfüllten Kreditorganisation, weil für ein privates, d. h. spekulativ betriebenes Kreditinstitut die jeweils günstigste Kreditanlage stets leitendes Geschäftsprinzip bleiben muß.

2. Die allmähliche Tilgung (Amortisation) der Grundkreditschulden sollte stets mit der Unkündbarkeit Hand in Hand gehen, da nur in diesem Fall der Zustand einer allmählichen Überschuldung der einzelnen landwirtschaftlichen Anwesen verhütet werden kann. Und zwar wäre das Ideal das, daß die mit dem Besitzantritt übernommene Schuld längstens innerhalb des Zeitraums, während dessen jemand voraussichtlich im Besitz eines Guts zu sein pflegt (25—40 Jahre), getilgt wird, das liegenschaftliche Nachlaßvermögen also dem Erben bezw. dem Gutsnachfolger (Anerben) thunlich schuldenfrei übergeben werden kann. Die in Quoten der Schuldsumme (Annuitäten) sich vollziehende langsame Rückzahlungs-

weise sollte daher bei hypothekarischen Darlehen als Regel vertragsmäßig bedungen oder noch besser als Bedingung der Darlehensgewährung vonseiten des kreditierenden Instituts aufgestellt werden; auch im System der Rentenschuld sollte grundsätzlich die Rentenhypothek durch Zahlung einer Zuschlagsrente der allmählichen Ablösung entgegengeführt werden.

Die Ableugnung der Möglichkeit der Abtragung einer Hypothekenschuld in mäßigen Ratenzahlungen beruht auf einer Verkennung der thatsächlichen Verhältnisse. Nur so viel kann eingeräumt werden, daß die vertragsmäßige Einhaltung der Amortisation je nach den besonderen Wirtschaftsverhältnissen bald leichter, bald schwieriger sich gestaltet, und daß deshalb die Amortisationshypothek nicht in allen Fällen die zweckmäßigste Form der Schuldverpflichtung bildet (z. B. da nicht, wo die Erträgnisse besonders unsicher sind, wie in den vorwiegend auf Rebbau angewiesenen Wirtschaften). In jenen Wirtschaften aber, deren Erträgnisse der Regel nach in stabilen, gleichmäßigen Bahnen sich bewegen und die gleichzeitig im Vergleich mit dem Handelsgewächsbau nur mäßige Renten gewähren, in denen also Getreidebau und Viehhaltung dominieren, sind nicht nur die natürlichen Vorbedingungen für eine jährliche mäßige Abzahlung gegeben, sondern es ist diese auch — eben wegen des letzterwähnten Umstandes — die einzig mögliche Form der Kapitalabtragung überhaupt. Ganz besonders bedeutungsvoll wird die vertragsmäßig zu übernehmende Pflicht zu regelmäßiger Amortisation für die Gegenden des Anerbenrechts, mag es sich um Kapital- oder Rentenschuldverpflichtungen handeln; denn eine angemessene Abfindung der Mit- und eine erträgliche Lage des Anerben wird immer wesentlich dadurch bedingt sein, daß im Zeitpunkt der Gutsübernahme das Anwesen nicht aus älterer Zeit her erheblich mit Schulden belastet ist. Ja, man kann sehr wohl die Frage aufwerfen, ob dem Anerben gegenüber nicht ein Amortisationszwang gesetzlich zu statuieren sei, etwa in der Art, daß die hypothekarische Sicherstellung der Miterben nur in der Form der Amortisationshypothek für zulässig erklärt wird. In Preußen, wo bei Renten- und Ansiedelungsgütern die Übernahme von Erbabfindungsrenten auf die staatliche Rentenbank von der Zahlung einer Zuschlagsrente durch den Schuldner (Anerben) behufs Tilgung der Rentenschuld abhängig gemacht ist (Gesetz vom 8. Juni 1896), hat dieser Gedanke der Zwangsamortisation von Erbabfindungsschulden erstmals gesetzgeberischen Ausdruck gefunden. — Eine gewisse Beweglichkeit der Amortisation sollte durch den Darlehensvertrag ermöglicht, d. h. es sollte gestattet sein, einerseits in günstigen Jahren größere Kapitalabzahlungen zu leisten, andererseits im Bedarfsfalle Darlehen mit größerer Amortisationsquote in solche mit geringerer Amortisationsquote (wie umgekehrt) umzuwandeln; ebenso sollte dem Aufschube und der zeitlichen Versetzung einzelner Tilgungsquoten durch den Darlehensvertrag die Möglichkeit eröffnet werden. — Betreffs der im Hinblick auf die Schwankungen

§ 26. Die wirtschaftliche Organisation des Grund- (Hypothekar-) Kredits. 119

des Zinsfußes gegen die Amortisationsdarlehen erhobenen Bedenken ist geltend zu machen, daß der Schuldner jedenfalls beim Steigen des Zinsfußes die Vorteile des seiner Zeit gewährten niedrigen Zinsfußes bis zur völligen Tilgung des Darlehens sich sichert; und mit Recht wird betont, daß gerade hierin eines der stärksten Argumente zu Gunsten der Annuitätendarlehen gegeben ist, da bei jederzeit kündbaren Darlehen der Gläubiger veranlaßt sein wird, bei Meidung der Kündigung den höheren Zinsfuß zu verlangen. Beim Sinken des Zinsfußes kann allerdings der Schuldner, der mit Eingehung des Amortisationsdarlehens an den damals geltenden Zinsfuß gebunden bleibt, in Nachteil dann geraten, wenn ihm der Vertrag das Recht der Kündigung des Amortisationsdarlehens ein für allemal verschließen wollte; daher die Gewährleistung des Kündigungsrechts ein nötiges Erfordernis aller Amortisationsdarlehensverträge bildet, auf das der Schuldner nicht verzichten sollte.

Die dargelegten Vorteile der Amortisationsdarlehen können nicht durch den Hinweis entkräftet werden, daß in bestimmten Fällen die Amortisation nicht eingehalten werden will oder kann, oder daß der Schuldner in der Lage sich befindet, die jeweilige Tilgung durch Aufnahme neuer Darlehen ihrer Wirkung zu berauben; solche Ausnahmefälle bestätigen höchstens, daß der in den Amortisationsdarlehen liegende moralische und rechtliche Zwang zur jährlichen Abführung von Tilgungsraten innerlich gerechtfertigt ist. Die erzieherische Wirkung des Abzahlungszwangs, die den Amortisationsdarlehen anhaftet, ist gerade auch gegenüber der bäuerlichen Bevölkerung nicht hoch genug anzuschlagen; denn letztere huldigt im Gebiet geldlicher Verpflichtungen vielfach dem Grundsatz einer weitgehenden Ungebundenheit, verstößt gerne auch in günstigen Jahren gegen die Rückzahlungspflicht zu Gunsten anderweiter Verwendungsmöglichkeiten von verfügbaren Überschüssen (Landankäufe!) und leidet dann in ungünstigen Jahren unter dem Druck der unvermindert gebliebenen Schuldenlast um so empfindlicher. —

Die Durchführung der Amortisationsschuld ist von dem Bestehen besonderer Kreditorganisationen abhängig, die vermöge der bankmäßigen Einrichtung des Geschäftsbetriebs für die eingehenden Amortisationsraten eine sofortige Anlagemöglichkeit haben, und die überhaupt nach der Art der Aufbringung ihrer Mittel eine auf längere Dauer sich erstreckende Tilgungsweise zuzugestehen vermögen. Wo daher der hypothekarische Darlehensverkehr auf die Dienste des privaten Kapitals in der Form der Individualhypothek und selbst, wo er auf die Dienste kleinerer Kreditinstitute, die ihre Betriebsmittel vorwiegend im Wege des Depositalverkehrs sich beschaffen, angewiesen ist, wird dem Grundbesitz die Wohlthat der Amortisationshypothek in der Regel verschlossen bleiben. Die in der Gegenwart in einer Reihe von Staatswesen immer dringlicher erhobene Forderung der Schaffung von den spezifischen landwirtschaftlichen Interessen dienenden Kreditorganisationen erhält daher im Hinblick auf die nur durch solche besondere Organisationen gegebene Möglichkeit der Einbürgerung der Amortisationsdarlehen ihre wirksamste Begründung.

3. **Lebensversicherung und Schuldentilgung.** Einen unter Umständen bemerkenswerten Ersatz für die Amortisationshypothek, und zwar gerade wieder im Gebiet des Anerbenrechts, bietet die Lebensversicherung. Hätte nämlich der Vorbesitzer nicht gewartet, sondern dem Anerben die volle Abfindungslast für die Geschwister aufgebürdet, so würde dieser — falls ihm der Eintritt in die Lebensversicherung möglich und (nach seinen Altersverhältnissen) günstig ist — unter Umständen besser die als Hypothekenschuld auf sein Gut gelegten Abfindungen durch eine entsprechende Versicherungssumme tilgen, als durch eine möglicherweise noch auf Kind und Enkel übergehende Amortisationshypothek. Ein Beispiel mag dies klar machen: Ein 25 jähriger Landwirt, welcher 20 000 Mk. Hypothekenkapital zur Abfindung seiner Geschwister aufzunehmen genötigt ist, steht vor der Wahl, dieses Kapital auf Amortisation und zwar zu $3\frac{1}{2}^0/_0$ Grundzins und $1\frac{1}{4}^0/_0$ Amortisation (Tilgungszeit 42 Jahre) aufzunehmen oder dasselbe auf feste Verzinsung zu $3\frac{1}{2}^0/_0$ anzuleihen und die Tilgung der Schuld durch die Lebensversicherung zu beschaffen. Im ersten Fall hat er jährlich $4\frac{3}{4}^0/_0$ von 20 000 Mk. = 950 Mk. zu zahlen, d. h. in 42 Jahren 39 800 Mk.; im zweiten Fall entrichtet er jährlich an Zinsen 700 Mk. und außerdem die Prämie für ein Versicherungskapital im Betrag von 20 000 Mk., zahlbar beim Tode oder nach Erreichung seines 65. Lebensjahres, wobei sich die Gesamtleistung auf 28 000 Mk. Zins und 6124 Mk. Prämie = 34 124 Mk., d. h. auf 5676 Mk. weniger berechnet als im Falle der Amortisation. In diesem Beispiel fordert also der Abschluß eines Lebensversicherungsvertrags zum Zwecke der Schuldentilgung geringere Opfer als die Aufnahme einer Amortisationshypothek. Aber dieser Vorteil ist nicht einmal der ausschlaggebende; denn stärker noch fällt die unbedingte Gesichertheit der Nachkommen des Gutsbesitzers gegen die Wechselfälle des Lebens bei dem Abschluß eines Lebensversicherungsvertrags ins Gewicht. Mag der Tod des Besitzers wann immer erfolgen, er hat die tröstliche Gewißheit, daß der Besitz schuldenfrei auf die Kinder übergeht, während bei der Amortisationsschuld die Amortisationspflicht beim vorzeitigen Tode des Besitzers einfach weiter läuft und zu dieser Last des Anerben die weitere der Abfindung der Geschwister hinzutritt.

4. **Zinsfuß und Zinsbelastung.** Den Folgen der Schwankungen des Zinsfußes kann der Grundbesitz so wenig wie jeder andere Erwerbsstand sich völlig entziehen; und die nicht selten gehörte Forderung, daß dem Grundbesitz die ihm benötigten Darlehen jederzeit zu einem seinen Rentabilitätsverhältnissen entsprechenden Zinsfuß staatsseitig zugänglich gemacht werden, bedeutet nichts anderes, als daß das Risiko ungünstiger Erwerbsverhältnisse auf Kosten der Allgemeinheit vom Staat

§ 26. Die wirtschaftliche Organisation des Grund- (Hypothekar-) Kredits. 121

übernommen würde, was nur in einem socialistisch organisierten Staatswesen denkbar wäre. Wohl aber kann der Grundbesitz mit Fug und Recht Kredit-Organisationen beanspruchen, mit deren Bestehen die Vorteile eines Sinkens des Zinsfußes alsbald dem Grundbesitz zugänglich gemacht werden. In letzterer Hinsicht ist zu beachten, daß dem Grundbesitz beim Sinken des Zinsfußes eine Zinsentlastung nicht ohne weiteres als Geschenk in den Schoß zu fallen pflegt; denn das private Geldkapital sträubt sich so lange als möglich, bei neuen Darlehen von den früheren Darlehensbedingungen abzugehen. Die Vorteile des Sinkens des Zinsfußes werden deshalb nur da möglichst rasch dem Grundbesitz zugänglich gemacht werden, wo das kreditierende Institut von Erwerbsrücksichten gänzlich frei, also genossenschaftlich oder staatlich organisiert, am wenigsten rasch, wo der ländliche Grundbesitz ausschließlich oder vorwiegend auf die Hilfe privater Geldverleiher angewiesen ist. Die namhaften Zinsreduktionen, die z. B. der preußische Grundbesitz im Bereich der Landschaften in den achtziger und neunziger Jahren infolge Konvertierung der Landschafts-Pfandbriefe genoß, sind dem Grundbesitz in anderen Staatsgebieten und namentlich dem bäuerlichen Grundbesitz entweder ganz versagt geblieben oder doch nur sehr zögernd und langsam eingeräumt worden; und sehr bezeichnend ist, daß selbst Ende der achtziger Jahre, wie vielfache amtliche Ermittelungen darthun, selbst für an erster Stelle eingetragene hypothekarische Darlehen von Sparkassen, Stiftungs- und ähnlichen Fonds noch immer $4\frac{1}{2}$, 5 und selbst mehr als 5 % erhoben wurden.

5. **Beleihungsgrundsätze.** Die Größe der im gegebenen Fall einzugehenden Grundkreditverpflichtung wird zunächst durch das Bedürfnis des kreditbedürftigen Grundbesitzers, dagegen der wirklich in Anspruch genommene Kredit durch die Entschließung des Gläubigers bestimmt, die ihrerseits von Größe und Beschaffenheit, d. h. vom Wert der zum Einsatz zu gebenden Liegenschaften bedingt ist. Hierbei bildet der günstigenfalls im Zwangsverkaufsweg zu erlösende Wertbetrag die äußerste Grenze der Kreditgewährung; da aber im Vollstreckungsweg selten der volle Wert einer Liegenschaft zu erzielen ist, so pflegt stets nur ein Bruchteil des Werts (die Hälfte bis zwei Drittel) beliehen zu werden. Die Grundsätze, von denen die einzelnen Kreditinstitute bei Beleihung von Liegenschaften sich leiten lassen, weisen mancherlei Verschiedenheiten auf: gemeinhin werden nur gegen Verpfändung an erster Stelle und meist nur bis zur Hälfte des Taxwerts Darlehen bewilligt, Weinberge in der Regel nur bis zu einem Drittel beliehen, Waldungen nicht selten von einer Beleihung ganz ausgeschlossen. Im allgemeinen wird man sagen dürfen, daß, je vorsichtiger ein Kreditinstitut in der Beleihung verfährt, je größere Gewissenhaftigkeit insbesondere auf die Ermittelung des der Darlehensgewährung zu Grunde liegenden Taxwerts der zu verpfändenden Liegenschaft verwendet wird, um so mehr das Institut

im wahren Interesse des Grundbesitzes selber verfährt: denn diesem Interesse entspricht nicht eine schrankenlose Ausnützung des Kredits, sondern nur dessen Inanspruchnahme in solchen Grenzen, die einerseits durch zwingende Bedürfnisse des Besitzers, andererseits durch dessen Fähigkeit zur jederzeitigen Erfüllung der durch das Darlehen erwachsenen Verbindlichkeiten gegeben sind. Auch aus diesen Gründen wird das Grundkreditbedürfnis im allgemeinen am besten seine Befriedigung finden bei Instituten, die jedes spekulativen Charakters bar sind, die also kein Interesse daran haben, in unter Umständen gewagte Kreditgeschäfte sich einzulassen, sondern die in ihrer Verwaltung und Geschäftsgebarung einzig und ausschließlich durch die wahren Interessen des Grundbesitzes selber sich leiten lassen. — Vergegenwärtigt man sich, daß der Verkehrswert ländlicher Liegenschaften im allgemeinen das Streben zeigt, dem Ertragswert vorauszueilen (§ 15), daß aber nur der letztere ein maßgebendes Urteil über die Einträglichkeit des Guts, d. h. in letzter Linie über die zur Verzinsung und Tilgung einer Schuld dem Wirtschafter zur Verfügung bleibenden Überschüsse gestattet, so leuchtet ein, daß auch nur der nachhaltige Ertragswert den alleinigen richtigen Maßstab für die Höhe der Beleihung abgeben kann. Die Beleihungsfähigkeit auf der Grundlage des Ertragswerts zu beurteilen, ist mithin eine fast selbstverständliche Forderung; und die zahlreichen thatsächlichen Kreditüberspannungen rühren meist von einer Versündigung gegen diese Forderung, d. h. davon her, daß der von zufälligen Umständen beeinflußte und zeitweise hochgeschraubte Verkehrswert der Darlehensgewährung als Unterlage diente. Der Erfolg, den die Befürworter der Einführung einer oberen Verschuldungs= (Verpfändungs=) Grenze anstreben, läßt sich daher einigermaßen schon dadurch erreichen, daß die Bestimmung des Taxwerts einer zu verpfändenden Liegenschaft von der Ermittelung des Reinertrags ausgeht, und daß weiter eine Beleihung des Guts nur innerhalb solcher Grenzen des Taxwerts grundsätzlich zugestanden wird, daß unter normalen Verhältnissen die Aufbringung der Zinsen und Tilgungsraten Schwierigkeiten dem Wirtschafter nicht bereiten kann. Dabei ist nicht zu vergessen, daß die Umstände, unter denen die einzelnen Grundbesitzer leben und wirtschaften, denkbar verschieden sind: diese Verschiedenartigkeit der Wirtschafts= und Lebensweise beeinflußt aber sehr wesentlich die Größe der zur Abführung von Zinsen und Tilgungsraten verfügbar bleibenden Überschüsse. Eine schablonenhaft gleichmäßige Behandlung der zu beleihenden Grundstücke, ohne jede Rücksicht darauf, wie ein Grundbesitzer und unter welchen Umständen er wirtschaftet und lebt oder nach Standesrücksichten zu leben gewohnt oder genötigt ist, würde daher häufig der Gefahr verfallen, daß mehr Kredit gegeben wird, als nach Lage der Sache in Wirklichkeit verantwortet werden kann. Ein Gut, das einen Gesamtüberschuß (Grund=, Betriebskapitalrente und Unternehmergewinn) von 4000 Mk. abwirft, kann von

§ 26. Die wirtschaftliche Organisation des Grund= (Hypothekar=) Kredits. 123

einem Besitzer, der für seinen persönlichen Lebensunterhalt nur 3000 Mk. verbraucht, unbedenklich mit einer Schuld von 20 000 Mk. belastet werden, da die $4^1/_2\%$ Annuität ($3^1/_2\%$ Zins, 1% Tilgung) die nach obigem für Deckung von Zinsen und Tilgungsraten verfügbare Summe von 1000 Mk. noch nicht einmal erreicht; im Besitz eines Wirtschafters, der jene 4000 Mk. ganz oder größtenteils für die Zwecke der eigenen Haushaltung verbraucht, wäre die Belastung des Guts selbst mit einer ver= hältnismäßig geringeren Summe bereits bedenklich. Deshalb kann eine schematische Regel über das im Einzelfall zulässige Höchst= maß der Beleihung nicht gegeben werden; nur soviel wird richtig sein, daß Zins und Amortisation zusammen den Betrag der unter mitt= leren Verhältnissen aus einem Wirtschaftsbetrieb abzuführenden Pacht= rente nicht übersteigen sollten (siehe Seite 105). Mit anderen Worten: die verschuldeten Landeigentümer sollten äußerstenfalls in der Lage von Pächtern sich befinden; ein Gut im Wert von 100 000 Mark, für das ein Pachtwert von 3000 Mk. ermittelt ist, sollte danach höchstens mit einer Schuld von 55—60 000 Mk. belastet sein, für welche Zins und Amortisation beiläufig einen diesem Pachtwert gleichkommenden Betrag erreicht.

Diese Betrachtungen lassen erkennen, daß der wirksamste Schutz gegen Kreditüberspannungen nicht in der Aufstellung schema= tischer Regeln, sondern in der sorgfältigsten Behandlung des Einzelfalles durch das Institut zu finden ist. Dieser Schutz gegen Kreditüberspannungen versagt freilich da, wo ohne Dazwischentreten eines Instituts Grundkreditschulden entstehen, wie namentlich in den zahlreichen Fällen von Liegenschaftskäufen mit nur teilweiser Anzahlung und Verpfändung des gekauften Objektes mit den unbezahlt gebliebenen Kauf= schillingsresten. Thatsächlich rührt ein erheblicher Teil der Grundkredit= verpflichtungen gerade aus solchen Kaufschillingsresten her, und wenn heut= zutage gegendenweise die Verschuldung als besonders drückend empfunden wird, so ist die Ursache wesentlich darin zu suchen, daß in zahlreichen Kauffällen die Anzahlung im Verhältnis zur Größe der Kaufschuld zu gering, oder daß der Kaufpreis im Vergleich mit dem wirklichen Wert der Liegen= schaft zu hoch war. Wer für ein Gut mit einem Ertragswert von 50 000 Mk. 80 000 Mk. zahlt und eine Anzahlung von 40 000 Mk. leistet, ist scheinbar nur zur Hälfte, in Wirklichkeit aber mit vier Fünftel des Gutswertes verschuldet, also in bedenklicher Weise überschuldet; und die Lage dessen, der im Barbesitz von 30 000 Mk. ein Gut im Werte von 100 000 Mk. kauft, also 70 000 Mk. schuldig bleibt, kann unmöglich eine gegen alle Wechselfälle des Lebens gesicherte sein; in beiden Fällen hat aber doch nur ein Verstoß gegen das Gebot wirtschaftlicher Vorsicht, und zwar dort die Unkenntnis über den Wert des Guts, hier das leichtherzige Eintreten in ein Gutsbesitzerverhältnis mit ungenügenden Mitteln die bedenkliche Lage verschuldet. Die Folgen solcher wirtschaft=

licher Irrungen und Verfehlungen können ebensowenig den Beteiligten nachträglich abgenommen werden, wie es schwer ist, solchen Irrungen und Verfehlungen auf dem Gebiet wirtschaftlicher Spekulationen durch Mittel der Gesetzgebung von vornherein wirksam zu begegnen; man müßte denn ein System staatlicher Bevormundung des freihändigen Güterverkehrs unter staatlicher Normierung der Güterpreise, die äußerstenfalls beansprucht und bezahlt werden dürfen, einführen wollen, woran im Ernste ebensowenig zu denken ist, wie an die Einführung einer für den gesamten Grundbesitz geltenden oberen Verschuldungsgrenze (vergl. § 24).

§ 27. **Formen der Kreditorganisation: Genossenschaftlich organisierte und staatliche Kreditinstitute, die Monopolisierung des Grundkredits.**

Als unentwickeltste Form der Hypothekar- (Grund-) Kreditvermittelung ist die Befriedigung im Weg der Darlehensgewährung durch Privatpersonen zu bezeichnen, und wo sich der Hypothekarkredit vorwiegend auf diese Form der Darlehensgewährung angewiesen sieht, muß er offenbar an Gebrechen besonders schwerer Art leiden. Und zwar schon deshalb, weil es hier offenbar vielfach von Zufälligkeiten abhängt, daß Gläubiger und Schuldner einander finden und daß sie sich möglichst leicht und paßlich zu einander finden. Dann aber aus dem weiteren Grunde, weil auf einen unkündbaren Kredit sich das Privatkapital ebenso wenig einlassen wird, als auf die Abtragung in kleineren Raten, deren Einzug und Wiederanlegung für den Empfänger mit übermäßigen Schwierigkeiten verbunden wäre. Der private Hypothekarkredit kann daher als Regel nur ein kündbarer und kurzfristiger sein; der Grundbesitz wird dadurch in steter Abhängigkeit vom Privatkapital und in einem lästigen Zustand der Unsicherheit erhalten. Der Fortschritt liegt in der Ersetzung des privaten Hypothekarkredits durch den Anstaltskredit, also in der Schaffung von Kreditanstalten, die das Ausleihen von Geldkapital auf den Grundbesitz zur bestimmungsgemäßen Aufgabe sich setzen. Diese Kreditanstalten sind entweder unvollkommene oder vollkommene: unvollkommene, wenn sie sich die Betriebsmittel in Form von kündbaren Anlehen oder in Form von jederzeit rückziehbaren Depositen beschaffen, und daher anderen als kündbaren Kredit zu geben nicht in der Lage sind; und als wichtigster Repräsentant dieser technisch unvollkommenen Kreditinstitute sind die Sparkassen zu nennen. Als vollkommen organisiert dagegen sind diejenigen Kreditinstitute anzusehen, die ihre Betriebsmittel in Form von seitens der Gläubiger unkündbaren oder doch nur bedingt kündbaren Schuldverschreibungen (Pfandbriefe) beschaffen und deshalb jede Art des Kredits, kündbaren und unkündbaren, zu geben vermögen, und die gleichzeitig vermöge der räumlichen Ausdehnung und der bankmäßigen Form ihres Geschäftsbetriebes die jederzeitige verzinsliche Anlage der vorhandenen

§ 27. Formen der Kreditorganisation: Genossenschaftliche und staatliche Institute. 125

Kassenbestände in Aussicht nehmen und deshalb auch auf die amortisationsweise Rückzahlung der Schuldkapitalien in Form kleiner Raten sich einlassen können. Als besonders wichtige Errungenschaft dieser vollkommenen Kreditorganisation ist der Ersatz der nur im Wege der Cession übertragbaren Individualhypothek durch die als Inhaberpapiere ausgefertigten Pfandbriefe anzusehen, die ohne Cession als geldwerte Ware aus einer Hand in die andere gehen können; denn weil sie mit dem Vorteil ihrer Cirkulationsfähigkeit den einer durchaus sicheren Kapitalanlage verbinden, sind sie geeignet, das Geldkapital für die Anlage im Grund und Boden geneigter zu machen, was um so wichtiger ist, je mehr sich die Kapitalisten an die Bequemlichkeit der Staatsschuldscheine auf den Inhaber gewöhnt haben und je weniger sie deshalb sich den tausend Plackereien des Wartens, Mahnens, Prozessierens werden aussetzen wollen, wie sie im Verkehr des Hypothekar-Einzelgläubigers mit seinen Privatschuldnern nun einmal unvermeidlich sind.

Unter den verschiedenen in Betracht kommenden Kreditorganisationen vollkommener Art können nicht die spekulativ betriebenen Kreditanstalten, wohin die Aktienhypothekenbanken zählen, sondern nur die auf den Grundsätzen der Gemeinwirtschaftlichkeit des Betriebes aufgebauten Kreditorganisationen den Forderungen des Grundbesitzes voll genügen. Denn weil bei letzteren der Gesichtspunkt des Erwerbes gänzlich zurückgedrängt ist, sind auch nur sie in der Lage, dem Grundbesitz alle mit der Sicherheit des Instituts irgend verträglichen Erleichterungen und Vergünstigungen in Bezug auf Zinshöhe, zeitliche Bemessung der Schuld und Tilgungsweise einzuräumen. Auch bieten nur sie zugleich Gewähr, daß sie vermöge der herrschenden Verwaltungsgrundsätze über Beleihungswert und Beleihungsgrenze einerseits das sachlich gebotene Kreditbedürfnis zu befriedigen zwar jederzeit geneigt sind, anderseits aber für jede Art ungesunder Ausnutzung des Kredits sich unzugänglich erweisen. Hierher zählen die auf genossenschaftlicher oder korporativer Grundlage beruhenden oder die durch den Staat selber oder größere Kommunalverbände geschaffenen Grundkreditinstitute, d. h. einerseits die Preußischen Landschaften, andererseits die Landeskreditkassen, staatlichen Rentenbanken, Provinzialhilfsbanken ꝛc.

Die Entwicklung landwirtschaftlicher Hypothekarkreditinstitute in den einzelnen deutschen Staaten hat sich nicht gleichmäßig vollzogen; im allgemeinen aber läßt sich sagen, daß nach der Seite der Entwicklung zu gemeinwirtschaftlich verwalteten Kreditinstituten hin Mittel- und Norddeutschland gegenüber Süddeutschland einen erheblichen Vorsprung hat. In Preußen stehen die „Landschaften" im Vordergrund, eine Schöpfung Friedrichs des Großen, die zu den ruhmvollsten seiner Thaten auf dem Gebiet innerer Verwaltungspolitik zählt, weil hier zum erstenmal der Grundsatz körperschaftlicher Zusammenschließung des Grundbesitzes zur Erreichung gemeinsamer Ziele praktische Verwirklichung und zwar auf dem wichtigen Gebiet der Kreditbefriedigung gefunden hat. Und der Grundgedanke der „Landschaften": die korporative (körperschaftliche) Zusammenfassung des Grundbesitzes mit stellvertretender Haftung der Mitglieder der Landschaft und unter selbstherrlicher Verwaltung der Kreditorganisation durch die Mitglieder selber wird für alle neuzeitlichen Reformbestrebungen auf dem Gebiet des Grundkredits vorbildlich bleiben müssen. In kritischen Zeiten, so namentlich für Schlesien nach dem siebenjährigen Krieg, als die Leihzinsen 10 und mehr Prozent betrugen, wie auch späterhin haben sich die Landschaften, wie amtliche Denkschriften betonen, weithin als „Retter in der Not" erwiesen und „die Feuerprobe gut bestanden". Die Verfassung der jüngeren Landschaften ist im Vergleich zu den erstmals ins Leben gerufenen (Schlesien, Kur- und Neumark, Pommern, Westpreußen, Posen) eine freiere; sie entbehren des Charakters von Zwangskorporationen, sie sind vielmehr Associationen, die auf dem Grundsatz freiwilligen Eintritts beruhen; auch haben sie meist an Stelle der für die älteren Landschaften charakteristischen „Generalgarantie" (unbeschränkte Haftung der körperschaftlich vereinigten Grundbesitzer für alle von der Landschaft gewährten Darlehen) eine beschränkte Garantie (vielfach nur in der Form eines von den Mitgliedern gestellten Sicherheitsfonds) treten lassen. Als bedeutungsvoll für den Umfang der Wirksamkeit dieser Kreditinstitute in neuerer Zeit ist zu erwähnen, daß sie mehr und mehr die aristokratische Besonderheit ihrer Verfassung abgestreift haben und im Einklang mit den Wünschen der Landwirtschaftsverwaltung und der obersten landwirtschaftlichen Interessenvertretung dem Kreditbedürfnis des gesamten Grundbesitzes, also auch des bäuerlichen, dienen. — Außerhalb Preußens haben sich Kreditinstitute auf ähnlicher Grundlage in Sachsen, Braunschweig und Mecklenburg gebildet. In Bayern ist die Errichtung eines Kreditinstituts auf genossenschaftlicher Unterlage neuerdings verwirklicht worden.

In einer Anzahl mitteldeutscher Staaten vollzog sich die organische Befriedigung des Hypothekarkredits durch Errichtung staatlicher Kreditanstalten (Landeskreditkassen), indem man die ursprünglich für die Zwecke der Real-Lastenablösung geschaffenen Institute zweckmäßigerweise nachmals in den Dienst des Hypothekarkredits stellte (so in den meisten thüringischen Staaten, so ferner in den ehemaligen Staaten Hannover, Hessen-Kassel, Nassau, nach deren Einverleibung in die Preußische Monarchie die betreffenden Kassen in Provinzialanstalten umgewandelt worden sind); Oldenburg und Hessen sind diesen Beispielen durch Gründung staatlicher Kreditanstalten in neuerer Zeit gefolgt. Die Bedeutung dieser Institute für die gedeihliche Entwicklung der Kreditverhältnisse, insbesondere durch Verwirklichung des Grundsatzes der Zwangsamortisation der gegebenen Darlehen, wird von allen Kennern hoch ausgeschlagen. Und wenn innerhalb des Geschäftsbereichs dieser Institute,

§ 27. Formen der Kreditorganisation: Landes-Kreditkassen.

d. h. in einem räumlich immerhin nicht sehr weit gezogenen Teile Deutschlands 1889 418 Millionen Mk. zum großen Teil in Form von Amortisationsdarlehen gegeben waren und fortwährend neu solche Darlehen kontrahiert werden, ein großer Teil des ländlichen Grundbesitzes also vertragsmäßig der Pflicht zur ratenweisen Abtragung der eingegangenen Verbindlichkeiten freiwillig sich unterzogen hat, so liegt darin ein im großen Stil gegebener Beweis für die Möglichkeit der Schuldabtragung auch unter den heutigen Verhältnissen und die treffendste Widerlegung jener von extrem-agrarischer Seite aufgestellten Behauptung, daß der Bauernstand, weil er die zur Tilgung der Grundschulden erforderlichen Mittel nicht zu erwirtschaften vermöge, „rettungslos dem Untergang geweiht sei". Die ökonomisch leidliche Lage, in der sich die Bauernschaft z. B. in Hannover, in Braunschweig 2c. befindet, gegenüber jener in anderen Teilen Deutschlands, ist gewiß zu einem wesentlichen Teil diesem wohlthätigen Amortisationszwang zu verdanken, der bewirkte, daß die in den vorausgegangenen Jahrzehnten kontrahierten Schulden im Augenblick des Einbruchs einer verstärkten transoceanischen Konkurrenz nicht mit der vollen Schwere der ursprünglichen Höhe auf den landwirtschaftlichen Anwesen lasteten; wogegen der Zusammenbruch vieler bäuerlichen Existenzen in anderen Gegenden seit den siebenziger Jahren sehr wesentlich Folge der Thatsache ist, daß man selbst in guten Jahren an eine auch nur mäßige Abtragung der Schuld nicht dachte, eher durch planlose Zukäufe die im Erbweg übernommenen Verbindlichkeiten fortgesetzt häufte. Und es kann daher die erzieherische Seite der Landeskreditkassen der mittel- und norddeutschen Staaten und Staatsgebietsteile angesichts der unleugbar vorhandenen Abneigung der bäuerlichen Bevölkerung, ihre Bodenkreditschulden durch ratenweise Abzahlungen langsam abzustoßen, gar nicht hoch genug veranschlagt werden.

In einzelnen süddeutschen Staatswesen ist es zu staatlichen Landeskreditkassen und — von Bayern abgesehen — auch zu körperschaftlich organisierten Hypothekarkreditinstituten bis jetzt nicht gekommen. Speciell in Württemberg, Baden, Elsaß-Lothringen, bis vor kurzem auch in Bayern, sind es außer einzelnen Hypothekenbanken vorwiegend die Sparkassen, die in der anstaltsmäßigen Vermittlung der Hypothekarkreditbedürfnisse die Hauptrolle spielen. Doch vermögen sie, bei allem guten Willen der Sparkassenleiter, nicht dasselbe wie staatliche oder genossenschaftliche oder körperschaftliche Kreditinstitute zu leisten, da sie nach der Art ihres Geschäftsbetriebs doch nur einen kleineren Teil der Sparkassengelder unkündbar und auf Annuitäten ausleihen können. Sie versagen deshalb gerade in denjenigen beiden Richtungen, an die eine Gesundung der Grundkreditverpflichtungen in erster Reihe anknüpfen muß. Der Widerstand, den die Sparkassen der Schaffung besonderer Bodenkreditinstitute (sei es als staatliche Institute oder auf genossenschaftlicher

Unterlage) entgegenstellen, ist begreiflich, aber sehr bedauerlich, wenn dieser Widerstand in den parlamentarischen Körperschaften Unterstützung findet, wie leider immer noch zu beobachten ist. Wenn übrigens seither in den Kreisen der landwirtschaftlichen Bevölkerung selber ein lebhaft sich äußerndes Bedürfnis nach einer anderweiten Organisation des Hypothekarkredits nicht hervorgetreten ist, so mag dies damit zusammenhängen, daß in den Gegenden des kleinbäuerlichen Besitzes, der im Südwesten von Deutschland vorherrscht, der Hypothekar= (Real=) Kredit gegenüber dem Personal= (Betriebs=) Kredit an Bedeutung und Wichtigkeit nachsteht.

Wie schon angedeutet (S. 100), tritt der Grundkredit auch in der Form des **Meliorationskredits** auf, d. h. zum Zwecke der Kapitalbeschaffung für Vornahme von Gutsmeliorationen. Zur Befriedigung dieser Sonderart des Grundkredits sind in einzelnen Staaten (Sachsen, Bayern, Hessen, ferner in einzelnen preußischen Provinzen) besondere Kreditorganisationen geschaffen worden, die sog. **Landeskulturrentenbanken**, deren Darlehensgewährungen ebenfalls den Grundsätzen der Unkündbarkeit und der Möglichkeit langsamer Amortisation sich anpassen, und denen vielfach besondere Privilegien (Beitreibung der Renten im Verwaltungszwangsverfahren; Stempel= und Gebührenfreiheit, Übernahme der Verwaltungskosten auf die Staatskasse) eingeräumt sind. Doch ist eine erhebliche Inanspruchnahme dieser Banken bis jetzt nirgends zu Tage getreten, und zwar, wie man annehmen darf, nicht deshalb, weil etwa die Kapitalaufwendungen für Landeskulturzwecke nachgelassen hätten, was nicht zutrifft, sondern deshalb, weil viele Unternehmungen dieser Art aus laufenden Mitteln bestritten zu werden pflegen, und weil, auch wo dies nicht der Fall, die bestehenden anderweiten Kreditorganisationen auch für die Befriedigung dieser besonderen Art des Grundkredits mit Erfolg in Anspruch genommen werden können.

Die Bemerkung wird zum Schlusse nicht überflüssig sein, daß es mit der Darbietung vollkommener Kreditinstitute allein nicht gethan ist: die Grundbesitzer müssen auch gewillt sein, die Dienste der ihnen zur Verfügung stehenden Kreditinstitute in Anspruch zu nehmen. Leider zeigt die Erfahrung, daß dies nicht immer und überall der Fall, und daß namentlich die bäuerliche Bevölkerung aus Kurzsichtigkeit und Unverstand oder aus Lässigkeit und Bequemlichkeit in dem Verhältnis kündbarer Darlehen mit $4^{1}/_{2}$ und selbst $5^{0}/_{0}$iger Verzinsung selbst dann verbleibt, wenn durch die bestehenden Organisationen die Umwandlung dieser Darlehen in unkündbare und mit einem einschließlich der Amortisation nicht höher sich stellenden Gesamtzinsfuß ermöglicht wäre. Diese Erfahrung ungenügender Benutzung wohlthätiger Einrichtungen ist freilich auch auf anderen Gebieten der Agrarpolitik zu machen, z. B. auf demjenigen der landwirtschaftlichen Versicherung. Das wirksamste Korrektiv gegen solche bedauerliche Zurückhaltung wäre in der mehrfach geforderten Schaffung eines Hypothekenmonopols

§ 28. Der landwirtschaftliche Personalkredit und seine Organisation.

zu erblicken, sei es zu Gunsten eines staatlichen, sei es zu Gunsten eines genossenschaftlich organisierten Instituts, dessen Aufgabe also wäre, in alle bestehenden hypothekarischen Verpflichtungen einzutreten, wie es auch allein in der Folge hypothekarischen Kredit zu geben befugt wäre. Gegen eine solche Monopolisierung des Hypothekarkredits mit zwangsweiser Eingliederung des gesamten Grundbesitzes in die zu schaffende Zwangskreditorganisation sprechen indessen zwei schwer zu überwindende Bedenken: Dem Inhaber des Hypothekenmonopols wäre eine Allmacht dem Grundbesitz gegenüber gegeben, die für die Entwicklung der landwirtschaftlichen Verhältnisse weder in politischer noch socialer Hinsicht ratsam wäre. Aber auch mit der Gefahr einer büreaukratischen Verknöcherung des Verwaltungsapparates und der Handhabung in der Kreditgebarung müßte man rechnen, einer Gefahr, die überall auftritt, wo der heilsame Sporn der Konkurrenz fehlt. Die Forderung der Begründung eines wie irgend immer gestalteten Hypothekenmonopols wird daher abzuweisen sein.

§ 28. Der landwirtschaftliche Personalkredit und seine Organisation; Ausartungen des Personalkredits; der Wucher insbesondere.

Während der Grundkredit entweder den Zwecken des Besitzerwerbs (Kauf- und Erbabfindungskredit) oder der Verbesserung der Substanz des Guts (Meliorationskredit) dient, mitunter auch für Zwecke der Familienausstattung und der Erholung von Unglücksfällen in Anspruch genommen wird, soll der Personalkredit dem landwirtschaftlichen Unternehmen als solchem dienen; er soll die ungestörte Fortführung des Betriebs durch Flüssigmachung der zur Bestreitung der Betriebskosten nötigen Mittel ermöglichen, und er soll darüber hinaus durch verstärkte Anwendung von Betriebskapital eine höhere Erträglichkeit der landwirtschaftlichen Unternehmung herbeiführen. Da die kreditierten Mittel nach der ihnen gegebenen Zweckbestimmung bei ordnungsgemäßem Verlauf der Produktion in regelmäßigen Zwischenräumen erwirtschaftet werden, also eine ökonomische Verwendung finden, so ist der Betriebskredit ähnlich wie der Meliorationskredit als ökonomischer Kredit wesentlich verschieden von dem Besitzkredit, dessen Wesenseigentümlichkeiten in der Abstoßung von Gutswertteilen und in seiner den Wirtschaftsertrag lediglich negativ beeinflussenden Wirkung bestehen. Während deshalb bei letzterem Kreditüberspannungen leicht so verhängnisvolle Folgen nach sich ziehen und daher die Zurückführung des Besitzkredits auf ein bestimmtes, nicht zu weit gegangenes Maß erstes Erfordernis für die Erhaltung gesunder Verhältnisse ist, kann selbst eine weitgehende Inanspruchnahme des Betriebskredits, eine verständnisvolle Verwendung der kreditierten Mittel vorausgesetzt, für den Erfolg der Unternehmerthätigkeit sich als in hohem Grade nützlich erweisen. Hieraus erklärt sich die Strömung der Gegenwart, die in Ansehung des Besitzkredits (Grundkredits) auf dessen thunliche Einengung, in Anlehnung des Betriebskredits auf dessen thunliche Erleichterung und auf eine Verallgemeinerung der ihm dienenden Einrichtungen abhebt.

Zum Unterschied von dem Grundkredit kann der Betriebskredit ein kurzfristiger sein, weil die kreditierten Mittel in sehr viel rascherer Weise durch den Gang des Betriebs wieder erzeugt werden, als dies bei Meliorationen oder gar bei der Abstoßung von Gutswertteilen im Weg des Besitzkredits der Fall ist. Der landwirtschaftliche Betriebskredit ähnelt also dem kaufmännischen Kredit; gleichwohl können die dem letzteren Kredit dienenden Krediteinrichtungen nicht ohne weiteres für das landwirtschaftliche Gewerbe nutzbar gemacht werden, weil der in kaufmännischen und industriellen Betrieben übliche Dreimonatskredit für den landwirtschaftlichen Unternehmer viel zu kurz bemessen ist. Die Weseneigentümlichkeiten des landwirtschaftlichen Betriebs bringen es mit sich, daß das umlaufende Betriebskapital in der Regel nur einmal im Jahre sich umsetzt und das stehende Betriebskapital (Nutztiere, Maschinen, Geräte) sogar mehrere Jahre zu seiner allmählichen Amortisation bedarf. Hieraus erhellt die Notwendigkeit der Bereitstellung besonderer landwirtschaftlicher Betriebskreditorganisationen; es folgt nicht minder aus obigen Sätzen, daß das häufig gestellte Verlangen auf ausgiebigste Indienststellung der Notenbanken, insbesondere der Reichsbank, für die Zwecke der Landwirtschaft ein schwer erfüllbares ist, da bei den Notenbanken, in Einhaltung der durch die Sicherheit des Notenumlaufs gebotenen Geschäftsgrundsätze, die Kreditfristen nicht so lang bemessen werden können, als der landwirtschaftliche Betrieb seiner Natur nach erheischt.

Von einer guten Organisation des landwirtschaftlichen Betriebskredits, insbesondere für die Zwecke der bäuerlichen Bevölkerung, muß dreierlei verlangt werden: Gemeinwirtschaftliche Verwaltung der Kreditanstalt, d. h. Abgabe der Darlehen zum Selbstkostenpreis; ferner Anpassung der Darlehensbedingungen an die Weseneigentümlichkeit des landwirtschaftlichen Betriebes, dem mit einem auf einen Zeitraum von weniger als ein Jahr bemessenen Kredit in der Regel nicht gedient ist; endlich, wenigstens in Ansehung der Inhaber kleinerer und mittlerer Betriebe, leichte Erreichbarkeit der Kreditanstalt durch den Kreditnehmer im Interesse von Zeit- und Kostenersparnis und behufs Ermöglichung einer zutreffenden Beurteilung der persönlichen Kreditwürdigkeit. Besonderes Gewicht ist auf das letztere Moment, d. h. auf die thunlich örtliche Organisation der Kreditveranstaltung zu legen, mit welcher der unsoliden Borgwirtschaft und noch mehr der Inanspruchnahme privater Geldverleiher zweifelhafter Beschaffenheit erfahrungsgemäß am erfolgreichsten entgegengewirkt werden kann. Für die rechtliche Ausgestaltung einer solchen Kreditorganisation aber empfiehlt sich am meisten die Form der mit den Eigenschaften einer juristischen Persönlichkeit ausgestatteten Genossenschaft: daher eine gute, die Rechte und Pflichten der Genossenschafter klar regelnde und durch zweckmäßige Vorschriften über die Haftbarkeit der Genossen für die Kreditfähigkeit der Genossenschaft ausreichend sorgende Gesetzgebung, wie wir sie in Deutschland in dem Reichsgesetz vom 1. Mai 1889 besitzen, die wichtigste Vorbedingung für eine in obigem Sinn anzubahnende Ordnung des Betriebskreditwesens bildet. In der Bildung solcher Kreditgenossenschaften kann sich zugleich die Selbsthilfe der ländlichen Bevölkerung auf einem besonders wichtigen Gebiet ihres Interessenkreises in erfolgreicher Weise bethätigen, worauf besonderer Wert zu legen ist, weil diese Schöpfungen der Selbsthilfe eine Schule des bürgerlichen Gemeinsinnes sind und den Geist der standschaftlichen Zusammengehörigkeit stärken. Die wirtschaftliche Stärke der Genossenschaften wurzelt in der gegenseitigen Haftung der Genossen für die eingegangenen Verbindlichkeiten; die Solidarhaft, in allerdings verschiedener rechtlicher Ausgestaltung im einzelnen, bildet daher die unentbehrliche Unterlage der Kredit= und ähnlicher, den Erwerbszwecken ihrer Mitglieder dienender Genossenschaften.

Die Art und Weise der Entwicklung der dem ländlichen Betriebskredit dienenden Krediteinrichtungen ist nicht nur wegen der wohlthätigen Einwirkungen auf das landwirtschaftliche Berufsleben besonders bedeutsam, sondern auch noch aus einem anderen Grunde. Diese Entwicklung zeigt nämlich in besonders schlagender Weise, daß im Gegensatz zu dem städtischen Erwerbs= und Berufsleben Fortschritte auf dem flachen Lande selten durch die eigene Initiative der unmittelbar Beteiligten sich vollziehen, daß es vielmehr starker Einwirkungen von außen her bedarf, wenn mit eingelebten wirtschaftlichen Gewöhnungen gebrochen werden soll. Die von dem Begründer der deutschen Genossenschaftsbewegung (Schulze=Delitzsch) befürworteten Vorschußkassen, in den Kreisen des Kleinhandels und Handwerks alsbald als wertvolle Errungenschaft begrüßt, brachen sich Bahn, ohne daß es hierzu staatsseitig besonderer Aneiferung bedurft hätte; wogegen die ländliche Bevölkerung den Anregungen auf Schaffung specifisch ländlicher, d. h. den landwirtschaftlichen Betriebsverhältnissen angepaßter Krediteinrichtungen zunächst und längere Zeit mißtrauisch und ablehnend gegenüberstand, und es jahrelanger Bemühungen und Zusprechens opferwilliger Persönlichkeiten aus den Kreisen von Nichtlandwirten und fortgesetzter Anregung von landwirtschaftlichen Vereins= und Staatsbehörden sowie der unermüdlichen Thätigkeit landwirtschaftlicher Wanderlehrer bedurfte, bis das Eis der Vorurteile gebrochen war.

Die Vorschußkassen, als die älteren Schöpfungen auf dem Gebiet des genossenschaftlich organisierten Personalkredits, werden zwar nicht unbeträchtlich auch von Landwirten in Anspruch genommen, erfüllen aber nicht vollständig die oben an ein ländliches Personalkreditinstitut gestellten Anforderungen. Der Kredit, den sie gewähren, ist vielfach ein für länd=

liche Verhältnisse etwas teurer; als dividendenzahlende Anstalten unter⸗
liegen sie der Gefahr, sich in gewagte Kreditgeschäfte einzulassen, und
Zusammenbrüche von unsolid geleiteten Vorschußkassen ziehen dann auch
die landwirtschaftlichen Mitglieder in Mitleidenschaft, die in der Regel
doch ohne allen Einfluß auf die Verwaltung der ihnen räumlich ent⸗
rückten Kassen sind. Vor allem aber ist es dieses räumliche Entferntsein
des Sitzes der Kasse von dem Wohnort des Darleihnehmers, das die
Vorschußkassen in minderem Maß als Personalkreditinstitute für Land⸗
wirte eignet.

Die zunächst in der Rheinprovinz ins Leben getretenen sogenannten
Raiffeisen'schen Darlehenskassen und die unabhängig von Raiffeisen
in anderen Teilen Deutschlands errichteten ländlichen Kreditvereine
weisen gegenüber den Vorschußkassen folgende wesentlichen Vorzüge
auf: Sie sind örtlich organisiert, also den Beteiligten leicht erreichbar;
die Kassenvorstände können die Kreditwürdigkeit des Darlehensbedürftigen
ohne Zeitaufenthalt ermitteln, also Darlehensgesuche rasch erledigen; eine
dauernde Überwachung der ökonomischen Lage der Schuldner ist leicht
durchführbar, bei eventuell zu besorgendem Vermögenszerfall kann die
Kasse rechtzeitig ihre Forderungen einklagen, das Risiko ist also ein ge⸗
mindertes, wie denn Verluste bei ländlichen Darlehenskassen selten und
Zusammenbrüche, soweit bekannt, bis jetzt überhaupt nicht zu verzeichnen
sind. Da jede Art von Dividendenzahlung ausgeschlossen ist, kann der
Darlehenszinsfuß auf den Betrag der Selbstkosten der Darlehensaufnahmen
des Vereins sich stellen, also ein mäßiger sein; und indem Überschüsse
dem Reservefond zufallen, wächst dieser verhältnismäßig rasch an, was
wiederum die Haftbarkeitsgefahr der Mitglieder mindert. Durch die häufige
Verbindung der Darlehenskassen mit sparkassenartigen Einrichtungen geben
sie den Mitgliedern Gelegenheit zur jederzeitigen Anlegung von Bar⸗
beständen und fördern den Sparsamkeitssinn; durch Verbindung mit land⸗
wirtschaftlichen Konsumvereinen erleichtern sie letzteren die aus Anlaß der
Warenbezüge sich ergebenden geldlichen Abwicklungen; durch Zusammen⸗
schluß der einzelnen Kassen zu Landes⸗ oder Provinzialverbänden
ist für gegenseitigen Meinungs⸗ und Erfahrungsaustausch, sowie für sach⸗
kundige Belehrung der Einzelgenossenschaften durch die Verbandsorgane
die Möglichkeit gewährt. — Die ländlichen Kreditgenossenschaften gewähren
Darlehen auf längere Zeit als 3 Monate, meist auf 1—3 Jahre, tragen
mithin den specifischen Verhältnissen der landwirtschaftlichen Betriebsthätig⸗
keit Rechnung. Das Bedenken, daß aus dieser Dauer der Darlehens⸗
gewährung für die Kassen Verlegenheiten entstehen können, weil die von
den Kassen für ihre Zwecke aufgenommenen Anleihen regelmäßig in kürzeren
Fristen kündbar sind, als die von den Kassen gegebenen Darlehen, hat
sich nicht als begründet erwiesen; und man kann über den Einwand,
daß dieses Nichtzusammenfallen der beiderseitigen Kündigungs⸗Fristen gegen
die obersten bautechnischen Grundsätze verstoße, als über einen vorwiegend

§ 28. Der landwirtschaftliche Personalkredit und seine Organisation. 133

theoretischen schon deshalb hinwegsehen, weil durch eine besondere Organisation, nämlich durch die Schaffung von sogenannten Geldausgleichsstellen, innerhalb der erwähnten Verbände den Verlegenheiten, die durch die unzeitige Kündigung der der Genossenschaft überlassenen Geldbestände entstehen können, die Spitze abgebrochen ist. Die Aufgabe solcher Geldausgleichsstellen ist nämlich eine doppelte: sie haben einerseits die bei den einzelnen Kassen augenblicklich entbehrlichen Kassenbestände als verzinsliche Depositen anzunehmen und sie haben andererseits jenen Kassen, die augenblicklich größerer Mittel bedürfen, als ihr Kassenvorrat beträgt, die nötigen Mittel gegen Verzinsung darzuleihen; wobei übrigens, sowohl was die Verpflichtung zur Annahme von Depositen als was die Verpflichtung zur Gewährung von Darlehen anlangt, ein gewisses vereinbartes Höchstmaß nicht überschritten werden darf. Als Beweis, wie sehr man gewillt ist, staatsseitig die auf Errichtung von Kreditgenossenschaften gerichtete Bewegung zu fördern, mag dienen, daß in Preußen durch besonderes Gesetz vom 31. Juli 1895 eine Centralgenossenschaftskasse mit einem staatlichen Grundkapital von jetzt 20 Millionen Mark geschaffen worden ist, die bestimmungsgemäß die Aufgabe hat, den einzelnen Kassenverbänden (nicht den einzelnen Genossenschaften), desgleichen den landschaftlichen (ritterschaftlichen) Darlehenskassen, sowie ähnlichen, von Provinzialverbänden errichteten Personalkreditinstituten verzinsliche Darlehen zu geben und Gelder dieser sämtlichen Vereinigungen und Einzelinstitute verzinslich anzulegen.

Die Verbandsorganisation der Kreditgenossenschaften hat sich übrigens nicht bloß wegen der Schaffung von „Geldausgleichungsstellen" als Bedürfnis und wohlthätig erwiesen; eine wesentliche Aufgabe der Verbände und der Verbandsleitungen („Generalanwaltschaften") besteht, wie bereits angedeutet, auch darin, die einzelnen Genossenschaften zu belehren und zu unterweisen, Mißbräuchen in der Geschäftsgebarung entgegenzutreten, ferner den vom Genossenschaftsgesetz geforderten „Revisor" für die Revision der Genossenschaftsrechnungen zu bestellen, endlich der Pflege des Genossenschaftswesens überhaupt und der Ausbreitung genossenschaftlicher Bildungen unausgesetzt sich zu unterziehen. Daraus ergiebt sich, daß die Verbände im Interesse wirksamen Eingreifens nicht eine zu große Anzahl Genossenschaften in sich vereinigen sollten, und daß der provinzielle bezw. landesstaatliche Zusammenschluß vor einer centralisierten, über ganz Deutschland sich erstreckenden Organisation, wie solche der Neuwieder Verband der Raiffeisen'schen Kassen wiederholt, aber vergebens angestrebt hat, entschieden den Vorzug verdient.

Neben den direkten Wohlthaten leichter und billiger Befriedigung des Personalkreditbedürfnisses ergeben sich indirekte Wirkungen erfreulichster Art, die mit der genossenschaftlichen Organisation als solcher zusammenhängen! Die strenge Überwachung der Wirtschaftsgebarung, wie sie die örtliche Kreditorganisation ermöglicht, erweiß sich für manche minder charakterfesten Wirte heilsam und wohlthätig; an Stelle des gewohnheitsmäßigen Schlendrians in Abwicklung der Geldverpflichtungen tritt Ordnung und Pünktlichkeit; die Sparsamkeit und der Erwerbstrieb erhalten durch die Möglichkeit, auch kleine Geldbeträge verzinslich anlegen zu können, einen erhöhten Anreiz; in der gemeinsamen Verwaltung der Genossenschaftsangelegenheiten stärkt sich das Bewußtsein von der Solidarität der bäuerlichen Interessen, bietet sich Gelegenheit, die Jugend der Selbstlosigkeit, der Hingabe der eigenen Persönlichkeit an die gemeinsamen Standesinteressen zu bethätigen; das in diesen kleinen Kreditgenossenschaften geweckte Verständnis für die Bedeutung der korporativen Zusammenfassung der bäuerlichen Bevölkerung und die wachsende Erkenntnis von der Kraft des Genossenschaftsgedankens bilden Ausgangspunkte für die Ausdehnung der Genossenschaftsthätigkeit auf andere Gebiete des bäuerlichen Wirtschaftslebens; und gar nicht selten sind die Fälle, daß aus dem Stamm der örtlichen Kreditgenossenschaft ein weitverzweigtes System verschiedenartigster Genossenschaftsbildungen für die Förderung des Absatzwesens, für die Befriedigung der Bedürfnisse des Haushalts und des landwirtschaftlichen Betriebes allgemach herausgewachsen ist. Bedeutsam nicht in letzter Linie bleibt, daß in diesen „Bildungsstätten der ländlichen Bevölkerung" ein ebenso lohnendes, wie auch bei gutem Willen nicht übermäßig schwer bebaubares Gebiet der Selbsthilfe gegeben ist, zumal triftige Gründe dafür sprechen, die ländliche Bevölkerung fort und fort daran zu mahnen, daß die sorgsamste Pflege ihrer Interessen durch eine verständig waltende Agrarpolitik und daß jede, noch so wirksame zu Gunsten des Grundbesitzerstandes einsetzende staatliche Interventionspolitik gleichwohl versagen muß, wenn nicht dieser äußere Rahmen des Agrarrechtes und der Agrarpflege durch energische Kraftentfaltung der beteiligten Kreise im Wege der Einzel- und der Genossenschaftsselbsthilfe den nötigen Inhalt erfährt. Endlich darf man zu den ohne Zweifel segensreichsten Folgen der Thätigkeit örtlich organisierter Kreditkassen die Bekämpfung des Wuchers rechnen, dieser Schmarotzerpflanze am Körper unserer Volkswirtschaft; zahlreiche Beispiele lassen sich dafür anführen, daß mit der Gründung örtlicher Kreditgenossenschaften nicht bloß dem Darlehenswucher, sondern auch anderen besonders gefährlichen Wucherpraktiken, so insbesondere dem Viehwucher (durch rechtzeitige Verschaffung von Mitteln zum Ankauf von Viehstücken) und ebenso dem Wucher mit Kaufschillingsresten durch planmäßigen Erwerb der bezüglichen Restforderungen (Güterzielern) erfolgreich begegnet wurde.

An der Bekämpfung jener grellsten Auswüchse im Kreditverkehr, die man als Wucher zu bezeichnen pflegt, und die in letzter Linie als eine brutale Übervorteilung und wirtschaftliche Ausbeutung augenblicklich in Not befindlicher Wirte sich kennzeichnen, besteht ein allgemeines Interesse; und die manchesterliche Auffassungsweise, daß „die

§ 28. Ausartungen des Personalkredits; der Wucher insbesondere. 135

Dummen nicht alle werden" und jedenfalls kein genügender Grund vorliege, dem Einzelnen in Art und Umfang freiwillig übernommener geldlicher Leistungen Schranken zu setzen, ist glücklicherweise ein überwundener Standpunkt. Freilich ist an jenen **Ausartungen des Kreditverkehrs**, die als Wucher sich darstellen, der Bewucherte selten ganz ohne eigene Verschuldung: naive Unerfahrenheit in Geldsachen und Ungewandtheit in der Beurteilung von Rechtsgeschäften einfachster Art geht häufig mit einer schwer begreiflichen Vertrauensseligkeit gegenüber Geldleuten zweifelhaftesten Rufs Hand in Hand: dazu ein thörichter Bauernstolz, der lieber dem Juden als dem Nachbar oder einem Kassenvorstand sich anvertraut; oft auch eine falsche Schamempfindung, rechtzeitig einzugestehen, daß man übertölpelt worden ist, und die nicht selten dem Bewucherten selbst im Gerichtssaal noch den Mund verschließt. Aber dieses Selbstverschuldungsmoment aufseiten des Bewucherten macht die Handlung des Wucherers selber nicht entschuldbarer, und mit Recht hat sich die neuere Gesetzgebung auf den Standpunkt gestellt, daß eine Handlungsweise, die nach allgemeiner Rechtsüberzeugung als moralisch verwerflich gilt und mit den Gesetzen guter Sitte sich in Widerspruch setzt, dem strafenden Arme der Gerechtigkeit nicht entzogen bleiben dürfe; und daß es anstößig wäre und die Achtung vor der Rechtspflege erschüttern müßte, wenn die Gerichte gehindert wären, ein geschäftliches Treiben, das der Volksüberzeugung als Wucher gilt, zu ahnden, oder gar genötigt wären, dem Gläubiger für seine der Ausbeutung des Schuldners dienenden Rechtsgeschäfte die staatliche Hilfe zu gewähren. Das ältere Recht hat in einer allzu schablonenhaften Behandlung der wirtschaftlichen Vorgänge jede Überschreitung des staatlich normierten Zinsfußes bei Darlehensgeschäften als Wucher gekennzeichnet und mit civil- oder strafrechtlichen Folgen bedroht; die neuerliche Gesetzgebung, in tieferer Erfassung des Wucherbegriffs, hat jedes Geschäft, das in seiner Einwirkung darauf abzielt, behufs Erzielung übermäßigen Gewinnes die Not, den Leichtsinn oder die Geschäftsunerfahrenheit des Schuldners auszubeuten, als Wucher gebrandmarkt und mit Strafen bedroht und die Pflicht der Zurückerstattung der vom Schuldner geleisteten übermäßigen Vermögensvorteile verfügt. Das in diesem Sinne ergangene **deutsche Wucherstrafgesetz vom 24. Mai 1880 und die Novelle vom 19. Juni 1893**, welch' letztere den Wucherbegriff auf Rechtsgeschäfte jeglicher Art erstreckte (im Unterschied von dem ersteren Gesetz, das den Thatbestand des Wuchers auf Darlehensgeschäfte beschränkt hatte), bedeuten deshalb eine **Fortentwickelung unseres Strafrechts in socialreformatorischem Sinne**, die angesichts der Verbreitung des Wuchers in den wirtschaftlich schwächeren Teilen der Bevölkerung (nicht bloß der ländlichen, sondern auch der städtischen) schwer in die Wagschale fällt. Die unterdrückende und verhütende Wirkung dieser wucherstrafgesetzlichen Vorschriften hat eine Verstärkung weiter dadurch erfahren, daß nach letzterem Gesetz die gewerbsmäßigen privaten

Geldverleiher gehalten sind, dem Schuldner alljährlich über die Höhe seiner Verbindlichkeiten einen rechnungsmäßigen Auszug zuzustellen und daß im gewerbepolizeilichen Verfahren denjenigen, die die Viehvorstellung, den Viehhandel und den Handel mit ländlichen Grundstücken oder die Vermittelung von Immobiliarverträgen und Darlehen gewerbsmäßig betreiben, der Gewerbebetrieb untersagt werden kann, wenn Thatsachen vorliegen, welche die Unzuverlässigkeit des Gewerbetreibenden in Bezug auf den betreffenden Gewerbebetrieb darthun. Sehr wirksam, nicht bloß als freiwillige Agenturen der Staatsanwaltschaften, sondern auch als ein zur Verhütung wucherlicher Geschäfte dienender Apparat, haben sich die „Schutzvereine gegen wucherische Ausbeutung" und die zur unentgeltlichen Rechtsbelehrung und Durchführung von Wucherprozessen da und dort bestehenden „Rechtsausschüsse" erwiesen, deren weiteste Verbreitung zu wünschen ist.

Allen diesen im Wege der Gesetzgebung und Verwaltung getroffenen wohlmeinenden Abwehrmaßregeln wird freilich ein durchschlagender Erfolg überall da nicht beschieden sein, wo die ländliche Bevölkerung nach dem Allgemeinstand wirtschaftlicher Einsicht und Intelligenz einen besonders fruchtbaren Boden für die übervorteilenden und ausbeutenden Praktiken der Wucherer darbietet. Daher denn die Wucherfrage wesentlich eine **Erziehungsfrage** ist und nicht in letzter Linie von der Verbreitung besserer Kenntnisse, richtigerer Einsicht in die Haushalts- und Wirtschaftsführung, mit anderen Worten **von der Hebung des geistigen Niveaus der ländlichen Bevölkerung** Heilung von dem Übel des Wuchers erwartet werden darf.

§ 29. Schuldnot und Zwangsvollstreckung; Bestrebungen auf Milderung des Zwangsvollstreckungsrechts; die Heimstättebewegung insbesondere; abschließende Betrachtungen.

Geht man von dem in den vorstehenden Erörterungen als richtig erwiesenen Standpunkt aus, daß der Grundbesitz des Hypothekarkredits und der landwirtschaftliche Unternehmer des Betriebskredits nicht entbehren kann, so gelangt man zu der Folgerung, daß das unbestreitbar vorliegende Kreditbedürfnis ein Schuldrecht erheische, das dem Gläubiger größtmögliche Sicherheit seiner Forderungsrechte verbürgt, da nur in diesem Falle der landwirtschaftliche Kredit in seinen verschiedenen Erscheinungsformen auf Befriedigung rechnen kann. Daraus ergiebt sich, daß das Schuldrecht ein strenges Recht sein muß, wenn anders es dem Zweck, der Aufrechterhaltung solider Kreditbeziehungen zu dienen, nicht entfremdet werden soll. Und auf die äußerste Folge eingegangener Kreditverpflichtungen, die Zwangsvollstreckung in das Vermögen des Schuldners, könnte daher ein Schuldrecht nur unter Preisgabe der Grundlagen verzichten, auf denen jeder Kredit beruht. Wenn diese äußerste Folge eintritt, ist es natürlich immer schmerzlich für den davon Betroffenen, und

§ 29. Schuldnot und Zwangsvollstreckung.

wenn sie häufig eintritt, auch unter dem Gesichtspunkt allgemeiner Interessen beklagenswert (S. 106); aber es wäre eine grobe Verkennung der Wirklichkeitsvorgänge, zu meinen, daß die äußersten Folgen wirtschaftlichen Thuns gerade auf dem Gebiet des Kredits dem Grundbesitz und seinen Inhabern grundsätzlich abgenommen werden könnten. Der Kredit teilt die Eigenschaft mancher an sich nützlicher und wertvoller Gesellschaftseinrichtungen, daß er in gewissem Sinn ein zweischneidiges Werkzeug ist, und daß dieses Werkzeug unter Umständen denjenigen, der es zu nützlichen Zwecken verwenden wollte, tödlich verwunden kann. Aber wie verfehlt wäre es, aus diesem Grunde das Werkzeug selber in Acht und Bann thun zu wollen! „Werkzeuge", meinte einer der bekanntesten deutschen Nationalökonomen, „die für den schlechten Wirt gar nichts Gefährliches haben, können auch dem guten Wirt nicht viel nützen, und wo ein gutes, die Kreditnahme zu nützlichen und gebotenen Zwecken ermöglichendes Hypotheken- und Kreditwesen nicht besteht, werden die bürgerlichen Gewerbe dem Landbau leicht noch rascher über den Kopf wachsen, als es ohnedem der Fall ist."

Daß ein zum Unterpfand gegebenes Grundstück im Falle der Säumigkeit des Schuldners von dem Gläubiger zur Zwangsvollstreckung gebracht werden kann mit der Rechtsfolge, daß die an erster Stelle eingetragenen Forderungen vorzugsweise Anspruch auf Befriedigung aus dem Zwangserlös haben, folgt aus der Natur der Unterpfandsbestellung. Aber auch gegenüber den Verpflichtungen des Personalkredits kann auf die Zwangsvollstreckung und zwar nicht bloß gegenüber der fahrenden, sondern auch gegenüber der liegenden Habe aus naheliegenden Gründen nicht grundsätzlich verzichtet werden. Denn wenn auch der Personalkredit in erster Reihe auf der persönlichen Vertrauenswürdigkeit des Schuldners und seiner Bürgen beruht, die tiefste Unterlage eines ausgebildeten Personalkreditwesens bildet doch die Überzeugung von der rechtlichen Möglichkeit der zwangsweisen Betreibung der Forderung in das Gesamtvermögen des Schuldners. Die Solidarhaft der Personalkreditgenossenschaften würde beim Mangel eines die Zwangsvollstreckung in das Vermögen der Schuldner sichernden Schuldrechts ein wesenloser Schein sein; und der Kreditwürdigkeit dieser Genossenschaften, der Möglichkeit, mit fremdem Kapital zum Nutzen der Genossenschaftsmitglieder zu arbeiten, wäre mit dem Fortfall des Zwangsvollstreckungsrechts für die Personalkreditverbindlichkeiten der Einzelmitglieder der Boden völlig entzogen.

Im Laufe der rechtsgeschichtlichen Entwicklung hat sich, wie auf anderen Rechtsgebieten auch, in der Ausgestaltung des Schuldrechts eine Wandlung von einer ursprünglich fast brutalen Härte dieses Rechts zu größerer Milde und billiger Rücksichtnahme gegenüber dem Schuldner vollzogen und diese Entwicklung dürfte noch keineswegs abgeschlossen sein. Das Schuldrecht der ältesten Zeit ergriff Leib und Leben des zahlungsunfähigen Schuldners; die Versetzung des zahlungsunfähigen Schuldners in den Zustand der Unfreiheit wandelte sich später in Schuldhaft um; endlich wurde auch diese beseitigt, es verblieb bei dem Zugriff der liegenden und fahrenden Habe; und die neuere Rechtsentwicklung schloß sogar von diesem Zugriff die notwendigsten Bedarfsgegenstände und Arbeitswerkzeuge (die sogenannten Kompetenzstücke) aus, eine Entwicklung, die im Verbot der Beschlagnahme des Arbeitslohns ihren jetzigen Höhepunkt erreichte. Diese Entwicklung des Schuldrechts zu größerer Milde ist von dem Gedanken beherrscht, daß durch die Exekution niemand in seiner wirtschaftlichen und gesellschaftlichen Existenz gänzlich vernichtet werden soll und daß das Betreibungsrecht des Gläubigers da seine Grenze hat, wo durch die rücksichtslose Geltendmachung desselben die wertschaffende Arbeit selber bedroht wäre. Unter diesem Gesichtspunkt ist es auch zu beurteilen, wenn im neueren Recht dem Richter die Befugnis eingeräumt ist, im liegenschaftlichen Vollstreckungsverfahren an Stelle der Zwangsveräußerung die Zwangsverwaltung zuzulassen; denn was anderes soll mit der Zulassung der Zwangsverwaltung erreicht werden, als zu verhüten, daß dem in augenblicklicher Zahlungsnot befindlichen Schuldner unter allen Umständen der Besitz verloren gehen soll! Und in derselben Richtung einer die Häufigkeit der Zwangsveräußerungsfälle hintanhaltenden Reform hat sich die neueste deutsche Gesetzgebung bewegt, wenn sie den im Rang nachstehenden Hypothekengläubigern die Beantragung und Durchführung des liegenschaftlichen Zwangsvollstreckungsverfahrens durch die Vorschrift erschwert bezw. unmöglich macht, daß das Zwangsverfahren unter Auferlegung der Kosten auf den betreibenden Gläubiger vom Richter einzustellen ist, wenn der Erlös bei der Zwangsversteigerung nicht ausreicht, die Forderungen aller dem betreibenden Gläubiger vorangehenden Gläubiger zu decken. Zwar verfolgt dieses System des Zwangsvollstreckungsrechts — sogenanntes Deckungssystem — zunächst den Zweck, den an erster Stelle eingetragenen Gläubigern den ruhigen und sicheren Besitz ihrer Hypothekenrechte gegenüber den Betreibungsabsichten nachstehender Gläubiger zu wahren; aber mit diesem Schutz, mit dem es die Vorhypothek umgiebt, wird es zugleich eine Stütze des soliden Kredits. Indem es das auf solide Anlage abhebende Kapital geneigter macht, der Beleihung des Grundbesitzes sich zuzuwenden, bildet es zugleich eine Schutzwehr des Schuldners gegenüber rücksichtsloser oder frivoler Ausübung des Betreibungsrechts nachstehender Gläubiger, schwächt dadurch allerdings die rechtliche Stellung der Nachhypothek ab, erschwert also die Aufnahme von nachhypothekarischen Darlehen; aber gerade diese krediteinengende Wirkung des Deckungssystems gegenüber Darlehensaufnahmen zu zweiter oder dritter Stelle, die so häufig einen bedenklichen Charakter haben, ist eine sehr nützliche Nebenwirkung; denn es wird damit in mittelbarer Weise angestrebt und erreicht, was zur Verhütung leichtfertiger Ver- und Überschuldung neuer-

liche Agrarpolitiker durch Einführung von Schuldverboten oder
Verschuldungs- bezw. Verpfändungsgrenzen direkt und in
schematischer Weise, d. h. auf einem, wie früher nachgewiesen wurde
(§ 24), schwerlich gangbaren Wege erreichen möchten.

Diejenige Strömung, die die Reform des Zwangsvollstreckungsrechts
in dem vorstehend angedeuteten Sinn als halbe Arbeit ansieht und den
ländlichen Grundbesitz gewissermaßen als „unantastbaren Familien-
besitz" behandelt wissen, also der Möglichkeit der Zwangsvollstreckung
thunlichst ganz entrückt sehen möchte, übersieht zweierlei: einmal, daß es,
wie schon bemerkt, auch den nützlichsten Kredit versperren hieße, wenn der
Gläubiger auf die ultima ratio des Betreibungsrechts, den Zwangsverkauf,
verzichten müßte; zum andern, daß der bedingungslose Schutz gegen
Zwangsvollstreckung eine Prämiierung der Lässigkeit und Un-
wirtschaftlichkeit wäre, wofür in einem gesunden, von dem Grundgedanken der Selbstverantwortlichkeit und strengen Pflichterfüllung der
Einzelnen getragenen Gemeinwesen unmöglich Raum ist. So hat denn
auch einer der bauernfreundlichsten Schriftsteller des vorigen Jahrhunderts,
Justus Möser, die Ansicht vertreten, daß nur der tüchtige, leistungsfähige Wirt verdiene auf dem Hof erhalten zu werden, und daß die
„Abmeierung" des schlechten, überschuldeten Wirts sich als Gebot der
allgemeinen Staatsklugheit erweise. Mit anderen Worten: man kann
von dem Schuldrecht und dem Recht der Zwangsvollstreckung, wie sozial-
freundlich es immer gestaltet sein mag, immer nur eine Abschwächung
der Schuldnot, niemals aber eine völlige Außerkraftsetzung
der rechtlichen Wirkungen der Verschuldung erwarten; und diejenigen ergehen sich in Utopien, die in einem an sich begreiflichen Mit-
gefühl für den in Schuldnot Befindlichen an die Gesetzgebung mit weiter-
gehenden, weil unerfüllbaren Forderungen herantreten. Aus guten Gründen
hat deshalb auch die oberste landwirtschaftliche Interessenvertretung, der
deutsche Landwirtschaftsrat, der Übertragung einer nordamerikanischen
Rechtseinrichtung, der Ausbildung eines Heimstätterechts mit dem
proklamierten Ziel, dem Zugriff des Gläubigers im Grundsatz entzogene
(„unantastbare") Familienheimstätten zu schaffen, ernstlich widerraten.
Und zwar nicht bloß und nicht einmal vorwiegend deshalb, weil in dem
dem Reichstag wiederholt vorgelegten Entwurf eines Heimstättenrechts
an einer schematischen Verschuldungs- (Verpfändungs-) Grenze, ferner an
der Unteilbarkeit der Heimstättenanwesen und daran festgehalten war, daß
gegen die Heimstätte nur die Form der Zwangsverwaltung zulässig sein
soll (obwohl die Zwangsverwaltung gegenüber kleineren und mittleren
Anwesen, die regelmäßig nicht oder doch nur wenig mehr abwerfen, als
der Unterhalt des Schuldners erfordert, augenscheinlich undurchführbar
ist). Sondern diese ablehnende Haltung war vor allem darin begründet,
daß der geplante Ausschluß des Zwangsvollstreckungsverfahrens betreffs
aller nach Errichtung der Heimstätte eingegangenen Schuldverbindlichkeiten,

insbesondere solcher des Personalkredits, wahrhaft krediterschütternd hätte wirken, auch den nützlichsten Kredit hätte versperren müssen. Und dieser Einwand ist kein bloß theoretischer; denn gerade in Nordamerika hat das Heimstätterecht, indem es die Zwangsvollstreckung nur für hypothekarisch gesicherte Forderungen zuläßt, eine Personalkreditsperre denkbar schädigendster Art gezeitigt: ist doch daselbst ein Zinsfuß von 12 und mehr Prozent für Darlehen des Personalkredits gegenüber Heimstättebesitzern keine Seltenheit, die Regel aber, daß selbst für kleine Beträge überhaupt kein Personalkredit gegeben, sondern hypothekarische Sicherheit begehrt wird, für welchen Fall dann aber der Schutz des Heimstätterechts versagt. So daß es nicht Wunder nimmt, wie die Krisis der achtziger Jahre Tausende dieser amerikanischen Heimstätten im Widerspruch mit allen auf diese Heimstättegesetzgebung gegründeten, zum Teil sehr ausschweifenden Hoffnungen hinweggefegt hat. Die erhoffte Wirkung und die thatsächliche Wirkung von Gesetzen ist eben häufig eine sehr verschiedene; und diejenigen befinden sich in einem großen Irrtum, die an die Möglichkeit eines Grundkreditrechts glauben, das den schuldnerischen Grundbesitz vor den Wechselfällen des Lebens unbedingt sicherstellen könnte, ohne zugleich die Quellen des unbedingt nötigen Kredits selber zu verschließen.

(Abschließende Betrachtungen.) Das Ergebnis der vorstehenden und der in diesem Kapitel überhaupt niedergelegten Betrachtungen ist ungeachtet des Umstandes, daß eine Anzahl agrarischer Forderungen abgewiesen werden mußte, gleichwohl kein unbefriedigendes: denn unzweifelhaft ist in dem ganzen Gebiet des neuzeitlichen Kreditwesens und der neuzeitlichen Gestaltung des Schuldrechts ein reformatorischer Fortschritt teils schon vollzogen, teils angebahnt, der einer freundlichen Würdigung vonseiten der landwirtschafttreibenden Bevölkerung wohl würdig ist. Zu einer lobpreisenden Verherrlichung der sog. „guten alten Zeit" auf Kosten der Gegenwart liegt gerade betreffs des landwirtschaftlichen Kreditverkehrs am allerwenigsten Anlaß vor. Diese „gute alte Zeit" hat zwar die Verschuldung gegen Rente und das Institut von Verschuldungsbeschränkungen ausgebildet, sie läßt aber bis zum Ausgang des vorigen Jahrhunderts positive Leistungen auf dem Gebiet der Organisation des Kredits gänzlich vermissen, verweist vielmehr den Grundbesitz auf die gelegentliche Anbietung des Privatkapitals und leistet damit der wuchermäßigen Ausbeutung des Grundbesitzes wesentlichen Vorschub, der gegenüber die alten Zinswuchergesetze ebenso wie die sog. Verschuldungsverbote sich ziemlich machtlos erwiesen. Die so wichtige anstaltsmäßige Vermittlung des Kredits, die Ausbildung des Grundsatzes der Unkündbarkeit der Schuld in Verbindung mit langsamer Schuldabtragungs-

§ 29. Abschließende Betrachtungen.

möglichkeit gehört durchaus der neueren, die Ausbildung des landwirtschaftlichen Betriebskredits und seiner Organisationen sogar der allerjüngsten Zeit an. In keinem Jahrhundert deutscher Wirtschaftsgeschichte sind dem Grundbesitz gleich zahlreiche Institute, die seinem Kreditbedürfnis in rationeller Weise zu dienen berufen sind, dargeboten gewesen, wie in der Gegenwart; niemals ist es dem Grundbesitz so leicht möglich gewesen wie in der Gegenwart, die Vorteile des sinkenden Zinsfußes in seinen Kreditbeziehungen alsbald auszunützen. Das Kapital strömt dem Grundbesitz, trotz der Ungunst, mit der das landwirtschaftliche Gewerbe als solches zu kämpfen hat, willig zu, und jener kritische Zustand einer „Kreditnot", in dem sich der deutsche Grundbesitz in den fünfziger und sechziger Jahren im größeren Teil von Deutschland befand und der eine Fülle von Litteratur über die Möglichkeit der Beseitigung dieser Kreditnot schuf, ist längst überwunden. Die allmähliche Ausbildung eines die Rechtsverhältnisse am Grund und Boden klarlegenden Grundbuch- und Hypothekenrechts hat an diesem Fortschritt ebenso Anteil, wie die in diese Zeit fallende Vervielfältigung der Kreditdarbietungsgelegenheiten, wie sehr auch diese letzteren in einzelnen Staaten, namentlich Süddeutschlands, noch der Verbesserung und rationelleren Ausgestaltung fähig sein mögen. Den Ausartungen des Kredits, insbesondere der wuchermäßigen Ausbeutung der kapitalschwachen Bestandteile der Bevölkerung, hat eine besondere Gesetzgebung zu begegnen sich bemüht und zwar mit einem Erfolg, den die ältere Zeit nicht aufzuweisen vermag. Das Betreibungsrecht des Gläubigers ist nicht strenger, sondern gegenüber früher sehr viel milder geworden; und das mit Einführung des neuen bürgerlichen Gesetzbuchs gleichzeitig in Wirksamkeit tretende Gesetz über liegenschaftliche Zwangsvollstreckung wird infolge der Annahme des sog. Deckungssystemes in vernünftiger Weise einerseits krediteinengend wirken, andererseits frivolen Betreibungen einen wirksamen Riegel vorschieben. Eine der wesentlichen Ursachen der Besitzkreditverschuldung, die Zwangsverschuldung des Anerbenrechts, ist durch besondere Anerbenrechtsgesetze und durch die im bürgerlichen Gesetzbuch erfolgte Anerkennung des Grundsatzes der Erbabfindung der Geschwister auf Grund des Ertragswertes (an Stelle des Verkehrswertes) für die Zukunft wesentlich abgeschwächt. Alle diese teils durchgeführten, teils im Fluß befindlichen Akte der Gesetzgebung und Verwaltung thun unzweideutig dar, daß der ländliche Grundbesitz, weit entfernt, das „Aschenbrödel" der Gesetzgebung zu sein, im Mittelpunkt einer Aktion sich befindet, die in letzter Linie darauf abhebt, ein den Besonderheiten des ländlichen Grundbesitzes gerecht werdendes Verwaltungsrecht zu schaffen. Und nur eine den Thatsachen und den Wirklichkeitsverhältnissen sich völlig verschließende Betrachtungsweise kann diese Aktion als „kleines Mittel" kennzeichnen, während sie in Wahrheit in erster Linie zu den „großen

Mitteln" im Kampf der deutschen Landwirtschaft mit den widrigen Verhältnissen der Gegenwart zählt.

Mit der Abweisung jener Reformvorschläge, die auf weitgehende künstliche Einengung des landwirtschaftlichen Kredits abheben und im Gefolge dieser Maßregel eine weitgehende staatliche Bevormundung der auf diesen landwirtschaftlichen Kredit angewiesenen Bevölkerungsschichten im Gefolge haben müßten, tritt man den Interessen der ländlichen Bevölkerung nicht zu nahe: eher ist die Annahme auszusprechen gestattet, daß die Bevölkerung des flachen Landes, und die bäuerliche nicht in letzter Linie, einer auf künstliche Beschränkung des Kredits abhebenden Agrarreform, wenn nicht geradezu abweisend, so doch innerlich kühl gegenübersteht. Wer solche Mittel gleichwohl vorschlägt, übersieht sehr, daß die Landbewohner von heute in Selbständigkeits- und Freiheitsgefühl, in Selbstbewußtsein und Unabhängigkeitsdrang den Landbewohnern von ehedem weit vorausgeeilt sind. Andere Zeiten, andere Mittel!

Mit einer Fixierung des Kreditagrarrechts innerhalb der in diesem Kapitel gesteckten Grenzen wird der vorurteilslose Betrachter der Dinge auch deshalb sich begnügen müssen, weil tiefeinschneidende Änderungen der Gesetzgebung gerade auf diesem Gebiet ohne große Erschütterungen der bestehenden Schuldverhältnisse schwerlich durchführbar wären: alle extremen Vorschläge, die auf eine wesentliche Abschwächung der rechtlichen Wirkungen bereits eingegangener Schuldverbindlichkeiten oder gar auf die zeitliche oder dauernde Sistierung dieser Wirkungen abheben, entbehren daher schon deshalb der Verwirklichungsfähigkeit. Diesen Verzicht auf „idealste Lösung" braucht man nicht allzu tragisch zu nehmen: denn die Lage des deutschen Grundbesitzes ist keineswegs eine hoffnungslose schon deshalb, weil, wie in der Vergangenheit, so auch in der Gegenwart und Zukunft mit einem bestimmten Maß von Kreditverpflichtungen gerechnet werden muß (siehe S 101 ff.). Der Druck dieser Kreditverpflichtungen hängt ja auch nicht bloß von der Höhe der Verpflichtungen, sondern sehr wesentlich von der Fähigkeit der Wirtschafter ab, aus den Erträgnissen der Wirtschaft Mittel für Schuldzwecke flüssig zu machen. Wie wichtig daher auch das Verwaltungsrecht des Kreditwesens und die dem Kreditwesen dienenden besonderen Organisationen sind, nicht minder wichtig ist es für die thatsächliche Schwere des Schulddrucks im Einzelfalle, die wirtschaftende Arbeit am Grund und Boden so zu gestalten, daß dem zeitweise gesteigerten Schulddruck eine gesteigerte Fähigkeit zur Erzielung von Wirtschaftsüberschüssen zu Schuldzwecken zur Seite geht. Alle Betrachtungen, von welchem Gesichtspunkte aus sie immer angestellt sein mögen, leiten daher immer wieder auf die Thatsache zurück, daß der ländliche Grundbesitz von der landwirtschaftlichen Unternehmerthätigkeit nicht zu trennen ist, und daß mithin neben der

§ 29. Abschließende Betrachtungen.

Ausbildung einer den Interessen des Grundbesitzes Rechnung tragenden Agrarverfassung (hauptsächlich in der thatsächlichen Besitzverteilung, im Erbrecht und in der Ordnung des Kreditwesens zu Tage tretend) die Hebung der landwirtschaftlichen Unternehmerthätigkeit, die Förderung der dieselbe günstig, die Hintanhaltung der dieselbe ungünstig beeinflussenden Faktoren immer von besonderer Bedeutung bleiben wird. Daß auf diesem Gebiet, soweit die Hebung der Technik des Betriebs in Frage steht, noch manches zu bessern ist, und daß die fördernde Einwirkung des Staats in Bezug auf Herbeiführung solcher Verbesserungen der Betriebstechnik als eine besonders dankbare Aufgabe sich erweist, ist unbestritten; die Ausführungen hierwegen (Kap. IV) können sich daher kurz halten. Schwieriger schon ist die Frage, inwieweit sich zum Nutzen des landwirtschaftlichen Gewerbes die staatliche Einwirkung auch nach der Seite der die Ergebnisse der landwirtschaftlichen Berufsarbeit beeinflussenden Ausgaben und Lasten und weiter nach der Seite der diese Ergebnisse nicht minder stark beeinflussenden Marktpreisbildung der Hauptverkaufsfrüchte bethätigen kann: der Erörterung dieser Fragen werden die Kapitel V und VI gewidmet sein.

Viertes Kapitel.

Landwirtschaftliche Betriebstechnik und der Einfluß der staatlichen Landwirtschaftspflege.

§ 30. Allgemeinste Würdigung eines staatlichen Eingreifens in den Landwirtschaftsbetrieb.

Neben der Wichtigkeit der Agrarverfassung eines Landes für die Wohlfahrt der Landbevölkerung, wie sie sich namentlich in der Grundbesitzverteilung und in der Gestaltung des diese wesentlich beeinflussenden Erbrechts sowie des Grundkreditrechts äußert, sollte man die Bedeutung der Landwirtschaftspflege nicht gering achten. Unter Landwirtschaftspflege im weitesten Sinne versteht man aber diejenigen gesetzlichen oder Verwaltungsmaßnahmen, die teils darauf abzielen, rechtliche, wirtschaftliche oder durch die Natur gegebene Beschränkungen in Bezug auf die Bestellung und Nutzung des Grundeigentums zu beseitigen, teils die Vervollkommnung der landwirtschaftlichen Betriebstechnik in allen Einzelzweigen der Landwirtschaft mit dem Endziel höherer Erträglichkeit des Grund und Bodens anstreben. Man pflegt die erstgedachten gesetzlichen und Verwaltungsmaßnahmen unter dem gemeinsamen Begriff der „Politik der Landeskultur", die letzteren unter dem Begriff der Landwirtschaftspflege im engeren Sinn zusammenzufassen: dorthin zählt also beispielsweise, neben den schon erwähnten „Gemeinheitsteilungen" in Verbindung mit der Ablösung lästiger Grunddienstbarkeiten (§ 4), diejenige Gesetzgebung, die die Beseitigung der aus der Gemengelage der Grundstücke und deren Wegelosigkeit entspringenden Nachteile bezweckt (Zusammenlegungs= oder Feldbereinigungs= gesetzgebung); ferner gehören dahin die auf dem Gebiet der Wasserwirtschaft liegenden gesetzlichen und Verwaltungsmaßnahmen, also die Sorge für die Ausnutzung der befruchtenden und düngenden Eigenschaften des Wassers und die Hintanhaltung von Schäden durch ein Übermaß von Wasser (Ent= und Bewässerungswesen, Wasserschutz). In den Bereich der Landwirtschaftspflege im engeren Sinn dagegen fallen alle Verwaltungsmaßnahmen, die, wie das landwirtschaftliche Unterrichts= und Versuchswesen, das Ausstellungs= und Prämiierungswesen,

§ 30. Allgemeinste Würdigung der technischen Landwirtschaftspflege. 145

die Hebung der Betriebstechnik und Betriebsökonomie in allen ihren Verzweigungen zur Aufgabe sich setzen. Häufig bedürfen diese pfleglichen Maßnahmen zu ihrer Ergänzung bestimmter gebietender oder verbietender Vorschriften, wohin z. B. die dem Gebiet der Landwirtschaftspolizei angehörenden Gesetzesvorschriften über Körung der landwirtschaftlichen Haustiere zählen.

Bei der nicht selten gerade in heutiger Zeit zu beobachtenden Unterschätzung dieser teils abwehrenden, teils fördernden und pfleglichen, teils gebietenden und verbietenden Thätigkeit des Staats und seiner Organe ist es nicht überflüssig, nochmals daran zu erinnern, daß die Landwirtschaft ein Gewerbe ist, in dem durch das vereinigte Zusammenwirken von Natur, Kapital und Arbeit marktgängige Erzeugnisse hergestellt werden; woraus folgt, daß nicht bloß von dem jeweiligen Marktpreis, sondern auch von der von der Flächeneinheit erzielten Produktenmenge und von dem thatsächlichen Betriebsaufwand der wirtschaftliche Erfolg der Produktion bedingt ist. Damit hängt zusammen, daß auch die theoretisch vollkommenste Agrarverfassung das Gedeihen der in ihr wirtschaftenden Besitzer nicht ohne weiteres verbürgen kann, sondern nur dann, wenn diesen zugleich die erforderliche betriebstechnische Geschicklichkeit und betriebsökonomische Erfahrung zur Seite steht. Für die Richtigkeit dieses Satzes ist der beste Beweis die Thatsache, daß, wie zahlreiche Untersuchungen über die Lage der Landwirtschaft ergeben haben, die Wohlstandslage — auch bei vorhandener Gleichheit der äußeren Produktionsbedingungen — von Ort zu Ort oft sehr erhebliche Unterschiede aufweist, die vielfach nicht anders als durch die höhere geistige Regsamkeit und Anpassungsfähigkeit hier, durch Mangel an Regsamkeit und gleichgültiges Beharren im alten Schlendrian dort erklärt werden können. Betriebstechnische Geschicklichkeit und betriebsökonomische Erfahrung gewinnen um so mehr an Bedeutung, je mehr im Sinne der vorangegangenen Erörterungen (§ 10) für jede, auch die kleinste Wirtschaft, eine Nötigung besteht, für den Markt, d. h. marktfähige Ware zu erzeugen und die Erzeugungskosten dem Marktpreis anzupassen. An der Entwicklung jener Eigenschaften, die allein eine gute und zugleich privatwirtschaftlich vorteilhafte Bewirtschaftung des Bodens verbürgen, haben zwar die Landwirte selber das nächste und unmittelbarste Interesse, es knüpft sich aber daran auch das nationalwirtschaftliche Interesse an der ausreichenden Versorgung des Volks mit Nahrungsmitteln und an der Bewahrung einer gewissen Unabhängigkeit des Volks in Bezug auf diese Nahrungsmittelversorgung von dem Ausland. In dem Vorliegen eines solchen nationalwirtschaftlichen Interesses ist zugleich der Rechtfertigungsgrund gegeben für ein gesetzliches und verwaltungsmäßiges Eingreifen des Staats auf diesem Gebiet und für die Paratstellung reichlicher Geldmittel zur Durchführung dieses Ziels: letzteres namentlich da, wo die bäuerliche Bevölkerung über-

Buchenberger. 10

wiegt, da die Angehörigen der letzteren, entsprechend ihrem allgemeinen Bildungsstand und dem Maß der ihnen zur Verfügung stehenden Geldmittel, den Fortschritten der Bodenkultur aus eigener Kraft meist nur langsam zu folgen vermöchten. Die Landwirtschaftspflege wird aus diesem letzteren Grund überhaupt am besten den bäuerlichen Wirtschaftsverhältnissen vorzugsweise angepaßt werden, da nur in diesem Fall eine Wirkung ins große und in die Massen hinein erwartet werden darf.

Wesen und Bedeutung der wichtigsten Maßnahmen auf den vorbesprochenen Gebieten soll nachstehend besprochen, doch dem Zweck dieser Schrift entsprechend auf Einzelheiten nicht eingegangen werden.

§ 31. Kulturschädliche Hindernisse und deren Bekämpfung durch die Maßnahmen der Landeskultur.

Überall, wo im Laufe der geschichtlichen Entwicklung als Folge der ersten Austeilung des Landes und des herrschenden Erbrechts die sogenannte Gemengelage (Streulage) der Grundstücke sich ausgebildet hat, kommt eine besondere Wichtigkeit den „Zusammenlegungen", auch als „Verkoppelungen", „Feldbereinigungen", oder „Vereinödungen" bezeichneten Unternehmungen zu. Zweck dieser Unternehmungen ist es, eine bessere Ausnutzung des Grund und Bodens durch Zusammenlegung der im Gemenge liegenden Grundstücke, sowie durch Anlage eines Netzes ausreichender Feldwege behufs Zugänglichmachung jedes einzelnen Grundstücks herbeizuführen; sie erstreben also nachträglich einen solchen Zustand der Feldflur in mehr oder minder vollkommener Weise an, der im Gebiet des Hofsystems, bei dem die Ländereien um den Wirtschaftshof gruppiert liegen, von Anfang ab erreicht war.

Die Nachteile der Gemengelage, äußerlich hervortretend in weitgehender Zerstückelung als Folge von Erbteilung, Verkauf, Schenkung, ferner in der Unzugänglichkeit eines Teils der Feldflur sowie in dem Bestehen zahlreicher, zu ständigen Streitigkeiten Veranlassung gebender Überfahrtsrechte, haben die staatlichen Behörden im Laufe dieses Jahrhunderts in den meisten Staaten Deutschlands eine besonders eifrige Thätigkeit auf diesem Gebiet der Landeskultur entfalten lassen, in Nord- und Mitteldeutschland meist im Anschluß an und in zeitlicher Verbindung mit den Operationen der Gemeinheitsteilung, in den süddeutschen Staaten unabhängig von diesen Gemeinheitsteilungen in besonderem Verfahren. Immerhin entbehren auch heute noch am Ende des Jahrhunderts zahlreiche Gemeinden der Vorteile, die eine Vereinigung der Gemarkung durch Anlage rationeller Feldwege und Schaffung von Grundstücken mit regelmäßigen Formen und entsprechender Größe für die Bewirtschaftung mit sich bringt. Mit Recht wird daher diesen Unternehmungen seitens der mit der Pflege der landwirtschaftlichen Interessen betrauten Behörden ein ganz besonderer Wert beigelegt und mit Unrecht werden diese Unternehmungen seitens der Beteiligten als „kleine Mittel" gekennzeichnet.

Die Versäumnis an Zeit, die mit der Bewirtschaftung einer großen Anzahl räumlich vom Wirtschaftshof weit abgelegener Parzellen verknüpft ist, die Verzettelung der Arbeitskräfte, die sich daraus ergiebt, die Notwendigkeit, für die Bewirtschaftung derselben Flächeneinheit ein höheres Maß menschlicher oder tierischer Arbeitskraft anzuwenden, sollte in den Augen aller Landwirte gerade heutzutage doppelt schwer ins Gewicht fallen, wo wegen des Preisfalls einer Anzahl landwirtschaftlicher Produkte die Verbilligung der Produktionskosten für den wirtschaftlichen Erfolg wesentlich entscheidend ist. Es kommt dazu, daß die Gemengelage in Verbindung mit der Wegelosigkeit zahlreicher Grundstücke einen thatsächlichen Flurzwang schafft, also die Landwirte in der freien Wahl der Kulturpflanzen hindert, so daß insbesondere Kartoffeln, Rüben, Handelsgewächse nicht stets auf den hierzu sich am meisten eignenden, sondern nur auf den gerade zugänglichen Grundstücken angebaut werden können und vielfach selbst der wichtige Kleebau in weiterem Umfange an der Unzugänglichkeit der Grundstücke scheitert. Vielfach hängt die Fortdauer der alten Dreifelderwirtschaft mit reiner Brache mit dem Zustande der Wegelosigkeit wie Wirkung und Ursache zusammen: auf durchgreifende Bodenmeliorationen, namentlich Ent- und Bewässerungen, muß, weil die Anlage eines Grabennetzes die vorherige Ausführung eines Wegenetzes zur Voraussetzung hat, oftmals verzichtet werden. Gemengelage, Wegelosigkeit, weitgehende Grundstücksersplitterung sind deshalb Zustände, die in grellstem Widerspruch mit den Anforderungen der Gegenwart an den landwirtschaftlichen Betrieb und die Betriebsorganisation stehen, indem sie die wirtschaftstechnische Verfügungsfreiheit über den Grund und Boden so gut wie ausschließen. Den durch eine besondere Gesetzgebung, sowie durch Zuwendung staatlicher Geldmittel und länderweise durch Errichtung besonderer Kreditveranstaltungen (Landeskulturrentenbanken) geförderten Feldbereinigungsunternehmungen ist daher ein möglichst rascher Fortgang zu wünschen. Erleichtert wird deren Zustandekommen überall durch Aufstellung des auch auf anderen Gebieten der Landwirtschaftspolitik maßgebenden Majorisierungsgrundsatzes, inhaltlich dessen die Zustimmung nur eines Teils der am Zustandekommen Interessierten den anderen widerstrebenden Teil zur Mitwirkung verpflichtet; ein sehr wichtiger und nicht zu entbehrender Grundsatz, da ohne diesen die meisten Unternehmungen dieser und verwandter Art an der mangelnden Einsicht, Rechthaberei, Befangenheit oder eigensinnigen Opposition einzelner scheitern müßten.

Nicht minder bedeutungsvoll für die Erfolge landwirtschaftlicher Betriebsthätigkeit sind diejenigen Landeskulturmaßnahmen, die auf die bessere Nutzbarmachung des Wassers und seiner befeuchtenden und düngenden Eigenschaften, sowie auf die Fernhaltung seiner schädlichen Wirkungen (Überschwemmung, Versumpfung), also auf die

Hebung der Bodenproduktionskraft selber unmittelbar abzielen. Durch die gesteigerte Anwendung künstlicher Bewässerung auf Wiesen und Futterfeldern wird wegen der Steigerung der Futtererzeugung und Düngerproduktion der ganze Wirtschaftsbetrieb wohlthätig beeinflußt und unabhängiger von dem Gang der Witterung (Futternotjahr 1893!) gestellt. Die Vorteile der Entwässerung durch das Mittel der Drainage zeigen sich in besserer Durchlüftung und Durchwärmung des Bodens in Verbindung mit energischerer Thätigkeit der bodenchemischen Prozesse und Hintanhaltung sauliger Gärung im Boden, in der Erleichterung der Bodenbearbeitung und der Möglichkeit frühzeitigerer Bestellung im Frühjahr, in der besseren Wirksamkeit künstlicher Düngemittel, im Verschwinden von Unkräutern, in der Hintanhaltung häufigen Auffrierens des Bodens, und die Drainage erweist sich deshalb in allen Fällen als eine sehr rentable Anlage. Drainage in Verbindung mit der Anwendung mineralischer Düngemittel vermag selbst ausgesprochene **Moorböden** in den Zustand höchster Erträglichkeit zu versetzen; eine landwirtschaftstechnische Errungenschaft, die bei dem zahlreichen Vorkommen von ausgedehnten Moorflächen in Deutschland von allergrößter Bedeutung ist. In beiden Richtungen ist zwar im Laufe der letzten Jahrzehnte, unterstützt durch eine sachgemäße Ordnung des Wasserrechts und gefördert durch eine besondere Verwaltungsorganisation — Ausbildung und Anstellung besonderer Kulturtechniker auf Staatskosten —, sowie durch Bereitstellung reichlicher Geldmittel, vieles geschehen, aber eine Menge dieser Unternehmungen, die wiederum sehr mit Unrecht zu den „kleinen Mitteln" gezählt werden, harren noch immer ihrer Ausführung. Jedenfalls wäre es unrichtig, angesichts der Sorgsamkeit, mit der überall das Interesse der Landeskultur wahrzunehmen, die einschlagende Gesetzgebung zu verbessern und weiterzubilden und durch besondere Verwaltungsorganisationen und geldliche Zuwendungen jede Art von Landeskulturunternehmen zu fördern gesucht wurde, von einem Versäumnis staatlicherseits zu sprechen. Auch daran darf erinnert werden, daß durch die feinere Ausbildung der **Strombautechnik**, die es ermöglicht, die Hochwässer im Vergleich mit früher gefahrloser abzuführen, sowie durch die zahlreichen staatlichen Aufforstungsmaßnahmen in den Quellengebieten der Flüsse, die ebenfalls unter Aufwendung beträchtlicher Geldmittel seit Jahrzehnten thatkräftiger als früher in die Hand genommen werden, die Landwirtschaft ebenfalls eine wertvolle Förderung ihrer Interessen erfahren hat.

§ 52. Landwirtschaftliche Betriebsfünden.

Zweifellos hat in den letzten Jahrzehnten der Landwirtschaftsbetrieb nach der technischen Seite erhebliche Fortschritte gemacht. Ja in einzelnen Teilen Deutschlands, namentlich da, wo der größere Besitz überwiegt und wo in Verbindung mit dem Landwirtschaftsbetriebe technische Nebengewerbe (Zuckerrübenfabrikation und Branntweinbrennerei) sich ent-

§ 32. Landwirtschaftliche Betriebssünden. 149

wickelt haben, wurde ein Hochstand der Bodenanbautechnik erreicht, wie ihn kaum ein zweites Land — England und Nordamerika nicht ausgenommen — aufweisen dürfte. Dieser Thatsache gegenüber darf aber ebensowenig verschwiegen werden, daß dieses Vorwärtsschreiten zum Bessern und Vollkommneren doch sehr ungleichmäßig in den einzelnen Teilen Deutschlands eingetreten ist, und daß noch immer manche Gegenden unseres Vaterlandes vorhanden sind, in denen insbesondere der mittlere und kleinere Grundbesitzer das Bodeninstrument in einer dem jetzigen Stand der Bodenanbautechnik entsprechenden Weise noch nicht zu handhaben versteht. Noch immer harren da und dort besser konstruierte, arbeitsparende Geräte und Maschinen (Hackmaschinen, Furchenzieher, Häufelpflüge, Grubber, Untergrundhacken, Walzen ꝛc.), ferner Milchcentrifugen und -Separatoren der wünschenswerten Verbreitung, und sind in vielen Gegenden, wiederum namentlich da, wo die bäuerliche Bevölkerung überwiegt, manche die Sicherheit und Menge des Ertrags in besonderem Maße verbürgende Kulturen, wie die Drillkultur, kaum dem Namen nach bekannt. Die Sammlung und Behandlung der tierischen Düngestoffe ist vielerorts in den Landorten noch eine gänzlich primitive und zählt allein der jährliche Verlust an Stickstoff, der infolge sorgloser Behandlung des Düngers unwiderbringlich in die Luft entweicht, nach vielen Millionen; die Bedeutung der mineralischen Beidünger bricht sich zwar mehr und mehr Bahn, doch ist deren Verwendung und zwar abermals zumeist in den bäuerlichen Wirtschaften auch heute noch vielfach eine unzureichende oder wird überhaupt noch nicht hinreichend gewürdigt. Die Reinigung des Saatguts und die Auswahl der schwersten Körner zur Aussaat hat sich noch keineswegs allgemein verbreitet; die Vertilgung der Unkräuter wird noch immer an zahlreichen Orten in der sorglosesten Weise gehandhabt, zum großen Nachteil des Ertrags in Menge und Güte; die Einerntung des Heus und Ohmds findet oft zu spät, nämlich erst dann statt, wenn die Gräser anfangen sich zu verholzen und das Futter hierdurch sowie durch den Samenausfall an Nährwert erheblich eingebüßt hat; die Verabreichung und die Mischung der Futterstoffe geschieht nicht stets in ökonomischer Weise; bei der Einstellung der Zucht- und Nutztiere ist häufig zum Schaden der Nachzucht und der Erträgnisse aus dem Stall die richtige Auswahl zu vermissen; die zum Verkauf bestimmten Erzeugnisse entbehren — wiederum zumeist in den bäuerlichen Wirtschaften — sehr oft der erforderlichen Herrichtung, und das aus den bäuerlichen Wirtschaften stammende Getreide kommt nicht selten in einem denkbar tadelnswerten Zustand der Verunreinigung mit Unkrautsamen und erdigen Bestandteilen auf den Markt. Aus dem Vorhandensein solcher betriebstechnischen Sünden, die im vorstehenden natürlich nur beispielsweise ausgedeutet wurden, erklären sich denn auch die auf den ersten Blick äußerst auffälligen Verschiedenheiten in der Höhe der Bodenerträgnisse, die nicht selten um 50—100 % selbst da differieren, wo die Bodenverhältnisse völlig die gleichen sind, und ebenso die ortsweise Verschiedenheit der Preise, namentlich im Gebiet des Handelsgewächsbaus — Tabak, Hopfen — und des Weinbaus, Verschiedenheiten, die meist auf die Unterschiede in der Qualität der Erzeugnisse zurückzuführen sind, welche Qualitätsunterschiede aber wiederum ganz vorwiegend mit dem verschiedenen Maß von Sorgfalt und Aufmerksamkeit zusammenhängen, die der Aberntung und nachherigen Behandlung des geernteten Produkts zugewendet werden.

Zu den betriebstechnischen Sünden gesellen sich vielerorts betriebsökonomische Fehler und Verirrungen schwerster Art und schleppen sich jahrelang schon deshalb fort, weil es in vielen Wirtschaften, selbst in größeren, an einer ordentlichen Buchführung gebricht, infolgedessen sich die Wirtschafter über die Ertragsverhältnisse der einzelnen Zweige ihrer Wirtschaft selten im klaren sind und über die Gutsreinerträge im ganzen irrige Vorstellungen sich festsetzen, die leider gar nicht selten zu verhängnisvollen Entschlüssen Anlaß geben. Als häufigst vorkommendes Beispiel hierfür mag die Bewilligung unverständig hoher Kauf- und Pachtpreise angeführt sein, wobei auf die früheren Ausführungen (§ 15) zu verweisen ist: in vielen Fällen muß in dem Vorhandensein solcher Überzahlungen der tiefste Grund des Siechtums zahlreicher Wirtschaften erblickt werden. Ebenso sind jüngere, erstmals in die Selbständigkeit eintretende Landwirte häufig über die Größe des zum rationellen Umtriebe eines Landguts bestimmten Umfangs erforderlichen Betriebskapitals gänzlich im unklaren und müssen aus diesem Grunde scheitern. In manchen bäuerlichen Wirtschaften wird das Mißverhältnis zwischen Grund- und Gebäudekapital und die allzu luxuriöse Anlage der Ökonomiegebäulichkeiten, die die laufende Rechnung ungebührlich mit Unterhaltungskosten und sonstigen Ausgaben belasten, die Ursache des geschäftlichen Mißerfolges. In eben diesen Wirtschaften verleitet nicht selten ein falscher Bauernstolz zur Verwendung von Pferden zur Gespannarbeit, wo Ochsengespanne die Arbeit ebenfalls und mit größerem Nutzen für den Besitzer verrichten könnten. Auch diese Beispiele betriebsökonomischer Verirrungen ließen sich leicht namhaft vermehren.

Verschärft werden diese betriebstechnischen und betriebsökonomischen Sünden gegendenweise durch das Festhalten an der alten Dreifelderwirtschaft, d. h. der gewohnheitsmäßigen Verteilung der Früchte auf drei Fluren (Sommerflur, Winterflur, Brachflur). Die im Laufe des Jahrhunderts eingetretene Verbesserung der Dreifelderwirtschaft durch Einbauung der Brachflur mit Hackfrüchten oder Handelspflanzen und die Einschiebung von Kleeschlägen ist nicht ausreichend, weil auch innerhalb dieser sogenannten verbesserten Dreifelderwirtschaft zwei Halmfrüchte aufeinander folgen, wodurch die richtige Ausnützung der bodenchemischen Bestandteile der Ackerkrume gehindert, die Verunkrautung der Felder außerordentlich gefördert wird. Der Übergang zu einer Fruchtwechselwirt=

schaft mit einer größeren Anzahl von Schlägen stößt aber, namentlich im Bereich der bäuerlichen Wirte, immer noch auf große Hindernisse.

In einer Zeit, in der man die sogenannten „kleinen Mittel" zur Hebung der Landwirtschaft so vielfach geringschätzig zu beurteilen geneigt ist, und wo daher die Gefahr besteht, daß diese „kleinen Mittel" bei den Beteiligten etwas in Mißkredit geraten, erscheint es sicherlich nicht überflüssig, an das Vorhandensein zahlreicher Betriebssünden und daran zu erinnern, wie sehr deren Fortbestehen teils die Erträgnisse des Bodens und des Stalls, teils das Konto der Wirtschaftsausgaben ungünstig beeinflußt; und erscheint daher auch die Mahnung keineswegs überflüssig, daß unsere Landwirte über den großen Fragen der Wirtschaftspolitik diese nächstliegende Seite der landwirtschaftlichen Betriebsführung nicht aus dem Auge verlieren möchten. Wenn ein Verharren in unvollkommenen Betriebsweisen bei völlig schuldenfreiem oder mäßig belastetem Besitz zuglich ohne Schaden für den Besitzer ertragen werden kann, so ist es doch gewiß unbestreitbar, daß dieses Verharren sich überall bitter rächen muß, wo der Besitz ein verschuldeter ist und wo zu der Verschuldung noch sonstige ungünstige Konjunkturen, wie Fallen der Preise, Steigen der Löhne und anderer Wirtschaftsausgaben, sich hinzugesellen. Sind solche Betriebssünden, wie angedeutet, zumeist noch beim bäuerlichen Besitz anzutreffen, auf dessen Inhaber daher die Maßnahmen der technischen Landwirtschaftspflege vorzugsweise zuzuschneiden sind, so sind sie doch auch in größeren Wirtschaften keineswegs vereinzelt, weil es eben auch manchen Leitern größerer Güter an der erforderlichen fachlichen Ausbildung und betriebsökonomischen Erfahrung gebricht.

§ 33. Bildungsmittel des Landwirts und sonstige Förderungsmittel der landwirtschaftlichen Produktion.

Die im vorigen Paragraphen angestellten Betrachtungen ergaben, daß auf betriebstechnischem und betriebsökonomischem Gebiet trotz aller in diesem Jahrhundert vollzogenen Fortschritte ein weiteres Vorwärtsschreiten möglich und daß dieses Vorwärtsschreiten gerade unter den heutigen, so sehr viel schwieriger gewordenen Verhältnissen eine besonders dringliche Notwendigkeit geworden ist. Dieses weitere Vorwärtsschreiten zu ermöglichen, ist eine der dankenswertesten Aufgaben der Regierungen und der mit der Pflege der landwirtschaftlichen Interessen betrauten besonderen Organe; und die Landwirtschaftspflege, die diesem Teil der landwirtschaftlichen Staatsaufgaben dient, und die Art und Weise ihrer Ausübung werden daher gerade in der Gegenwart von besonderer Wichtigkeit.

In der älteren Zeit war es die ordnende Thätigkeit der Gemeinde als Wirtschaftsverband, die die Art der landwirtschaftlichen Betriebsführung bis ins einzelne hinein regelte und auf diese Weise alle in der

Gemarkung Angesessenen zwang, der in Übung bestehenden und durch Feldbauvorschriften genau umschriebenen Feldordnung sich einzufügen. Solche Zwangsvorschriften (über die Art des Feldbaues, über die Statthaftigkeit bestimmter Kulturen, über Art und Umfang der landwirtschaftlichen Tierhaltung ꝛc.) sind bis auf wenige Reste, die sich in sog. Herbstordnungen über den Beginn und die Art der Weinlese erhalten haben, verschwunden und der Aufgabenkreis der Gemeinden hat sich auf Erlassung feldpolizeilicher Vorschriften eingeschränkt, die die Aufrechterhaltung der Ordnung und Sicherheit in der Feldgemarkung zum Gegenstand haben, insbesondere also die Ausübung der Feldwirtschaft und die auf dem freien Feld stehenden Erzeugnisse gegen solche Störungen und Beschädigungen schützen sollen, die durch Menschenhand, durch Haus- und andere Tiere, insbesondere auch durch sog. Pflanzenschädlinge hervorgerufen werden können. Noch weniger als die Gemeinde selber hält sich der Staat als solcher heutzutage berufen, „dekretierend" und „reglementierend" in die Einzelheiten der Wirtschaftsführung einzugreifen; allerdings sehr im Gegensatz zu dem Polizeistaat der vergangenen Jahrhunderte, der zur Anbahnung vermeintlicher oder wirklicher Betriebsfortschritte auch die Mittel des staatlichen Zwangs nicht scheute, beispielsweise die Einführung neuer Kulturpflanzen (Klee, Tabak, Kartoffeln) mit Polizeigeboten verordnete, Zahl und Art der zu pflanzenden Obstbäume festsetzte ꝛc., alles in der Absicht, die „Unterthanen", wenn es nicht anders ging, auch mit Gewalt glücklich zu machen. Heutzutage würde eine solche bevormundende Thätigkeit des Staats von der ländlichen Bevölkerung als unerträglich empfunden und zurückgewiesen werden; und die moderne Staatsfürsorge, soweit sie Fortschritte der Bodenkultur anstrebt, beschränkt sich daher darauf, dieses Ziel der Regel nach durch Darbietung von der freien Benützung offenstehenden förderlichen Veranstaltungen sowie durch die Mittel der Belehrung und Aufmunterung zu erreichen.

Eine auch nur annähernd erschöpfende Aufzählung oder gar Darstellung der überaus zahlreichen, in das Gebiet der Landwirtschaftspflege fallenden Veranstaltungen und Maßnahmen soll in diesem Zusammenhang nicht gegeben werden. Doch mag daran erinnert sein, wie überall in Deutschland seit Mitte des Jahrhunderts unter Führung des großen Chemikers Liebig das landwirtschaftliche Versuchswesen aufblühte, durch die Ergebnisse seiner Thätigkeit die landwirtschaftliche Betriebsthätigkeit in tiefgehender Weise beeinflussend; wie das landwirtschaftliche Unterrichtswesen eine wachsend feine und den Besitzverhältnissen der Landwirte entsprechende Ausbildung und Gliederung erfuhr (landwirtschaftliche Fachschulen, Gutsakademien, theoretische und praktische Ackerbauschulen, Winter- und landwirtschaftliche Fortbildungsschulen, Fachschulen für Obst-, Garten-, Gemüse-, Weinbau, Molkereiwesen, Haushaltungsschulen für weibliche Angehörige der landwirtschaftlichen Bevölferung): wie ferner im Anschluß an diese Unterrichtsanstalten auch eine landwirtschaftliche Wanderlehrthätigkeit organisiert wurde. Alles Veranstaltungen, die in Verbindung mit der belehrenden Thätigkeit der landwirtschaftlichen Vereine und landwirtschaftlichen Fachblätter es ermöglichten, das Wissenswerte aus dem Gebiet der Betriebstechnik und Betriebsökonomie der ländlichen Bevölkerung jederzeit sofort und in gemeinverständlicher Form zugänglich zu machen. In wirksamster Weise findet diese belehrende Wirksamkeit eine Unterstützung durch ein ausgebildetes System von Prämiierungen für Einzel- und Kollektivleistungen, meist im Anschluß an Ausstellungen, sowohl auf dem Gebiet der Pflanzen-, als auch und besonders auf dem der Tierproduktion, und wird gerade der Vervollkommnung der letzteren in allen ihren Zweigen durch zahlreiche weitere Veranstaltungen: Erlassung von Körordnungen, Aufstellung von edlen männlichen Zuchttieren auf Staatskosten oder doch Gewährung von staatlichen Zuschüssen zur Anschaffung solcher, Errichtung von Aufzuchtstationen für junge Tiere, Förderung von Zuchtgenossenschaften und vieles andere in thatkräftigster Weise Vorschub geleistet. Den sprechendsten Ausdruck für die landwirtschaftliche Staatsfürsorge auf allen Gebieten landwirtschaftlicher Erzeugung einschließlich der landwirtschaftlichen Nebengewerbe bieten die landwirtschaftlichen Budgets, deren Anforderungen selbst in deutschen Staaten kleineren und mittleren Umfangs jährlich auf Summen sich belaufen, die einen erheblichen Bruchteil der von der ländlichen Bevölkerung aufgebrachten Steuern darstellen.

In hohem Maße wäre zu bedauern, wenn unter der Einwirkung einer Bewegung, die auf weitaussehende große gesetzgeberische Aktionen abzielt, die Aufmerksamkeit der ländlichen Bevölkerung von den vorstehend besprochenen nützlichen Veranstaltungen und Einrichtungen abgelenkt werden sollte. Dieser Gefahr einer Ablenkung der ländlichen Bevölkerung von den Wegen einer langsam, aber sicher erfolgenden Aufwärtsbewegung durch die Mittel des betriebstechnischen Fortschritts wird jedenfalls am sichersten und erfolgreichsten begegnet werden, wenn — unbekümmert um die abfälligen Urteile über die Erfolglosigkeit der sog. „kleinen Mittel" — die Regierungen der ihnen auf landwirtschaftspflegerischem Gebiet gewiesenen hochwichtigen Aufgabe der Aufklärung, Belehrung und Unterrichtung mit verdoppelter Sorgsamkeit nachkommen und wenn auf diese Weise die Früchte solchen pfleglichen Waltens überall in augenfälliger Weise in die Erscheinung treten. Wäre in den Kreisen der Landbevölkerung die Erinnerung an Vergangenes lebendiger, als sie es vielfach ist, so würde sie leicht zu dem Ergebnis gelangen, daß kaum in einem der hinter uns liegenden Zeitabschnitte eine so eingehende, weitverzweigte, auch an den kleinsten Erscheinungen des ländlichen Berufslebens nicht achtlos vorübergehende fürsorgende Thätigkeit auf landwirtschaftlichem Gebiet Platz gegriffen hat als gerade in der Gegenwart. Möge daher unsere ländliche Bevölkerung gegenüber den Wortführern der agrarischen Bewegung ihren nüchternen Sinn sich bewahren; sich nicht dazu verleiten lassen, in der Jagd nach schimmernden Zukunftsbildern die nächstliegenden Aufgaben zu vernachlässigen; niemals vergessen, daß der Verkaufspreis der landwirtschaftlichen Produkte zwar ein wichtiges, aber keineswegs das einzig ausschlaggebende Element für den geschäftlichen Erfolg ist, und sich immer gegenwärtig halten, daß sich die deutsche und europäische Landwirtschaft in einem Übergangsstadium befindet, zu dessen Überwindung agrarpolitische Maßnahmen großen Stils allein nicht ausreichen, wenn sich nicht zugleich die Technik des Landwirtschaftsbetrieb den veränderten und in unaufhaltsamem Fluß begriffenen Verhältnissen des Marktes nach Möglichkeit anpaßt. Zu den Mitteln, diesen Anpassungsprozeß — gerade auch im Kreis der bäuerlichen Bevölkerung — herbeizuführen, zählen aber in ganz hervorragendem Maße diejenigen, deren dieses Kapitel Erwähnung that; und nichts wäre verhängnisvoller, als wenn unter dem bestechenden Einfluß verheißungsvoll scheinender, aber bei näherem Zusehen schwer realisierbarer Programmpunkte die ländliche Bevölkerung sich abseits der Wege stellen wollte, die eine Gesundung der landwirtschaftlichen Verhältnisse zunächst von innen heraus, d. h. im Bereich der eigenen Wirtschaft selber mit den Mitteln der mit Staatshilfe gepaarten Selbsthilfe anstreben.

Fünftes Kapitel.

Ausgaben und Lasten des landwirtschaftlichen Betriebs; Arbeitslöhne, Unfall- und Versicherungslasten, sowie öffentliche Abgaben insbesondere.

§ 54. Abhängigkeit der Ausgaben und Lasten des landwirtschaftlichen Betriebs von der wirtschaftsgeschichtlichen Entwicklung im allgemeinen; sinkende Tendenz einer Anzahl Ausgaben des landwirtschaftlichen Betriebs in der Gegenwart.

Es zählt zu den im allgemeinen unbestrittensten Sätzen, daß im Laufe der Zeit die Ausgaben und Lasten des landwirtschaftlichen Betriebs „unaufhaltsam" gestiegen sind, und daß gerade dieses in der Regel dem Einfluß des Wirts entzogene Wachsen des Ausgabenkontos der durch andere ungünstige Verhältnisse (Sinken einer Anzahl Produktenpreise) geschaffenen schwierigen Lage der landwirtschaftlichen Unternehmertätigkeit ihre eigentliche Schärfe erst gegeben habe. Insbesondere wird auf das Steigen der Gesinde- und sonstigen Arbeitslöhne, auf die zahlreichen, von Jahrzehnt zu Jahrzehnt steigenden Versicherungsverpflichtungen und nicht minder auf den wachsenden Druck der öffentlichen Abgaben (Staatssteuern und Gemeindeumlagen) verwiesen. Diese Darstellungsweise ist zwar im allgemeinen richtig, leidet aber an einer für den Kenner der Verhältnisse offensichtlichen Einseitigkeit. Denn um den Einfluß der Ausgaben und Lasten des landwirtschaftlichen Betriebs auf die Ergebnisse der Unternehmertätigkeit vollkommen und in einer von fehlerhaften Schlüssen freien Weise würdigen zu können, darf man nicht nur einen Teil dieser Ausgaben und Lasten herausgreifen, sondern muß sie in ihrer Gesamtheit betrachten; wobei unzweifelhaft sich ergiebt, daß in wesentlichen Beziehungen manche und zwar wichtige Ausgaben und Lasten, mit denen früher der landwirtschaftliche Betrieb zu rechnen hatte, als Folge einerseits der allgemeinen kulturellen Entwicklung, andererseits besonderer agrarpolitischer Maßnahmen und Einrichtungen nicht gestiegen sind, sondern sich vermindert haben.

Richtig ist, um obige Sätze nur an einzelnen Beispielen zu erhärten, daß heute die Geldlöhne für die in der Landwirtschaft thätigen Arbeitskräfte im Vergleich z. B. mit dem Anfang oder selbst der Mitte des Jahrhunderts um vielleicht nahezu das Doppelte bis Dreifache größer sind, aber ebenso richtig, daß dieses Steigen in sehr vielen Wirtschaften, zu einem Teil wenigstens, nur ein scheinbares ist, weil, wie in der Industrie, so auch in der Landwirtschaft, durch die Einführung von Maschinenarbeit zahlreiche Arbeitskräfte entbehrlich wurden. Dies trifft namentlich für den landwirtschaftlichen Großbetrieb zu, der in der Gegenwart in einem Umfange arbeitsparende Maschinen — beim Pflügen, Ernten, Dreschen, Gräbenziehen ꝛc. — anwenden kann, wie es noch vor einem Menschenalter, wegen der ungenügenden Entwicklung einer landwirtschaftlichen Maschinenindustrie und der hohen Preise guter Maschinen, undenkbar gewesen wäre. Ferner sind überall da, wo Feldbereinigungen der Gemarkungen ohne oder in Verbindung mit Gemeinheitsteilungen vorgenommen, d. h. die Gemengelage der Grundstücke beseitigt oder doch verringert, der Einzelbesitz mehr arrondiert, die Zufahrt zu den Einzelgrundstücken verkürzt oder erleichtert worden ist, ebenfalls wesentliche Arbeitsersparnisse, und zwar sowohl an menschlichen Arbeitskräften wie an Gespanntieren, die Folge dieser Kulturunternehmungen gewesen. Ist doch die nutzlose Verzettelung von Arbeits- und tierischen Zugkräften das hervorstechendste Merkmal jener von starker Parzellenzersplitterung und Wegelosigkeit begleiteten Flurverfassung, die man als Gemengelage bezeichnet (siehe § 31), wie denn über die günstigen Rückwirkungen zweckmäßig durchgeführter Unternehmungen dieser Art gerade auch nach der Seite der Arbeitskostenersparnis hin eine Menge beweiskräftigster Zahlenbelege vorliegen.

Unter den Kosten des landwirtschaftlichen Betriebs spielen, neben denjenigen für menschliche und tierische Arbeitskräfte für Bestellung und Ernte, die Kosten für Anschaffung von Futter- und künstlichen Düngemitteln eine erhebliche Rolle. Der Zukauf von künstlichen Futtermitteln ist zwar heutzutage fast nirgends ganz zu entbehren, in den Milch- und Mastwirtschaften aber jedenfalls ein Ausgabeposten von erheblicher Bedeutung. Nun sind die meisten dieser künstlichen Futtermittel im Vergleich mit der Zeit vor 20 oder 30 Jahren ganz namhaft billiger geworden, was mit der Entwicklung und Ausdehnung bestimmter Industrien zusammenhängt, die Rückstände liefern, die anders als zur Verfütterung nicht oder nur schwer zu verwerten sind (beispielsweise seien genannt die Rübenschnitzel der Zuckerindustrie, ferner die Abfälle in Brauereien, Brennereien, Kartoffelstärkefabriken und nicht in letzter Linie die Rückstände der ausländische Ölsämereien verarbeitenden Ölindustrie), wozu noch die Möglichkeit des billigen Bezugs wertvoller anderweiter Futtermittel aus dem Auslande (Reismehl ꝛc.) kommt. Es leuchtet ein, wie sehr infolge des Heruntergehens der Preise dieser künstlichen Futtermittel die Erzeugungskosten von Fleisch und Milch in günstiger Weise beeinflußt worden sind. Etwas Ähn-

§ 34. Sinkende Tendenz mancher Betriebsausgaben ꝛc.

liches trifft für die künstlichen Düngemittel zu; auch hier hat der wachsende Wettbewerb einer aufblühenden, diese Düngemittel herstellenden Industrie eine solche Verbilligung zur Folge gehabt, daß auch die kleinsten und betriebskapitalschwächsten Wirte den Ankauf derselben heutzutage nicht zu scheuen brauchen. An die Stelle der teuren Guanodünger sind mehr und mehr die heimischen Phosphatdünger getreten: in dem Thomasmehl hat sich eine besonders wohlfeile Phosphorsäure-, in den Abraumsalzen der mitteldeutschen Steinsalzwerke eine ebenso wohlfeile Kalidüngerquelle erschlossen. In den Superphosphaten ist der Preis der wasserlöslichen Phosphorsäure in den letzten 20—25 Jahren um etwa 23 %, in den Ammoniaksalzen der Preis des Stickstoffs um etwa 34 % billiger geworden. Wenn nun heutzutage eine Wirtschaft mit demselben Aufwande eine wesentlich größere Menge Kunstdünger verwenden kann, als noch vor wenigen Jahrzehnten möglich war, und wenn die Wirkung dieser vermehrten Kunstdüngerverwendung auf Ackerfeld und Wiesen in der Steigerung der Roh- und Reinerträgnisse zu Tage tritt, so hat man es auch hier in letzter Linie mit einer dem allgemeinen Fortschritt in Wissenschaft und Technik zu verdankenden produktionskostenmindernden Wirkung von nicht ganz geringer Bedeutung zu thun.

Einen besonders tiefgehenden und nachhaltigen Einfluß im Sinne der Herabminderung der Produktionskosten hat die Ausbreitung des Genossenschaftswesens geübt, insbesondere in der Form der landwirtschaftlichen Einkaufsgenossenschaften (Konsumvereine). Die Spesen des Zwischenhandels werden für den seine Bedarfsartikel (Kraftfuttermittel, Düngemittel, Sämereien, Maschinengeräte ꝛc.) durch Vermittelung der Genossenschaft beziehenden Landwirt erspart und zu dem Vorteile, zu Engrospreisen zu beziehen, gesellt sich der weitere des Bezugs unter Garantie guter Beschaffenheit. Dieser letztere Punkt ist von besonders großer Bedeutung, da bei den meisten der in Betracht kommenden Artikel und namentlich bei Sämereien Verunreinigungen und Fälschungen in Menge vorkommen, für den Käufer aber schwer erkennbar sind, vielmehr erst nach erfolgter Ingebrauchnahme, d. h. dann, wenn Schadensersatzansprüche nicht mehr möglich sind, zu Tage treten. Welche Summen mit der Vervielfältigung des Netzes der Einkaufsgenossenschaften direkt und indirekt den landwirtschaftlichen Unternehmern Jahr für Jahr erspart werden, entzieht sich jeder Berechnung, aber daß die auf diesem Wege mögliche Entlastung des Ausgabekontos eine beträchtliche ist und manche Ausgabesteigerung auf anderen Gebieten aufwiegt, kann nicht wohl bezweifelt werden.

Einen nicht unwesentlichen Teil der Erzeugungskosten im weiteren Sinne bilden jene Kosten, die durch die Zuführung der Produkte zur Marktstätte bezw. zum letzten Konsumtionsort entstehen, da auch diese Kosten dem Produzenten zur Last bleiben. Je mangelhafterem Zustande die Straßen sich befinden, je ungünstiger die Gefällverhältnisse sind, desto größere Arbeitsleistungen sind zur Überwindung der Entfernungen und Höhendifferenzen durch die Gespanntiere aufzuwenden, desto rascher werden sie aufgebraucht, desto länger den sonstigen Arbeiten und Nutzwecken entzogen, desto höher also sind die das Wirtschaftskonto belastenden Ausgaben. Beachtet man dies, so läßt sich leicht auch ohne zahlenmäßige Feststellung ermessen, wie sehr die in den letzten 50 Jahren mit einem Aufwande von ungezählten Millionen Mark erfolgte Verbesserung der Land-, Provinzial- und Gemeindestraßen produktionskostenmindernd, direkt durch Ersparnis von Fuhrlöhnen, indirekt durch größere Schonung der Gespanntiere, gewirkt hat. In noch stärkerem Verhältnis mußte diese Minderung des Ausgabekontos der Einzelwirtschaften für die Abführung der Produkte zur Marktstätte Platz greifen, als zu der planmäßigen Verbesserung des Wegenetzes das neue Kommunikationsmittel der Eisenschienenwege hinzutrat und eine Verbilligung der Frachten brachte, die die Entfernungen im Raume auf einen kleinen Bruchteil der Landstraßenentfernungen herabminderte, damit aber den Absatzkreis der landwirtschaftlichen Produktion außerordentlich erweiterte, ja für gewisse weitere Entfernungen überhaupt erst möglich machte. Die zunehmende Verbesserung der Schiffahrtswege (in Form von Flußkorrektionen und Kanalanlagen) hat in ähnlicher Weise frachtenmindernd gewirkt. Wie fühlbar für die Rente eines Gutsbetriebs die Beschaffenheit der zur Verfügung stehenden Kommunikationsmittel in die Wagschale fällt, mag aus folgenden Zahlenangaben ersehen werden, die zeigen, bei welchen Entfernungen des Transports auf gewöhnlichen und auf Kunststraßen der Wert der Ware durch die Höhe der Transportkosten aufgesogen wird.

Die Ware verliert (nach Settegast) ihren gesamten Wert bei einem Transport von Meilen:

	Angenommener Wert pro Zentner Mk.	Auf gewöhnlichen Landstraßen	Auf Kunststraßen
Grünfutter .	0,50	2,67	4
Zuckerrüben	1,—	6,67	10
Kartoffeln	1,50	10,—	15
Heu .	2,—	13,34	20
Milch	4,—	27,34	40
Roggen, Gerste, Hafer	7,50	50,—	75
Weizen	10,	66,67	100

Kommt diesen Zahlen, weil auf mittleren Annahmen beruhend, nur Anspruch auf relative Richtigkeit zu, so lassen sie doch die Wichtigkeit der Beschaffenheit der Verbindungswege zwischen Produktionsstätte und Absatzort sehr deutlich erkennen. Produkte wie Kartoffeln, die im Verhältnis zum Volumen nur einen geringen Wert haben, Erzeugnisse wie

§ 34. Sinkende Tendenz einer Anzahl Ausgaben des landw. Betriebs ꝛc.

Milch, die ihrer Beschaffenheit nach einen zeitraubenden Transport überhaupt nicht ertragen, sind auf größere Entfernungen hin überhaupt erst mit der Errichtung der Schienenwege transportfähig geworden; ähnliches gilt von Heu und Obst. Eine bessere Ausnützung der Marktkonjunktur hat sich an diese Emanzipation des Guts von der nächstgelegenen Marktstätte unmittelbar angeschlossen. Alles Vorteile erheblicher Art, die manchen Verschlimmerungen gegenüber, die die Gegenwart im Vergleich mit früher gebracht hat, nicht unbeachtet bleiben dürfen. Jede Ermäßigung der Eisenbahnfrachttarife steigert die produktionskostenmindernde Wirkung der Schienenwege: solche Ermäßigungen sind namentlich im Interesse erleichterten Bezugs gewisser landwirtschaftlicher Bedarfsartikel, wie Kunstdünger, Kraftfuttermittel ꝛc., wertvoll und werden mit Recht angestrebt. Frachtermäßigungen für Verkaufsprodukte wirken absatzerweiternd und haben deshalb für Gegenden, die nach der Art ihrer Produktion und der Lage zum Markt auf eine Versendung auf weitere Strecken angewiesen sind, besondere Bedeutung. Aber eben wegen dieser absatzerweiternden Wirkung greifen sie leicht in bestehende Absatzverhältnisse empfindlich ein und rufen dann landwirtschaftliche Interessenkonflikte hervor, wie sie aus Anlaß der Einführung der sog. Staffeltarife in stürmischer Weise zu Tage getreten sind (vergl. auch S. 34).

Weiterhin ist daran zu erinnern, daß in verschuldeten Wirtschaften die Größe der Zinsverpflichtungen für die Höhe des Ausgabekontos sehr wesentlich ins Gewicht fällt. Das seit den siebziger Jahren wahrnehmbare beständige Heruntergehen des Zinsfußes für hypothekarische und Personalkreditdarlehen von ehemals 5 auf 4 und weniger Prozent hat das landwirtschaftliche Budget sehr erheblich entlastet; am raschesten und wirksamsten da, wo zweckentsprechende Kreditorganisationen dem ländlichen Grundbesitz zur Verfügung standen. Auch die auf diesem Weg ersparten Summen sind keineswegs unbeträchtlich.

Die Größe der zur Herstellung eines Produktes anzuwendenden Kosten ist nicht in letzter Linie auch durch die geschäftliche Organisation des Betriebs selber bedingt, also durch die planmäßige und sinnvolle Verknüpfung der zur Bewältigung der Produktionsarbeit nötigen Einzelverrichtungen, sowie durch Inhalt und Richtung der geschäftlichen Dispositionen in den Einzelstadien der Produktion; und weiter bedingt durch die ökonomisch richtige Ausnützung und Verwertung aller bei der Produktion zur Verwendung kommenden Roh- und Hilfsstoffe, Geräte und Einrichtungen. Das Geheimnis, daß unsere Großindustrie, ungeachtet der Tendenz steigender Löhne und sinkender Preise, im allgemeinen ein blühendes Aufsteigen aufweist, ist zu einem erheblichen Teil jedenfalls auch darauf zurückzuführen, daß hier die sorgfältigste Disposition über die menschlichen und maschinellen Arbeitskräfte mit der denkbar peinlichsten Ausnützung der Roh- und Hilfsstoffe Hand in Hand geht und daß auch die unscheinbarsten Abfallstoffe nutzbringender Verwendung entgegengeführt werden. Daß in diesen Hinsichten die technische Organisation des Betriebes im Bereich der Landwirtschaft vielfach noch immer eine gewisse Rückständigkeit aufweist, kann nach allem, was die landwirtschaftlichen Erhebungen der achtziger Jahre aufgedeckt haben und was Vertreter des landwirtschaftlichen Berufs selber jahraus jahrein ihren Fachgenossen predigen, kaum bezweifelt werden. Das klassische Werk von Settegast über die Landwirtschaft und ihren Betrieb und andere Werke ähnlichen Inhalts bringen hierfür, sowohl was die Disposition über die Arbeit im Produktionsbetrieb, als was die Art der Verwertung und Ausnützung der Futterstoffe, ferner der natürlich produzierten Düngemittel und der Abfallstoffe anlangt, eine Anzahl der sprechendsten Belege. Daß, um nur eines anzuführen, trotz der Stickstoffarmut der meisten Böden ein erheblicher Teil des im natürlichen Dünger enthaltenen Stickstoffs in so vielen Wirtschaften durch fehlerhafte Behandlung des Düngers im Stall und auf der Dungstätte immer noch in die Atmosphäre entweicht und daß infolgedessen der Wirtschafter genötigt ist, das auf diesem Weg Verlorene mit erheblichem Aufwand durch Zukauf künstlicher Stickstoffdünger zu ersetzen; daß, ungeachtet des Vorgangs von Schultz-Lupitz und seiner glänzenden Produktions-Erfolge, die Gründüngung mit dem Ziel: den unerschöpflichen Stickstoffvorrat der Atmosphäre durch Anbau bestimmter Pflanzen mit billigstem Aufwand dem Ackerland zuzuführen, verhältnismäßig noch wenig Verbreitung gefunden hat, ja in vielen Gegenden gänzlich unbekannt ist, sind nur einzelne, aber für Beleuchtung des Gesagten immerhin beachtenswerte Beispiele. Jedenfalls mag das in diesem Paragraphen Angeführte genügen, um darzuthun, einmal, daß in der Gegenwart nicht bloß produktionskostenmehrende, sondern doch auch einzelne produktionskostenmindernde Tendenzen wirksam sind, und zweitens, daß der landwirtschaftliche Unternehmer manche Mittel und Wege besitzt, um die ungünstigen Wirkungen der erstbezeichneten Art durch entsprechende geschäftliche Organisation des Betriebs zu mildern und abzuschwächen.

Unter den regelmäßigen Ausgaben und Lasten des landwirtschaftlichen Betriebs sind es namentlich die Löhne für das Gesinde und die Tagelöhner, ferner die Ausgaben und Lasten, die mit schädigenden Ereignissen im Zusammenhang stehen, endlich die öffentlichen Abgaben, welche das Ausgabekonto jedes landwirtschaftlichen Betriebs in erheblichster Weise beeinflussen. Es ist daher einer näheren Untersuchung bedürftig, ob und in welchen Beziehungen die Gegenwart im Vergleich mit der Vergangenheit eine Steigerung oder eine Minderung dieser Ausgaben und Lasten gebracht hat und welche Folgerungen aus den festgestellten Thatsachen sich ergeben.

§ 35. Die Arbeit im landwirtschaftlichen Betriebe; Zusammenhang der Agrarverfassung mit dem Arbeitsangebot und der Lohnhöhe; Maßnahmen zur Besserung der Arbeiterverhältnisse; Landpolitik und Wohlfahrtseinrichtungen insbesondere.

Das ganze Mittelalter hindurch bis in den Anfang dieses Jahrhunderts war die ländliche Arbeitsverfassung durch das Merkmal der Unfreiheit gekennzeichnet, d. h. es beruhte der landwirtschaftliche Großbetrieb auf dem Arbeitszwang der der Herrschaft der Vornehmen unterworfenen Bewohner des flachen Landes (Hand- und Spannfrohnden der einem Grundherrlichkeitsverband angehörigen Bauern und Gesindezwang der Söhne und Töchter der Bauernfamilien, siehe § 3). Und weil mit der Vergrößerung des Herrenlandes eine Steigerung des Produktionskostenaufwandes infolge der im wesentlichen kostenlos zur Verfügung stehenden unfreien Arbeitskräfte nicht verknüpft ist, so steht die unfreie Arbeitsverfassung der älteren Zeit und das Streben nach steter Vergrößerung des Herrenlandes mittelst Ankaufs oder Einziehens („Legens") von Bauernland in einem gewissen ursächlichen Zusammenhang. Rechtlich gewährleistet war diese unfreie Arbeitsverfassung durch die gesetzlichen Erschwerungen der Abzugsfreiheit (Schollenpflichtigkeit!), thatsächlich durch den mangelhaften Zustand der Kommunikationsmittel, ferner durch die infolge der städtischen Zunftverfassung bedingte Schwierigkeit der Übersiedlung in die Städte und der Ergreifung anderer (handwerksmäßiger) Berufsarten.

Infolge der umwälzenden Gesetzgebung dieses Jahrhunderts, die mit der Lösung des Bauernstandes aus den Fesseln des Grundherrlichkeitsverbandes einsetzte und in der Verwirklichung der Freizügigkeit und der Niederlassungsfreiheit ausmündete, ist in der Gegenwart jedem Staatsangehörigen die freie Verwertung seiner Arbeitskraft an dem nach freiem Belieben gewählten Ort verbürgt und das Verhältnis des Arbeitgebers zum Arbeiter in ein freies Vertragsverhältnis umgewandelt worden. Dies hat für den landwirtschaftlichen Arbeitgeber zweierlei Wirkungen im Gefolge. Die Auslöhnung der im freien Wettbewerb sich anbietenden und einzustellenden Arbeitskräfte bildet von nun an einen wesentlichen Bestandteil der Produktionskosten des landwirtschaftlichen Betriebs; und weil die ländlichen Arbeiter beliebig in andere Gegenden abströmen oder andere als landwirtschaftliche Berufsarbeiten ergreifen können, so ist seither mit der Möglichkeit des Anziehens der ländlichen Arbeitslöhne als Folge des geringeren Arbeitsangebots, ja selbst mit der Möglichkeit zeitweisen Arbeitermangels auf dem flachen Lande zu rechnen. Und daß in den letzten Decennien diese Möglichkeit in Wirklichkeit sich umsetzte, daß dieses Anziehen der Arbeiterlöhne und der ortsweise zu Tage tretende Arbeitermangel mit dem Sinken der Preise einer Anzahl Produkte zeitlich zusammenfiel, hat der durch diesen Preissturz verursachten „Krisis" im landwirtschaftlichen Gewerbe ihre besondere Schärfe gegeben. Von diesen Rückwirkungen einer freien Arbeiterverfassung im Gebiet des landwirtschaftlichen Großbetriebs blieben auch die mittleren und kleineren bäuerlichen Betriebe nicht unberührt; doch war die Wirkung hier eine minder tiefeinschneidende, weil in diesen bäuerlichen Wirtschaften die Mitarbeit der eigenen Familienangehörigen eine so wesentliche Rolle spielt. Je kleiner die Wirtschaftsbetriebe, um so mehr tritt die Arbeit als Produktionskostenfaktor und die Abhängigkeit der Wirtschaft vom Arbeitsmarkt in ihrer Beeinflussung des Wirtschaftsergebnisses zurück; und es erklärt sich daraus, daß so viele kleinbäuerliche Wirtschaften, ungeachtet technischer Mängel des Betriebs, besser gedeihen als größere Betriebe, und daß in dem Maße, als die Verhältnisse des Arbeitsmarktes schwieriger werden, die Tendenz zur Verkleinerung der Wirtschaftseinheiten immer schärfer hervortritt. Man darf insbesondere annehmen, daß die Geneigtheit zahlreicher Großgrundbesitzer des deutschen Nordostens, eines Teils ihres Grundeigentums behufs Errichtung von Rentengütern (§ 18) sich zu entäußern, nicht bloß mit der ökonomisch mißlichen Lage dieser Besitzer an sich, sondern auch zu einem sehr wesentlichen Teil mit den gerade in jenem Teil Deutschlands besonders schwierigen Verhältnissen des ländlichen Arbeitsmarktes im Zusammenhange steht. Und ebenso ist die in den letzten Jahrzehnten in den Waldgebieten des südlichen Deutschlands (ähnlich in Österreich!) zu Tage getretene umfangreiche Abstoßung bäuerlicher Besitzungen unzweifelhaft in ganz vornehmlicher Weise durch den Arbeitermangel veranlaßt, an dem diese Waldhöfe mehr noch wie die Wirtschaften anderer, milderer Gegenden leiden. Die Arbeiter- und Gesindenot auf dem flachen Lande wird dadurch zu einer Erscheinung von allgemein wirtschaftlicher und sozialer Bedeutung; und es fragt sich, was geschehen kann, um in diesen Verhältnissen allmählich wieder eine Besserung herbeizuführen.

Die Ursachen der Erscheinung aber, daß ungeachtet der seit Decennien zu beobachtenden Steigerung der Löhne auf dem flachen Lande so sehr ein Mangel an zuverlässigen, tüchtigen Arbeitskräften sich geltend macht, sind fast überall die gleichen: Es ist die körperlich minder anstrengende Beschäftigung in den Fabriken oder im städtischen Gesindedienst, die ungebundenere Lebensweise daselbst und der Reiz, den das städtische Leben und seine der Unterhaltung dienenden Anstalten ausüben, was immer von neuem alljährlich Tausende von jungen Leuten beiderlei Geschlechts der Arbeit in der Landwirtschaft entfremdet. Im Zusammenhang damit steht der leidige häufige Wechsel im Gesinde- und Halbgesindedienst, zumal beim Mangel an zum Gesindedienst tauglichen Personen der Wiedereintritt in ein anderes Dienstverhältnis regelmäßig unschwer sich bewerkstelligen läßt. Ganz allgemein ist die

§ 35. Ursachen der Abwanderung vom Land in die Städte.   163

Klage vonseiten der ländlichen Arbeitgeber, daß das das Gesinde erfüllende Bewußtsein einer gewissen Unentbehrlichkeit die Lohnansprüche ins Ungemessene steigere und eine wachsende Unbotmäßigkeit und Widerspenstigkeit zeitige, welche gleichwohl die Dienstherrschaften meist ruhig hinnehmen müßten, da ein strenges Regiment sofort mit Kündigung des Dienstes oder selbst mit kündigungslosem Verlassen des Dienstes beantwortet zu werden pflege.

Welches im übrigen immer die Beweggründe sein mögen, die alljährlich Tausende von jungen Leuten beiderlei Geschlechts zum Abzug in die Städte oder Industriecentren veranlassen, jedenfalls wird unter diesen Beweggründen die thatsächliche oder erhoffte Verwirklichung besserer Erwerbsbedingungen eine erhebliche Rolle spielen. Die höchstmögliche Verwertung der eigenen Arbeitskraft ist eben so sehr ein in der menschlichen Natur begründetes Streben, daß es jeder Zeit mit unbesiegbarer Gewalt sich Geltung verschaffen wird. Nun bedarf die in der Gegenwart überall aufblühende und jedes Jahr an Ausdehnung gewinnende Großindustrie nicht nur eines von Jahr zu Jahr sich mehrenden Arbeiterkontingents, diese Großindustrie ist auch in der Lage, hohe Arbeitslöhne zu bezahlen. Und mit dieser aufblühenden Industrie in einen Wettbewerb um Arbeitskräfte einzutreten, sieht sich das landwirtschaftliche Gewerbe zu einer Zeit genötigt, in der es wegen der Ungunst der geschäftlichen Konjunktur eine Mehrbelastung des Ausgabekontos eigentlich am allerwenigsten verträgt. Dies ist der springende Punkt der Frage, aus dem zugleich aufs klarste sich ergiebt, daß dem Staat und seinen Machtmitteln gerade auf diesem Gebiet für eine intervenierende Thätigkeit wenig Raum verbleibt. Auch die Hoffnung, daß das Fortschreiten der Großindustrie künftig in etwas langsamerem Tempo sich vollziehen, der Begehr nach neuen industriellen Arbeitskräften sich allmählich mindern, also mit der Zeit ein gewisser Gleichgewichtszustand zwischen dem Arbeiterbedarf des landwirtschaftlichen Gewerbes und der Großindustrie sich wieder einstellen wird, ist keineswegs eine unbedingt fest begründete, jedenfalls aber mit diesem Ausblick in die Zukunft der Gegenwart und ihren Leiden nicht geholfen. Und es kann daher nicht wundernehmen, daß die Landarbeiterfrage fortgesetzt seit Jahren im Vordergrund der Erörterungen steht und zahlreiche Besserungs- und Heilvorschläge gezeitigt hat, die freilich zu einem erheblichen Teil begründeten Zweifeln hinsichtlich ihrer Durchführbarkeit begegnen.

Abzuweisen sind vor allem jene Forderungen, die, um das Übel an der Wurzel anzufassen, für eine Einschränkung der Niederlassungsfreiheit und Freizügigkeit der Landarbeiter, also für eine Wiederverkümmerung eines Teils der socialen und wirtschaftlichen Freiheitsrechte der Arbeiter eintreten, die ihnen vor langer Zeit eine von echt liberalem Gedankeninhalt getragene Gesetzgebung eingeräumt hat. Es ist unmöglich und würde allen socialpolitischen Anschauungen der Gegenwart zuwider sein, wenn man einen Teil der Bevölkerung (die Arbeiter) in jenen Freiheitsrechten deshalb verkürzen wollte, damit ein anderer Teil der Bevölkerung (die Arbeitgeber) in den Stand gesetzt würde, unter günstigeren Bedingungen zu wirtschaften. Eine Gesetzgebung, die gerade den ärmsten Teil der Bevölkerung des Rechtes berauben wollte, seine Arbeitskraft nach freiestem Ermessen zu verwerten, d. h. über die Art der Beschäftigung und den Ort der Beschäftigung selbständig zu bestimmen, würde sich als einseitigste Klassengesetzgebung darstellen, also die ersten Gebote einer vernünftigen Socialpolitik verleugnen, die doch auf Abschwächung und Milderung der Klassengegensätze abzielt. Jene Forderung übersieht auch, daß es eine Anzahl Formen des landwirtschaftlichen Großbetriebs giebt, bei denen auf die periodische Heranziehung einer größeren Anzahl Arbeitskräfte (sog. Wanderarbeiter) nicht verzichtet werden kann (so namentlich die Zuckerrübenwirtschaften), und daß zahllose Landgemeinden vorfindlich sind, in denen es für einen Teil der nachwachsenden Generation an Gelegenheit zu lohnender Verwertung der Arbeitskraft gebricht, für die also die regelmäßige Abwanderung dieser Bevölkerungsteile eine Lebensfrage bildet. Dies trifft namentlich für einen großen Teil der Landgemeinden des südlichen, westlichen und selbst mittleren Deutschlands zu, namentlich für alle, in denen die Anteilung des Bodens bereits so weit fortgeschritten ist, daß mit der Ansässigmachung neuer Familien die Grenze des natürlichen Nahrungsspielraums überschritten würde (S. 93).

Mindestens zweifelhaft ihrem Erfolg nach ist zu beurteilen die Forderung, welche die Herbeiführung strafrechtlicher Ahndung des böswilligen Kontraktbruches vonseiten der eingestellten Arbeiter bezweckt. Zur Begründung dieser Forderung wird geltend gemacht, daß im Fall vertragswidriger Lösung des Arbeitsvertragsverhältnisses dem Arbeitgeber mit der Beschreitung des Wegs der civilrechtlichen Klage bei der Vermögenslosigkeit des Gesindes regelmäßig wenig gedient sei, und daß es als eine „öffentliche Kalamität", die gegen das Rechtsbewußtsein verstößt und deshalb eine Abwehr herausfordert, empfunden werde, wenn unter Schädigung wichtiger Produktionsinteressen böswillige Kontraktbrüche sich häufen. Gegen ein solches Vorgehen sprechen indessen, abgesehen davon, ob es grundsätzlich zulässig ist, daß aus einer Versäumnis in einem rein civilrechtlichen Verhältnis strafrechtliche Folgen gezogen werden, mancherlei wichtige Erwägungen. Die strafrechtliche Bedrohung des Kontraktbruches könnte bei den Landarbeitern nicht stehen bleiben, sondern wäre gegenüber allen Arbeitern, auch den industriellen, in Geltung zu setzen, weil eine Ausnahmebehandlung der Landarbeiter deren Abströmen in die Städte geradezu fördern müßte. Diese Konsequenz werden aber die gesetzgebenden Faktoren schon deshalb nicht ziehen wollen, weil in die ohnehin mehr als wünschenswert gespannten Beziehungen zwischen industriellen Arbeitgebern und Arbeitern ein neuer

§ 35. Maßnahmen zur Besserung der Arbeiterverhältnisse. 165

Zündstoff käme. Auch wenn man hierüber sich hinwegsetzen wollte, bliebe der Erfolg einer strafrechtlichen Bedrohung des Kontraktbruchs unter allen Umständen ein sehr problematischer; denn die wenigsten Arbeitgeber würden die Widerwärtigkeiten eines strafgerichtlichen Verfahrens auf sich nehmen wollen. Bei Massen-Kontraktbrüchen würde der strafgerichtliche Apparat ohnehin versagen.

Nicht überflüssig ist es, in diesem Zusammenhang daran zu erinnern, daß viele Kontraktbrüche doch nur deshalb möglich sind, weil es den kontraktbrüchigen Arbeitern so leicht gemacht ist, jederzeit die verlassene Stelle mit einer anderen zu vertauschen; der unschönen Fälle nicht zu gedenken, wo Arbeitgeber durch Anbietung höherer Löhne ihren Standesgenossen Arbeitskräfte geradezu abspenstig machen. Der einmütig und gewissenhaft bethätigte Wille der ländlichen Arbeitgeber eines größeren Bezirks, jede Indienststellung kontraktbrüchiger Arbeiter abzulehnen, dürfte daher in viel wirksamerer Weise als die durch Gesetz verfügte Androhung einer Geld- oder Freiheitsstrafe dem Kontraktbruch die Lebensfasern unterbinden. Und die Bildung von Arbeitgebervereinigungen zu dem besagten Zweck, als ein berechtigter Akt der Selbsthilfe gegenüber beklagenswerten Ausschreitungen im Gebiet des ländlichen Arbeiterwesens, sollte daher überall thatkräftig in die Hand genommen werden. (Solche Vereinigungen bestehen bereits in einzelnen Teilen Mitteldeutschlands, so im Königreich Sachsen, in der preußischen Provinz Sachsen, Sachsen-Weimar, und haben sich gut bewährt.)

Von grundlegendem Einfluß auf die Verhältnisse des Arbeiterangebots und der Lohnhöhe erweist sich die Art der Agrarverfassung, d. h. die wirtschaftlichen und rechtlichen Beziehungen, in denen die Landarbeiterbevölkerung zu dem Grund und Boden sich befindet. Diese Beziehungen können derart sein, daß sie gegenüber der Zugkraft städtisch-industrieller Beschäftigungs- und Lebensweise das Übergewicht behaupten, also auf die Abwanderung hemmend, auf die Größe des Arbeitsangebots günstig einwirken; sie können aber auch derart sein, daß sie die Abwanderung vom flachen Lande geradezu begünstigen. Nun hat sich nach allen in den letzten Jahrzehnten angestellten eingehenden Beobachtungen die ländliche Arbeiterfrage zu einer eigentlich recht kritischen nur da gestaltet, wo der Landarbeiter von dem Besitz an Grund und Boden völlig losgelöst ist, wie in einem großen Teil der ostelbischen Gebiete; minder kritisch, ja in ganz erträglicher Weise, wo auch der Kleinste und Ärmste grundangesessen ist. Dies ist auch leicht erklärlich: denn nichts macht den Menschen seßhafter, „fesselt ihn mehr an die Scholle", als eben der Besitz einer Scholle Landes und die Aussicht, durch Fleiß und Sparsamkeit diesen Schollenbesitz zu mehren; ist man doch geneigt, in den Gegenden der Freiteilbarkeit geradezu von einer „Schollenkleberei" der kleinen Leute im Sinn einer Übertreibung seßhafter Gesinnung zu sprechen. Es ist also kein Zufall, daß in den dichtestbevölkerten Gegenden Süddeutschlands die Ab- und Auswanderung von jeher in geringerer Ausdehnung sich vollzogen hat, wie in dem an sich schwachbevölkerten Mecklenburg, sowie in den menschenarmen preußischen Provinzen östlich der Elbe. Während in den Jahren 1885—1890 die letztere Staatengruppe durch Wanderung einen Verlust von rund 600000 Menschen erlitten hat, beträgt dieser durch Wanderung entstandene Verlust in Bayern, Württemberg, Baden, Hessen, Elsaß-Lothringen in derselben Zeit nur 154000 Köpfe. Hier im Süden von Deutschland ist aber recht eigentlich die Heimat des grundangesessenen ländlichen Arbeiters, ebenso wie der deutsche Nordosten typisch ist als das Land des eigentumslosen Gutstagelöhners. Im ganzen südlichen Deutschland bildet aber weiter der ländliche Tagelöhner keine in sich abgeschlossene, durch eine tiefe sociale Kluft von dem Arbeitgeber getrennte Klasse. Der Tagelöhner ist selber Bauer und zählt mit zur bäuerlichen Bevölkerung, von denjenigen Groß- und Mittelbauern, die ihn beschäftigen, wesentlich nur durch die Größe des Besitzes sich unterscheidend; vielfach sind es Angehörige der bäuerlichen selbständigen Wirte selber, die gelegentlich auch dem Tagelöhnerdienst nachgehen; in seinen politischen Rechten, in den Rechten und Ansprüchen, die sich aus dem Gemeindeverband ergeben, steht der Tagelöhner dem Vollbauer in nichts nach. So knüpfen diesen grundangesessenen, freien Arbeiter im Süden von Deutschland, der sich auch gegenüber dem Großgrundbesitzer nur verdingt, wenn und soweit es ihm beliebt, nicht bloß die Scholle, die ihm eigen ist und die er Jahr um Jahr zu mehren sich bemüht, sondern hundertfältige Interessen an die Gemeinde, der er durch Geburt angehört und in der er wirtschaftlich und gesellschaftlich wurzelt. Ähnlich überall da, wo eine Dorfverfassung und ein mannigfach gegliederter bäuerlicher Besitz die Grundeigentumsverfassung kennzeichnet, wie dies auch für das Gebiet zwischen Weser und Elbe zutrifft. Und diese auf dem Untergrund einer breiten bäuerlichen Bevölkerung und des Dorfsystems ruhende Arbeitsverfassung hat bis jetzt auch den Ansprüchen des größeren Grundbesitzes nach Arbeitskräften leidlich Genüge gethan, weil zu dem Arbeitskontingent der eigentlichen Tagelöhner in diesen Bauerngemeinden zahlreiche weitere Arbeitslustige aus den Kreisen der Familienangehörigen kleiner und mittlerer Wirte treten, die keinen Anstand daran nehmen, in fremdem Dienst zu arbeiten, soweit die eigene Wirtschaft es zuläßt.

Eine verwandte und deshalb ebenfalls bis in die Gegenwart leidlich befriedigende Arbeitsverfassung ist in dem Gebiet zwischen der holländischen Grenze und der Weser, dem eigentlichen Westfalen, heimisch, die Heuerlingsverfassung. Der Heuerling ist der Tagelöhner des westfälischen Hofbauern; er ist gegen pachtweise (nicht eigentumsweise) Überlassung eines Stücks Landes verpflichtet, dem Arbeitgeber seine Arbeitskraft für eine Anzahl Tage des Jahres zu einem billigeren Lohne, als sonst der Tagelohn beträgt, zur Verfügung zu stellen; die Spannarbeit wird dem Heuerling von dem Arbeitgeber besorgt; die Löhnung des Arbeiters ist also eine aus Geld und naturalwirtschaftlichen Elementen gemischte. Hierbei finden beide Teile ihre Rechnung, und der Umstand, daß das Heuerland nicht gekündigt, sondern „gewissermaßen als Eigentum des darauf Sitzenden angesehen" zu werden pflegt, hat eine große Stetigkeit in die beiderseitigen Arbeitsbeziehungen gebracht, die derjenigen in den geschlossenen Bauerndörfern Süddeutschlands und des Landes zwischen Weser und Elbe nicht viel nachsteht.

Ganz anders im deutschen Nordosten, dem das grundbesitzlose Gutstagelöhnerwesen (das sogenannte Instenwesen) eigentümlich ist. Zwar findet auch den Insten gegenüber eine Kombination von Geld- und naturalwirtschaftlicher Löhnung statt (Zuweisung des Erträgnisses einer Anzahl Morgen Feldes, Anteil am Druschergebnis), aber der naturalwirtschaftliche Teil der Löhnung tritt seit Jahren mehr und mehr zurück; insbesondere wird es mehr und mehr Regel, daß der Instmann eine eigene Landwirtschaft (abgesehen von der Bestellung des angewiesenen kleinen Gartenlandes) nicht mehr führt; selbst die Kuh, die er hält, steht vielfach im herrschaftlichen Stall, oder man liefert ihm gar schon die Milch ins Haus. In dieser Art von Dienstverhältnis und bei der thatsächlichen oder rechtlichen Geschlossenheit des Großgrundbesitzes, inmitten dessen Landerwerbungen kleiner Leute keinen Raum haben, ist dem Dienenden augenscheinlich das wirtschaftliche Vorwärtskommen sehr erschwert, und jenes Gefühl der Zufriedenheit, das den kleinsten Zwergwirt im Süden infolge des Bewußtseins erfüllt, Herr auf eigener Scholle zu sein, kann bei dem Instmann niemals aufkommen, auch wenn für seine materiellen Lebensbedürfnisse der Dienstvertrag reichlich Sorge trägt. Was Wunder, wenn mit der Lockerung, die das ehemalige patriarchalische Verhältnis zwischen Grundherrn und Instmann im Laufe der Zeit ohnehin erfahren hat, die Beziehungen des letzteren zum Herrengut immer losere wurden, wenn die „Flucht vom Lande" in die Städte oder der Eintritt in die Reihen der Wanderarbeiter immer stärkere Ausdehnung gewonnen haben. Nicht wenig wurde dieser Prozeß auch dadurch gefördert, daß in dem Maß, als die Großbetriebe des Ostens mehr und mehr zu kapitalistischen Wirtschaften sich ausbildeten und infolge hiervon der naturalwirtschaftliche Teil der Löhnung der Instleute (Anteil am Druschertrag, Ertragsanteile an bestimmten Morgen Feldes) mehr und mehr sich einengte, auch die ehemalige Gemeinsamkeit der wirtschaftlichen Interessen zwischen Gutsherrn und Instmann ihre Bedeutung einbüßte. Das wirksamste Heilmittel solchen Erscheinungen gegenüber erblickt man mit Recht in solchen Maßnahmen, die geeignet scheinen, diese seither landlosen und deshalb landflüchtigen Elemente mit größerer Anhänglichkeit an den Boden der Heimat zu erfüllen, d. h. in der Verschaffung der Möglichkeit der Ansässigmachung dieser Elemente in Bauernkolonieen, die die Gegenden des Großgrundbesitzes in ähnlicher Weise, wie in anderen Teilen Deutschlands der Fall, zu durchsetzen hätten; also in neuen Gemeinwesen, in denen auch dem Tagelöhner die Aussicht auf Erwerb einer kleinen Landstelle offen steht, in denen er als Glied eines Gemeindeverbandes wirtschaftlich und politisch sich bethätigen und in solcher Bethätigung mit dem neuen „Mutterboden" fest verwachsen kann. Ob die bloße Emporhebung des Insimann zum Landeigentümer, ohne ihn gleichzeitig der Vorteile des Lebens und Wirtschaftens in einer Dorfgemeinde teilhaftig zu machen, hinreichen würde, wirksam Abhilfe zu schaffen, erscheint nach früheren Beobachtungen zweifelhaft. Die „innere Kolonisation", wie sie in Preußen durch das mehrfach besprochene Ansiedelungsgesetz und die Rentengutsgesetze eingeleitet worden ist, und die vor allem berufen erscheint, die Landarbeiterfrage der östlichen Gegenden Deutschlands in bessere Wege zu leiten, hebt aus obigen Gründen mit Recht auf dorfmäßige Ansetzung der Kolonisten und darauf ab, daß in den neuen Kolonieen Landstellen verschiedener Größe vertreten sind. Denn nur mit dem Rückhalt, den zahlreiche selbständige Bauernfamilien ihm geben, kann auch der Tagelöhner moralisch und wirtschaftlich gedeihen.

Beachte man wohl, daß eine Landpolitik ihr Ziel: **Beschaffung und Festhaltung von Arbeitermaterial für die großen Betriebe**, mit Sicherheit nur dann erreicht, wenn die Art der Landpolitik auch der sittlichen und intellektuellen Hebung der Landarbeiter die Wege ebnet. Man kann aber bei den Tagelöhnern auf dem Lande die Tugenden der Wirtschaftlichkeit und Sparsamkeit gewiß auf keinem sichereren Weg entwickeln und festigen, als indem man sie der Isoliertheit ihres Standes entzieht, in das Gefüge eines bauernschaftlich organisierten Gemeinwesens eingliedert und eben dadurch auch ihnen die Möglichkeit des allmählichen Emporklimmens auf der sozialen Stufenleiter innerhalb der Bauerngemeinde eröffnet; während der ausschließlich inmitten seiner social gleich nieder stehenden Standesgenossen lebende Gutstagelöhner und zumal der zur dauernden Landlosigkeit verurteilte Gutstagelöhner fast sicher der Gefahr verfällt, wirtschaftlich und moralisch zu verkommen. In diesen Kreisen eines fluktuierenden landlosen Landarbeiterstandes finden auch erfahrungsgemäß die socialdemokratischen Verführungskünste einen denkbar fruchtbaren Boden, müssen die Schlagworte von Aufhebung des Grundeigentums ganz besonders zündend wirken. Die bevorrechteten grundbesitzenden Klassen in denjenigen Gegenden, wo Tradition und Vorurteil seither der Ansässigmachung kleiner Leute ängstlich widerstrebte, sollten sich der Einsicht nicht verschließen, daß ihr eigener Besitz um so sicherer für die Zukunft gewährleistet ist, eine je größere Mannigfaltigkeit die sociale Stufenleiter des Grundbesitzes auf dem flachen Lande aufweist; und daß, je vollkommener die bestehende gesellschaftliche Ordnung jedem, auch dem Ärmsten und Kleinsten einen Anteil an der Mutter Erde gewährleistet, mit jedem dieser Anteilseigner

§ 35. Landpolitik und Wohlfahrtseinrichtungen insbesondere.

eine weitere treue Stütze eben dieser Gesellschaftsordnung gewonnen wird.

(Wohlfahrtseinrichtungen.) Kann, wie die Verhältnisse liegen, der ländliche Arbeitgeber den industriellen in der Bewilligung von Arbeitslöhnen schwerlich überbieten, und ist es gar keine Frage, daß die landwirtschaftliche Berufsarbeit an die Arbeitskraft des Gesindes und der Tagelöhner periodenweise erheblich größere Anforderungen stellt als die Fabrikarbeit, so besteht gewiß ein besonders zwingender Anlaß seitens der ländlichen Arbeitgeber, zwischen ihnen und dem Gesinde sowie den Tagelöhnern Beziehungen herzustellen, die hinreichend wertvoll erscheinen, um die Vorzüge der Beschäftigung in städtischen Fabriken und den Reiz städtischen Lebens einigermaßen aufzuwiegen. Aus diesem Grunde stehen unter den Mitteln zur Lösung der ländlichen Arbeiterfrage diejenigen, die sich die Bekräftigung warmer, werkthätiger Anteilnahme an der Lebensführung der Arbeiter durch Schaffung geeigneter Wohlfahrtseinrichtungen zur Aufgabe setzen, mit in vorderster Linie. Daß der ländliche Arbeiter seinen Lohn sparsam verwende und das Ersparte gut und sicher anlege; daß er im Falle der Not ein augenblickliches Kreditbedürfnis bei soliden Kreditanstalten zu befriedigen vermöge und nicht Wucherern in die Hände falle; daß er ohne Weitläufigkeiten und erhebliche Kosten in die Lage komme, seine Habe, zumal seinen kleinen Viehstand, gegen Unfälle in Versicherung zu geben; daß ihm die Anschaffung seiner hauswirtschaftlichen Bedürfnisse leicht gemacht und seiner Bewucherung und Übervorteilung durch Krämer ꝛc. vorgebeugt werde; daß den Frauen der Arbeiter eine Erleichterung in der Wartung und Pflege der Kinder während der Tagesarbeit zu teil werde und neben dieser Sorge für das wirtschaftliche Vorwärtskommen der Arbeiter auch die Pflege ihrer geistigen Interessen nicht kümmere, sind Forderungen, deren Erfüllung mit der wachsenden Verschärfung der socialen Gegensätze kein Arbeitgeber sich entziehen sollte, und zu deren Verwirklichung gerade auch die ländlichen Arbeitgeber beizutragen um so mehr Anlaß haben, je mehr eine sociale Vorsorge dieser Art in den industriellen Beschäftigungsarten Platz greift und den industriellen Arbeiter mit seinem Lose milder zu stimmen geeignet ist. Das Hinwirken auf die Errichtung von Spar- in Verbindung mit Personalkreditanstalten auf dem flachen Lande, das Hinwirken auf die Gründung von Lebensbedürfnis-Vereinen, auf die Schaffung von Viehleih- und Viehversicherungskassen, auf das Entstehen von Kindergärten und ähnlichen Veranstaltungen, auf die Verbreitung eines belehrenden und sittlich anregenden Lesestoffs und ähnlicher Wohlfahrtseinrichtungen erheischt in der Regel keine erheblichen Geldopfer vonseiten des Arbeitsherrn, sondern lediglich ein thatkräftiges Eintreten seiner Persönlichkeit und die Indienststellung eines kleinen Bruchteils seiner Arbeitskraft für die gute Funktionierung des Geschaffenen; aber ein solches

Eintreten erfüllt die arbeitende Bevölkerung mit dem tröstlichen Bewußtsein, daß die Beziehungen zu dem Arbeitgeber, über das rein privatrechtliche Verhältnis der Arbeitsleistung und Lohnzahlung hinausreichend, ihren eigenen Lebens- und Wirtschaftsverhältnissen einen gewissen sicheren Rückhalt verleihen. Die Thatsache des Bestehens eines besonderen Vereins, der, in der Absicht, die Daseinsbedingungen der kleinen Leute auf dem flachen Lande freundlicher zu gestalten, die Schaffung von Wohlfahrtseinrichtungen der angedeuteten Art zur Aufgabe sich gesetzt hat, beweist, wie sehr neuerdings in weiten Kreisen die Wichtigkeit solcher Einrichtungen erkannt wird.

Das Ergebnis der in Bezug auf das ländliche Arbeiterverhältnis vorstehend niedergelegten Betrachtungen ist insofern kein sehr befriedigendes, als staatliche Mittel, die geeignet erscheinen, der „Arbeiternot" auf dem flachen Lande rasch und wirksam abzuhelfen, augenscheinlich nicht auffindbar sind. Eine gesetzliche Einwirkung auf die Lohnhöhe ist ausgeschlossen; das Recht der Freizügigkeit und der freien Berufswahl kann den Bewohnern des flachen Landes so wenig wie anderen Staatsangehörigen verschränkt werden; wie denn jede Ordnung, die die ländlichen Arbeiter im Verhältnis zu den im Gewerbe Beschäftigten in Nachteil versetzte, sich schon deshalb verbietet, weil damit dem Abströmen vom flachen Lande lediglich Vorschub geleistet würde. Die Gesetzgebung kann nur mittelbar auf den vorbezeichneten Wegen einer verständigen Landpolitik intervenieren, und auch diese Maßnahmen können in ihrem Erfolg nur sehr langsam wirken. Mit einer Verschärfung der gesundepolizeilichen Vorschriften oder gar mit strafrechtlichen Androhungen (Bestrafung des Kontraktbruchs) wäre mutmaßlich am allerwenigsten geholfen, würde eher die gegenteilige als die erwartete Wirkung herbeigeführt werden. Der ortsweise Arbeitermangel in Verbindung mit hohen Löhnen wird deshalb unzweifelhaft auch in der nächsten Zukunft zu Tage treten. Daß eine gewisse Besserung der Zustände im Wege der Selbsthilfe (umfangreichere Verwendung von Maschinenarbeit, Durchführung von Zusammenlegungs- und Feldbereinigungsunternehmungen) möglich und deshalb mit vollen Kräften anzustreben ist, wurde bereits hervorgehoben (S. 156); inwieweit eine solche Besserung auch von Einführung bestimmter Lohnsysteme erwartet werden darf (stärkere Betonung des Accordsystems, Einführung von Tantiemen und Prämien, Anteilnahme der Arbeiter am Gutsroh- oder Reinertrag), sind äußerst bestrittene Fragen, die größtenteils noch im Stadium des tastenden Versuchs sich befinden und deren Erörterung daher hier nicht Platz greifen soll. Eines jedenfalls ist gewiß, daß ohne die festere Verknüpfung des Landarbeiters mit dem Boden seiner Heimat der beklagenswerten Flucht vom Lande nicht begegnet werden kann. Es muß also die thatsächliche, und rechtliche Möglichkeit des Landerwerbs auch gegenüber den kleinen und kleinsten Leuten auf dem Lande gegeben sein, und die früheren Be-

trachtungen über die wohlthätigen Wirkungen der Freiheit des Güter=
verkehrs haben daher auch unter dem Gesichtspunkt der Landarbeiterfrage
Bedeutung.

§ 36. Unfälle und Schäden im landwirtschaftlichen Betriebe; Bedeutung der landwirtschaftlichen Versicherung; Verhältnis von Versicherung zur Landwirtschaftspolizei.

In viel höherem Maße als andere gewerbliche Unternehmungen
ist der landwirtschaftliche Betrieb schädigenden Einflüssen der äußeren
Natur und in deren Gefolge einer starken Belastung des Aus=
gabekontos mit Unfallverlusten ausgesetzt. Dies hängt teils damit
zusammen, daß der Produktionsprozeß in der Landwirtschaft zu einem
überwiegenden Teil außerhalb geschlossener Räume sich abspielt und des=
halb schützende Vorkehrungen gegen solche Einflüsse, wie im Handwerk,
der Großindustrie oder dem Handelsgewerbe nicht getroffen werden können,
teils damit, daß die landwirtschaftliche Produktionsthätigkeit die Erzeugung
von Lebewesen (Pflanzen und Tieren) zum Gegenstand hat, welche während
der ganzen Dauer ihrer Entwicklungszeit bis zum endlichen Übergang in
den Verkehr unausgesetzt, wie jeder lebende Organismus, von den mannig=
fachsten Fährlichkeiten bedroht erscheinen. Die oft gehörte Meinung,
daß die Landwirtschaft als ein relativ sicheres Gewerbe, im
Vergleich etwa mit Industrie und Handel, sich darstelle, ist
daher wenig zutreffend: denn sie befindet sich letzteren gegenüber in
der unvorteilhaften Lage, daß eine Gewißheit für das Gelingen des Pro=
duktionsprozesses selber — auch bei Anwendung der gebotenen geschäft=
lichen Vorsicht — nie besteht, weil unvorherzusehende und unabwendbare
schädigende Einwirkungen der äußeren Natur (Unbeständigkeit der
Witterung, elementare Schäden, Auftreten von Seuchen und
Pflanzenkrankheiten 2c.) in jedem Stadium des Produktionsprozesses
hemmend und verlustbringend einwirken können. Und es ist daher dem
landwirtschaftlichen Betrieb der Charakter einer gewissen Unberechen=
barkeit des Erfolges der Produktion in viel höherem Maße als
anderen Erwerbszweigen aufgeprägt.

Wenn es die Aufgabe der Versicherung ist, die wirtschaftlichen
Folgen von mit Wertminderungen oder Wertvernichtungen verknüpften
Unfällen für den davon Betroffenen unfühlbar zu machen, so hat aus
vorstehenden Gründen die Versicherung gerade im landwirtschaft=
lichen Gewerbe offenbar eine erhöhte Bedeutung und erfordert
wegen der specifischen Art von Schäden, die dieses Gewerbe und nur es
berühren, besondere Versicherungsorganisationen, für welche in
anderen Gewerben eine Nötigung nicht vorliegt. Solche zur Versicherung
nötigenden Schäden werden selbst in niederen und mittleren Kulturstufen
nicht leicht empfunden, und es reichen deshalb die gegen dieselben gerichteten
Versicherungsvorkehrungen teilweise in eine frühe Zeit zurück (Ruhgilden

des Mittelalters); aber noch um vieles schwerer lasten sie auf den Höhepunkten der Kultur, wo infolge gestiegener Bodenpreise, vermehrten Betriebsaufwands, weitverzweigter Kreditverpflichtungen und eines bis in die kleinsten Betriebe hinein sich erstreckenden namhaften Geldbedarfs — im Gegensatz zur Naturalwirtschaft früherer Zeiten — jeder irgend erhebliche Ausfall in den erwarteten Erträgnissen das Wirtschaftsbudget alsbald in bedenkliches Schwanken bringt und den Inhaber der Wirtschaft zur sofortigen Inanspruchnahme von Kredit, d. h. zur Häufung neuer Geldverbindlichkeiten nötigt.

Geht man auf Art und Beschaffenheit der den landwirtschaftlichen Betrieb bedrohenden Unfälle im einzelnen näher ein, so ergiebt sich, daß unter diesen Unfällen manche der Versicherung nicht oder nur schwer fähig sind. Hierzu gehören insbesondere jene, die jeder Periodicität des Auftretens spotten und daher eine auch nur annähernd richtige Veranschlagung der durchschnittlichen Beitragshöhe der Versicherten unmöglich machen (wie Orkane, Sturmfluten, Hochwasser ꝛc.); ferner solche, die erfahrungsgemäß jederzeit an bestimmte Örtlichkeiten gebunden sind, innerhalb dieser aber ganz allgemein auftreten, so daß die Geschädigten und Versicherten im wesentlichen ein und dieselben Personen sein würden und eine Entschädigungsmöglichkeit schon deshalb entfiele (wie wiederum betreffs obiger Ereignisse meist der Fall ist); endlich solche, die im Fall ihres Auftretens weithin mit gleichmäßiger Stärke sich geltend machen, so daß aus diesem Grunde die Versicherungsgemeinschaft ihre Dienste sofort versagen müßte (wie bei allgemeinen Mißernten infolge von Dürre, Nässe, Auftreten von Pflanzenkrankheiten ꝛc.). In solchen Fällen erübrigt nur das Eintreten der Staatshilfe zu Gunsten der von solchen Katastrophen Betroffenen, in Anwendung des Satzes, daß der Staat als höchste Wohlfahrtsgemeinschaft die Pflicht hat, unverschuldete Notstände seiner Angehörigen mit den Mitteln der Allgemeinheit zu lindern, sowie die Vorkehrung von verhütenden, vorbeugenden Maßnahmen, soweit überhaupt menschliche Kraft und Einsicht den Eintritt von Katastrophen oder Schäden der gedachten Art hintanzuhalten befähigt erscheint. Als Beispiele solcher verhütender, vorbeugender Schutzmaßnahmen sind die Korrektion der Ströme, die Anlage von Teichbauten, die Verbauung der Wildbäche in den Gebirgsgegenden, die Anlage von Schutzwaldungen, endlich die polizeiliche Bekämpfung der Pflanzen- und Tierschädlinge zu nennen. Und solche Maßnahmen werden um so mehr eine dringliche Staatsaufgabe, je mehr die Bodenkultur vorschreitet, je wertvoller die von solchen Ereignissen bedrohten Geländekomplexe sind und je mehr daher mit dem Interesse der Bewahrung Einzelner vor unverschuldeter Not allgemein volkswirtschaftliche Interessen sich verknüpfen. Auch der anspruchsvollste Vertreter landwirtschaftlicher Interessen wird nicht in Abrede stellen wollen und können, daß zu keiner Zeit in einem solchen Umfang und mit solchen Mitteln staatliche Ak-

§ 36. Bedeutung der landwirtschaftlichen Versicherung.

tionen der gedachten Art zur Abwendung oder Abschwächung der landwirtschaftlichen Unfallgefahren verschiedenster Art getroffen worden sind, als in der Gegenwart, und im Zusammenhang mit den staatlicherseits ins Leben gerufenen oder geförderten Versicherungsveranstaltungen eine Entlastung des Unfallkontos der landwirtschaftlichen Betriebe herbeigeführt haben, die einer noch nicht weit zurückliegenden Zeit undenkbar erschienen wäre.

Unter den Schäden, welche das landwirtschaftliche Gewerbe besonders bedrohen, sind die am meisten wiederkehrenden die durch Hagelschlag und die durch Krankheiten und Unfälle der landwirtschaftlichen Nutztiere verursachten, und die Hagelversicherung und die Tierversicherung sind deshalb auch die wichtigsten und bis jetzt nahezu ausschließlich herrschenden Formen des landwirtschaftlichen Versicherungswesens.

Die mehrfach vorgeschlagene Organisierung einer Versicherung gegen Mißernten oder gegen die von Insektenschädlingen und Pflanzenkrankheiten herrührenden Verluste ist schwerlich ausführbar. Wegen der Größe der jährlich eintretenden Verluste an Erntewerten könnte die Versicherungsorganisation nur unter der Voraussetzung der Ansammlung hoher Fonds, in Form von Zwangsbeiträgen der Besitzer in günstigen Jahren und mit Gewährung starker Zuschüsse aus Staatsmitteln, d. h. nur unter Bedingungen lebensfähig sich erweisen, die einen stark sozialistischen Beigeschmack haben. Wichtiger noch ist das Bedenken, daß die Aussicht, für Ernteausfälle als Folge von Witterungsverhältnissen oder Pflanzenschädlingen entschädigt zu werden, ein bedauerliches Hindernis für die energischste Bekämpfung der die Ernte ungünstig beeinflussenden Faktoren vonseiten der einzelnen Grundbesitzer werden müßte. Eine Versicherungsveranstaltung aber, die, weil sie die Fleißigen und Umsichtigen ebenso wie die Trägen und Ungeschickten behandelt, schließlich alle auf das gleiche Niveau wirtschaftlicher Sorglosigkeit herunterziehen würde, kann unmöglich im allgemeinen Interesse wünschenswert sein. Daraus ergiebt sich, daß die Folgen der Witterungsextreme, soweit ihnen nicht durch die Art der Bodenbearbeitung und meliorierende Maßnahmen (Ent- und Bewässerungen) begegnet werden kann, der Einzelne auf sich behalten muß; und daß der Schutz gegen die Verluste, die das Auftreten von Pflanzenschädlingen mit sich bringt, nicht auf dem Boden der Versicherung, sondern auf dem der nachdrücklichen Bekämpfung der Schädlinge, d. h. mit den Mitteln der Landwirtschaftspolizei (siehe unten) zu suchen ist.

In einer Reihe von Fällen bedingen sich eine kräftige Handhabung der Landwirtschaftspolizei und eine gute Funktionierung der Versicherungsveranstaltung gegenseitig. Eine Versicherung gegenüber ansteckenden Tier- oder leicht übertragbaren Pflanzenkrankheiten ohne gleichzeitige Vorkehrung für Verhütung und Unterdrückung dieser Krankheiten müßte sich bald als undurchführbar erweisen; denn der Anspruch auf Schadloshaltung würde die Einzelnen in der thatkräftigen Bekämpfung der Krankheiten und Schädlinge erlahmen lassen; eine je größere Sorglosigkeit aber eine Versicherungsgemeinschaft erzeugt, um so größer müssen mit der Zeit die versicherungsfähigen Schäden werden, bis sie schließlich eine Höhe erreichen, bei der sich die Fortsetzung der Versicherungsgemeinschaft von selbst verbietet. Man vergegenwärtige sich z. B. die Folgen, die sich ergeben würden, wenn eine Versicherungsgemeinschaft gegen die Verheerungen der Wurzelreblaus ohne gleichzeitige Vorkehr für Ausrottung dieses Schädlings errichtet werden wollte. Und wie dieses Beispiel zeigt, daß bestimmte landwirtschaftliche Versicherungsarten die unterstützende Thätigkeit der Landwirtschaftspolizei nicht entbehren können, so kann umgekehrt einem energischen Vorgehen der Landwirtschaftspolizei die Zurseitestellung eines Versicherungsapparates sehr dienlich und behülflich sein. Dies trifft z. B. für das Gebiet der Tierseuchenpolizei zu. Denn wenn der Staat die Kosten und Verluste, die durch Verhütung und Unterdrückung von Seuchenkrankheiten für den betroffenen Besitzer sich ergeben, lediglich diesem zur Last setzen wollte, so würde dies nicht nur eine unbillig einseitige Belastung der zufällig Betroffenen sein, sondern auch in häufigen Fällen, um ein Einschreiten der Seuchempolizeibehörde hintanzuhalten, zur Verheimlichung des Ausbruchs von Seuchen Anlaß geben, also die polizeilichen Verhütungs= und Unterdrückungsmaßnahmen in bedenklicher Weise lahm legen.

§ 57. Fortsetzung; Hagelschäden und Hagelversicherung insbesondere.

Die Möglichkeit der Versicherung gegen Hagelschäden ist aus zwei Gründen besonders wertvoll: einmal weil die Hagelschäden im Gegensatze zu den Schäden, welche durch Feuer oder durch Krankheiten der Tiere entstehen, gänzlich unabwendbar sind, also eine verhütende (vorbeugende) und abwehrende Thätigkeit ausgeschlossen erscheint; sodann weil im gegebenen Fall, je nach der Intensität des Auftretens eines Hagelwetters, die ganze Jahresernte in Frage gestellt sein kann. Doppelt befremdlich muß es deshalb erscheinen, daß länder= und gegendenweise noch immer von der Hagelversicherung ein verhältnismäßig geringer Gebrauch gemacht wird, und daß kaum ein Jahr vergeht, in dem nicht durch das Niedergehen schwerer Hagelwetter der Wohlstand eines Teils der ländlichen Bevölkerung infolge unterlassener Versicherung auf das Schwerste geschädigt und ebensowohl Staatshilfe wie private Wohlthätigkeit in Bewegung gesetzt wird, um wenigstens den schlimmsten Folgen der Katastrophe entgegenzutreten.

Die Ursachen, die einer umfangreicheren Benutzung der Hagelversicherungsgelegenheiten entgegenwirkten, hängen zu einem nicht geringen Teil mit der eigenartigen Natur der Hagelerscheinungen zusammen, nämlich mit der Unregelmäßigkeit und Unberechenbar=

§ 37. Hagelschäden und Hagelversicherung insbesondere.

seit ihres örtlichen Auftretens, die die Landwirte bestimmter Gegenden in eine häufig nur zu trügerische Hoffnung wiegt, indem sie die Meinung unbedingt hagelsicherer Distrikte hervorruft, wie oft auch diese Meinung hinterher sich irrig erweist. Zu diesem Optimismus in Bezug auf die relative Hagelungefährlichkeit der eigenen Felder gesellt sich vielfach ein den Hagelversicherungsunternehmungen entgegengebrachtes Mißtrauen, namentlich soweit die bäuerliche Bevölkerung in Frage kommt; nicht selten liegt aber auch infolge der für bestimmte Gegenden bestehenden unerschwinglich hohen Prämiensätze eine thatsächliche Unmöglichkeit der Versicherungsnahme vor. Nicht eben günstig für die Unterhaltung regelmäßiger Versicherungsbeziehungen ist endlich die kurze Dauer der hagelgefährlichen Zeit und die Notwendigkeit jährlicher Erneuerung des Versicherungsantrags.

Die großen Verschiedenheiten der zeitlichen Hagelgefahr lassen sich aus folgenden Zahlen leicht entnehmen: In Preußen schwankten die Hagelschäden in den 5 Jahren 1883 87 zwischen 16 und 39 Millionen Mark, in Baden gar zwischen 0,7 und 4,5 Millionen Mark; und die örtlichen Schwankungen vollziehen sich in noch wesentlich größeren Abständen. Aus dieser Verschiedenheit der Hagelgefahr nach Zeit und Ort und der Unberechenbarkeit des Auftretens von Hagelwettern überhaupt erhellt die große Schwierigkeit der Aufstellung eines sowohl den finanziellen Bedürfnissen der Versicherungsunternehmungen wie den Ansprüchen der Versicherten gleichmäßig Rechnung tragenden Prämientarifs. Ist der Tarif zu niedrig gegriffen, so steht die Versicherungsunternehmung, wenn sie Aktiengesellschaft ist, in Jahren mit starken Hagelschäden möglicherweise vor der Notwendigkeit der Liquidation, und wenn sie eine Versicherung auf Gegenseitigkeit ist, vor der Notwendigkeit der Erhebung starker, vor weiterer Versicherungsnahme abschreckender Nachschußprämien. Anderseits würde ein sehr hoher, die Versicherungsunternehmungen gegen alle Wechselfälle thunlich schützender Tarif ein starkes Hindernis allgemeiner Versicherungsbeteiligung sein. Die richtige Mitte zu finden, ist offenbar schwierig, zumal das Hagelversicherungswesen erst sehr spät sich entwickelt hat und versicherungsstatistische Erfahrungen von ähnlicher Zuverlässigkeit wie auf anderen Gebieten des Versicherungswesens (Feuer-, Lebensversicherung 2c.) nicht vorliegen; die häufigen Änderungen in den Prämientarifen der Hagelversicherungsgesellschaften sind eine Folge dieser Unsicherheit. Der Staat kann deshalb dem Hagelversicherungswesen schon dadurch eine gewisse Förderung zu teil werden lassen, wenn, wie seit Jahren in den meisten deutschen Staaten geschieht, der Statistik der Hagelwetter erhöhte Aufmerksamkeit zugewendet und zugleich Sorge dafür getragen wird, daß die in Betracht kommenden wissenschaftlichen Institute die Ursachen der örtlichen Hagelhäufigkeit und Hagelintensität, sowie die meteorologischen Zusammenhänge zwischen Hagelgefahr und der geographischen Beschaffenheit einer Gegend aufzudecken sich bemühen.

Die örtlichen Verschiedenheiten der Hagelgefahr und die zeitlichen Schwankungen des Auftretens der Hagelwetter bedingen vor allem die möglichste Ausdehnung des Versicherungsgebiets, weil nur in diesem Fall günstige, minder günstige und ungünstige Risiken thunlich gleichmäßig vertreten sein werden und die „wechselnden Chancen der Hagelerscheinungen" sich einigermaßen auszugleichen vermögen. Wie wenig lebensfähig eine Hagelversicherungsorganisation auf eng umschriebenem Gebiet ist, zeigt der s. Z. erfolgte Zusammenbruch der Hagelversicherungsvereine in Württemberg und Hessen und die Thatsache, daß kleine Gegenseitigkeitsgesellschaften häufig außerordentlich starke Nachschüsse erheben müssen (z. B. Ceres in Berlin in den 4 Jahren 1887/90: 175, 99, 133¹/₃, 100% der Vorprämie). Das Auftreten von kapitalistisch organisierten und nach dem Vorbild anderer Versicherungen im großen Stil und mit großen Mitteln arbeitenden Hagelversicherungs=unternehmungen, die zunächst die Form von Aktien=, später auch und vorwiegend die Form von Gegenseitigkeitsgesellschaften annahmen, bedeutet daher den bedeutsamsten Wendepunkt in der Weiterentwicklung des Hagelversicherungswesens. Erst von da ab datiert eine durch die Ausgleichung der Risiken auf einem ausgedehnten Versicherungsgebiet ermöglichte Verbilligung des Tarifs, die die erste Vorbedingung einer stärkeren Beteiligung an der Versicherung war und mit dem Eintritt dieser stärkeren Beteiligung die Möglichkeit weiterer Tarifermäßigungen in sich schloß.

Aus ähnlichen Gründen, wie sie bei der Erörterung der Organisationsformen im Gebiet des Grundkredits geltend gemacht wurden, wird man der Gegenseitigkeitsgesellschaftsform vor der Form der Aktiengesellschaft auch im Bereich der Hagelversicherung den Vorzug einzuräumen haben; wie denn erstere jetzt schon in Deutschland die letzteren überflügelt haben (Versicherungssumme in Deutschland 1861 und 1892: bei den Aktiengesellschaften 303 bezw. 983 Millionen Mark, bei den Gegenseitigkeitsgesellschaften 280 bezw. 1203 Millionen Mark). Die Gegenseitigkeitsgesellschaften vertreten, weil ihnen das spekulative Motiv abgeht, das Princip der Gemeinwirtschaftlichkeit jedenfalls in höherem Grade als die Aktiengesellschaften; diese als den Aktionären verantwortliche Erwerbsunternehmungen haben wohl ein Interesse an der unsänglichsten Erweiterung des Geschäftsgebiets, aber keineswegs an der Annahme gefährlicher Risiken; und es ist nicht ausgeschlossen, daß diese Erwerbstendenz mitunter auch in der Art der Schadensregulierung, bewußt oder unbewußt, sich Geltung verschaffen wird. Den Gegenseitigkeitsgesellschaften darf dagegen nachgerühmt werden, daß sie auch gefährliche Risiken nicht grundsätzlich mieden, mannigfache Erleichterungen im Versicherungsabschluß (Zulassung von Kollektiv=sicherungen mit Provisionsermäßigungen) gewährten, den Versicherten durch Schaffung einer Vertretung in den Verwaltungskörpern einen Ein=

§ 37. Hagelschäden und Hagelversicherung insbesondere.

fluß auf die Handhabung der Verwaltung einräumten, auch der Aufsicht von Organen der Selbstverwaltung oder von landwirtschaftlichen Vereinen, namentlich in Ansehung der Schadensregulierung, freiwillig sich unterwarfen. Wurden nun auch von einzelnen Aktiengesellschaften ähnliche Wege eingeschlagen, so bleibt doch stets das Bedenken bestehen, daß das Privatkapital nur insolange der Hagelversicherung sich zuwenden wird, als es auf eine im Vergleich mit anderen Verwendungsarten angemessene Verzinsung sich Rechnung machen darf, und einzelne Vorgänge beweisen, daß der Fortbestand der Aktiengesellschaften in Perioden hagelreicher Jahre in der That ernstlich gefährdet ist. Es ist aber klar, daß ein so wichtiger Zweig der landwirtschaftlichen Versicherung in seiner Befriedigung nicht von der Geneigtheit oder Abgeneigtheit des privaten Kapitals, diesem Bedürfnis sich dienstbar zu machen, abhängig sein kann, und daß deshalb dieses Bedürfnis nachhaltig sicherer, aber auch billiger, durch die Vereinigung der versicherungsbedürftigen Kreise selber, d. h. eben in der Form der Gegenseitigkeitsgesellschaft befriedigt wird.

Das Bedürfnis einer staatlichen Organisation des Hagelversicherungswesens ist angesichts der guten Verwaltung, durch die sich die Mehrzahl der Hagelversicherungsgesellschaften auszeichnet, bis jetzt nur in Süddeutschland hervorgetreten, und zwar im Zusammenhang mit der ausgesprochenen Hagelgefährlichkeit einzelner Gegenden daselbst, die entweder eine Meidung dieser Gegenden durch die bestehenden Gesellschaften oder aber Prämiensätze von kaum erschwinglicher Höhe im Gefolge hatte. Mitbestimmend für ein staatliches Vorgehen war das in Süddeutschland gegen die Versicherungsnahme bei privaten Gesellschaften weit verbreitete Mißtrauen, das durch die unsauberen Geschäftspraktiken einiger mit dem Aushängeschild der „Gegenseitigkeit" arbeitenden „Schwindelgesellschaften" mit Recht erregt war. In Bayern führte die Bewegung zur Errichtung einer von der staatlichen Brandversicherungskammer mitverwalteten Hagelversicherungsanstalt (Gesetz vom 12. Februar 1884). Freiwilligkeit der Beteiligung ohne Ausschluß der Privatgesellschaften, Vergütung der Schäden auf Grundlage der Gegenseitigkeit, feste Beiträge ohne Nachschüsse, also unter Umständen Kürzung der Entschädigungszahlungen sind neben thunlichster Einfachheit der Verwaltung, namentlich auch im Abschätzungsverfahren, die Grundlagen des mit einem Stammkapital von 1 Million Mark und einer Jahresdotation von 40000 Mark ausgestatteten Unternehmens, das Jahr für Jahr eine Zunahme der Versicherung aufweist und nicht ohne Grund „eine Wohlfahrtseinrichtung ersten Ranges" genannt wurde. — In Baden hat die thatsächliche Versicherungsnot bestimmter Gegenden zu einem staatlichen Abkommen mit der größten deutschen Gegenseitigkeitsgesellschaft geführt (der Norddeutschen Allgemeinen), inhaltlich dessen über den für Baden zu erlassenden Tarif die Regierung zu hören und den Organen

Buchenberger.

der Kreisverwaltung eine Vertretung im Aufsichtsrat eingeräumt, die Bestellung der Vertrauensmänner (Schätzer) und die ganze persönelle Organisation des Agenturwesens den Kreisorganen überlassen ist und der Regierung endlich das Recht zusteht, eine dauernde Kontrolle über die Gesellschaft auszuüben. Um die bei den Landwirten gegen die Versicherung bei Gegenseitigkeitsgesellschaften bestehenden Bedenklichkeiten, die in der Ungewißheit über die Höhe der Nachschußprämien wurzeln, ein für allemal zu beseitigen, werden sowohl seitens der Kreise, wie seitens der Regierung namhafte Geld=Beihilfen zur Verfügung gestellt zur Bildung von Fonds, aus denen die den Versicherten zur Last fallenden Nachschußprämien bestritten werden. Diese hier nur kurz angedeutete Organisation, mit deren Verwirklichung die Hagelversicherungsanträge in den hagelgefährdeten Gegenden Badens eine bemerkenswerte Zunahme erfahren haben, leistet offenbar ähnliches wie eine förmliche Staatsanstalt; denn die Gesellschaft, mit der die Regierung in einem derartigen Vertragsverhältnis steht, erscheint gleich einer Staatsanstalt vom öffentlichen Vertrauen umkleidet, wird also nicht leicht dem üblichen Mißtrauen begegnen. Ist ein Staatsgebiet ein kleines, so kann der Abschluß von Vereinbarungen der bezeichneten Art mit einer soliden Gesellschaft möglicherweise sogar die relativ beste Lösung der Hagelversicherungsfrage sein; die Schaffung eines besonderen verantwortungsreichen neuen staatlichen Verwaltungsapparats wird vermieden, eine bereits vorhandene Organisation für die heimischen Interessen nutzbar gemacht und das Risiko der Versicherung in angemessener Weise auf eine größere Versicherungsgemeinschaft verteilt, so daß das aus Mitteln der Allgemeinheit etwa zu bringende Opfer in verhältnismäßig engen Grenzen sich bewegen kann. Erwägungen, die bestimmend dafür waren, daß Württemberg dem Vorgang Badens in den letzten Jahren gefolgt ist. —

Im großen und ganzen kann man mit der Entwicklung des deutschen Hagelversicherungswesens wohl zufrieden sein; die Ausschreitungen einzelner Gesellschaften sind seltener, die Versicherungsbedingungen von Jahrzehnt zu Jahrzehnt günstiger, die Abwicklung der Entschädigungsansprüche kulanter geworden. Hierzu hat nicht nur die gesunde Konkurrenz zwischen den verschiedenen Versicherungsunternehmungen, sondern auch die zeitweise drohende Gefahr einer völligen Verstaatlichung des Hagelversicherungswesens, aber auch die Thatkraft beigetragen, mit der durch die oberste landwirtschaftliche Interessenvertretung in Deutschland, den deutschen Landwirtschaftsrat, der Standpunkt der Versicherten jederzeit gewahrt und Mängel des Versicherungswesens, wo sie sich zeigten, sofort in scharfe kritische Beleuchtung genommen worden sind.

§ 38. Unfälle im Tierbestand und die Versicherung landwirtschaftlicher Nutztiere.

Das Bedürfnis, gegen plötzlich eintretende Verluste im Stalle gedeckt zu sein, ist ein so augenfälliges, daß die der Viehversicherung dienenden Veranstaltungen (Kuhladen, Kuhgilden) bis in das 16. Jahrhundert sich zurückverfolgen lassen. Im Unterschied von der Hagelversicherung, deren Wichtigkeit mit der Größe der Wirtschaftsfläche wächst und von der daher in den mittleren und größeren Wirtschaften vorwiegend Gebrauch gemacht wird, wächst das Bedürfnis einer Versicherung gegen Unfälle im Stall mit der zunehmenden Kleinheit des landwirtschaftlichen Betriebes. Beim Vorhandensein eines großen Viehstandes wird das zeitweise Umstehen oder die zur Notschlachtung führende Erkrankung eines Tieres füglich ohne nennenswerten Einfluß auf die Vermögensverhältnisse des Wirts bleiben und die Selbstversicherung, d. h. die jährliche mäßige Abschreibung von Betriebskapital des lebenden Inventars im allgemeinen vorteilhafter sich erweisen, als die eigentliche Versicherungsnahme. In kleineren Wirtschaften dagegen, wo nur wenige Tiere gehalten werden und wo jedes Tier, sei es wegen der Gespannarbeit oder der Milchnutzung oder der Düngererzeugung unentbehrlich ist, wird der Verlust selbst nur eines Stückes sehr leicht von Störungen bedenklichster Art begleitet sein. Wegen der vielfach vorhandenen Betriebskapitalarmut der hierher gehörigen Wirtschafter kann die Ergänzung des Abgangs meist nur unter Inanspruchnahme des Personalkredits erfolgen, wodurch dem unsoliden Viehhandel die willkommenste Handhabe zu drückenden Verkaufsverträgen geboten und einem System geldlicher Ausbeutung und wucherartiger Erpressung der denkbar stärkste Vorschub geleistet wird. Vor allem die bekannten Viehverstellungsverträge, bei denen der bäuerliche Wirt im wesentlichen für Rechnung des Händlers arbeitet, indem er nur einen Teil der Nutzung des Tieres hat und jeden Augenblick dessen Wegnahme und Ersatz durch ein geringwertigeres Stück zu gewärtigen hat, dürfen in ihrem Ursprung vielfach auf augenblickliche, durch Unglück im Stalle bedingte Geldverlegenheiten zurückgeführt werden. Aber auch wenn diese bestimmte Folge nicht eintritt und dem geschädigten Landwirt es gelingt, das zur Neuanschaffung eines Tieres erforderliche Kapital unter erträglichen Bedingungen zu erhalten (Bedeutung von örtlichen Darlehens- oder Viehleihkassen!), wirkt die neue Schuldbelastung, zu vorhandenen Schuldverbindlichkeiten hinzutretend, lähmend und schwächend und jedenfalls das am meisten verhindernd, was unter den neuzeitlichen schwierigen Verhältnissen vor allem Not thut, nämlich die Führung eines kapitalintensiven Betriebs. Aus diesen Gründen kommt daher, namentlich unter dem Gesichtspunkte der Interessen bäuerlicher Wirtschaften, der Versicherung der landwirtschaftlichen Nutztiere eine große Bedeutung zu, und zwar namentlich im Gebiete der Rindvieh- und Schweinehaltung, an der ja auch der kleinste Wirt teil hat.

Einen bemerkenswerten und für diese Lösung schwer ins Gewicht fallenden Unterschied von der Hagelversicherung weist die Vieh- (Pferde-, Rindvieh-, Schweine-)Versicherung darin auf, daß hier der Unfall mit dem Merkmal des Unabwendbaren nicht so absolut behaftet ist, wie dies für Hagelschäden zutrifft; aufmerksame und gute Pflege und Fütterung, sowie Vorsorge für rechtzeitige Heilbehandlung vermögen Unfälle hintanzuhalten, gewinnsüchtige Absicht andererseits kann solche Unfälle absichtlich herbeiführen. Die Viehversicherung bedingt deshalb besondere Vorkehrungen, um gegen Leichtsinn oder Betrug Schutz zu gewähren. Auch steht damit im Zusammenhang, daß so viele Landwirte, und namentlich die größeren, welche ihren Tieren eine bessere Wartung zu teil werden lassen können, Anstand nehmen, an einer Viehversicherung sich zu beteiligen, und daß die an sich versicherungsökonomisch wünschenswerte Ausdehnung des Versicherungsgebiets nicht dasselbe leistet, wie bei der Hagelversicherung, weil mit dieser Ausdehnung die ausreichende Kontrolle der Versicherten erschwert und die Gefahr einer durch Fahrlässigkeit oder böswillige Absicht herbeigeführten Häufung der Verlustfälle gesteigert wird. Wenn diese Verhältnisse mit Notwendigkeit zur Erlassung komplizierter Versicherungsbedingungen hindrängen, deren Nichtbeachtung den Verlust der Entschädigung nach sich zieht, so ist damit unsoliden Gesellschaften freilich eine besonders reichliche Gelegenheit zu mißbräuchlicher Anwendung dieser Bedingungen, insbesondere also zu willkürlichen Kürzungen oder Versagungen der Entschädigungsansprüche gegeben. Wie auf den Gesundheitszustand der Haustiere überhaupt, so ist auch auf die Gestaltung des Viehversicherungswesens die Einrichtung des Veterinärwesens und der Veterinärgesetzgebung und namentlich die Art der Seuchenbekämpfung von nachhaltigem Einfluß. Und wo, wie in den mitteleuropäischen Staaten, durch die Seuchengesetze für an Seuchen gefallene oder auf polizeiliche Anordnung getötete seuchenkranke oder seuchenverdächtige Tiere (im Fall der Rotzkrankheit bei Pferden, der Rinderpest, der Lungenseuche und des Milzbrandes bei Rindvieh), sei es unmittelbar aus der Staatskasse, sei es durch Zwangsumlegung der Entschädigungskosten auf die Gesamtheit der beteiligten Tierbesitzer Entschädigung gewährt wird, ist der Kreis der der Versicherung zufallenden Verlustfälle wesentlich eingeengt, die Durchführbarkeit von Viehversicherungsorganisationen also vereinfacht und erleichtert worden.

Die bei den sonstigen Versicherungen üblichen Formen der Organisation (als Aktiengesellschaft oder Gegenseitigkeitsgesellschaft) haben gegenüber der Versicherung landwirtschaftlicher Nutztiere, im großen und ganzen versagt. Das große Risiko der Versicherung lebender Tiere, deren Verlust mit dem Eintritt der Versicherung sich

§ 38. Unfälle im Tierbestand und die Versicherung landw. Nutztiere. 181

steigert, weil der Besitzer an der Erhaltung des Versicherungsobjektes häufig kein Interesse mehr hat, bot keine Anziehungskraft für das private Kapital: die Form der Aktiengesellschaft ist daher bei der Tierversicherung ohne jede Anwendung geblieben. Soweit aber Gegenseitigkeitsgesellschaften das Feld der Versicherung bebauten, ist nur ausnahmsweise deren Thätigkeit eine einwandfreie gewesen. Der Versuchung, der technischen Schwierigkeit der Tierversicherung durch winkelzügige, unklare Abfassung der Versicherungsbedingungen sowie durch dolose Auslegung derselben zu begegnen, haben nur wenige dieser Gesellschaften Widerstand geleistet. Vielfach hat sich gezeigt, daß manche Gesellschaftsgründung lediglich dazu bestimmt war, einer Anzahl Leute, die auf anderen Gebieten Schiffbruch erlitten hatten, eine auskömmliche Existenz zu verschaffen, wobei, um sich Versicherungen zu verschaffen, auch „Bauernfängerei im großen Stil" nicht immer verschmäht wurde. Wenn es noch eines Beweises bedurfte, daß nicht jede unter der Firma der „Gegenseitigkeit" arbeitende Gesellschaft vertrauenswert ist, so ist dieser Beweis durch die geschäftlichen Manipulationen einer Anzahl Versicherungsgesellschaften, durch frivole Prozeßführungen, illoyale Kürzung vertragsmäßiger Ansprüche, rigorose Handhabung der Kündigungsvorschriften jedenfalls in bündigster Weise erbracht worden.

Unter diesen Verhältnissen würde ohne die zahlreichen örtlichen Versicherungsvereine das Bedürfnis der Versicherung der landwirtschaftlichen Haustiere und namentlich der Rindviehbestände jeder geordneten Befriedigung entbehrt haben. Insofern entspricht das Bestehen und Wirken solcher, meist freilich nur eine sehr lose Organisation aufweisender Versicherungsvereine einem dringenden Bedürfnis, und deren Wirksamkeit wird seitens vieler Landwirte schon dann hoch angeschlagen, wenn die Vereinsaufgabe sich darauf beschränkt, daß in Fällen der Notschlachtung von Tieren der genießbare Teil des Fleisches von den Vereinsmitgliedern in einem in der Regel nach der Größe des Tierbestandes sich richtenden Verhältnissatz gegen einen mäßigen Anschlag übernommen wird. — Die Mängel dieser örtlichen Versicherungsvereine liegen in der Kleinheit des Versicherungsgebiets begründet, infolgedessen es an einer angemessenen Ausgleichungsmöglichkeit für die Schadensfälle fehlt und alle durch die Zufälligkeiten zeitlicher und örtlicher Verhältnisse verursachten besonderen Gefahrmomente (z. B. ungünstiger Ausfall der Futterernte und dadurch veranlaßte Häufung von Verdauungskrankheiten) innerhalb des kleinen Versicherungsgebiets mit unverminderter Schärfe zur jeweiligen vollen Geltung kommen. In kleinen Gemeinden mit geringer Viehstückzahl liegen deshalb von vornherein die Aussichten für eine gedeihliche Thätigkeit nicht sehr günstig, aber selbst in größeren Gemeinden jedenfalls dann nicht, wenn ein erheblicher Teil des Viehbestandes der Versicherung entzogen bleibt. Auch zeigt die Erfahrung, daß oft wenige, in rascher Folge auftretende Unfälle hinreichen, die übernommene Last den Mitgliedern als eine allzu drückende erscheinen lassen, und es erfolgen Austrittserklärungen, die den Fortbestand des Vereins in Frage stellen. — Ein Schutz gegen solche Fahnenflucht und deren üble Folgen für den Fortbestand der Vereine wäre in der Schaffung einer Rückversicherungsmöglichkeit gegeben durch Zusammenschließung aller oder zahlreicher Ortsviehversicherungsvereine eines Landes zu einem Versicherungsverband mit dem Ziel, einen Teil der jährlich erwachsenden Schäden dem Verband als solchen zur Last zu setzen. Die glatteste Lösung aber würde wohl die sein, alle Rindviehbesitzer eines Landes oder einer Provinz zu einer Zwangsversicherungsgemeinschaft zu vereinigen, weil innerhalb dieser Gemeinschaft die wirksamste Ausgleichung der Risiken und deshalb die denkbar billigste Versicherungsmöglichkeit geschaffen wäre. In dieser Weise ist man in Belgien (1893) vorgegangen. In Deutschland wurde der erste Versuch einer öffentlich-rechtlichen Organisation des Viehversicherungswesens in Baden unternommen (Gesetz vom 26. Juni 1890); die mit einem bedingten Zwangscharakter ausgestattete, auf lokaler Gliederung und verbandsmäßiger Zusammenfassung der örtlichen Versicherungsanstalten beruhende Organisation ist seit 1892 in Thätigkeit und die Prämien bewegen sich, verglichen mit den Tarifen der Gegenseitigkeitsanstalten oder den thatsächlichen Leistungen und Gegenleistungen der älteren lokalen Versicherungsvereine, in erträglichen Grenzen. Der Anstalt wurde für Reservefondszwecke ein Staatsbeitrag von 200 000 Mark bewilligt. — In ähnlicher Weise ist man in Bayern im Jahre 1896 vorgegangen, nur mit dem Unterschiede, daß in der Organisation der gegründeten Landesversicherungsanstalt jede Art von Beitrittszwang fehlt.

Mit der zunehmenden Ausbreitung des Verkehrs in Schlachttieren hat sich die Notwendigkeit einer Schlachtviehversicherung ergeben. Und zwar ist das Bedürfnis hierzu durch die wachsende Strenge in der Handhabung der Fleischbeschau veranlaßt worden, weil nunmehr in sehr viel häufigeren Fällen als früher eine polizeiliche Beschlagnahme von Fleisch in den Schlachtstätten statthat, sei es wegen des Vorhandenseins bestimmter Krankheiten, an denen das Schlachttier litt (besonders Tuberkulose), sei es, weil auch ohne Erkrankung des Schlachttiers das Fleisch oder Fleischteile als verdorben, gesundheitsschädlich oder ekelhaft und deshalb als ungenießbar erklärt werden. Die aus der polizeilichen Beschlagnahme von Fleisch sich ergebenden Verluste treffen den Produzenten überall dann, wenn ein gesetzlicher Währschaftsmangel Veranlassung für die Ungenießbarkeitserklärung wurde (z. B. bei Lungen- und Perlsucht), in anderen Fällen den Händler oder Metzger, es sei denn, daß seitens des verkaufenden Produzenten Garantie für Genießbarkeit des Fleisches uneingeschränkt geleistet war. Immer aber wirkt die durch die gesundheitlichen Rücksichten veranlaßte unnachsichtige Handhabung der Fleischbeschau mittelbar auf das landwirtschaftliche Gewerbe nachteilig

§ 38. Unfälle im Tierbestand und die Versicherung landw. Nutztiere. 183

zurück, da sie in den Verkauf von Schlachttieren ein Element der Unsicherheit bringt, und nicht minder störend erweisen sich die aus Anlaß polizeilicher Beschlagnahmen zahlreich erhobenen, meist unerquicklichen und kostspieligen Rechtsstreite. — Die neue badische Versicherungsorganisation hat deshalb mit gewissen Vorbehalten auch die Schlachtviehversicherung in den Kreis der Versicherungsaufgaben einbezogen; und an einigen großen Konsumtionsplätzen (Berlin, Breslau, Leipzig) sind besondere desfallsige Versicherungsvereine ins Leben getreten, die freilich durchweg mit der Schwierigkeit zu rechnen haben, daß die Besitzer von Schlachttieren an der Anmeldung anderer als verdächtiger Tiere zur Versicherung kein Interesse haben und infolgedessen der Versicherung überwiegend schlechte Risiken zufallen.

Unter den Krankheiten, die in den weitaus meisten Fällen zur polizeilichen Beschlagnahme des Fleisches geschlachteter Tiere Veranlassung geben, steht die Tuberkulose (Perlsucht) obenan. Aus diesem Grund wird die Einbeziehung der Tuberkulose, dieser „schleichenden Weltseuche", in die Seuchenbekämpfung neuerdings angestrebt (Ausmerzung tuberkulöser Tierbestände im Wege seuchenpolizeilicher Tötungsverordnungen, Zubilligung einer Entschädigung an die verlustigen Tierbesitzer und Umlegung der Entschädigungen in Form von Zwangsbeiträgen auf alle Besitzer von Tieren der Gattung Rind). Unzweifelhaft wäre mit dieser Erweiterung der Seuchengesetzgebung die Hauptursache der gegenwärtigen Schlachtverluste weggefallen, zugleich aber der wirksamste Ersatz für die Schlachtviehversicherung gegeben.

Einer aufmerksamen Verfolgung der Vorgänge im deutschen Versicherungswesen kann — dies sei zum Schlusse noch bemerkt — nicht entgehen, daß manche beklagenswerte Schäden aus dem Mangel eines deutschen Versicherungsrechts und einer centralen Aufsicht über das Versicherungswesen zu erklären sind. Insbesondere ist diesem Mangel zuzuschreiben, daß das Entstehen von wenig leistungsfähigen, weil zweifelhaft fundierten Gesellschaften nicht immer zu hindern oder doch nicht immer die Handhabe geboten ist, unsoliden, die Versichernden als Ausbeutungsobjekte behandelnden Geschäftsgebarungen nachdrücklich entgegenzutreten. Ferner hat selbst da, wo nach partikularem Recht ein Konzessionszwang besteht, eine eingelebte milde Handhabung des Konzessionierungsrechts die leidige Folge gehabt, daß Gründungen bedenklicher Art entstanden sind; und konnten weiterhin bei dem Mangel einer die Geschäftsgebarung sachverständig überwachenden Centralinstanz Mißbräuche jahrelang fortdauern oder mußten doch einen schon sehr verfänglichen Charakter annehmen, bis zu dem Mittel der Konzessionsentziehung geschritten wurde. Nun treten aber die Nachteile erleichterter Gründung fragwürdiger Gesellschaften gerade auch darin zu Tage, daß sie aufseiten der letzteren vielfach einen mit unehrlichen Mitteln (Prämienunterbietungen) geführten Konkurrenzkampf, unter dem auch das solide

Geschäft zu leiden hat, und sonstige unsaubere Praktiken zeitigen (Festhaltung der gewonnenen Kundschaft durch den Austritt erschwerende Bedingungen, Unklarheit und Zweideutigkeit der Entschädigungsnormen, um der Entschädigungspflicht sich zu entziehen oder sie herabzudrücken), alles zum Nachteil der Verbreitung des Versicherungswesens, weil ein Teil der einmal getäuschten Versicherungskundschaft im Unmut dem Versicherungswesen überhaupt den Rücken kehrt. Die Erlassung eines deutschen Versicherungsgesetzes und die Schaffung einer centralen sachverständigen Aufsichtsbehörde muß deshalb als Bedürfnis angesehen werden; die Befriedigung desselben liegt auch im Interesse der soliden Gesellschaften selber, und nur die unsoliden haben Ursache, „diesen neuen staatlichen Eingriff in die wirtschaftliche Bewegungsfreiheit", wie die übliche Einwendung gegen die Schaffung guter Ordnung im Wirtschaftsleben zu lauten pflegt, zu scheuen.

§ 59. Unfälle im landwirtschaftlichen Betriebe und ihre Verhütung und Unterdrückung durch die Maßnahmen der Landwirtschaftspolizei.

Die Landwirtschaftspolizei stellt sich dar als der Inbegriff der behördlichen Anordnungen und Vorschriften, die teils die Fernhaltung von Störungen und Benachteiligungen des landwirtschaftlichen Betriebs durch schädliche bezw. rechtswidrige Handlungen oder Unterlassungen, teils die Bekämpfung von Schädlingen der landwirtschaftlichen Haustiere und Pflanzen zum Gegenstand haben. Aus den früher angegebenen Gründen hat die landwirtschaftspolizeiliche Thätigkeit des Staats gerade in der heutigen Zeit eine besondere Bedeutung erlangt, und zwar nicht nur deshalb, weil manche den Landwirtschaftsbetrieb bedrohenden schädlichen Ereignisse gegenüber früher viel häufiger eintreten, was mit der Zunahme des Verkehrs innerhalb des Landes und von Land zu Land zusammenhängt, sondern auch deshalb, weil heutzutage der Wert der landwirtschaftlichen Erzeugnisse ein um vieles gesteigerter ist und daher Wertverluste, zumal in Zeiten sinkender Gutsrente, doppelt schmerzlich empfunden werden.

Die ausgeprägte Abneigung der ländlichen Bevölkerung gegen jede Art von Bevormundung und Zwang erschwert leider das Funktionieren des landwirtschaftspolizeilichen Apparats orts- und zeitweise sehr, insofern den landwirtschaftspolizeilichen Anordnungen bald aktiver, bald passiver Widerstand entgegengesetzt wird. Aber auch Vorurteilen und vorgefaßten Meinungen ist es zuzuschreiben, daß die Landwirtschaftspolizei nicht stets die gewünschten Erfolge zu verzeichnen hat. Man kann daher wohl sagen, daß die landwirtschaftliche Bevölkerung einer Gegend um so aufgeklärter sich erweist, je williger sie dem aus allgemeinen Gründen der Landeskultur in landwirtschaftspolizeilichen Vorschriften enthaltenen Zwang an Ge- und Verboten sich fügt; um so unaufgeklärter und bildungsbedürftiger, je mehr sie durch aktiven oder passiven

§ 39. Unfälle im landwirtschaftlichen Betrieb und ihre Verhütung ꝛc. 185

Widerstand die landwirtschaftspolizeilichen Maßnahmen und ihre beabsichtigten Wirkungen zu durchkreuzen bestrebt ist; der unverständige Kampf Tausender von kleinen Winzern in Deutschland und Frankreich gegen die landwirtschaftspolizeilichen Anordnungen zum Schutz gegen die Reblauskrankheit bildet hierfür ein typisches Beispiel. Das in weiten Kreisen der Landbevölkerung herrschende Mißtrauen gegen polizeiliche Eingriffe in ihre Erwerbsthätigkeit und die daraus entspringende Unlust zur Befolgung ergangener Polizeivorschriften darf natürlich nicht abhalten, das als notwendig Erkannte anzuordnen und durchzuführen. Wohl aber empfiehlt sich besondere Vorsicht in der Betretung dieses Gebiets, und sollte keinenfalls eine polizeiliche Maßregel in Geltung gesetzt werden, die nicht durch ein unzweifelhaftes Bedürfnis veranlaßt, als solches von landwirtschaftlichen Sachverständigen anerkannt ist und hinsichtlich deren praktischer und erfolgverbürgender Durchführung alle etwa geltend zu machenden Zweifel behoben sind. Andernfalls würde das polizeiliche Vorgehen seinen offenen und heimlichen Gegnern die wirksamsten Angriffswaffen liefern.

In vorderster Reihe stehen, neben einer guten Ordnung des sogenannten Feldpolizeiwesens und einer zweckentsprechenden Organisation der Feldhut, die Maßregeln zur Bekämpfung der Pflanzen- und Tierschädlinge, von denen diejenigen, die dem Pflanzenschutz dienen, verhältnismäßig neueren Datums sind, während für die Seuchenpolizei schon im vorigen Jahrhundert Ansätze der Ausbildung zu beobachten sind. Nun hat freilich die Bekämpfung der Pflanzenschädlinge mit ganz besonderen Schwierigkeiten zu rechnen, die einigermaßen erklären, daß die Landbevölkerung meist nur widerwillig an diesen Bekämpfungsarbeiten sich beteiligt, wobei indessen, wie schon angedeutet, auch Unkenntnis, Vorurteil oder eine gewisse fatalistische Ergebenheit in das scheinbar Unabänderliche als hemmende Faktoren mitspielen. Die Schwierigkeiten der Bekämpfung der zahlreichen Pflanzenschädlinge liegen teils in der Massenhaftigkeit des Auftretens begründet, so daß nur eine auf weitere Entfernungen hin gleichmäßig organisierte Tilgungsmaßregel Erfolg verspricht, teils in der Kleinheit des Schädlings und in der Art seines Vorkommens (in schwer erreichbaren Schlupfwinkeln), was einer gründlichen Tilgung mancher Schädlinge (z. B. der Obstkultur) sich hinderlich erweist, teils endlich darin, daß die ungeheure Vermehrungsfähigkeit mancher Schädlinge (Blatt- und andere Läuse, ferner Schädlinge pflanzlicher Art, wie Pilze) dem tilgenden Eingreifen der Menschenhand von vornherein zu spotten scheint. Es kommt dazu, daß bei manchen Pflanzenkrankheiten (Kartoffelkrankheiten, Krankheiten der Reben) die sachverständigen Ansichten über die zweckmäßigste Art der Bekämpfung nicht immer feststehen, oder daß doch diese Bekämpfung nur unter großem Aufwand von Geldmitteln möglich ist — man denke an die Bekämpfung der Phylloxeraplage! — oder doch nur bei jahrelang systematisch fortgesetztem Tilgungsverfahren aussichtsvoll erscheint. Endlich ist zu beachten, daß wegen der meist über zahllose Objekte sich erstreckenden Verbreitung der Schädlinge die Kontrolle über die richtige Ausführung der vorgeschriebenen Tilgungsmaßregeln häufig sehr erschwert ist. So wächst nicht selten der obrigkeitlich empfohlene oder gebotene Kampf mit bestimmten Schädlingen zu einem Kampfe zwischen den Organen der Polizeiverwaltung und der Landbaubevölkerung aus, und es erfordert oft lange Zeit, bis die letztere von der Zweckmäßigkeit und Notwendigkeit eines freiwilligen oder gar polizeilich zu erzwingenden Bekämpfungsverfahrens sich überzeugen läßt. Beispielsweise haben selbst die nach vielen Millionen zählenden Verluste, welche durch die Blattfallkrankheit der Reben (Peronospora) jahrweise hervorgerufen wurden, und hat selbst der äußerlich in sichtbarster Weise zu Tage tretende Erfolg der Behandlung der so erkrankten Reben mit Kupferkalklösungen noch keineswegs überall die weit verbreitete Lässigkeit der bäuerlichen Winzer gegenüber dieser nach der Reblaus verheerendsten aller Rebkrankheiten zu beseitigen vermocht, und der Vollzug des da und dort polizeilich verordneten Bekämpfungsverfahrens stößt ortsweise noch immer auf den größten Widerstand der Beteiligten. Ähnlich im Bereich der zahlreichen Schädlinge der Obstkultur, der Unterdrückung der Crobauchenarten und vieler anderer Unkräuter.

Solcher auf Unwissenheit, Aberglaube, Eigensinn oder fatalistischer Anschauung beruhenden Unthätigkeit und Lässigkeit der Beteiligten gegenüber kann nicht scharf genug betont werden, daß wiederum gerade in der Gegenwart mit ihrer Tendenz zu sinkenden Reinerträgnissen doppeltes Bedürfnis besteht, jeden Verlust an Erntewerten durch Pflanzenschädlinge mittelst systematischer Bekämpfung hintanzuhalten, und zwar umsomehr, je mehr einerseits infolge des gesteigerten internationalen Verkehrs in lebenden Pflanzen neue, bis dahin unbekannte Schädlinge in die alten Kulturländer Europas eingeschleppt werden (Rebwurzellaus, Pilzkrankheiten, Koloradokäfer 2c.), andererseits offenbar eine Reihe einheimischer Kulturpflanzen, wie namentlich die Rebe, in dem Zustand der Überfeinerung, in dem sie sich infolge einer hochgesteigerten Kultur und der üblichen Art der Vermehrung befinden, sehr viel an natürlicher Widerstandsfähigkeit gegen die Schädlinge eingebüßt zu haben scheinen. Unter diesen Umständen ist den landwirtschaftlichen Versuchsanstalten in Aufsuchung der besten und billigsten Tilgungsmethoden ein ganz neues und sehr dankenswertes Arbeitsfeld erwachsen, das gar nicht sorgfältig genug bearbeitet werden kann, während die landwirtschaftlichen Verwaltungsbehörden alle Veranlassung haben, teils im Weg der Belehrung, auch durch Verteilung von Flugschriften in den Schulen, teils im Weg des polizeilichen Zwangs das Bekämpfungsverfahren systematisch einzurichten. Ein polizeiliches Zwangsverfahren wird namentlich da angebracht sein, wo nach der Natur des Schädlings die Lässigkeit des Einzelnen nicht nur ihn selber, sondern auch alle andern in Mitleidenschaft zieht, und wo die Unterlassung der Bekämpfung an der einen Stelle das Ankämpfen an anderer Stelle immer von neuem in Frage stellen würde; daher denn auch gegenüber der Reblauskrankheit, der Raupenplage und anderen Obstbaumschädlingen (Blutlaus), ferner gegenüber gewissen Unkräutern (Kleeseide, Kleewürger ꝛc.) fast überall polizeiliche Zwangsanordnungen für notwendig erachtet wurden und ergangen sind.

Ein wichtiges Seitenstück der Schädlingsbekämpfung ist ein verständig geordneter Schutz der insektenfressenden Vögel, wobei neben der Erlassung von entsprechenden Polizeiverordnungen wiederum die belehrende Aufklärung, namentlich auch in der Schule, von besonderer Bedeutung ist. Im Hinblick auf die zahlreichen Wandervögel ist ein internationaler Vogelschutz anzustreben, der dem massenweisen Hinmorden nützlicher Vögel auf deren Zug in südliche Gegenden ein Ziel setzen würde.

Im allgemeinen vorurteilsfreier als dem besprochenen Gebiet steht die ländliche Bevölkerung der Seuchenpolizei, d. h. den zur Abwehr und Unterdrückung von ansteckenden Krankheiten der landwirtschaftlichen Haustiere dienenden gesetzlichen und Verwaltungs-Maßnahmen gegenüber, und es bekundet eine erfreuliche Zunahme des Verständnisses für diesen Zweig der Landwirtschaftspolizei, daß in den letzten Jahren wiederholt das Verlangen nach einer schärferen Ausgestaltung einzelner seuchenpolizeilicher Vorschriften zu Tage trat. Dieses bessere Verständnis für die Wichtigkeit einer guten Ordnung der Seuchengesetzgebung und eines wirksam funktionierenden Verwaltungsapparats erklärt sich leicht aus der hochgradigen Empfindlichkeit, die gegenüber Kapitalverlusten und namentlich gegenüber solchen aus den Tierbeständen besteht; beziffern sich doch diese Verluste selbst in kleineren Staatswesen jahrweise manchmal nach vielen Millionen, und ist es keineswegs selten, daß infolge solcher Verluste die einzelnen davon betroffenen Wirtschaften dauerndem Siechtum verfallen. Mit der Vervielfältigung der neuzeitlichen Verkehrsmittel, der wachsenden Verbilligung des Transports, der Öffnung der Landesgrenzen für den internationalen Verkehr ist die Gefahr der raschen Verschleppung der Seuchen bei der ohnehin meist sehr flüchtigen Natur des Ansteckungsstoffs auf weithin eine gegen früher sehr gesteigerte, sind deshalb jahrweise die Seuchenherde zahlreicher, die Einbußen größer, ist aber auch die Aufgabe der Seuchenpolizei eine schwierigere geworden. Insbesondere fällt für die Wirksamkeit der seuchenpolizeilichen Kontrollen mißlich ins Gewicht, daß sie auf zahlreiche, sehr häufig in Ortsveränderung begriffene Tierindividuen sich erstrecken müssen, diese Transporte aber, namentlich soweit es Landstraßentransporte sind, sich leicht der ausreichenden Beobachtung entziehen; ferner, daß von der Ansteckung eines Tieres bis zum Ausbruch der Krankheit ein kürzerer oder längerer Zeitraum (Inkubationsdauer) verstreicht und daher Tiere unter Umständen als seuchenfrei gelten und behandelt werden, die den Krankheitskeim bereits in sich aufgenommen haben. Auch bei der trefflichsten Organisation der Seuchenpolizei sind daher Seuchenausbrüche und ist eine Verschleppung der Seuchenherde nicht immer zu vermeiden, zumal auch Unwissenheit, böser Wille oder Gewinnsucht, letztere namentlich auf seiten der gewerbsmäßigen Viehhändler, die Absichten der Seuchenpolizeibehörde manchmal durchkreuzen. — Die seuchenpolizeilichen Maßnahmen sind im großen und ganzen dreierlei Art: einmal sind es den Tierverkehr innerhalb des Landes umfassende polizeiliche Zwangsmaßregeln verhütender oder vorbeugender Art, wie die Hof- und Gemarkungssperre, die Transportkontrolle, die Marktverbote, die Pflicht zur Lösung von Gesundheitsscheinen rc.; zweitens unterdrückende Zwangsmaßregeln, nämlich für den Fall des Ausbruchs bestimmter besonders gefährlicher Seuchen (Rinderpest, Lungenseuche, Rotz rc.) die Inanspruchnahme des Rechts zur Tötung der verseuchten Bestände behufs raschester Tilgung der Seuchenherde; drittens die Anordnung völliger Grenzsperren gegen die zeitweise Einfuhr von Vieh aus dem Ausland. Von diesem Recht der Grenzsperre gegen Einfuhr fremden Viehs ist in Deutschland gerade in der Gegenwart der denkbar umfassendste Gebrauch gemacht worden, ohne daß freilich die Einschleppung einzelner Seuchen und deren Weiterverbreitung immer hätte gehindert werden können (so namentlich betreffs der Maul- und Klauenseuche). Das Verlangen landwirtschaftlicher Kreise nach einer dauernden Grenzsperre gegen alle angrenzenden Staaten, auch dann, wenn diese seuchenfrei sind, steht mit handelsvertragsmäßigen Abmachungen im Widerspruch, würde den landwirtschaftlichen Grenzverkehr in Vieh schwer schädigen und übersieht, daß jahrweise die deutsche Landwirtschaft das für das Fleischbedürfnis der großen Verzehrsmittelpunkte nötige Quantum an gutem Schlachtvieh keineswegs zu liefern vermag. Nicht zu gedenken der Repressalien, mit denen eine solche Abschließungsmaßregel von anderen Staaten beantwortet und von denen die Landwirte der auf den Export von Zucht- und Mastvieh angewiesenen Gegenden schwer betroffen werden würden.

Im allgemeinen bestand früher bei Seuchenfällen der Grundsatz, daß den Schaden aus Anlaß von Seuchen und der zu ihrer Bekämpfung erforderlich werdenden polizeilichen Maßnahmen der Besitzer und zwar selbst dann zu tragen habe, wenn das verseuchte Tier behufs rascher Tilgung des Seuchenherdes polizeilich getötet wird. Die Erwägung indessen, daß viele Besitzer, um sich vor diesem Zwangseingreifen der Seuchenpolizeibehörde zu schützen, geneigt sein werden, den Seuchenausbruch zu verheimlichen, hat dazu geführt, für gewisse Seuchenkrankheiten — Rinderpest, Rotz, Lungenseuche, Milz- und Rauschbrand — bei deren rechtzeitiger Anzeige für den Fall der Tötung, bezw. für den Fall eines nach erfolgter Anzeige eingetretenen Verlustes eine Entschädigung zuzuerkennen; insoweit dies der Fall ist, kann sich also der Besitzer gegen den Verlust aus bestimmten Seuchenfällen für versichert erachten, und man spricht deshalb da, wo die

Entschädigungsleistungen auf die Gesamtheit der Tierbesitzer umgelegt werden, von einer Seuchenzwangsversicherung. Dem Wunsche der ländlichen Bevölkerung, daß in diese Seuchenzwangsversicherung auch andere Seuchenkrankheiten, wie namentlich die **Perlsucht des Rindes** und die **Rotlaufseuche der Schweine**, mit der Zeit einbegriffen werden, ist Erfüllung zu gönnen. Eine vielversprechende Hilfe gegen eine Anzahl Seuchen scheint neuerdings in den **Schutzimpfungen** zu entstehen, insbesondere gegenüber der Lungenseuche, dem Milz- und Rauschbrand, der Pockenseuche der Schafe, und mit Recht werden deshalb in den meisten Staaten durchgreifende Versuche mit solchen Schutzimpfungen unternommen. Die Wirksamkeit dieser Versuche vorausgesetzt, würden die Schutzimpfungen mit der Zeit ein sehr wichtiges Glied in der Seuchenbekämpfungstechnik bilden und unter Umständen in dem seitherigen, mit vielerlei Unbequemlichkeiten und Kosten für die Beteiligten verknüpften Mechanismus der Seuchenpolizei eine wesentliche Vereinfachung ermöglichen können.

§ 40. Die öffentlichen Abgaben des Landwirts.

Es ist nicht überflüssig, daran zu erinnern, daß das heutige Abgabewesen, soweit die landwirtschaftliche Bevölkerung in Betracht kommt, in nicht unwesentlichen Beziehungen vorteilhaft von demjenigen früherer Zeiten sich unterscheidet. Alle **Abgaben des modernen Staats** (Staatssteuern, Steuern und Umlagen der Gemeinden und größerer Selbstverwaltungskörper) sind öffentlich-rechtlicher Natur und fußen auf den politischen und wirtschaftlichen Zusammenhängen, die zwischen einem politischen Gemeinwesen und den Angehörigen dieser Gemeinwesen bestehen; Zweck dieser Abgabenerhebung ist allemal und ausnahmslos die Befriedigung eines öffentlichen Bedürfnisses. Dagegen sind die auf der landwirtschaftlichen Bevölkerung lastenden Abgaben der älteren Zeit nur zu einem Teil öffentlich-rechtlicher, zu einem andern Teil aber privatrechtlicher Natur gewesen, deren Ursprung und weitere Ausbildung auf Gutsunterthänigkeitsverhältnisse zurückzuführen ist (Zinsen und Gülten, sowie Naturalabgaben verschiedenster Art, die durch die im grundherrlichen Verband befindliche bäuerliche Bevölkerung an die Gutsherrschaft entweder jahrweise oder aus besonderem Anlaß zu entrichten waren): und die Erhebung dieser Geld- und Naturalabgaben erfolgte nicht oder doch nicht vorwiegend zu öffentlichen, sondern auch zu privaten Zwecken der Gutsherrschaft. Aber noch in einer zweiten Hinsicht unterscheidet sich der moderne Staat vorteilhaft von dem Staat der rückwärtsliegenden Zeit: dieselbe Gesetzgebung, die alle diese Abgaben und Lasten privatrechtlichen Charakters zur Ablösung oder Aufhebung brachte (§ 3), hat auch den wichtigen Grundsatz der steuerlichen Gleichheit aller vor dem Gesetz verkündet, d. h. mit den früher in ausgedehntem Maß bestandenen Steuerfreiheiten bevorrechteter Familien aufgeräumt und nur eine Steuerfreiheit der Armen und wirtschaftlich Schwachen anerkannt.

Überblickt man die Steuergesetzgebung der letzten Jahrzehnte in den verschiedenen deutschen Staaten, so stellt sich als übereinstimmender, diese Gesetzgebung beherrschender Zug das Streben dar, dem Grundsatz der Besteuerung nach der wirtschaftlichen Leistungsfähigkeit immer mehr gerecht zu werden. Bis in die zweite Hälfte dieses Jahrhunderts waren die Grund-, Gebäude- und Gewerbesteuer ziemlich überall die einzigen Arten direkter Steuern; und da die älteren Gewerbesteuern nach ihrer technischen Konstruktion die großen industriellen Betriebe nur mangelhaft erfaßten, so lag der Schwerpunkt der steuerlichen Erhebung in den beiden erstgenannten Steuerarten. Vor allem war die Grundsteuer das Rückgrat des Steuersystemes, und aus den von der landwirtschafttreibenden Bevölkerung aufgebrachten direkten Steuern wurde ein ansehnlicher Teil des Staatsaufwands bestritten. In der Gegenwart hat, zufolge der überall vollzogenen Steuerreformen, dieses Bild sich sehr verwandelt. Einmal hat eine feinere Steuertechnik es verstanden, gewerbliche und Handelsunternehmungen in einer ihrer steuerlichen Leistungsfähigkeit entsprechenderen Weise zu veranlagen; zum zweiten hat überall eine Besteuerung auch des beweglichen, aus Kapitalzinsen und Renten fließenden Einkommens stattgefunden; drittens und endlich hat die Ausbildung einer eigentlichen Einkommenssteuergesetzgebung es ermöglicht, jede Art von landwirtschaftlichem, gewerblichem, Renten- und sonstigem Einkommen steuerlich zu erfassen, ist ferner durch die Einführung des Grundsatzes der progressiven Besteuerung die verhältnismäßig stärkere Besteuerung der größeren Einkommen erzielt und endlich durch die Gestattung des Schuldabzugs und die steuerfreie Belassung von kleinen Einkommen den steuerschwächeren Elementen der Bevölkerung in demselben Maße eine Entlastung gewährt worden, als die steuerkräftigeren Elemente schärfer zu den Staatsbedürfnissen herangezogen wurden. Diese von volkstümlichem Geist getragene, auf thunliche Abmilderung der Klassengegensätze gerichtete, also recht eigentlich in socialpolitischer Richtung sich bewegende Reform-Gesetzgebung des Staatssteuerwesens hat in der preußischen Steuerreform vom Jahre 1893, die die seitherigen direkten Staatssteuern (Grund-, Gebäude-, Gewerbe-, Bergwerkssteuer) aufhob, diese Steuerquellen den Gemeinden überwies und durch Einführung einer mäßigen Vermögenssteuer (als Ergänzungssteuer der Einkommensbesteuerung) ersetzte, ihren vorläufigen Höhepunkt erreicht.

Ist nun auch der reformierende Gang der Steuergesetzgebung, wie er vorstehend angedeutet wurde, in erster Reihe auf allgemeine steuerpolitische und steuertechnische Erwägungen zurückzuführen, so hat doch aus dieser Entwicklung ganz vorwiegend die Bevölkerung des flachen Landes Nutzen gezogen. Mehr als in früheren Zeiten haben die letzten 3 Jahrzehnte eine außerordentliche Zunahme der Staatsaus-

§ 40. Die öffentlichen Abgaben des Landwirts. 191

gaben für die verschiedensten Zwecke, insbesondere für Unterrichts- und Wohlfahrtszwecke jeder Art, gebracht; mit den Mitteln des älteren Steuersystems hätte diesem vermehrten Ausgabebedarf nicht oder nur unter beträchtlicher Erhöhung der Steuersätze der einzelnen Steuern genügt werden können. Solche Erhöhungen haben indessen, namentlich soweit die spezifischen landwirtschaftlichen Steuerarten (Grundsteuer) in Betracht kommen, nicht stattgefunden, d. h. die Mittel zur Deckung des staatlichen Mehrbedarfs haben, wozu die veränderte Steuergesetzgebung die Möglichkeit bot, wesentlich die in rascher Entwicklung begriffenen anderweiten Einkommensarten (aus gewerblichen und Handelsgeschäften, freien Berufsarten, aus Zinsen und Renten) geliefert. In einer Reihe von Staaten hat mit Einführung der Einkommensteuer eine weitgehende Ermäßigung der bestehenden sonstigen direkten (Real- oder Ertrags-) Steuern stattgefunden; und da bei der Einkommensteuer das Recht des Schuldabzugs Platz greift, so ist deren Einführung für die verschuldeten Grundbesitzer sogar von einer positiven Steuerentlastung begleitet gewesen. In besonders namhaftem Maße steuerentlastend hat die neueste preußische Steuerreform gewirkt; eine amtliche Denkschrift berechnet die dem ländlichen Grundbesitz zu teil gewordene Erleichterung seiner staatssteuerlichen Pflichten auf jährlich rund 28,5 Millionen Mark, ein Zahlenergebnis, das durch die stärkere Heranziehung der Realsteuern für die Zwecke der Gemeindebesteuerung nicht wesentlich geändert wird. — Die allmähliche Verschiebung der Steuerlast zu Gunsten des landwirtschaftlichen Gewerbes ist auch aus folgenden Zahlenangaben zu entnehmen: In Baden brachte die staatliche Grundsteuer im Jahre 1882 4,1 Millionen Mark oder rund 39 % des gesamten Ertrags an direkten Steuern; im Jahre 1896 dagegen war der Ertrag der Grundsteuer einschließlich der von den rein landwirtschaftlichen Betrieben aufgebrachten Einkommensteuer nur noch 2,9 Millionen Mark oder rund 22 % des gesamten Ertrags an direkten Steuern. Das Rückgrat des badischen Steuersystems ist dermalen die Einkommensteuer, die im Etat von 1896 mit rund 7 Millionen Mark veranschlagt, d. h. an einem Gesamtaufkommen an direkten Steuern von 13,2 Millionen Mark mit 53 % beteiligt erscheint. Die Einkommensteuer brachte 1886 nur 4,6 Millionen Mark, sie ist also in 10 Jahren in ihrem Ertrag um 2,4 Millionen Mark gestiegen; das Mehrerträgnis ist aber zum ganz überwiegenden Teil den nicht landwirtschaftlichen Einkommensquellen entsprungen. Auf 100 Mark Einkommen entfiel im Jahre 1894 in Baden ein Steuerbetrag: bei den rein landwirtschaftlichen Betrieben von nur 0,68 Mark, dagegen bei den Gewerbeunternehmungen und Handelsbetrieben von 1,02 Mark, bei allen sonstigen Steuerpflichtigen (Kapitalisten, Beamten, Trägern liberaler Berufsarten) 1,16 Mark. An dem Steueraufkommen aus der Besteuerung des Zins- und Renteneinkommens ist die Bevölkerung des flachen Landes in Baden ganz unerheblich beteiligt; 1895 brachten allein die 24 größeren Städte des Landes 70 °/₀ der Kapitalrentensteuer auf. — Zahlen wie die vorstehenden lassen Rückschlüsse auf den Anteil, den die ländliche Bevölkerung an dem direkten Steueraufkommen hat, auch auf andere Staatswesen zu, in denen in ähnlicher Weise wie in Baden die Steuergesetzgebung eine Ausbildung im Sinne der Erfassung des Zins- und Renteneinkommens und der Einfügung einer Einkommensteuer in das Steuersystem erfahren hat. Und jedenfalls darf den vorstehenden Betrachtungen entnommen werden, daß staatsseitig das ernste Bestreben bestanden hat und besteht, der geminderten steuerlichen Leistungsfähigkeit der landwirtschafttreibenden Bevölkerung gerecht zu werden. Steuerreformen im großen Stil, wie sie in Preußen und anderwärts in die Wege geleitet wurden, dürften daher seitens der ländlichen Bevölkerung einer anerkennenden Würdigung wohl begegnen.

Einzuräumen ist, daß länderweise manche Reformen auf steuerlichem Gebiet noch der Verwirklichung harren. Wo beispielsweise neben den sonstigen Real= (Ertrags=) Steuern eine besondere Grundsteuer noch erhalten geblieben ist, bildet diese seit längerer Zeit Gegenstand lebhafter Klage, und zwar einmal wegen der mangelhaften Art ihrer Veranlagung, zum anderen, weil bei der Grundsteuer so wenig wie bei den anderen Realsteuern der Abzug der Schulden zugelassen ist. Beiden Beschwerden kann die Berechtigung nicht völlig abgesprochen werden. Es ist ein augenscheinlicher Mangel der Grundsteuer, daß ihre Veranlagungsgrundlagen rasch veralten, aber wegen der großen Kosten einer neuen Katastrierung doch nur in langen Zwischenräumen erneuert werden können; und mit den Grundsätzen der Besteuerung nach der wirtschaftlichen Leistungsfähigkeit befindet sich die Erhebung der Grundsteuer ohne jede Berücksichtigung der Belastung des grundsteuerpflichtigen Objekts mit Schuldverbindlichkeiten nicht ganz im Einklang. Immerhin ist in letzterer Hinsicht darauf zu verweisen, daß die Nichtberücksichtigung des Schuldabzugs bei den Realsteuern ihre größte Härte durch die Einführung der Einkommensteuer, bei welcher ein Schuldenabzug zugelassen ist, eingebüßt hat, und daß die Mängel des Grundsteuerkatasters als solche an sichtbarer Wirkung verlieren, wenn der Steuerfuß der staatlichen Grundsteuer ein mäßiger ist, wie dies für die meisten Staatswesen zutrifft. Eine Beseitigung der erwähnten Beschwerdepunkte wird aus diesen beiden Gründen sehr erhebliche Wirkungen in Bezug auf den Umfang der steuerlichen Pflichten der Einzelnen nicht auszuüben vermögen; gleichwohl sollte die an sich als gerecht erkannte Reform nicht dauernd abgelehnt werden. Der Weg der Reform dürfte durch das Vorgehen der preußischen Gesetzgebung vorgezeichnet, d. h. es wird die Umbildung der älteren Real= (Ertrags=) Steuern zu Vermögenssteuern, die ihrer Natur nach eine Schuldentilgung zulassen, anzustreben sein. Eine Reihe von Anzeichen sprechen dafür, daß in verschiedenen deutschen Staaten in dieser Richtung sich bewegende gesetzgeberische Reformen im Laufe der nächsten Jahre zu erwarten sind.

§ 40. Die öffentlichen Abgaben des Landwirts. 193

Weitaus bedeutender in ihrer Wirkung auf die Rente landwirtschaftlicher Betriebe als die Staatssteuern sind die den landwirtschaftlichen Grundbesitz belastenden Gemeindeabgaben. Im Gegensatz zu den ersteren sind die Gemeindeabgaben in den letzten Jahrzehnten fast überall stark gestiegen, und es ist deren zunehmender Druck durch das Hinzutreten der Abgaben für größere Selbstverwaltungskörper (Kreise, Provinzialverbände) und durch die Lasten der socialen Versicherungsgesetzgebung wesentlich verschärft worden. Für die Staatsaufsichtsbehörden ergiebt sich daraus die wichtige Aufgabe, nach dem Maße des ihnen zukommenden Einflusses auf eine Hintanhaltung weiterer Steigerung und soweit möglich auf eine allmähliche Minderung der Gemeindeausgaben hinzuwirken. Hierzu ist keineswegs selten die Möglichkeit gegeben. In vielen, selbst kleinen Landgemeinden wird mitunter beim Bau von Schul- und Rathäusern ein baulicher Luxus entfaltet, der mit den ökonomischen Kräften dieser Gemeinden in schreiendem Widerspruch steht. Andere Gemeinden haben sich durch Ausführung monumentaler Kirchenbauten auf Generationen hinaus eine schwere Schuldenlast auferlegt, die bei einer Beschränkung auf einfachere und gleichwohl einer würdigen Gottesverehrung Rechnung tragende Bauweisen minder drückend hätte gestaltet werden können. Eine kräftige Einwirkung auf die staatlichen Baubehörden und auf die Gemeinden selber, die Baulichkeiten in den Landgemeinden mit den ökonomischen Kräften der letzteren thunlichst im Einklang zu halten, könnte manchen unerfreulichen Zuständen des Gemeindefinanzwesens wirksam begegnen. Mittelbar kann der Staat auch dadurch aufwandmindernd wirken, daß das Tempo von Maßnahmen, die aus allgemeinen polizeilichen Gründen erwünscht erscheinen (namentlich im Gebiete der Gesundheits- und Reinlichkeits-Polizei), verlangsamt, und daß die aus hygienischen Rücksichten zu erlassenden allgemeinen Vorschriften auf dem flachen Lande den Lebensbedingungen daselbst, die ja wesentlich günstiger liegen als in den Städten, angepaßt werden. Im allgemeinen kann man sagen, daß, je kleiner die Landgemeinden, je weniger günstig die Erwerbs- und Wirtschaftsverhältnisse sind, unter denen die Einwohner leben, je mehr die landwirtschaftliche Unternehmerthätigkeit überwiegt und jede andere Erwerbsthätigkeit zurücktritt, desto ungünstiger sich die Gemeindebesteuerungsverhältnisse gestaltet haben. Denn in Gemeinden dieser Art ist die Summe des steuerpflichtigen Vermögens oder Einkommens verhältnismäßig gering, die prozentuale Belastung also verhältnismäßig groß, und da ein Anwachsen der Steuerwerte nur langsam oder auch gar nicht erfolgt, bei rein landwirtschaftlichen Gemeinden unter Umständen sogar Rückschläge aufweist, so pflegt jedes Anschwellen des Gemeindeaufwands von einem sofortigen sehr empfindlichen Anziehen der Steuerschraube begleitet zu sein. Wesentlich der Rücksichtnahme auf diese steuerschwachen Landgemeinden ist es denn auch zuzuschreiben, daß im letzten Vierteljahrhundert fast überall in Deutschland eine Entlastung des Gemeindeaufwands durch Zu-

Buchenberger. 13

weisung von Staatsbeiträgen herbeizuführen versucht wurde, wie namentlich im Gebiete des Volksschulwesens, des Straßenneubau- und Unterhaltungswesens; und daß mit der Zeit in fast alle Staatsbudgets erhebliche Summen in stets wachsendem Maße zur Subventionierung solcher Gemeinden bei Ausführung nützlicher Unternehmungen (insbesondere auch von Wasserleitungen) eingestellt worden sind. In Preußen z. B. betragen allein die Staatszuschüsse (die gesetzlichen und die auf Grund des Etats gewährten) für die Beitreibung der Volksschullasten in den Landgemeinden jährlich zwischen 30 und 40 Millionen Mark. Mit der Behauptung der „einseitigen Bevorzugung städtischer Interessen auf Kosten des flachen Landes", die für viele Bewohner des letzteren nahezu zu einem Glaubenssatz geworden ist, stehen thatsächliche Feststellungen der vorerwähnten Art nicht ganz im Einklang: die Wahrheit ist, daß ein nicht unbeträchtlicher Teil der allgemeinen Staatseinkünfte, die in steigendem Maße das nichtlandwirtschaftliche Berufseinkommen liefert, zur besseren Befriedigung lokaler Bedürfnisse des flachen Landes und zur teilweisen Entlastung von dem Druck lokaler Gemeindesteuern parat gestellt wird. Dies ist in der Ordnung, entspricht dem Wesen des modernen Staats und erfordert keine besondere Anerkennung, sollte doch auch aber im Streit des Tags über Vergünstigung oder Vernachlässigung bestimmter Erwerbskreise nicht gerade als unwesentliche Kleinigkeit bezeichnet werden.

Die im allgemeinen ungünstige Entwicklung, die vielfach das Gemeindesteuerwesen auf dem flachen Land gewonnen hat, läßt es begreiflich erscheinen, daß die neuen Lasten der Versicherungsgesetze, die gleich einer Vermehrung der sonstigen öffentlichen Lasten wirken, gegendenweise recht schwer empfunden werden: und man kann deshalb dem dann und wann in ländlichen Kreisen laut werdenden Unmut über diese neue Belastung um so mehr eine milde Beurteilung zu teil werden lassen, als der überwiegende Teil der ländlichen Bevölkerung nicht gewillt ist, zu einer direkten Gegnerschaft gegen die Gesetze als solche und deren Zielpunkte überzugehen. Eine unbefangene Würdigung wird einräumen müssen, daß für Industrie und Handel die Aufbringung der sozialen Versicherungskosten wesentlich leichter fällt, als für das landwirtschaftliche Gewerbe, das seit vielen Jahren einer Summe ungünstiger Erwerbsbedingungen begegnet: und daß der Zeitpunkt des Inslebentretens der sozialen Gesetze und insbesondere des Gesetzes über Alters- und Invaliditätsversicherung für das landwirtschaftliche Gewerbe nicht gerade besonders günstig fiel. Eine Rückgängigmachung dieser Gesetze ist — das werden sich alle verständigen Landwirte selber sagen — nicht möglich und zwar schon wegen der Folgen nicht, die eine Schlechterstellung der ländlichen Arbeiter gegenüber den industriellen auf den ländlichen Arbeitsmarkt ausüben müßte. Und auch in der Art der Verteilung der Versicherungslasten zwischen Arbeitgebern und Arbeitern, ebenso in der Ordnung des Zuschußwesens vom Reich werden wesentliche Änderungen sich nicht erzielen lassen. Mit den Versicherungslasten ist daher wohl im großen und ganzen als dauernden Lasten zu rechnen. Eine reine Mehrbelastung des Ausgabekontos stellen die vom Arbeitgeber zu zahlenden Versicherungsbeiträge übrigens deshalb nicht dar, weil die nunmehr gegenüber den Arbeitern geübte sociale Fürsorge den Armenaufwand der Gemeinden im Sinne der Minderung, also günstig beeinflußt. Diese Wirkung kann allerdings erst allmählich eintreten.

Abschließende Betrachtungen. Die in diesem Kapitel niedergelegten Betrachtungen zeigen, daß die aus der ungünstigen Gestaltung des Ausgabekontos hergeleiteten Klagen und Beschwerden der ländlichen Bevölkerung in zwei wesentlichen Beziehungen begründet sind: die Arbeitslöhne sind, bei qualitativem Rückgang des Arbeitermaterials und zunehmender Schwierigkeit in der Beschaffung ausreichender Arbeitskräfte, gestiegen und nicht minder weisen die öffentlichen Abgaben und Lasten, ungeachtet der mäßigen Abgabesätze für Staatszwecke, wegen der Steigerung des Gemeindeaufwands und des Hinzutretens der socialen Versicherungslasten in einer großen Anzahl von Gemeinden eine Zunahme auf, die manchmal wohl recht drückend empfunden wird. In Verbindung mit dem noch zu erörternden Sinken der Getreidepreise und der Preise anderer Bodenerzeugnisse hätte solche Steigerung wesentlicher Produktionskosten längst eine für das landwirtschaftliche Gewerbe gänzlich unhaltbare Lage schaffen müssen, wenn nicht eine Anzahl Faktoren mit aufwandsmindernder Tendenz gleichzeitig in Aktion getreten wären und jene ungünstigen Wirkungen zu einem Teil abgeschwächt hätten. Nicht nur, daß eine Menge landwirtschaftlicher Bedarfsartikel (wie landwirtschaftliche Maschinen, Kraftfutter- und Düngemittel) gegenüber früher wohlfeiler geworden sind, nicht nur, daß durch den Ausbau des Straßen-, Schienen- und Kanalnetzes die Frachten für den Bezug und für den Versandt sich verbilligt haben, nicht nur, daß — eine Folge der vielgeschmähten kapitalistischen Entwicklung — das Geld wohlfeiler und der Zinsfuß für Darlehen in ständigem Weichen begriffen ist, es hat die neuzeitliche Entwicklung auch ermöglicht, viele Schäden und Unfälle, die ehemals die Landwirtschaft bedrohten und schwer auf ihr lasteten, entweder ganz hintanzuhalten oder doch in ihren nachtheiligen Wirkungen auf ein gegen früher erträglicheres Maß abzuschwächen. Verheerende Tierseuchen, die früher weithin die Bestände in ganzen Provinzen zu vernichten pflegten, haben heute ihren ehemaligen Schrecken eingebüßt; sie treten zwar Jahr für Jahr auf, aber mehr und mehr gelingt deren Lokalisierung, und die Schäden, die sie zurücklassen, bleiben in der Mehrzahl der Fälle nicht ohne Vergütung. Diesem Erfolge der Seuchenpolizei stehen ebensolche Erfolge auf dem Gebiet des Pflanzenschutzes zur Seite; auch hier werden durch das landwirtschaftspolizeiliche Eingreifen des Staats

13*

jährlich Millionen von Werten gerettet, die ehemals der Landwirt voll seinem Verlustkonto zur Last setzen mußte. Wo aber das landwirtschafts=
polizeiliche Eingreifen etwa versagt, tritt eine mit jedem Jahr sich gedeih=
licher entwickelnde Versicherungsorganisation in die Lücke, für den erlitte=
nen naturalen Verlust den Ersatz in Geld gewährend. Dieselbe Entwick=
lung des modernen Staats, die auf der einen Seite nicht immer günstig für den Landwirtschaftsbetrieb sich erwies, hat also nach anderen Seiten hin doch auch vielfachen Gewinn gebracht: nicht nur Mehrbelastungen, auch Entlastungen des landwirtschaftlichen Ausgabekontos sind zu verzeichnen, was mehr, als gemeinhin geschieht, von der land=
wirtschaftlichen Bevölkerung anerkannt werden dürfte.

Die Schwierigkeiten des landwirtschaftlichen Gewerbes wurzeln nun freilich nicht allein, ja nicht einmal vorwiegend in der gegenüber früher in einzelnen Beziehungen ungünstiger gewordenen Gestaltung des Aus=
gabe=, sondern auch des Einnahmekontos infolge weichender Preise, deren Druck durch zeitweise Absatzschwierigkeiten, ja selbst Absatzstörungen noch verschärft wird. Es soll Aufgabe des letzten Kapitels sein, zu prüfen, ob dem Staat die Möglichkeit zu einem intervenierenden Ein=
greifen mit dem Ziel: die Absatz= und Preisverhältnisse wieder günstiger zu gestalten, gegeben ist und welcher Art bejahendenfalls die diesem Ziel dienenden agrarpolitischen Einrichtungen und Maßnahmen sein können.

Sechstes Kapitel.

Die Einnahmen des landwirtschaftlichen Betriebs; die Marktpreisbildung landwirtschaftlicher Erzeugnisse und ihre Beeinflussung durch die allgemeine Wirtschaftspolitik.

§ 41. Beurteilung von Preisrückgängen im allgemeinen und die Stellungnahme des Staats zu solchen Vorgängen; Agrarkrisen.

Das Endziel jeder landwirtschaftlichen Unternehmerthätigkeit ist auf eine befriedigende Gestaltung der Rentabilität gerichtet, denn nur rentable Unternehmungen, d. h. solche, in denen das angelegte Kapital eine dem allgemeinen Zinsfuß entsprechende Verzinsung trägt und die Arbeit des Unternehmers als solche angemessene Vergütung erhält, sind lebensfähig, und nur unter der Voraussetzung der Rentabilität ist die Erhaltung der wirtschaftlichen Selbständigkeit des Unternehmers und die Behauptung des ererbten oder erworbenen Besitzes denkbar. Ein anhaltend ungünstiger Stand der Bodenrente schwächt die Kaufkraft der ländlichen Bevölkerung und beeinträchtigt ihre steuerliche Leistungsfähigkeit, führt zur Vernachlässigung der Bodenproduktion, verleitet zu unwirtschaftlichen Güterteilungen, nötigt zur Aufgabe des Guts im freiwilligen oder Zwangsweg, hat Verschiebungen in der Grundbesitzverteilung im nachteiligen Sinn im Gefolge und erschüttert schließlich denjenigen Erwerbsstand im Volk aufs tiefste, auf dessen Stabilität vor allem die Gleichmäßigkeit und Stetigkeit der Fortentwicklung der staatlichen Gesellschaft beruht. Dauernd ungünstige Rentabilitätsverhältnisse, die mit dem Siechtum der bodenbewirtschaftenden Klassen gleichbedeutend sind, kann daher kein Staat, ohne Schaden an sich selbst zu nehmen, ertragen.

Die Rente aus dem Grundbesitz, d. i. der nach Bestreitung aller Betriebsausgaben und der auf dem Grund und Boden lastenden öffentlich-rechtlichen und privat-rechtlichen Verpflichtungen zur Verfügung des Wirtschafters bleibende Überschuß ist ein Endprodukt zahlreicher Einzelfaktoren. Einzelne dieser Faktoren unterliegen der Einwirkung des Einzelwirts, andere dagegen sind solcher privaten Einwirkung ent=

zogen, dagegen in gewissem Grade der Einwirkung der staatlichen Gesetzgebung oder staatlicher Verwaltungsthätigkeit zugänglich. Nun wird gerade in der Gegenwart von Vertretern der Landwirtschaft der Einfluß der Persönlichkeit des Wirtschafters auf das Wirtschaftsergebnis in ungerechtfertigter Weise oft unterschätzt, und es fehlt nicht an Auffassungen, die die wirtschaftliche Verantwortlichkeit des Wirtschafters diesem im wesentlichen abnehmen und auf die Allgemeinheit abwälzen möchten. In derselben übertreibenden Weise wird in nichtlandwirtschaftlichen Kreisen der Einfluß von Faktoren, die sich der Einwirkung des Wirtschafters entziehen, unterschätzt und in ungerechter Weise dem Wirtschafter zur Last gelegt, was die Folge einer von dem Willen und Vermögen des Wirtschafters unabhängig sich vollziehenden Wirtschaftsentwicklung ist. Aus diesen einseitigen Betrachtungsweisen hat sich dann folgerichtig im Kreise der Landwirte ein Übermaß von Forderungen an die Staatsgewalt entwickelt, die in letzter Linie für den geschäftlichen Mißerfolg verantwortlich gemacht werden möchte, während man umgekehrt im gegnerischen Lager jedes Eingreifen des Staats zu Gunsten des landwirtschaftlichen Gewerbes als verwerfliche, gegen das Gemeinwohl verstoßende Begünstigung von Klasseninteressen zu kennzeichnen beliebt und abfälligster Beurteilung unterwirft.

Diese einseitigen Betrachtungsweisen treten ganz besonders gegenüber den die Einnahmen des Landwirts beeinflussenden Faktoren zu Tage. Nun sind gewiß die für die Höhe der Geldeinnahmen in erster Reihe maßgebenden Bruttoerträgnisse ganz vorwiegend das Ergebnis der Einzelbetriebsthätigkeit, also davon abhängig, in welchem Umfang die einzelnen Wirte die technischen und ökonomischen Betriebsfortschritte sich anzueignen verstehen. Keine Beweisführung wird daher die Wahrheit des Satzes je zu erschüttern vermögen, daß die größere oder geringere Rentabilität, soweit sie von der Größe oder der Kleinheit der Bruttoerträgnisse abhängt, zu einem erheblichen Teil Verdienst oder Schuld der landwirtschaftlichen Unternehmer selber ist. In einer vorherrschend dem Geldverkehr unterworfenen Wirtschaftsorganisation spielt aber neben dem Bruttoertrag einer Wirtschaft der Marktwert der zum Verkauf gelangenden Erzeugnisse, weil die Höhe der Geldeinnahmen bestimmend, eine ebenfalls wichtige, keineswegs freilich eine schlechthin ausschlaggebende Rolle. Ein Heruntergehen des Marktpreises kann unter Umständen durch Steigerung des Produktionsertrags wett gemacht werden, und in jedem Fall ist der Preisstand im Einzelfall mitbedingt durch die Qualität des Produkts, deren Gradunterschiede durch die Behandlung des Produkts von der Saat bis zur Ernte und von der Art der Herrichtung zum Verkauf in maßgebender Weise beeinflußt werden. Diese durch die Verschiedenheit der Qualität bedingten Preisunterschiede sind durchaus nicht unerhebliche; beispielsweise wurden in Hamburg am 10. März 1896 gezahlt: für holsteiner Roggen 120—126 Mk., für altmärker Roggen

§ 41. Beurteilung von Preisrückgängen; Stellungnahme des Staats. 199

130—140 Mk., für holsteiner und mecklenburger Gerste 120—125 Mk., für Saale-, schlesische und Oderbruchgerste 140—205 Mk.; für Gerste also Preisunterschiede bis zu 85 Mk. Es ist deshalb ein Irrtum, wenn man in landwirtschaftlichen Kreisen neuerdings von der Beeinflussung der Marktpreisbildung durch den Staat allein schon und unter allen Umständen eine Besserung der Absatz- und damit der Rentabilitätsverhältnisse erwartet; selbst ein staatlich organisierter Absatz würde die Abnahme qualitativ ungenügender oder nur mangelhaft genügender Produkte nicht oder doch nur unter Preisabzügen verbürgen. Dies gilt beispielsweise von der Braugerste, die nur dann auf Abnahme zu lohnenden Preisen rechnen darf, wenn sie den von den Brauereien zu stellenden Anforderungen an Stärkegehalt, Keimfähigkeit ꝛc. entspricht; dies gilt in besonderem Maße von allen Handelspflanzen, wie Tabak, Hopfen, Hanf. Daraus erhellt, daß die Preisfrage zwar eine für die Rentabilität des Betriebs wichtige, aber doch nicht die einzig entscheidende ist, und daß es deshalb auf einer Verkennung der thatsächlichen Verhältnisse beruht, wenn nur den die Preisbildung günstig beeinflussenden Maßnahmen des Staats die Eigenschaft von „großen Mitteln", allen anderen, außerhalb des Bereichs der Preisbildung sich bewegenden staatlichen Förderungsmaßnahmen aber, z. B. solchen, die auf dem Gebiet der landwirtschaftlichen Betriebstechnik liegen oder dem Bereich der Landwirtschafts- und Seuchenpolizei, des Versicherungswesens, der Kreditorganisation, der Regelung des Grundeigentumverkehrs unter Lebenden und auf Todesfall, der Verkehrs- und Steuerpolitik ꝛc. angehören, in geringschätzig urteilender Weise die untergeordnete Bedeutung „kleiner Mittel" beigemessen wird. Die für den wirtschaftlichen Erfolg oder Mißerfolg einer landwirtschaftlichen Unternehmerthätigkeit maßgebenden Faktoren sind außerordentlich vielfältiger Natur, und man begeht eine Willkürlichkeit, aus dieser großen Zahl von Einzelfaktoren nur einen — die Marktpreisbildung — herauszugreifen und die Agrarpolitik eines Landes nach dem Maß der künstlichen Beeinflussung der Marktpreisbildung von Staatswegen zustimmend oder abfällig zu beurteilen. Bei dieser Art einseitiger Beurteilung ist eine Verständigung über die Zielpunkte einer vernünftigen Agrarpolitik zwischen den jene Auffassungen festhaltenden Vertretern der Landwirtschaft und der für die Interessen aller Berufsstände und Bevölkerungsklassen pflichthaft abmessenden Staatsraison schwer möglich. Es kommt hinzu, daß der staatlichen Beeinflussung der Marktpreisbildung für jenen Teil der landwirtschaftlichen Verkaufsprodukte, der nicht etwa dem mehr oder weniger entbehrlichen Genußverzehr dient, sondern notwendige Lebensbedürfnisse befriedigen soll, bestimmte Schranken gezogen sind, wie sie sich insbesondere aus der Rücksichtnahme auf die wirtschaftlich schwachen Teile der Bevölkerung in betreff der Brotversorgung ergeben. Und es ist augenscheinlich ungerecht, wenn aus solchen, in der heutigen Zeit scharfer Klassengegensätze zwingend gebotenen Rücksichtnahmen auf die

Interessen anderer Bevölkerungsteile der schwere Vorwurf der „Preisgabe landwirtschaftlicher Interessen" immer und immer wieder abgeleitet wird.

Die Einseitigkeit der Auffassung nichtlandwirtschaftlicher Kreise tritt umgekehrt darin zu Tage, daß ebenso Recht wie Bedürfnis zu einem staatlichen Eingreifen auf die Marktpreisbildung zu Gunsten der Produzenten grundsätzlich geläugnet wird. Im Sinn dieser, der freihändlerischen Denkweise entnommenen Betrachtungen entscheidet über die Marktpreisbildung einzig und allein das freie Spiel der natürlichen Kräfte, wie es in dem Verhältnis von Angebot und Nachfrage in die Erscheinung tritt; denn dieser natürliche Regulator der Preisbildung sorgt schon von selbst dafür, daß den durch den unaufhaltsamen Gang der wirtschaftlichen Entwicklung bedingten Preisveränderungen die Produktion sich anpaßt, und um so rascher, je weniger der Staat durch Eingreifen den natürlichen Verlauf der Dinge hemmt. Aus dieser Anschauung heraus wird dann wohl die Forderung abgeleitet, daß dem stets im Interesse der Konsumenten gelegenen Sinken der Produktenpreise die Produzenten durch Ersparnis an den Produktionskosten oder durch Einengung der Produktion, die das Angebot entsprechend herabsetzt, zu begegnen sich bemühen sollen; sind sie dazu nicht imstande, so möge das Räderwerk des Verkehrs mit Recht über sie hinweggehen. Dieser „Konsumentenstandpunkt" ist offenbar noch einseitiger, als derjenige der Produzenten, wenn diese verlangen, daß die Machtmittel des Staats zur künstlichen Beeinflussung der Marktpreisbildung in Bewegung gesetzt werden; denn er verkennt die großen wirtschaftlichen Störungen, die die dauernd ungenügende Rentabilität wichtiger Produktionszweige für das Wirtschafts- und Erwerbsleben weitester Kreise nach sich zieht („wenn ein Glied leidet, leiden alle Glieder mit!"); er verkennt die Aufgabe des Staats als höchster Wohlfahrtsgemeinschaft, seine Machtmittel in den Dienst aller Interessen, nicht bloß derjenigen der Konsumenten zu stellen; er verkennt vor allem die große nationale Bedeutung des landwirtschaftlichen Berufsstandes als des Erzeugers der notwendigsten Nahrungsmittel, dessen Träger staatlichen Schutz und Fürsorge mit Recht schon deshalb erwarten dürfen, weil keine noch so blühende Entwicklung von Handel und Industrie für das Siechtum der breiten Massen der Landbevölkerung Ersatz gewähren kann, wobei auf die Ausführungen in dem einleitenden Abschnitt (S. 44 ff.) zu verweisen ist. Endlich widerstreitet es aber auch dem sittlichen Empfinden, wenn der Staat dauernden Notständen lediglich deshalb, weil sie mit Veränderungen der Preislage zusammenhängen, mit verschränkten Armen sich gegenüberstellen wollte.

Aus diesen Gründen kann die Berechtigung zu einer staatlichen Einwirkung auf die Marktpreisbildung landwirtschaftlicher Erzeugnisse an sich und grundsätzlich nicht beanstandet werden, sofern diese Marktpreisbildung in einer die Existenz des landwirtschaftlichen Berufsstandes gefährdenden Richtung sich vollzieht und der ungünstigen Wirkung dieser Veränderungen in der Preisbewegung nicht auf anderm Wege begegnet werden kann. Ob und in welchem Umfang letzteres möglich ist, ist eine Thatfrage, und die Frage der Notwendigkeit staatlicher Intervention im Gebiet der Marktpreisbildung kann und muß danach länderweise verschieden beantwortet werden. Auch wenn eine Bejahung der Frage sich ergiebt, so ist damit für die Lösung des Problems selber noch nicht viel gewonnen. Denn es frägt sich weiter, in welcher Weise eine solche staatliche Beeinflussung möglich und aussichtsvoll erscheint und welcher Weg zur Erreichung des Ziels danach einzuschlagen ist. Der heftige Tagesstreit, wie er seit Jahren in einer früher kaum dagewesenen Schärfe geführt wird und die Wellen der Erregung in immer weitere Kreise der Landbevölkerung trägt, dreht sich denn auch weniger um das Ob?, als um das Wie? Daß eine Besserung des Preisstands der landwirtschaftlichen Erzeugnisse und besonders der (hier hauptsächlich in Betracht kommenden) Getreidefrüchte erwünscht sei, wird, hingesehen auf die stark geminderte Konsumtionsfähigkeit der getreidebauenden Bevölkerung, heute selbst in weiten Kreisen des Handels und der Industrie nicht mehr in Abrede gestellt, nur über die Wege zum Ziel entfacht sich mehr und mehr der Kampf. Das Urteil hüben und drüben wird begreiflicherweise durch die Meinung, die man sich über die Ursachen des Preissturzes gebildet hat, wesentlich beeinflußt. Es ist daher zunächst die Entwicklung, die die dermalige Umwälzung in den Preisen im Gefolge hatte, prüfend ins Auge zu fassen. Erst mit der Gewinnung einer richtigen Erkenntnis in diese Entwicklung und ihre Begleitumstände wird über die Zweckmäßigkeit und den Erfolg von Heilmaßnahmen des Staats im Gebiet der Marktpreisbildung landwirtschaftlicher Produkte ein zutreffendes Urteil ermöglicht sein.

§ 42. Die Preisumwälzungen der Gegenwart und deren Ursachen; die Gesetze der Preisbildung landwirtschaftlicher Erzeugnisse; Einfluß der modernen Verkehrsmittel auf Absatz und Preisbildung.

Agrarkrisen, d. h. Zustände, die sich durch anhaltenden, die Behauptung des Besitzes erschwerenden, die große Masse der bodenbewirtschaftenden Klassen in Mitleidenschaft ziehenden Rückgang der Bodenrente kennzeichnen, können durch eine Reihe aufeinanderfolgender schlechter Ernten (wie nicht selten in Rußland und Indien), durch das verheerende Auftreten von Pflanzenschädlingen (Vernichtung des südfranzösischen Rebbaues durch die Wurzelreblaus!), ferner durch Störungen im Kreditverkehr infolge Mangels von Kapital zur ausreichenden Befriedigung des landwirtschaftlichen Kredits bei massenhafter Kündigung von Hypothekenforderungen (Kreditkrisis der sechziger Jahre in Mittel- und Norddeutschland!), endlich durch anhaltenden Tiefstand der Preise aller oder einzelner landwirtschaftlicher Produkte, d. h. durch **Preisrevolutionen** veranlaßt sein. Diese letzteren Krisen sind in der Regel die empfindlichsten, weil sie im Gegensatz zu den durch Mißernten oder Störungen im Kreditverkehr veranlaßten die große Masse des landwirtschaftlichen Berufsstands zu ergreifen pflegen, ferner weil sie häufig einen schleichenden Verlauf nehmen, eben deshalb aber dem Wohlstand der beteiligten Kreise die schwersten Wunden schlagen. Eine solche durch ungewöhnlichen Tiefstand der Preise der Körnerfrüchte verursachte Krisis trat in Deutschland in den **20er Jahren** auf, und es fehlt nicht an Stimmen, die jene Agrarkrisis mit der jetzigen in Vergleich setzen und aus dem Verlauf der ersteren Schlüsse auf die Gegenwart ableiten zu dürfen glauben. Dieser Vergleich ist indessen ein nicht ganz glücklicher; die Ursache der Krisis der 20er Jahre liegt wesentlich in der ununterbrochenen Aufeinanderfolge guter bis sehr guter Körnerernten in dem größten Teil von Deutschland und in der Unmöglichkeit der Unterbringung dieser Ernten, seit nach Erlassung des englischen Korngesetzes von 1815 die Ausfuhr von norddeutschem Getreide nach England unterbunden war und auch Frankreich nach Beendigung der Napoleonischen Kriege und ebenso Schweden und Spanien der Einfuhr fremden Getreides sich mehr und mehr verschlossen, der Getreidehandel also sehr ins Stocken geriet. Die ungenügende Ausbildung des Kommunikationswesens jener Zeit, welche Eisenbahnen noch nicht kannte, während doch Landtransporte von Getreide auf längere Strecken ausgeschlossen sind (siehe S. 158), verschärfte den Zustand der Absatzlosigkeit, deren kritischer Charakter in den massenhaften Kapitalkündigungen und Zwangsvollstreckungen bei starkem Niedergang der Bodenpreise deutlich zu Tage trat und abenteuerliche Vorschläge und Heilmittel (zwangsweise Vergrabung der überschüssigen Kornvorräte, um das Kornangebot zu mindern!) zeitigte.

Die jetzige Krisis in einem großen Teil der Landwirtschaft ist zwar wesentlich auch durch den Tiefstand der Getreidepreise verursacht, die Erklärung für diesen Tiefstand aber nicht in vorübergehenden Ursachen (rasche Aufeinanderfolge ungewöhnlich guter Ernten), sondern in **Ursachen von mehr dauerndem Charakter** zu suchen, nämlich darin, daß neue, große, seit Jahrzehnten an Ausdehnung gewinnende Kornproduktionsgebiete dem Welthandelsverkehr erschlossen worden sind und vermöge der günstigeren Erzeugungsbedingungen die alten Kulturländer nachhaltig im Preis zu unterbieten vermögen. Auch wird die jetzige Krisis durch eine Anzahl mißlicher Begleitumstände (Beschränkung des Preissturzes nicht auf das Getreide allein, sondern auf eine Anzahl anderer Erzeugnisse: Flachs, Hanf, Wolle, Raps ꝛc., zeitliches Zusammenfallen des Preissturzes mit Schwierigkeiten des Lohnmarktes) nicht unwesentlich verschärft.

Um die Agrarkrisis der Gegenwart und ihre Entstehungsursachen richtig zu begreifen, ist es nicht überflüssig, sich die Vorgänge der

§ 42. Die Gesetze der Preisbildung landwirtschaftlicher Erzeugnisse. 203

Marktpreisbildung für Getreide jetzt im Vergleich mit früher vor Augen zu halten. In der rückwärts liegenden Zeit bis zur Mitte des Jahrhunderts vollzog sich die Preisbildung des Getreides, wie bei andern landwirtschaftlichen Erzeugnissen auch, in engster Wechselwirkung mit dem Ausfall der Ernten. Die Preise waren hoch bei einem schlechten, niedrig bei einem guten Ernteausfall, ersteres, weil die kornbedürftigen Gegenden die erheblichen Kosten des damals noch überwiegenden Landtransports tragen mußten, letzteres, weil dem Mittel, einem lokalen Kornüberfluß durch Absatz auf weitere Entfernungen zu begegnen, dasselbe Hindernis der Transportkostenbelastung der überschüssigen Getreidemengen entgegenstand. Ein Export von Getreide in größerem Umfang und auf weitere Entfernungen konnte sich im allgemeinen nur da entwickeln, wo der billige Wasserweg zur Verfügung stand, beispielsweise aus den Kornproduktionsgebieten Norddeutschlands nach den skandinavischen Staaten und nach England. War in dieser Art der Marktpreisbildung für die brotkonsumierende Bevölkerung ein unerwünschter Zustand weitgehender Abhängigkeit von lokalen Produktionsverhältnissen begründet, so schuf sie für die Kornproduzenten selber einen wertvoll empfundenen Ausgleich für die zufälligen Schwankungen der Jahreserträgnisse. Dem Auf- und Niederschwanken der Getreidepreise, die den Schwankungen der Kornerträgnisse innerhalb ziemlich engumschriebener Grenzen folgten, war, so lange diese Art der Preisbildung sich behauptete, für die Produzenten die gefährliche Spitze genommen und in der Art der Preisbildung eine Art natürlicher Versicherung gegen die Zufälligkeiten der Jahreswitterung und der Ernteausfälle selber gegeben.

In der Gegenwart, wo nicht bloß etwa nur die Gebietsteile des Einzelstaats untereinander, sondern alle, selbst die entlegensten Staaten durch Schienenwege und die Möglichkeit billigen Wassertransports räumlich sich außerordentlich nahe gerückt sind, kann der lokale Ernteausfall auf die Preisgestaltung einen Einfluß nicht mehr ausüben. Vielmehr streben die Getreidepreise von Land zu Land einer gewissen Gleichförmigkeit zu und sind auch die zeitlichen Unterschiede geringer geworden als ehedem, weil für die Versorgung der einzelnen Länder mit Getreide nicht mehr das zufällige territoriale Ernteergebnis, sondern das Ernteergebnis der ganzen Erde in Betracht kommt, letzteres aber jahrweise infolge der Ausgleichung der Witterungsverhältnisse nur verhältnismäßig geringen Schwankungen unterliegt. Die Preisbildung vollzieht sich daher nicht mehr sowohl regional und national als international, und bestimmend für die jeweilige Preislage einer einzelnen Getreideart ist das jeweilige Welternteergebnis und der Verkehrsbedarf der Haupteinfuhrländer, so daß als Centralmarkt z. B. für Weizen England anzusehen ist und die englischen Weizenpreise für denjenigen des europäischen Kontinents ebenfalls maßgebend werden. — Die allgemeine Preisregel, daß die Höhe des Preises für eine Ware sich nach den Erzeugungskosten derjenigen Produktionsstätten richtet, die unter den ungünstigsten Bedingungen produzieren, deren Produktionsergebnis aber zur Befriedigung des Bedarfs des Marktorts noch notwendig ist, trifft heute im Gebiet der Getreideproduktion kaum mehr zu, indem seit der Erschließung der großen Kornkammern des europäischen Ostens und der transatlantischen Ländergebiete die dortigen Erzeugungskosten zuzüglich der Eisenbahn- und Seefrachten die Grundlage für die Bildung des Getreidepreises für die mittel- und westeuropäischen Staaten bilden, während die Höhe der Erzeugungskosten in den letzteren selber auf die Preisbildung einflußlos geworden ist. — Der Vorsprung aber, den die vorgenannten Ländergebiete vor den Kornproduzenten in Mittel- und Westeuropa voraus haben, gründet sich auf das geringe Anlagekapital in Grund und Boden und die verhältnismäßig niedrigen Bestellungskosten; in dem Hauptkonkurrenzgebiet für Getreide, den Vereinigten Staaten von Nordamerika, konnten bis vor kurzem die im Besitz der Union befindlichen Ländereien von den Ansiedlern um einen Preis, der wenig mehr als die Eigenschaft einer Rekognitionsgebühr hatte, erworben werden, und ein großer Teil der in Bestellung genommenen Weizen- und Maisfelder trägt ohne Düngung viele Jahre hindurch reiche Ernten; die ebene, von Steinen und Wurzeln freie Beschaffenheit des Prärieodens ermöglicht daneben in großartigstem Maßstabe die Anwendung arbeitssparender Maschinen (Dampfpflüge, Erntemaschinen ꝛc.). Die Erzeugungskosten für Getreide sind deshalb um ein vielfaches niedriger als in den alten Kulturstaaten, wo infolge der hohen Bodenpreise, der Notwendigkeit regelmäßiger Düngung, der hohen Arbeitslöhne ꝛc. die Produktionskosten eine ausgesprochene Tendenz zum Steigen aufweisen, so daß der Wettbewerb von außen her doppelt schwer auf ihnen lasten mußte. — Dieser Wettbewerb steht aber mit der Ausbildung des Eisenbahnnetzes und eines vervollkommneten Frachtenwesens zu Land und zu Wasser und mit der Thatsache der stufenweisen Herabsetzung der Eisenbahn- und Wasserfrachten für die Massenbeförderung von Getreide wie Wirkung und Ursache in innigstem Zusammenhang; und die Verfrachtungsmöglichkeit des Getreides auf weiteste Entfernungen hin hat hinwiederum der rapiden Besiedelung der ungeheuren Territorien Nordamerikas und deren Einbeziehung in die Getreideproduktion, desgleichen der wachsenden Zunahme des Weizenbaues für Zwecke des Exports in Britisch-Ostindien, in Australien, in einzelnen südamerikanischen Staaten (Argentinien) mächtigen Vorschub geleistet. So daß man wohl sagen darf, es sei die technische Verwertung der Dampfkraft in diesem Jahrhundert für die Zwecke der Güterbeförderung in erster Linie gewesen, die eine Revolutionierung der Getreidepreise und damit eine tiefgreifende Umgestaltung der Absatzverhältnisse in den Kornländern der alten Kulturstaaten im Gefolge

§ 42. Die Gesetze der Preisbildung landwirtschaftlicher Erzeugnisse.   205

hatte, wie sie in dieser Ausdehnung nach Raum und Zeit die Wirtschaftsgeschichte kaum je aufgewiesen haben dürfte. Wie sehr die überseeische Konkurrenz (Nordamerika, Argentinien, Indien), desgleichen die Konkurrenz der Getreidebaugebiete des südlichen Rußlands via Odessa schon allein durch die stete Herabsetzung der Wasserfrachten an Ausdehnung gewinnen mußte, läßt sich den folgenden Zahlenangaben deutlich entnehmen: Es stellten sich die durchschnittlichen Frachtsätze für Getreide mit Dampfer von New-York bis Hamburg für 100 Pfd. englisch (= 45,359 kg) im Jahre 1889 auf 0,78 Mk., dagegen 1895 auf 0,37 Mk., von der unteren Donau nach Hamburg für eine Tonne im Jahre 1870 auf 37, 1895 auf 11 Mk. Die Wasserfracht Chicago—New-York—Hamburg (10000 km) betrug 1895 für eine Tonne Getreide 18,99 Mk. (also für den Doppelzentner rund 1,90 Mk.); dieser Betrag von 18,99 Mk. würde einer Bahnfracht auf deutschen Bahnen für 396 km entsprechen; es können also Produktionsgebiete, die weiter als 396 km von Hamburg entfernt liegen, mit Chicago, trotz seiner Entfernung von 10000 km, die Konkurrenz nicht mehr aufnehmen. Dieser Seefrachtenrückgang hat sich selbst in den letzten Jahren noch fortgesetzt: die Fracht von Indien nach Rotterdam und Antwerpen berechnete sich 1893 auf 20,70, 1896 dagegen nur noch auf 12,16 Mk. Nach eben diesen Plätzen war im Jahre 1896 der Frachtsatz pro Tonne: ab Schwarzes Meer 11,61 Mk., ab New-York 10,72 Mk., ab La Plata 15,25 Mk. Berücksichtigt man, daß die Wasserfracht Rotterdam—Mannheim auf 7,46 Mk. sich stellt, so kostete also der Transport eines Doppelzentners Weizen nach Mannheim: ab Schwarzes Meer 1,91 Mk., ab New-York 1,82 Mk., ab La Plata 2,28 Mk. — Als besonders bemerkenswert in dieser Hinsicht mag noch angeführt sein, daß die Kosten der Beförderung von 1000 kg indischen Weizens von Cawnpur am Ende des Gangesflusses bis nach Hamburg sich stellten: 1876/80 auf 83,26 Mk., 1891/95 dagegen auf 42,64 Mk., d. h. um 44,61 Mk. im letzten Zeitraum niedriger; der Preis indischen Weizens in Hamburg ohne Zoll war 1876/80 203,30 Mk., 1891/95 dagegen 167,80 Mk., d. h. um 55,50 Mk. niedriger, so daß nicht weniger als $^5/_7$ der Preisermäßigung des indischen Weizens auf Rechnung der verminderten Transportkosten gesetzt werden muß.

Angesichts dieser Ziffern, in Verbindung mit einer an's Wunderbare grenzenden Ausbreitung der Schienenwege in der alten und neuen Welt (in Nordamerika Länge der Eisenbahnen 1860: 49016 km, 1891: 274497 km), haben die folgenden beispielsweisen Zahlenangaben nichts Überraschendes mehr:

1869 betrug in der nordamerikanischen Union die Weizenfläche nur 9 Mill., 1889 aber nahezu 16 Mill. ha, die jährlichen Weizenerträgnisse 1850 35,4, 1870/79 109,9, 1890/93 169,7 Mill. hl, die Ausfuhr 1841/50 0,46, 1871/80 26,6, 1881/90 25,2, 1891/94 36,8 Mill. hl.

Argentinien hat in der Zeit von 1893—1895 sein Weizenareal von 240000 ha auf 2,4 Mill. ha erweitert, d. h. verzehnfacht; die Weizenausfuhr dieses Landes, vor wenigen Jahren noch ganz unbedeutend (1889 450000 Ztr.), hat 1893 die Höhe von 20 Mill. Ztr., 1894 von 32 Mill. Ztr. erreicht. Rußland führte in den fünfziger Jahren nur etwa 6 Mill. hl, 1889 dagegen 37,7 Mill. hl Weizen aus. Auch die Ausfuhrfähigkeit Indiens ist seit der Aufschließung dieses Reichs durch Schienenwege und infolge der Verbilligung der Wasserfrachten sehr gestiegen, wennschon die jährlichen Produktionsziffern in großer Abhängigkeit von dem rechtzeitigen Eintritt der Regenperiode stehen: 1876/88 wurden durchschnittlich jährlich 4,5 Mill. engl. Ztr. Weizen (= 58,8 kg) und 21,4 Mill. Ztr. Reis, 1888/89 dagegen 17,6 Mill. Ztr. Weizen und 22,7 Mill. Ztr. Reis ausgeführt; 1892 stieg die Ausfuhr von indischem Weizen sogar auf 30,3 Mill. engl. Ztr.

Dieser bis in die letzten Jahre rastlos sich vollziehenden Ausdehnung des Körnerbaues in Ländern mit niedrigen Bodenpreisen, darunter solchen mit einer denkbar anspruchslosen Bevölkerung (Rußland, Indien), dieser raschen Aufschließung neuer und alter Getreidebaugebiete durch Schienenwege und Wasserstraßen bei ständig fallenden Frachtsätzen, und diesem mit wenigen Unterbrechungen stets reichlichen Angebot von Getreide folgt mit zwingender Notwendigkeit ein Sinken der Getreidepreise. Es stellen sich z. B. für Preußen die Jahresmittelpreise in Mark für 1000 kg:

In den Jahren:	Weizen:	Roggen:	Gerste:	Hafer:
1861/70	auf 204,3	154,7	138,2	134,5
1871/80	„ 223,3	172,7	166,4	157,0
1881/90	„ 181,0	152,0	147,2	141,6
1891	„ 222,0	208,0	171,0	162,0
1892	„ 189,0	178,0	146,0	149,0
1893	„ 152,6	135,0	143,0	158,0
1894	„ 132,0	117,0	140,0	140,0
1895	„ 138,0	119,0	122,0	119,0

Setzt man den Durchschnitt der Preise für die Periode 1861/70 gleich 100, so verhalten sich die Preise, in Prozenten dieses Durchschnittes ausgedrückt, zu einander wie folgt:

In den Jahren:	Weizen:	Roggen:	Gerste:	Hafer:
1871/80	109,3	111,6	120,4	116,7
1881/90	88,9	98,2	106,5	105,3
1891	108,6	134,4	123,7	127,8
1892	92,6	115,1	105,6	110,7
1893	74,5	87,2	103,4	117,7
1894	64,6	75,5	101,3	107,4
1895	67,6	76,2	88,3	88,4

§ 42. Einfluß der modernen Verkehrsmittel auf Absatz und Preisbildung.

Ähnlich die Preisbewegung in Süddeutschland; z. B. wurden am Platze Mannheim für 1000 kg folgende Preise notiert:

In den Jahren:	Weizen: Mk.	Roggen: Mk.	Gerste: Mk.	Hafer: Mk.
1881 .	249,9	212,9	194,3	212,7
1891 .	241,5	218,6	186,9	159,0
1892 .	204,5	188,8	168,4	128,4
1893 .	178,6	154,6	177,3	122,3
1894 .	150,7	130,3	153,3	116,2
1895 .	151,3	128,7	157,8	115,1
1896 .	168,4	132,9	161,7	94,7

Wie aus vorstehender Tabelle zu entnehmen, hat die seit 1891 einsetzende stark rückläufige Bewegung der Getreidepreise seit 1895 einer freilich nur bescheidenen Preisbesserung Platz gemacht. Dies trifft nicht nur für Mannheim, sondern auch für andere Hauptgetreidehandelsplätze zu, nur Roggen hat in Norddeutschland im Jahre 1896 die Preisbesserung des Jahres 1895 nicht behauptet.

Es stellten sich die Preise für 1000 kg:

In den Jahren:	Weizen.			Roggen.		
	Berlin: Mk.	Danzig:[1]) Mk.	München: Mk.	Berlin: Mk.	Danzig:[2]) Mk.	München: Mk.
1891 .	224,2	178,1	239,5	211,2	208,1	210,4
1892 .	176,4	158,1	205,5	176,3	174,2	181,9
1893 .	151,5	125,8	174,0	133,7	123,4	145,1
1894 .	136,1	102,6	155,8	117,8	120,4	122,5
1895 .	142,5	107,9	164,3	119,8	116,2	134,7
1896 .	156,2	117,9	174,5	118,8	111,8	146,8

Wenn im Sinne der vorstehenden Ausführungen die Hauptursachen dieses aus den vorstehenden Tabellen mit aller Deutlichkeit zu entnehmenden Niedergangs der Getreidepreise im letzten Jahrzehnt in einer durch die gesunkenen Bahn- und Wasserfrachten ermöglichten außerordentlich raschen Zunahme der Welt-Getreideproduktion, der die Zunahme des Welt-Getreideverbrauchs nicht in gleichem Tempo folgte, also in einer mindestens jahrgangweise hervortretenden thatsächlichen Überproduktion liegen, so wird man nicht ohne Grund annehmen dürfen, daß die Preise sich wieder heben werden, wenn nur erst einmal Produktion und Bedarf auf der Erde sich wieder werden ins Gleichgewicht gesetzt haben. Infolge der raschen Zunahme der Bevölkerung eines Teils der europäischen Staaten und namentlich in Deutschland selber, desgleichen infolge des Anwachsens der Bevölkerung in Nordamerika müssen die für den Weltbedarf verfügbaren Getreidevorräte mit der Zeit kleiner werden, und dieser Zeitpunkt liegt vielleicht gar nicht so fern. Denn in Nordamerika sind die besten

---

[1]) Transit unverzollt. — [2]) Ware zum freien Verkehr.

Getreideländereien längst in Benutzung genommen worden und die wachsende Bevölkerung nimmt jährlich stets größere Mengen der in Amerika gebauten Brotfrucht auf. Hat doch in Nordamerika, einschließlich Kanada, die zur Ausfuhr verfügbare Menge zwischen 1893 und 1895 sich um 15 %, vermindert. In Rußland und Indien aber sind einer starken weiteren Zunahme des Getreidebaus, dort durch die relative Dünnheit der Bevölkerung und den immer noch großen Mangel an Kommunikationsmitteln, der noch lange nicht gehoben sein dürfte, hier durch klimatische Verhältnisse (Mangel an Regen in weiten Flächen dieses Reichs) bestimmte Schranken gesetzt. Hierzu kommt, daß die brutale Art des Raubbaus, wie er auf jungfräulichen Böden eine Reihe von Jahren möglich ist, mit der allmählichen Erschöpfung der Böden von selbst aufhören und einer geregelten, aber auch kostspieligeren Wirtschaftsweise (Notwendigkeit regelmäßiger Düngung!) weichen muß. Sobald dieser Wendepunkt eintritt, muß entweder die Produktion auf den ausgebeuteten Getreideländereien aufgegeben oder die Möglichkeit der Fortführung des Getreidebaus durch Bewilligung höherer Getreidepreise gegeben werden. In dem einen wie in dem andern Fall, ebenso mit der allmählichen Zunahme der Löhne in diesen transozeanischen Ackerbaustaaten, die für Argentinien und Indien sich jetzt schon bemerkbar macht, ist mit einer Erhöhung des Weltmarktpreises für Getreide zu rechnen und nur der Zeitpunkt des Eintritts dieser Erhöhung entzieht sich jetzt noch menschlicher Berechnung.[1])

Freilich wird der Ansicht, daß die Ursache der niedrigen Getreidepreise vorwiegend in einer thatsächlichen Überproduktion zu finden sei, seit Jahren in landwirtschaftlichen Kreisen vielfach widersprochen: doch ist diese Meinung mit der Thatsache, daß die Heranziehung beliebig großer Kornmengen aus dem Ausland in das Inland in keinem der rückliegenden Jahre auf Schwierigkeiten gestoßen ist, nicht wohl in Einklang zu bringen; und es wird auch nicht hinreichend beachtet, daß selbst verhältnismäßig kleine Plusvorräte in Getreide, die an irgend einer Stelle des Weltmarkts unterzukommen suchen, eine preiserniedrigende Wirkung ausüben können. Man beachte, daß in Deutschland in den Jahren 1891/96 an Weizen 905 332, 1 296 213, 703 453, 1 153 837, 1 338 178, 1 652 705 Tonnen, an Roggen in demselben Zeitraum 842 054, 548 599, 214 262, 653 625, 964 802, 1 030 670 Tonnen eingeführt worden sind: Zahlen, die im Zusammenhang mit der Thatsache, daß in den neunziger Jahren Deutschland selber wiederholt reiche Getreideernten hatte und daß die Preise von 1891—94 ständig gefallen sind und die Preishebung von 1895 ab nur eine sehr mäßige ist, doch nur unter der Voraussetzung erklärbar sind, daß die Entnahme solcher großen Importmengen vom Weltmarkt irgend nennenswerten Schwierigkeiten nicht begegnete. Gleichwohl erfordert die Frage, ob neben einer noch immer vorhandenen reichlichen Weltproduktion an Getreide, die den Schwan-

---

[1]) In der II. Hälfte des Jahres 1897 ist bereits ein bemerkenswertes Anziehen der Preise erfolgt.

tungen des Getreidebedarfs der einzelnen importbedürftigen Länder sich leicht und mühelos anzupassen vermag, nicht auch noch andere Faktoren auf die Getreidepreise preiserniedrigend einwirken, eine sorgsame Würdigung: zumal eine Reihe neuerer agrarpolitischer Forderungen gerade eben auf diese behauptete preiserniedrigende Tendenz einer Anzahl anderweiter, abseits der Getreide-Produktionsverhältnisse liegender Faktoren sich stützt, wobei namentlich das Vorhandensein zahlreicher Getreidelagerhäuser, in denen das eingeführte Getreide zollfrei lagern darf, ferner der börsenmäßige Terminhandel in Getreide und die geltenden Währungsverhältnisse in dieser Beweisführung eine Rolle spielen. Die unten folgenden Darlegungen werden zeigen, daß nur bezüglich des Terminhandels in Getreide die behauptete ungünstige Einwirkung auf die Preise einen gewissen Grad von Wahrscheinlichkeit hat; sie werden aber weiter zeigen, daß der ungünstige Preisstand für Getreide (und für andere landwirtschaftliche Erzeugnisse) gegendenweise auch mit Mängeln und Lücken der Produktions- und Verkaufsweise im Zusammenhang steht.

§ 43. Getreidepreise und Erzeugungskosten; die Folgewirkungen der neuzeitlichen Preisumwälzungen, insbesondere bei Getreide; Verschiedenheit der Wirkungen nach Produktionsrichtung und Größenklassen des Betriebs.

Betrachtet man die Zahlen der auf Seite 206 abgedruckten Tabelle, wonach, verglichen mit den Preisen von 1861/70, für den Bereich Preußens die Weizenpreise 1894 und 1895 im Verhältnis von 100 : 64,6 und 67,6, die Roggenpreise im Verhältnis von 100 : 75,5 und 76,2 gefallen sind, eine ähnliche Preisbewegung überall in Deutschland zu beobachten und die seit 1895 eingetretene Preishebung nur eine mäßige ist, so darf nicht wundernehmen, daß seit langer Zeit die Klagen über die mangelnde Rentabilität des Getreidebaues ganz allgemein hervortreten, besonders lebhaft aber in den letzten Jahren (seit 1893) zum Ausdruck kamen, wo ein Tiefstand der Preise sich einstellte, der nur von der kritischen Zeit der 20er Jahre übertroffen wurde. Von welcher Preisgrenze ab der Getreidebau eine Rente nicht mehr abwirft, läßt sich freilich mit Bestimmtheit nicht behaupten; denn die Bedingungen, unter denen die Landwirte wirtschaften, sind vielleicht nirgends die ganz gleichen, vielmehr je nach Güte der Böden, Lage der Grundstücke zum Wirtschaftshof und dieses zum Markt, Größe des Anlagekapitals ꝛc. ganz außerordentlich verschieden. Berechnungen über die Produktionskosten von Getreide können deshalb immer nur auf annähernde Richtigkeit Anspruch machen. Für ein größeres in Hannover gelegenes Gut hat eine Autorität auf dem Gebiete landwirtschaftlicher Betriebslehre (Drechsler) die Produktionskosten pro Zentner (Aufwand für Arbeit, Düngung, Einsaat, Ernte, Versicherung, allgemeine Wirtschaftskosten, Zinsen von Betriebs- und Grundkapital) berechnet wie

Buchenberger. 14

folgt: Für Weizen auf 8,85 Mk., für Roggen auf 7,08 Mk., für Hafer auf 6,8 Mk., und bei 14 anderen Wirtschaften schwankten die Produktionskosten für Weizen zwischen 6,53 und 9,6 Mk., bei 12 Wirtschaften für Roggen zwischen 5,36 und 8,26 Mk. Für das Königreich Bayern wurden im Durchschnitt verschiedener Gegenden als Produktionskosten ermittelt: für Weizen 7,82 Mk., Roggen 7,80 Mk., Hafer 6,09 Mk., Gerste 5,46 Mk. Wieder andere Berechnungen, unter Zugrundelegung mitteldeutscher Verhältnisse, stellten als Produktionskosten für Weizen einen Satz von 8,40 und für Roggen von 7,32 Mk. fest. Neuerliche besonders sorgfältige Berechnungen über eine Anzahl Güter in Norddeutschland (von Hoppenstedt-Hannover herrührend) weisen überzeugend nach, daß Preise, wie sie in den Jahren 1894 und 1895 bestanden haben, einfach ruinös sind und daß selbst der Durchschnittsstand der Preise des Jahrzehnts 1886/95 eine **ungenügende Verzinsung der werbenden Kapitalien** brachte. — Ist also zwar in allen Rentabilitätsberechnungen eine gewisse Unterschiedlichkeit der Ergebnisse vorfindlich, so lassen jene doch den bestimmten Schluß zu, daß in einer Anzahl **rückwärts liegender Jahre in vielen Wirtschaften der Getreidebau eine lohnende Rente nicht ergeben hat**. Nur sollte man freilich sich immer gegenwärtig halten, daß nicht jeder Rückgang der Preise eine thatsächliche Einnahmeeinbuße für den Produzenten bedeutet: in reichen Erntejahren kann sehr wohl das gegenüber dem Durchschnitt erzielte quantitative Mehrerträgnis einigen Ersatz für allenfallsigen Preisrückgang gewähren. Wenn beispielsweise in Deutschland im Jahre 1891 an Roggen 4 782 804 Tonnen, 1893 aber 7 460 383 Tonnen oder 2 677 579 mehr geerntet wurden, wenn ferner die Ernte an Hafer 1893 3 242 313 Tonnen, 1894 aber 5 250 152 Tonnen, also 2 007 839 Tonnen mehr betrug, so wird der Schluß gestattet sein, daß der von 1891 auf 1893 und bezw. 1894 eingetretene Preisfall in den beiden Getreidearten zwar eine Einnahmeeinbuße, aber keineswegs im vollen Betrage der Preisdifferenz zwischen dem Jahrgang mit höheren und jenem mit niedrigen Preisen verursacht hat. Trotz dieser einschränkenden Bemerkung wird nicht bestritten werden können, daß Preisumwälzungen der besprochenen Art, in verhältnismäßiger kurzer Zeit über die europäische Landwirtschaft hereinbrechend, das Gefüge des landwirtschaftlichen Betriebslebens stark erschüttern mußten, zumal im landwirtschaftlichen Gewerbe viel weniger als in der Industrie die Voraussetzungen gegeben sind, die **Produktionsrichtung und den Produktionsprozeß in kurzen Zeiträumen durch entsprechende Umgestaltung den veränderten Konjunkturen anzupassen**. Für eine Menge Böden ist ohnehin die Kulturweise durch deren Beschaffenheit und die klimatischen Verhältnisse ein für allemal gegeben; speciell eine Einschränkung des Getreidebaues zu Gunsten besonderer Kulturen kann schon aus diesem der Bodenbeschaffenheit und dem Klima entnommenen Grunde immer nur in sehr beschränktem Umfange erfolgen; aber überhaupt wird der Getreidebau wegen der Eigenschaft des Getreides als einer landwirtschaftlichen Zwischenfrucht (Notwendigkeit der Abwechslung tief- und flachwurzelnder Gewächse) und wegen der nötigen Stroherzeugung in jedem größeren Betriebe stets das **Rückgrat der Wirtschaft** bilden müssen. Deshalb haben diejenigen Produktionsgebiete Deutschlands, in denen nach Boden- und Klimaverhältnissen von jeher der Körnerbau überwiegt und eine nennenswerte Einschränkung des Körnerbaues zu Gunsten anderer Kulturen ausgeschlossen ist, unter den veränderten Verhältnissen am meisten gelitten; im minderen Maße diejenigen Gegenden, wo eine gewisse Vielseitigkeit der Kultur für den Ausfall der Einnahmen aus Getreide Ersatz gewährte (wie in vielen bäuerlichen Wirtschaften des Südens und Westens) oder die Bedingungen für eine lohnende Viehhaltung und Milchwirtschaft gegeben waren, wie dies namentlich für die norddeutschen Marschgegenden, aber auch außerhalb derselben in Mittel- und Süddeutschland, und wiederum namentlich in den bäuerlichen Betrieben zutrifft. Die bis in die jüngste Zeit günstigen Konjunkturen des Zucker- und Branntweinmarktes boten den Zuckerrüben- und Kartoffelbau treibenden Distrikten ebenfalls einen wertvollen Ausgleich für die Einbuße am Körnerbau, gaben aber gleichzeitig den Anreiz zu einer solchen Ausdehnung der Produktion mit Überführung des Marktes, daß jener Ausgleich neuerdings sich mehr und mehr zu verflüchtigen droht. Außerhalb der Stöße des **osteuropäischen und transoceanischen Wettbewerbs in Körnerfrüchten** standen im wesentlichen nur die landwirtschaftlichen Betriebe der Wald- und Gebirgsgegenden, da hier Viehzucht und Waldbau die Hauptquelle, häufig die einzige Quelle der Wirtschaftseinnahmen bildet; zum Teil auch die Gegenden **ausgesprochenen Handelsgewächs- und Rebbaues**, bei denen die Getreidefrüchte in der Reihe der zum Verkauf gelangenden Erzeugnisse (Tabak, Hopfen, Cichorien, Zuckerrüben, Wein, Obst ꝛc.) ebenfalls eine vergleichsweise unbedeutende oder gar keine Rolle spielen.

In ähnlicher Lage befinden sich die kleinsten landwirtschaftlichen Betriebe, insbesondere die Tagelöhner und viele Kleinbauern, wie überhaupt die Wirtschaftslage durch Preisumwälzungen um so weniger tief beeinflußt wird, je mehr der naturalwirtschaftliche Verzehr des in Feld und Stall Erzeugten eine vergleichsweise große, die Menge des auf den Markt gelangenden Produktenquantums eine vergleichsweise geringe Bedeutung hat (vergl. S. 41). An dieser Betrachtung wird auch dann nichts geändert, wenn, was leider freilich nicht selten der Fall, Tagelöhner und Kleinbauern die erzeugten kleinen Getreidemengen zum Verkauf zu bringen sich bemühen, um ihren Bedarf an Mehl dann ebenfalls im Weg des Kaufs zu decken; denn niedrigen Getreidepreisen entsprechen niedrige Mehlpreise und umgekehrt. Diesen kleinbäuerlichen Wirtschaften kommt weiter

14*

zu statten, daß der Erlös aus dem Rindvieh= und Schweinestall, der Verkauf von Kartoffeln, Gemüse, von Milch, Butter, Käse, d. h. von Produkten, deren Preise noch immer befriedigende sind, das Einnahme= budget der Haushaltung stärker beeinflußt, als das regelmäßig zum Ver= kauf gelangende Quantum der Körnerernte nach Abzug des Bedarfs für die Mehl= und Brotversorgung im eigenen Haushalt. Ganz anders in den mittleren und größeren Wirtschaften, wo der Regel nach der Haupt= erlös dem Getreideverkauf entstammt, dem gegenüber die anderen Ein= nahmen zurücktreten. Man kann daher wohl sagen, daß die Wirkung des Preissturzes in Getreide am intensivsten in den großen und mittelgroßen Betrieben sich geltend macht, und daß diese Wirkung mit der zunehmenden Kleinheit der Betriebe an In= tensität verliert, um sich auf den untersten Stufen gänzlich zu verflachen.

Die Frage der Getreidepreisbildung ist also nicht, im Sinne der landläufigen freihändlerischen Lehre, eine nur den Großbetrieb be= rührende Frage, sie ergreift vielmehr in den mannigfachsten Schat= tierungen auch die mittleren Betriebe, insbesondere also auch einen erheblichen Teil der bäuerlichen Betriebe; und nur eine sehr befangene Betrachtungsweise kann aus dem Umstand, daß die Wirkung niedriger Getreidepreise die einzelnen landwirtschaftlichen Betriebe nach ihren Größenverhältnissen verschieden beeinflußt, die gänzliche Un= interessiertheit der nicht den obersten Größengruppen angehörigen Betriebe an der Höhe der Getreidepreise herleiten. Solcher Anschauung wider= spricht schon die tiefe und nachhaltige Erregung der Vorgänge auf dem Getreidemarkt auch in den Kreisen des mittleren Besitzes, besonders auch in bäuerlichen Kreisen; dem widerspricht die Erfahrungsthatsache, daß schon bei Wirtschaften von 5 ha aufwärts regelmäßig Getreide in erheb= lichen Mengen zum Verkauf gelangt, und man sollte nicht übersehen, daß auf diese Betriebe von 5 ha aufwärts ein Areal von 84 °/₀, auf die mittleren Betriebe von 5 bis 100 ha ein Areal von 60% der gesamten landwirtschaftlichen Fläche entfällt. Endlich ist der Umstand zu beachten, daß ein anhaltend niedriger Preisstand der Getreidefrüchte sehr wohl Veranlassung zum verstärkten Anbau anderer, lohnender erscheinender Erzeugnisse werden und infolge hiervon von einer Überführung des Marktes mit letzteren begleitet sein kann, wobei insbesondere die Kultur der Zuckerrübe, des Tabaks, des Hopfens ꝛc. zu erwähnen ist. Erscheinungen solcher durch Überproduktion und Marktüberführung veranlaßten Preisverbilligung als Folge der Abnahme der gesunkenen Rentabi= lität des Getreidebaus sind in der That seit Jahren zu verzeichnen; von dem Rückgang der Rentabilität jener Specialkulturen wird aber ganz vor= nehmlich auch der landwirtschaftliche Kleinbetrieb in Mitleidenschaft gezogen. Und insofern kann man betreffs selbst der kleinsten landwirt= schaftlichen Betriebe, auch wenn diese wenig oder kein Korn auf den

Markt bringen und daher an der Kornpreisfrage direkt zunächst nicht oder nur wenig beteiligt erscheinen, von einem wenigstens mittelbaren Interesse auch dieses Teils der Produzenten an der Höhe der Getreidepreise sprechen.

Richtig ist dagegen, daß im allgemeinen die mittleren und kleineren Betriebe im Vergleich mit den größeren Betrieben gegenüber den weichenden Preisen eine größere Widerstandsfähigkeit bewiesen haben. Dies geht unverkennbar aus der Bewegung der Pacht- und Kaufpreise, die im großen und ganzen als leidlicher Ausdruck der jeweiligen Rentabilität des Grundbesitzes gelten dürfen, aber auch aus dem Verlauf der Verschuldungsbewegung und der Statistik der Zwangsvollstreckungen hervor; Vorgänge, die einen sehr verschiedenartigen Verlauf einerseits in den Gebieten des vorherrschenden kleinen und mittleren Besitzes, anderseits in den Gebieten des größeren Besitzes genommen haben. In den ausgesprochenen Gegenden des Großgrundbesitzes z. B. in Westpreußen ist (nach Conrad) die Pacht 1884/89 um 25%, 1890/94 gar um 47% zurückgegangen, in Schlesien 1890/94 um 26,8%, in den andern östlichen preußischen Provinzen um 18%, in den westlichen Provinzen dagegen, wo der mittlere und kleinere Grundbesitz überwiegt, nur um 1,3%. Auch im Süden und Südwesten von Deutschland ist der Rückgang der Pachtpreise ein im ganzen nicht erheblicher; in Baden z. B. betrug der mittlere Pachtzins von Ackerland 1880 92 Mk., 1894 87 Mk. pro ha. Ja in letzterem Land weist die Bewegung der Kaufwerte im Durchschnitt des ganzen Staatsgebiets eher auf eine Befestigung des Vertrauens in die Rentabilität als auf eine Erschütterung hin; nach Ausweis des statistischen Jahrbuchs hat der mittlere Kaufwert von Ackerland 1880 auf 1867 Mk., 1892 dagegen auf 2133 Mk., 1894 auf 2263 Mk. sich gestellt. Ähnlich in Oldenburg, wo die mittleren Bodenpreise in der Periode 1879/83 zu 1437, 1884/88 zu 1332, 1889/93 zu 1642 Mk. ermittelt wurden. — Und wie der Rückgang des Bodenwerts in den östlichen Provinzen am stärksten war, stellen die Gegenden des vorwiegenden Großgrundbesitzes auch das stärkste Kontingent im Bereich der Zwangsvollstreckungen: 1881 kamen im Osten 86 000 ha unter den Hammer, im Westen nur 20 000 ha, 1893 dort 80 700 ha, hier nur 13 500 ha; im Westen ist also im Gegensatz zum Osten eine beträchtliche Abnahme der Zwangsvollstreckungen eingetreten. Eine solche Abnahme der Zwangsvollstreckungen ist, und zwar nach der Zahl der Fälle wie der Fläche, auch in anderen deutschen Staaten, in denen der kleinere und mittlere Grundbesitz überwiegt, zu verzeichnen. In Bayern sank die Zahl der Fälle zwischen 1880/93 von 3739 auf 823, die versteigerte Fläche von 30 059 ha auf 6718 ha; ähnlich in Baden, wo 1883 1785 ha, 1891 nur noch 1116 ha landwirtschaftlicher Fläche der Zwangsvollstreckung verfielen und 1894 die im Zwangsweg veräußerte Gesamtfläche einschließlich Wald auf 527 ha heruntergegangen ist.

Besonders deutlich aber tritt die verhältnismäßig größere Widerstandsfähigkeit der kleinen und mittleren Betriebe in den Verschuldungsziffern zu Tage. In Preußen haben (nach Conrad) in der Periode 1886/93 die hypothekarischen Eintragungen die Löschungen um 1093 Millionen Mark überstiegen, aber der Prozentsatz der Steigerung der eingetragenen Schuld beträgt für die östlichen Provinzen 61,6, für die westlichen nur 38,4 %. Eine solche Zunahme der Verschuldung wie im deutschen Osten ist für andere deutsche Staaten, insbesondere für die mittel- und süddeutschen Staaten nicht feststellbar, wohl aber gegendenweise eine vergleichsweise geringe Zunahme, wie dies die neuerlichen Schulderhebungen in Bayern, Baden und Oldenburg dargethan haben (siehe S. 103).

Diese Behauptung größerer Widerstandsfähigkeit der bäuerlichen Betriebe und der Betriebe mittleren Umfanges im Gegensatz zu den Großbetrieben steht freilich mit landläufigen Anschauungen, die gerade den Bauernstand als vorwiegend gefährdet, ja als verloren erklären, in Widerspruch; sie steht auch nicht ganz in Einklang mit der Erfahrungsthatsache, daß wirtschaftstechnisch, in Ausnützung der bodentechnischen Betriebsfortschritte, fast durchweg der Großbetrieb dem kleinen und mittleren Betriebe überlegen ist. Und doch fällt die Erklärung der an sich auffälligen Thatsache nicht sonderlich schwer. Sie liegt einmal in der dem Großbetriebe innewohnenden größeren Ausschließlichkeit der Betriebsrichtung auf Körnerbau gegenüber einer gewissen Vielseitigkeit des Betriebs in kleineren Wirtschaften, in denen also nicht der ganze Produktionserfolg wesentlich auf die eine Karte des Körnerbaues gesetzt ist; sie liegt ferner darin, daß in den bäuerlichen Betrieben die Geldwirtschaft die Naturalwirtschaft noch nicht völlig verdrängt hat, die Abhängigkeit vom Markte demgemäß eine geringere ist, als in den größeren Betrieben (vergl. S. 41 u. 42); sie liegt auch in der Ersparnis am Arbeitskostenkonto, da der Bauer Betriebsleiter, Gutsverwalter und Arbeiter in einer Person ist und häufig billige Arbeitskräfte in seinen Familienangehörigen besitzt; sie liegt vielleicht aber auch darin, daß im Bereich der Großbetriebe Überzahlungen bei Gutskäufen vielleicht häufiger noch als bei kleineren und mittleren Betrieben in den letzten Jahrzehnten vorgekommen oder daß doch in einem das Wirtschaftskonto höher belastenden Umfange erhebliche Kaufschillingsreste stehen geblieben sind, zu deren Verzinsung und Tilgung die geminderte Einnahme aus der Fruchternte jetzt nicht mehr ausreicht (vergl. das auf S. 123 Ausgeführte).

Dieses Ergebnis einer vorhandenen gewissen Widerstandsfähigkeit der bäuerlichen Betriebe, insbesondere der kleinen und mittleren bäuerlichen, gegenüber ungünstigen Zeitläuften im Vergleich mit größeren bäuerlichen Betrieben und mit den sonstigen

§ 43. Verschiedenheit der Wirkungen des Preisfalls des Getreides. 215

Großwirtschaften ist ein sehr bemerkenswertes. Man darf daraus schließen, daß im Gegensatz zu den Vorgängen, die sich zwischen Großindustrie und Handwerk abspielen, der landwirtschaftliche Mittelstand der Gefahr der Aufsaugung durch den Großgrundbesitz in minderem Grade unterworfen ist, weil die Natur des landwirtschaftlichen Betriebs den Großbetrieben, trotz der Überlegenheit in der Technik des Betriebs, keineswegs auch eine wirtschaftliche Überlegenheit sichert. So vollzieht sich denn auch, von einzelnen Ausnahmen abgesehen, die ganze neuzeitliche Entwicklung nicht in einer Aufsaugung der kleinen und mittleren Betriebe durch die großen, sondern im Gegenteil in einer Verkleinerung der großen Wirtschaftsflächen und Besitzeinheiten zu Gunsten des Entstehens neuer Betriebe kleineren und mittleren Umfanges; und dieser Prozeß, erwünscht aus politischen, socialen und volkswirtschaftlichen Gründen (§ 1), wird in der Zukunft aller Wahrscheinlichkeit nach noch viel stärker einsetzen. Die neuzeitliche Kolonisationspolitik im preußischen Osten, wie sie sich in der auf Grund der Rentengutsgesetze erfolgenden massenhaften Abstoßung von Gutsteilen von Großgütern behufs Ansiedelung neuer Bauernfamilien zu erkennen giebt, ist der sprechende Ausdruck dieser Entwicklungserscheinung, und nur unter der Annahme der wirtschaftlichen Ebenbürtigkeit der kleinen und mittleren Betriebe mit den großen ist diese Ansiedelungspolitik zu verstehen und ihr Erfolg zu begreifen. Was im Bereich des Handwerks ungeachtet aller Bemühungen so schwer gelingen will, nämlich eine von sichtbarem Erfolg begleitete „Mittelstandspolitik", d. h. eine Politik, die die Erhaltung und Kräftigung der breiten Mittelschicht der erwerbenden Klassen sich zum Ziele setzt, ist aus obigen Gründen im Bereich des landwirtschaftlichen Gewerbes sehr viel leichter und aussichtsvoller; eben deshalb aber auch um so mehr eine durch die höchsten Interessen des Staats gebotene Politik, weil diesen staatlichen Interessen ein von Extremen sich fern haltender, in allmählichen Übergängen sich vollziehender Aufbau der Besitzschichten am besten entspricht. Aus vorstehenden Betrachtungen ist aber auch das zu entnehmen, daß eine dem breiten bäuerlichen Mittelstande und den unteren Gliedern dieses Standes dienende Politik unmöglich in der Beeinflussung der Marktpreisbildung des Getreides sich erschöpfen kann, weil eben der Getreidepreis in dem breiten Rahmen des landwirtschaftlichen Mittelstandes doch nur einen und in vielen Fällen nicht einmal den ausschlaggebenden Faktor der ökonomischen Gesamtgebarung darstellt. Die bedauernswerteste Erscheinung der Gegenwart auf landwirtschaftlichem Gebiete, der freiwillige und Zwangsverkauf von bäuerlichen Anwesen, spielt sich gegenwärtig in einer Reihe von Gegenden Deutschlands nicht in den Gebieten des vorherrschenden Fruchtbaues, sondern in den Wald- und Gebirgsgegenden ab; aber die Ursache dieser Erscheinung wurzelt nicht in dem Preisstande des Getreides, dessen Anbau und Verkauf in den Bauernhöfen des süddeutschen und mitteldeutschen Gebirgslandes, ebenso des österreichischen Alpenlandes untergeordnete Bedeutung hat, sondern in ganz anderen Faktoren, von denen der chronische Gesinde- und Arbeitermangel, die starke Belastung mit Gleichstellungsgeldern, die allmähliche Erschöpfung des Weidelandes, dieser Hauptstütze der Gebirgswirtschaften, wohl die verbreitertsten sind. Für Tausende kleinerer Wirtschaften ist ferner die Beschaffung billigen Kredits und die Bewahrung vor wuchermäßiger Ausbeutung durch Geldverleiher, Güter- und Viehhändler, desgleichen vor den Folgen landwirtschaftlicher Unfälle (Viehsterben, Hagelschläge 2c.) sehr viel wichtiger als die Frage, ob sie für die wenigen Zentner Getreide, die sie zum Verkauf bringen, einige Mark mehr oder weniger erlösen. Aus allen diesen Gründen entspricht es den thatsächlichen Verhältnissen des Lebens nicht, wollte man nur den die Marktpreisbildung für Getreide günstig beeinflussenden Maßnahmen die Eigenschaft „großer Mittel" zuerkennen, dem gegenüber alle anderen Maßnahmen fürsorgender Landwirtschaftspflege eitel Rauch seien. Die Agrarpolitik eines Landes setzt sich also mit den Interessen der breiten Masse der Landbaubevölkerung nicht in Widerspruch, sondern fördert diese Interessen, wenn sie einer Reihe anderer landwirtschaftspolitischer Maßnahmen dieselbe Bedeutung wie der Beeinflussung der Marktpreisbildung des Getreides durch staatliche Maßnahmen, gegendenweise sogar eine überwiegende Bedeutung beimißt, und wenn sie einem angeblichen Gegensatz von großen und kleinen Mitteln die Anerkennung versagt.

Wie sehr die landwirtschaftliche Bevölkerung selber mehr und mehr zu dieser Einsicht sich durchringt, zeigt in beredter Weise die außerordentliche Anstrengung, mit der allenthalben seit der Abnahme der Rentabilität des Getreidebaues die Verbesserung und Vermehrung des Viehbestandes angestrebt wird; man ist eben mit Recht bemüht, die im Ackerbau und besonders im Getreidebau sich ergebenden Mindereinnahmen, wo immer die Verhältnisse des Bodens und die Absatzverhältnisse es gestatten, durch Steigerung der Rente aus dem Stall einigermaßen wett zu machen. Die Statistik der Viehbestände im deutschen Reiche läßt diese seit längerer Zeit einsetzende Bewegung deutlich erkennen. Es wurden gezählt in 1000 Stück:

	Pferde:	Rinder:	Schafe:	Schweine:	Ziegen:
1. Dezember 1892	3836	17555	13589	12174	3091
10. Januar 1883	3522	15768	19189	9206	2640
10. Januar 1874	3352	15776	25999	7124	2320
Anfang der 60er . . .	3193	14999	28016	6462	1818

Die Pferde haben in den zwanzig Jahren von 1863 bis 1883 um 329000 Stück zugenommen, in der folgenden nur halb so langen Periode dagegen um 314000 Stück. Rinder nahmen in der ersten Periode nur um 769000 Stück zu, in der zweiten um 1787000 Stück. Die Zahl der Schafe ist zwar seit 1863 auf die Hälfte heruntergegangen, die der Schweine hat sich dagegen verdoppelt.

Der Wert dieses Viehstandes ist für 1883 und für 1892 wie folgt berechnet worden:

Wert in Millionen Mark.

	1883:	1892:	Zunahme:
Pferde	1678	1880	202
Rinder	3074	3547	473
Schafe	306	217	— 89
Schweine	476	684	208
Ziegen	39	48	9
Zusammen	5573	6376	803

Um 803 Millionen Mark hat sich also der Verkaufswert des deutschen Viehstandes innerhalb zehn Jahren gehoben, und man sollte bei der Beurteilung der Gesamtlage der deutschen Landwirtschaft solchen Ziffern nicht, wie es manchmal geschieht, eine nur untergeordnete Bedeutung zuerkennen oder gar die in diesen Ziffern zum Ausdruck gelangenden Fortschritte zum Besseren gegenüber den dunkeln Seiten der landwirtschaftlichen Betriebsthätigkeit gänzlich unbeachtet lassen.

§ 44. Die Marktpreisbildung und die Zollpolitik; Würdigung der Getreidezölle insbesondere.

Um einem die inländische Produktion schädigenden Wettbewerb von außen zu begegnen, kann man die Einfuhr der betreffenden Waren mit Eingangszöllen belegen: man erstrebt damit eine Hebung des inländischen Preisstandes über den Weltmarktpreis im Betrag des aufgelegten Zolls. Deshalb erschien angesichts des Wettbewerbs ausländischen Getreides das einfachste und wirksamste Mittel dasjenige, welches im Bereich der Zollpolitik gelegen ist, und in der That wurde der Anprall der osteuropäischen und überseeischen Konkurrenz in Getreide in den meisten Kontinentalstaaten sehr bald mit der Einführung von Getreidezöllen beantwortet: in Deutschland geschah dies erstmals 1879 in Verbindung mit der allgemeinen Revision des Zolltarifs. Außerhalb der landwirtschaftlichen Schutzzollpolitik hat sich von Anfang an das englische Inselreich gestellt und bis jetzt an dieser Politik der Nichtintervention im Bereich der Getreideproduktion festgehalten. Es büßte aber diese Politik des Gehen- und Geschehenlassens mit dem wirtschaftlichen Ruin Tausender von Pächtern und einem starken Rückgang des Weizenbaues, so daß die Abhängigkeit Großbritanniens in der Getreideversorgung vom Auslande von Jahr zu Jahr größer geworden ist. Die Pachtlosigkeit zahlreicher Pachtfarmen, die Umwandlung ausgedehnter Ackerländereien in Weideland, der Übergang von intensiver Ackerbau- zu extensiver Weidewirtschaft macht ununterbrochen Fortschritte; die zunehmende

Entvölkerung des flachen Landes geht damit Hand in Hand. Gewiß keine Entwickelung, die für die kontinentalen Staaten nachahmenswert wäre!

Die ältere Zollvereinspolitik und die Zollpolitik nach Gründung des deutschen Reichs war im Grundsatz eine dem Freihandel zugeneigte, und insbesondere sind die Gegenstände landwirtschaftlicher Erzeugung — Roh- und Hilfsstoffe für Industrie, Nahrungsmittel — in der rückwärtsliegenden Zeit bis zu dem bedeutungsvollen Jahr 1879 entweder ganz zollfrei oder doch nur mit ganz mäßigen Zöllen belegt gewesen; wo höhere Zölle Platz griffen, wie gegenüber Tabak, Wein ꝛc., hatten sie den Charakter von Finanzzöllen, d. h. die Erzielung einer finanziellen Einnahme, nicht die schützende Wirkung gegenüber dem Auslandsangebot war die veranlassende Ursache der Zollauflegung. Ein entscheidender Umschwung vollzog sich im Jahre 1878 durch das unmittelbarste Eingreifen des damaligen Reichskanzlers, Fürsten Bismarck, und das grundlegende Zolltarifgesetz von 1879, das gleichmäßig dem industriellen wie dem landwirtschaftlichen Schutzbedürfnis Rechnung zu tragen sich bemühte, leitete nunmehr eine Periode der Schutzzollpolitik ein, die freilich von heftigen, auch in der Gegenwart noch nicht verstummten Kämpfen begleitet sein sollte. Im Mittelpunkt der sich befehdenden Interessen stand dabei von Anfang an der Kampf um die Höhe der Getreidezölle. In dem Tarifgesetz von 1879 erschienen diese Getreidezölle noch in dem mäßigen Betrag von 1 Mk. für den Doppelzentner Weizen, Spelz, Roggen, Hafer, von 50 Pfg. für Gerste, Buchweizen und Mais; aber die Zolltarifnovellen der Jahre 1885 und 1887 brachten für die Hauptgetreidefrüchte (Weizen, Spelz, Roggen) eine Verdreifachung und bezw. Verfünffachung der 1879er Sätze. Wie für Getreide hatte das Zolltarifgesetz von 1879 auch für andere landwirtschaftliche Erzeugnisse, desgleichen für landwirtschaftliche Nutztiere, endlich für Produkte der Waldwirtschaft erhebliche Zollerhöhungen gebracht. Nur betreffs gewisser Rohstoffe der Textilindustrie — Wolle, Flachs, Hanf — wurde an dem Grundsatz des zollfreien Eingangs festgehalten: dies wird wohl auch in der Zukunft so bleiben müssen, weil diese Gespinststoffe in Deutschland in einer dem industriellen Bedarf ganz ungenügenden Weise erzeugt werden und das durch Zollauflegung zu erstrebende Ziel der Preishebung dieser Rohstoffe nur auf Kosten der Erhaltung der Konkurrenzfähigkeit der deutschen Textilindustrie auf dem Weltmarkt erreicht werden könnte.

Eine bemerkenswerte Änderung der Hochschutzzollbewegung der 80er Jahre brachten die Jahre 1892 und folgende aus Anlaß des Abschlusses neuer Handelsverträge mit Österreich, Italien, Belgien, der Schweiz, ferner mit Rußland, Rumänien und anderen Staaten; denn in diesen Verträgen wurden den erwähnten Staaten neben zahlreichen Zollermäßigungen auf industriellem Gebiet auch solche für eine Anzahl landwirtschaftlicher Erzeugnisse zugestanden, und von diesen letzteren Zugeständ-

§ 44. Die Marktpreisbildung und die Zollpolitik.

nissen insbesondere die Körnerfrüchte betroffen, deren Zollsatz für die erwähnten Hauptgetreidearten von 5 Mk. auf 3 Mk. 50 Pfg. ermäßigt wurde. Auch griffen diese zugestandenen Zollermäßigungen in ihrer Wirkung über die Vertragsstaaten hinaus, indem sie gegenüber allen Staaten sofortige Geltung erlangten, mit denen Deutschland direkt oder indirekt auf dem Fuß der Meistbegünstigung sich befand, insbesondere also gegenüber der nordamerikanischen Union, Kanada, Indien, Argentinien.

Eine Darstellung der landwirtschaftlichen Zölle nach ihrer geschichtlichen Entwicklung und jetzigem Stand ist an dieser Stelle nicht zu geben; doch mögen für eine Anzahl der wichtigeren landwirtschaftlichen Erzeugnisse die teils auf Grund des Zolltarifgesetzes, teils auf Grund der geltenden Handelsverträge thatsächlich in Geltung befindlichen Zollsätze mitgeteilt werden; dabei ist zu beachten, daß die Zollsätze, soweit sie Gegenstand handelsvertragsmäßiger Abmachungen waren, für die Dauer der Handelsverträge, d. h. bis Ende 1903 gebunden, also einer einseitigen Abänderung durch die deutsche Gesetzgebung nicht zugänglich sind.

Es beträgt nach dem Tarif bezw. nach den bestehenden Verträgen der geltende Zoll von 100 kg für:

	Mk.		Mk.
Weizen, Spelz, Roggen	3,50	Pferde	20,—
Hafer	2,80	— bis zu 2 Jahren	10,—
Buchweizen, Gerste, Mais	2,—	Ochsen	25,50
Mühlenfabrikate	7,30	Stiere	9,—
Raps und Rübsaat	2,—	Jungvieh bis zu $1^1/_2$ Jahren	5,—
Hopfen	14,—	Kälber unter 6 Wochen	3,—
Roh-Tabak	85,—	Kühe	9,—
Cichorienwurzeln, frische	zollfrei	Schweine	5,—
— gedarrte	2,—	Schafvieh	1,—
— gebrannte od. gemahlene	4,—	Geflügel, lebend	frei
Honig	36,—	— anderes	12—20
Butter	16,—	Eier	2,—
Käse	15,—		
Wein in Fässern	20,—		
Roter Wein z. Verschneiden	10,—		
Wein in Flaschen	48—80		

Unter diesen landwirtschaftlichen Zöllen stehen, aus den in den vorhergehenden Paragraphen entwickelten Gründen, die Getreidezölle im Vordergrund aller Erörterungen: denn weil einerseits der Getreidebau unter allen Ackererzeugnissen den vorherrschenden Platz einnimmt (1895: 53,4 % des Ackerlandes), andererseits die verschiedenen Getreidearten das wichtigste und unentbehrlichste Nahrungsmittel liefern, müssen die Meinungsgegensätze zwischen den Gegnern und Freunden des

Zollschutzes gerade im Punkt der Getreidezölle am heftigsten sich geltend machen. Die nachstehenden Erörterungen können sich daher auf eine Würdigung dieses Teils der landwirtschaftlichen Schutzzölle um so mehr beschränken, als mit den Zollsätzen auf andere landwirtschaftliche Erzeugnisse, ferner auf landwirtschaftliche Haustiere Freunde und Gegner des Zollschutzes sich im wesentlichen abgefunden haben und weiterhin die für die Würdigung der Getreidezölle in Betracht kommenden allgemeinen Erwägungen in gewissem Sinne auch für die sonstigen landwirtschaftlichen Schutzzölle Geltung beanspruchen dürfen.

Das wichtigste und eindrucksvollste Argument, dessen sich die grund sätzlichen Gegner der Getreidezölle bedienen, wurzelt in der durch sie bewirkten Verteuerung der Mehl= und Brotpreise. Landwirtschaftliche Zölle und vor allem Getreidezölle erscheinen im Sinne dieser Auffassung unvereinbar mit dem Staatszweck; denn dem Staat könne es nicht frommen, daß andere Bevölkerungsklassen und vor allem die hand= arbeitenden Klassen, d. h. die wirtschaftlich schwächsten, in der Beschaffung des wichtigsten Nahrungsmittels Opfer zu Gunsten eines Bruchteils der Bevölkerung sich auferlegen sollen. Die Verteuerung der Lebenshaltung der unteren Volksschichten wirke antisocial und verschärfe die vorhandenen Klassengegensätze; trete aber mit der Zeit als Folge der gesteigerten Lebenshaltung eine Erhöhung der Löhne ein, so leide darunter die In= dustrie, die im Wettkampf mit den nicht zollgeschützten Staatswesen (Großbritannien!) ihre Konkurrenzfähigkeit auf dem Weltmarkte bedroht sehe. Angesichts der thatsächlichen Preisbewegung der Körnerfrüchte unter der Herrschaft der Kornzölle kann indes dieser Betrachtungsweise ein entscheidendes Gewicht nicht beigelegt werden; denn die Kornpreise sind im großen und ganzen seit Anfang der achtziger Jahre nicht teurer, sondern billiger geworden (vergl. die Angaben auf S. 206 ff.). Nur soviel ist richtig, daß die Korn= und Mehlpreise in den zollgeschützten Staaten um den Betrag des Zolls oder doch um Bruchteile des Zolls höher sich stellen, als in den nicht zollgeschützten. Die Wirkung der landwirtschaft= lichen Schutzzollpolitik hat sich also darauf beschränkt, ein eben so starkes Fallen der Getreidepreise, als es in den des Zollschutzes entbehrenden Staatswesen zu beobachten ist, hintanzuhalten; zu einer Verschlechte= rung der Lebenshaltung der brotkonsumierenden Bevölkerung ist es aber nicht gekommen. Der begreifliche Wunsch der Brot= konsumenten auf wachsende Verbilligung der Nahrungsmittel hat unge= achtet der bestehenden Schutzzölle in erfreulichem Maße Verwirklichung erfahren; aber jener Wunsch hat keine Berechtigung, als politischer Anspruch auf möglichst billiges Brot sich geltend zu machen, und jedenfalls finden solche Ansprüche ihre Schranken, wo sie mit Pro= duktionsinteressen wichtiger Art in Widerstreit geraten. Nun ist die Aufrechterhaltung der Getreideproduktion für jeden Staat eine nationalpolitische Forderung ersten Ranges; man kann sich

§ 44. Würdigung der Getreidezölle insbesondere. 221

keine größere Abhängigkeit denken als diejenige, die in der Abhängigkeit der Versorgung des inländischen Marktes mit Getreide und Mehl von fremden Staaten besteht, weil die gewohnten Bezugsquellen gelegentlich auch einmal versiegen können, sei es infolge von Mißernten oder von Krieg, oder infolge des Umstandes, daß die seitherigen Exportgebiete infolge Anwachsens ihrer eigenen Bevölkerung erhebliche Getreidemengen in den Weltmarkt nicht mehr überzuführen vermögen. Eine solche Abhängigkeit Deutschlands von dritten Staaten in Bezug auf die Getreide- und Mehlversorgung besteht freilich dermalen schon, weil der nachhaltigen Vermehrung der Volkszahl die inländische Getreideproduktion nicht zu folgen vermochte. Um so mehr bleibt es ein wichtiges Ziel, zu verhindern, daß der Grad dieser Abhängigkeit sich mehre; vielmehr ist anzustreben, daß durch denkbar stärkste Intensität des Betriebs allmählich ein Gleichgewichtszustand zwischen Produktion und Konsumtion sich wieder herstelle, was keineswegs undenkbar scheint; für die Anbahnung größerer Intensität des Betriebs als Voraussetzung reichlicherer Getreideernten bilden aber stark weichende Preise das denkbar stärkste Hindernis (S. 35 u. 36). In diesem Zusammenhange aufgefaßt hat die einer namhaften Einschränkung des Getreidebaues, wie sie in Großbritannien sich vollzog, vorbeugende landwirtschaftliche Schutzzollpolitik in Deutschland und anderen Kontinentalstaaten die Bedeutung einer den höchsten Staatsinteressen sich förderlich erweisenden Politik; während freilich jene, welche in landwirtschaftlichen Schutzzöllen nur eine Bereicherung der Produzenten auf Kosten der Konsumenten erblicken und an der tieferen Bedeutung solcher Schutzzölle als des Mittels der Erhaltung und Festigung eines im nationalen Interesse gelegenen Produktionszweiges achtlos vorübergehen, leicht zu einer grundsätzlichen Verwerfung jeglichen Schutzzolls gelangen.

Mit größerem Recht, als den vorstehend angedeuteten Einwendungen zukommt, könnte man fragen, ob die bestehenden landwirtschaftlichen Schutzzölle, weil zu niedrig bemessen, angesichts der Preisbewegung auf dem Weltmarkt seit 1892 dauernd genügen werden, und man macht sich mit solchen Fragen noch keineswegs einer wirtschaftspolitischen Todsünde gegenüber städtischen Interessen schuldig. Eine bestimmte Formel aufzustellen dafür, welche Zollsätze zu einer gegebenen Zeit die richtigen sind, um dem Schutzzweck zu genügen, ist eine müßige Sache, weil Zollsätze stets ein Kompromiß der in der Zollpolitik überhaupt sich befehdenden Richtungen darstellen. Nur soviel wird sich sagen lassen, daß sehr mäßige Getreidezölle in ihrer Wirkung meist versagen werden, da das exportierende Ausland, um seine Vorräte los zu werden, in der Regel geneigt sein wird, den mäßigen Zoll auf sich zu behalten; daß aber sehr hohe Getreidezölle doch nur einem dauernd sehr niedrigen Weltmarktpreis gegenüber aufrechterhaltbar erscheinen, nicht aber, wenn bei ungenügenden Getreideernten der Weltmarktpreis steigt und nunmehr außerdem noch ein hoher Zollschutz seine preisverteuernde Wirkung im zollgeschützten Inland ausübt. Die Preisbildung des Jahres 1891 mit dem ungewöhnlichen Hinaufschnellen der Weizen- und namentlich der Roggenpreise ist für die Möglichkeit solcher Vorgänge sehr lehrreich; ist doch damals selbst in landwirtschaftlichen Kreisen die Frage der zeitweiligen Suspendierung des Fünf-Mark-Zolls ernsthaft erörtert worden. Solche Vorgänge lehren, daß im Bereich der Nahrungsmittel sich die Zollpolitik jeden Landes vor Übertreibungen sorgsam zu hüten habe, und daß eine landwirtschaftliche Schutzzollpolitik schon dann leicht Gefahr läuft, der öffentlichen Verurteilung zu verfallen, wenn durch Übertreibung des Schutzprinzips auch nur ein einziges Mal Mehl- und Brotpreise auf einen für die Nahrungsinteressen der unteren Volksklassen bedrohlichen Stand emporgehoben werden sollten.

Ein oft vernommener Einwand gegen landwirtschaftliche Schutzzölle und insbesondere gegen Getreide- und Mehlzölle ist der Betrachtung entnommen, daß die durch den Schutzzoll bewirkte Steigerung der Rentabilität ein Anziehen der Bodenpreise im Gefolge haben werde; hierdurch werde den augenblicklichen Besitzern ein unverdientes Kapitalgeschenk zu teil, für die späteren Erwerber aber, denen der Grund und Boden teurer zu stehen komme, bleibe der Zoll ohne jeden Nutzen, da der höheren Bodenrente als Folge des Schutzzolls eine entsprechende Mehrbelastung an Zinsen als Folge des höheren Boden-Anlagekapitals gegenüberstehe. Diese Betrachtungsweise beachtet nicht hinreichend, daß Besitzwechsel im Bereich des landwirtschaftlichen Grund und Bodens doch immer nur einen verhältnismäßig kleinen Bruchteil der landwirtschaftlichen Gesamtfläche zu ergreifen pflegen (§ 16), die große Mehrzahl der Besitzer also im ruhigen Genuß der durch den Schutzzoll erhöhten Rente verbleibt; und sie ist auch deshalb eine wenig glückliche, weil aus demselben Grund jede durch technische Betriebsverbesserungen erzielte dauernde Reinertragssteigerung, die in ähnlicher Weise eine nachhaltige Hebung der Bodenpreise im Gefolge hat, vom Standpunkt der späteren Erwerber ebenfalls als ein vergebliches Bemühen erklärt werden müßte. Etwas anders liegt die Sache im Fall der Pacht, weil mit Ablauf der jedesmaligen Pachtzeit der neue Pächter durch den gesteigerten Mitbewerb auf dem Pachtmarkt leicht zu einem höheren Pachtschilling gedrängt werden wird, die Vorteile des Zollschutzes also den Bewirtschaftern des Grund und Bodens nur verhältnismäßig kurze Zeit gewahrt bleiben; aus welchem Grund sich vielleicht mit die Abneigung gegen landwirtschaftliche Schutzzölle im englischen Inselreich erklärt, weil bei dem Überwiegen des Pachtwesens in diesem Land landwirtschaftliche Schutzzölle in ihrer Wirkung nur auf eine Bereicherung der verpachtenden und rentenbeziehenden Grundeigentumsaristokratie, nicht aber auf eine nachhaltige Besserstellung der bodenbearbeitenden Klassen selber (der Pächter) hinauslaufen können.

Viele einsichtsvolle und vorurteilsfreie Schriftsteller und Politiker gelangen zu einem der landwirtschaftlichen Schutzzollpolitik abträglichen Ergebnis vielfach auch deshalb, weil für sie nur der Grund und Boden als unzerstörbares und unverlierbares Produktionsinstrument in Betracht kommt, die augenblickliche ökonomische Lage aber der den Boden thatsächlich Bebauenden als etwas gleichgültiges angesehen wird. Mit anderen Worten: die landwirtschaftliche Schutzzollpolitik pflegt nicht zum wenigsten mit dem Hinweis bekämpft zu werden, daß der Staat nur ein Interesse an dem landwirtschaftlichen Gewerbe als solchem habe, nicht aber an den dasselbe zufällig Ausübenden, und daß es nichts verschlage, wenn die dermalen im Besitz Befindlichen von der Bildfläche verschwinden, da sie jedenfalls alsbald von tüchtigeren, leistungsfähigeren, geschickteren, zur Überwindung der Krisis befähigteren Wirten abgelöst werden würden. Diese letztere Annahme findet indessen in der Wirklichkeit nicht durchweg eine Stütze; auch lehrt die Entwicklung des englischen Ackerbaus seit dem Auftritt der überseeischen Getreidekonkurrenz, daß die Versagung eines Schutzes leicht Produktionsverschiebungen im Gefolge haben kann — Übergang vom Getreidebau zur Weidewirtschaft —, die vom Standpunkt der nationalen Ernährungsinteressen keineswegs gleichgültig sind, vielmehr zu den ernstesten Besorgnissen Anlaß geben. Endlich aber widerspricht es der Auffassung des modernen Staats als höchster von sittlichen Ideen erfüllten Rechts- und Interessengemeinschaft, daß das wirtschaftende Subjekt als solches etwas für den Staat gleichgültiges sei, an dessen Wohl und Wehe er keinen Anteil zu nehmen brauche, wo doch die Staatsgemeinschaft von den in ihr Lebenden nicht zu trennen und „das Maß der Entwicklung des Ganzen jederzeit durch das Maß der Entwicklung des Einzelnen gegeben ist". Soweit aber die Gegner jedweden landwirtschaftlichen Zollschutzes auf Selbsthilfe verweisen, wird augenscheinlich übersehen, daß die Wege der Selbsthilfe um so schwerer gangbar sich erweisen, je mehr ein Erwerbsstand in seiner Existenzgrundlage erschüttert ist, und daß eine Reihe von zur Hebung und wirtschaftlichen Kräftigung des landwirtschaftlichen Standes bestimmten agrarpolitischen Einrichtungen und Veranstaltungen nur unter der Voraussetzung leidlicher Rentabilitätsverhältnisse ihrem Zweck entsprechend funktionieren können. Beispielsweise müßte das Anerbenrecht mit seinem Erbverschuldungszwang die ihm zugedachte Wirkung, das Gut in der Familie zu erhalten, versagen, wenn dem Anerben die Erwirtschaftung der Zinsen und Amortisationsquoten der Erbschuld infolge anhaltend gedrückter, eine genügende Rente nicht mehr gewährender Produktenpreise unmöglich gemacht wäre; das Annuitätensystem im Grundkreditverkehr müßte aus dem gleichen Grunde für den Besitzer zur lästigsten Fessel, ja könnte leicht geradezu verhängnisvoll werden; von den zahlreichen Einrichtungen des Versicherungswesens könnte kein oder nur beschränkter Gebrauch gemacht werden, für die Aneignung der nur mit Aufwendung von Kapitalmitteln möglichen Betriebsfortschritte könnte wenig oder nichts geschehen; nicht davon zu reden, daß ein in Verzagtheit, Mutlosigkeit und Pessimismus versunkener Grundbesitzerstand für alle an die Werke der Selbsthilfe appellierende Mahnworte unzugänglich oder doch nur schwer zugänglich sein wird.

Schließlich sollte auch die finanzielle Wirkung der Getreidezölle nicht ganz außer acht gelassen werden. Die Zolleinkünfte aus Getreide, Hülsenfrüchten, Malz sind im Laufe der Jahre auf über 100 Mill. Mk. (1895 108 951 000 Mk.) gestiegen, stellen also nahezu ein Sechstel des Aufkommens aus Zöllen und Verbrauchssteuern dar; sie reichen hin, fast ein Viertel der Ausgaben des Reichsheeres (1896/97 = 479 Mill. Mk.) zu bestreiten. Und diese Einnahmen konnten erzielt werden, ohne daß eine Verschlechterung in der Lebenshaltung derjenigen Volksklassen hätte einzutreten brauchen, bei denen der Brotkonsum eine besonders wichtige Rolle spielt; denn die Mehl- und Brotpreise sind unter der Herrschaft der Getreidezölle nicht teurer, sondern billiger geworden. Mit dem Wegfall der Getreide- und Mehlzölle müßten entweder bestehende Reichssteuern oder aber die Matrikularbeiträge erhöht werden; letzteres wäre mit einer Erhöhung der direkten Steuern gleichbedeutend, die gerade von der breiten Masse der Bevölkerung besonders drückend empfunden zu werden pflegen.

Allen Einwendungen gegen landwirtschaftliche Schutzzölle, insbesondere soweit sie sich als Nahrungsmittel-(Getreide-)Zölle darstellen, ist nur insoweit eine Berechtigung einzuräumen, als diese Einwendungen gegen eine Übertreibung des Schutzprinzips Stellung nehmen. Der in landwirtschaftlichen Kreisen dann und wann geltend gemachte Anspruch auf einen Getreidezollschutz, der unter allen Umständen Jahr für Jahr den Höchststand der Preise des Jahrhunderts sichere, ist daher abzuweisen. Und zwar schon deshalb, weil die staatliche Garantierung einer bestimmten Rentenhöhe mit den sozialwirtschaftlichen Pflichten des Grundbesitzes in Widerspruch sich setzen würde. Denn wenn das Grundeigentum wie jedes private Eigentum an Produktionsmitteln das Vorrecht genießt, daß ihm die günstigen Konjunkturen und der Nutzen aus technischen Fortschritten in höheren Erträgnissen und in der Bodenwertsteigerung zu gute kommen, so entspricht diesem Vorrecht die Pflicht, zeitweise auch ungünstige Konjunkturen zu tragen. Nur ein unerträgliches Übermaß ungünstiger Konjunkturen kann und soll dem Grundbesitz abgenommen werden; wogegen das Verlangen der Abnahme des gesamten Risikos auch nur in Bezug auf einen einzelnen landwirtschaftlichen Produktionszweig unvereinbar wäre mit einer auf dem Grundsatz der wirtschaftlichen Selbstverantwortlichkeit auf-

§ 44. Würdigung der Getreidezölle insbesondere.

gebauten Wirtschaftsverfassung und seine Erfüllung nur in dem sozialdemokratischen Zukunftsstaat, der kein Privateigentum, sondern nur Gemeinschaftsbesitz kennt, finden könnte. Ein Agrarhochschutz mit dem Ziel staatlicher Rentengarantie ist daher unerfüllbar; ja man kann sagen, daß in Staaten mit rasch wachsender Bevölkerung es dauernd nur mäßige Agrarzölle oder überhaupt keine Agrarzölle geben kann. Denn wie jeder Zollschutz, so darf auch der landwirtschaftliche Zollschutz nicht eine den eigentlichen Zielen der Schutzzollpolitik entgegenwirkende Folge erzeugen; das Ziel jeder Schutzzollpolitik aber ist auf solche Kräftigung der durch auswärtigen Wettbewerb bedrohten Inlandsproduktion gerichtet, daß mit der Zeit die letztere der auswärtigen Konkurrenz sich ebenbürtig erweise. Dieses Ziel würde niemals erreicht, wenn durch eine staatlich garantierte Höchstrente die Wirte der Pflicht äußerster Kraftentfaltung sich entledigt sähen. Auch der landwirtschaftliche Schutzzoll soll, gleich allen Schutzzöllen, nichts anderes als Kampf- und Abwehrmittel, Aneiferungs- und Aufmunterungsprämie sein; nicht zur Stagnation, sondern zum Fortschritt führen; nicht eine dauernde Widerstands- und Konkurrenzunfähigkeit voraussetzen, sondern zur Widerstands- und Konkurrenzfähigkeit langsam erziehen. In diesem Sinne behauptet der landwirtschaftliche Schutzzoll in einem System verständiger Agrarpolitik einen guten Platz, während er als Hochschutzzoll die grundbewirtschaftenden Elemente als bevorzugt erscheinen läßt, die wirtschaftlichen Kämpfe und die Klassengegensätze verschärft, durch Einwiegen der landwirtschaftlichen Bernfsstände in sorglose Sicherheit das Endziel jeder richtigen Agrarpolitik: die Emporhebung des landwirtschaftlichen Betriebs zu einer höheren Stufe der Vollkommenheit, möglicherweise vereitelt.

Die vorstehenden Betrachtungen ergeben, daß auf die Frage, in welcher Höhe äußerstenfalls ein Getreide- und Mehlzoll festgesetzt werden darf, sich eine zahlenmäßig genaue Antwort nicht geben läßt. Wohl aber ist folgende allgemeine Regel aufzustellen: Der Zoll soll nicht so hoch gegriffen sein, daß er sich mit den Ernährungsinteressen der arbeitenden Bevölkerung in empfindlichen Widerspruch setzen würde; er darf am allerwenigsten ein Prohibitivzoll, d. h. von solcher Höhe sein, daß er die Einfuhr fremdländischen Getreides unmöglich machte, da Deutschland wohl stets in den Hauptgetreidefrüchten auf die Einfuhr bestimmter Mengen von Getreide angewiesen sein wird; er soll auch nicht so hoch gegriffen sein, daß dieser Höhe halber der künftige Abschluß von Handels- und Tarifverträgen oder die Aufrechterhaltung bestehender Handelsverträge mit europäischen und außereuropäischen Staaten, welche als Exportmärkte für Erzeugnisse der deutschen Industrie wesentliche Bedeutung haben, unmöglich gemacht wäre. Danach wird die Meinung auszusprechen gestattet sein, daß bei Fortdauer der jetzigen Weltgetreideproduktionsverhältnisse der Zoll für Ge-

Buchenberger.

treide und Mehl kaum unter die jetzt bestehenden Zollsätze wird heruntersinken können, andererseits aber auch die Sätze der Zolltarifnovelle vom Jahre 1887 (5 Mk. pro 100 kg Weizen und Roggen ꝛc.) wohl stets als äußerste Grenze der Zollbemessung zu gelten haben werden.

Dem selbst von extrem-agrarischer Seite zugegebenen Bedenken, daß hohe Getreidezölle beim zeitlichen Zusammenfallen mit ungünstigen Ernten einen unerträglichen Preisstand für Mehl und Brot im Gefolge haben können, soll durch die empfohlene Einführung beweglicher Zölle die Spitze abgebrochen werden, d. h. durch eine gesetzliche Vorschrift, wonach der geltende Eingangszoll beim Sinken der Getreidepreise entsprechend zu erhöhen und beim Steigen der Getreidepreise entsprechend zu ermäßigen ist. In dieser Weise das Interesse von Produzenten und Konsumenten in Einklang zu bringen, ist lange Zeit hindurch das Ziel der englischen Kornzollpolitik gewesen, und es erhielt diese Richtung der Politik ihren konsequentesten Ausdruck in einem Gesetz von 1828, wonach die Einfuhr von Getreide jederzeit erlaubt war, die Zölle aber derart beweglich festgesetzt wurden, daß sie beim Preis von 66 Schilling pro Quarter $20^2/_3$ Schilling betrugen, und daß mit jedem Schilling, um welchen der Preis unter diese Grenze sank, der Zoll um einen Schilling stieg, andererseits beim Steigen der Kornpreise über jene Grenze der Zoll, und zwar in einem stärkeren Prozentverhältnis, fiel. Dieses System der gleitenden Zollskala erwies sich indessen als gänzlich ungeeignet, einen mittleren Preisstand des Getreides herbeizuführen; im Gegenteil waren die Importspekulationen, zu denen das System Anlaß gab, die Ursache besonders starker Preisschwankungen. Auch den Interessen der Produzenten war mit diesem System beweglicher Zölle nicht gedient. Ganz regelmäßig war zu beobachten, daß die Spekulanten durch eine vorübergehende Steigerung der Getreidepreise im Inland eine Ermäßigung der Zölle herbeizuführen trachteten, um alsdann den Inlandsmarkt mit großen Mengen ausländischen Getreides zu überschwemmen, was starken Preisdruck, wenn nicht Unverkäuflichkeit der Inlandsfrucht zur Folge hatte. Einem Wiederaufleben der gleitenden Zollskala muß daher gerade auch im Interesse der Getreideproduzenten widerraten werden.

§ 45. Die Marktpreisbildung des Getreides und die Handelsverträge.

Die Getreidezölle haben die von ihren Befürwortern erhoffte Wirkung einer nachhaltigen Hebung der Inlandspreise, etwa auf einen den siebziger Jahren entsprechenden mittleren Stand, nicht ausgeübt: denn unter der Herrschaft der Getreideschutzzölle sind die Weltmarktpreise in einem die Schutzzölle noch übersteigenden Betrag zurückgegangen; ihre Wirkung hat sich also darauf beschränkt, die Inlandspreise um den Betrag des Zolls über die Preise im zollfreien Ausland zu heben, also einen noch stärkeren Niedergang der Inlandspreise, als er sonst eingetreten wäre, fernzuhalten. Nun verrät es einen augenscheinlichen Mangel an Einsicht, wenn in landwirtschaftlichen Kreisen aus diesem Rückgang der Weltmarktpreise eine Versäumnis der heimischen Wirtschaftspolitik hergeleitet wird. Denn es vollzieht sich ja doch die Bewegung des die Inlandspreise beeinflussenden Weltmarktpreises gänzlich unabhängig von der Wirtschaftspolitik des Einzelstaats; beispielsweise ist der Weltmarktpreis für Weizen, Roggen rc. das Ergebnis der jeweiligen Welt=Jahresernten und der Jahresnachfrage nach Getreide in den getreidebedürftigen Staaten. Ob in den Vereinigten Staaten oder in Argentinien oder Rußland einige Millionen Hektar mehr oder weniger mit Getreide bebaut werden, ob die Getreideernte in diesen exportierenden Staaten reichlich oder minder reichlich ausfällt, ob die überseeischen oder russischen Getreideproduzenten ihre Getreidevorräte zurückhalten oder auf den Markt werfen und ob danach die Bewegung der Preise nach oben oder unten beeinflußt wird, bleibt dem Einfluß der Getreideimportländer völlig entzogen. Es ist also augenscheinlich unbillig und ungerecht, die Politik des Einzelstaats für die jeweilige Gestaltung der Getreidepreise, z. B. für das niedrige Preisniveau der Gegenwart verantwortlich zu machen.

In dem verständigeren Teil der Landwirte verschließt man sich auch solcher Einsicht keineswegs. Wohl aber wird ein heftiger Vorwurf daraus abgeleitet, 1. daß in den anfangs der 90er Jahre abgeschlossenen Handelsverträgen die Getreidezölle eine Ermäßigung erfahren haben (z. B. bei Weizen und Roggen von 5 Mk. auf 3,50 Mk.); 2. daß infolge dieser Handelsvertragspolitik die Getreidezölle für lange Zeit (12 Jahre), d. h. bis 1903 festgelegt worden sind, in der Zwischenzeit also ihr Erhöhung ausgeschlossen erscheint. Diesen mit steigender Leidenschaftlichkeit in den letzten Jahren erhobenen Vorwürfen gegen die neueste Handelsvertragspolitik wurde im Reichstag von Vertretern verschiedener, auch agrarfreundlicher Parteien, sowie regierungsseitig nicht ohne Grund folgendes entgegengehalten:

a) Allerdings hat der Rückgang der Getreidepreise alsbald nach dem Abschluß der Handelsverträge eingesetzt, aber die Ermäßigung des Schutzzolls um 1,5 Mk. auf den Doppelzentner oder um **15 Mk.** die Tonne kann daran nur einen verschwindend kleinen Teil haben, wenn man bedenkt, daß Weizen und Roggen noch im Herbst 1891, d. h. kurz vor Abschluß des deutsch=österreichischen Handelsvertrags, 230—240 Mk., im November 1892 dagegen 140—150 Mk., d. h. 90 Mk. weniger notierten; denn eine Zolldifferenz von 15 Mk. für die Tonne kann unmöglich einen Preisrückschlag im sechsfachen Betrag zur Folge gehabt haben. Es ist also wenig angebracht, für den Preisrückgang, wie er sich vollzogen hat, in vollem Umfang die Handelsverträge verantwortlich zu machen.

15*

b) Die im Jahre 1887 erfolgte Erhöhung des Zolls für Weizen und Roggen von 3 Mk. auf 5 Mk. hat ihre Entstehung nicht sowohl einem damals in erhöhtem Maße zu Tage getretenen Schutzbedürfnis, als dem handelspolitischen Bedürfnis verdankt, beim Abschluß neuer Handelsverträge im Besitz eines ausreichenden Kompensationsobjekts zur Herbeiführung handelspolitischer Zugeständnisse vonseiten dritter Staaten sich zu befinden. Wenn daher in dem ersten, mit Österreich-Ungarn abgeschlossenen Zoll- und Handelsvertrage deutscherseits das Zugeständnis der Herabsetzung des Weizen- und Roggenzolls von 5 Mk. auf 3,50 Mk. gemacht worden ist, so kann man mit ausreichenden Gründen nicht behaupten, daß „die deutsche Landwirtschaft die Kosten dieses Vertrags bezahlt habe". Der jetzige Zoll ist immer noch um 50 Pf. höher als der im Jahre 1885 beschlossene, und Zweifel darüber, ob ein Zoll von 5 Mk. in Deutschland längere Zeit sich aufrecht erhalten lasse, sind auch in landwirtschaftlichen Kreisen von Anfang ab laut geworden; war doch im Jahre 1891 die Frage einer zeitweiligen Ermäßigung oder gänzlichen Suspendierung der Getreidezölle nahe gerückt. Die Ermäßigung der Zölle auf 3,50 Mk., ohne welche der Handelsvertrag mit Österreich-Ungarn mutmaßlich nicht zustande gekommen wäre, durfte auch angesichts der zur Zeit des Abschlusses dieses Handelsvertrags bestehenden verhältnismäßig guten Getreidepreise unbedenklich erscheinen; jedenfalls war eine Senkung des Preisniveaus der Getreidefrüchte, wie sie seit 1892 sich bemerkbar macht, nicht vorauszusehen, wie auch nichts der Annahme entgegensteht, daß sich das Preisniveau in einigen Jahren wieder heben wird.

c) Der Vorwurf, daß die Österreich-Ungarn zugestandene Zollermäßigung im weiteren Verlauf der Dinge auch Rußland eingeräumt wurde, statt diesem gegenüber die früheren höheren Zollsätze oder gar den Kampfzoll von 7 Mk. aufrecht zu erhalten, läßt außer acht, daß Differentialzölle — aller zolltechnischen Vorkehrungen ungeachtet — leicht umgangen werden können, also in ihrer Wirkung versagen. Solange beispielsweise russisches Getreide einen höheren Eingangszoll zu zahlen hat, als österreichisches oder rumänisches, wird der russische Exporteur bemüht sein, das russische Getreide zunächst nach Österreich oder Rumänien zu verbringen und sodann als österreichisches Getreide zu dem niedrigen Zollsatz nach Deutschland einzuführen; die russische Herkunft solchen via Österreich oder Rumänien eingeführten Getreides im Einzelfall nachzuweisen, würde nicht immer leicht möglich sein. Jedenfalls wäre die Unterbringung russischen Getreides in Deutschland in Form von auf österreichischen oder ungarischen Mühlen hergestellten Mehles jederzeit möglich. Aber auch von solchen Umgehungen abgesehen, würde das auf den Weltmarkt geworfene russische Erzeugnis an Weizen oder Roggen eine entsprechende Menge dieser Früchte aus den Vertragsstaaten für die Einfuhr nach Deutschland verfügbar gemacht haben. Selbst russischer

§ 45. Die Marktpreisbildung des Getreides und die Handelsverträge. 229

Roggen hätte durch vermehrte Einfuhr aus den Donaustaaten oder Nordamerika ersetzt werden können. Aus diesen Gründen war man im Reichstag seiner Zeit nicht im Zweifel, daß die Genehmigung des deutsch-russischen Handelsvertrags nach erfolgter Genehmigung des deutsch-österreichischen und der anderen Handelsverträge folgerichtig nicht versagt werden könne.

Der bei der jetzigen Preislage des Getreides aus landwirtschaftlichen Kreisen besonders in den Vordergrund gestellte und an sich noch verständlichste Vorhalt gegen die neuen Handelsverträge, daß die landwirtschaftlichen Zollsätze auf lange Zeit gebunden sind, richtet sich im letzten Ende gegen jede Art von Handelsvertragspolitik in Form des Abschlusses von Tarifverträgen, weil solche Tarifverträge verständigerweise stets auf längere Zeit unkündbar abgeschlossen werden müssen, wenn anders der Zweck der Handelsvertragspolitik, eine gewisse Stetigkeit in den Ein- und Ausfuhrbeziehungen zu erzielen, erreicht werden soll. Diese grundsätzliche Bekämpfung einer Erneuerung der Handelsvertragspolitik nach Ablauf der gegenwärtigen Verträge, gleichviel welches der Inhalt der künftigen Handelsverträge sein möge, steht gegenwärtig fast im Centrum der landwirtschaftlichen Bewegung, kann aber aus folgenden Gründen als berechtigt und aussichtsvoll nicht angesehen werden:

Neben der Landwirtschaft hat sich im Laufe dieses Jahrhunderts und namentlich in dem letzten Drittel des Jahrhunderts in kraftvoller Weise eine Groß-Industrie entwickelt, die längst aufgehört hat, nur für den Inlandsmarkt zu arbeiten, vielmehr eine im großen Stil arbeitende Exportindustrie geworden ist. Ungeheure Kapitalwerte sind in diesen industriellen Unternehmungen angelegt, Millionen von Angestellten und Arbeitern finden in ihnen Unterkommen und Verdienst; die Ausfuhrwerte dieser Industrie nähern sich der vierten Milliarde. Man kann den Vertretern landwirtschaftlicher Interessen einräumen, daß diese Entwicklung Deutschlands nach der großindustriellen Seite hin mancherlei Schattenseiten gezeitigt hat: Verschiebungen auf dem Arbeitsmarkt zum Nachteil des flachen Landes, Schaffung einer unzufriedenen Fabrikarbeiterbevölkerung, Verschärfung des Gegensatzes zwischen Kapital und Arbeit, zwischen Reich und Arm. Aber man sollte auf jener Seite nicht so einseitig sein, zu leugnen, daß die von Jahr zu Jahr wachsende Kapitalkraft Deutschlands zu einem sehr erheblichen Teil die Frucht der Unternehmerthätigkeit der Großindustrie und des an ihrem Aufschwung teilnehmenden Großhandels ist, und daß mit dieser zunehmenden Kapitalkraft auch die Steuerkraft gewachsen und eine Verschiebung der steuerlichen Belastung zu Gunsten des landwirtschaftlichen Gewerbes eingetreten ist, worauf bereits früher hingewiesen wurde (S. 191). Man sollte sich der Einsicht nicht verschließen, daß ein Reich mit so rascher Bevölkerungszunahme, wie sie das deutsche Reich seit Jahrzehnten aufweist, der Gefahr, dem Zustand der Übervölkerung zu verfallen, nur durch diese gewaltige Zunahme industrieller Thätigkeit mit ihrem starken Arbeiterbedarf bis jetzt leidlich entgangen ist, und daß, wenn in einem Reich wie Deutschland nicht Jahr um Jahr Hunderttausende der nachwachsenden Generation zur Auswanderung genötigt werden sollen, eine industrielle Entwicklung nötig war, die diesen hunderttausenden von Arbeitskräften Beschäftigung im Inland bot. Es ist aber volkswirtschaftlich richtiger und besser, nicht Menschen, sondern die aus Menschenhand gefertigten Waren zu exportieren. Diese kräftige Entfaltung auf industriellem Gebiet ist zudem weit entfernt, dauernd einen Nachteil für die landwirtschaftlichen Interessen darzustellen; wie man denn im Süden und Westen von Deutschland, wo jetzt schon in zahllosen Landgemeinden die Bevölkerung dicht gedrängt sitzt und gegendenweise die Symptome der Übervölkerung deutlich zu Tage treten, die Ausdehnung industrieller Thätigkeit viel unbefangener zu würdigen weiß, wie etwa im deutschen Osten. In jenen Gegenden erachtet man es gerade auch in den bäuerlichen Wirtschaften für einen Gewinn, an einer zahlungsfähigen Arbeiterbevölkerung einen regelmäßigen Abnehmer für die Kleinerzeugnisse der Landwirtschaft: Milch, Butter, Gemüse, Obst, zu haben; man schätzt es hoch, daß ein Teil des Familiennachwuchses industrieller Beschäftigung nachzugehen Gelegenheit hat und die Wirtschaftseinnahmen der Familie verbessert; man erachtet es als ökonomische Wohlthat, wenn der in übervölkerten Landgemeinden chronische Landhunger mit der Begleiterscheinung übertrieben hoher Bodenwerte durch diese Gelegenheit zu industriellem Arbeitsverdienst gemäßigt, und wenn durch die hierdurch herbeigeführte Entlastung des Grundmarkts von einem Teil der Nachfrage nach Grund und Boden normalere Bodenwerte angebahnt werden (siehe S. 65).

Die durch die bewundernswerten Errungenschaften der Technik geförderte großindustrielle Entwicklung, die deutscher Intelligenz, Thatkraft und Solidität ein glänzendes Zeugnis ausstellt, ist eine Thatsache, mit der die deutsche Wirtschaftspolitik nicht minder zu rechnen hat, wie mit den Interessen des landwirtschaftlichen Berufsstandes. Zwar bedarf diese Großindustrie, um sich auf ihrer jetzigen Höhe zu erhalten, keiner staatlichen Subventionen, keiner den technischen Fortschritt fördernden besonderen pfleglichen Veranstaltungen, wie solche im Sinn der vorausgegangenen Abschnitte zu Gunsten des landwirtschaftlichen Gewerbes und ebenso zu Gunsten des Kleinhandwerks mit Recht bestehen; aber sie bedarf, da ihre Produktion entsprechend dem Menschenmaterial, das sie beschäftigt, den Inlandsbedarf weit übersteigt, der Erschließung und Offenhaltung ausländischer Absatzquellen. Nun hängt es mit der verhältnismäßig späten Zusammenfassung Deutschlands zu einem einheitlichen politischen Gebilde zusammen, daß wir eines großen Kolonialreichs, das der natürliche Abnehmer eines Teils der Produkte des Industriefleißes des Heimatlandes wäre, gleich Großbritannien, Frankreich, den Niederlanden entbehren: unser in einem letzten günstigen Augenblick erworbener Kolonialbesitz wird diesen Dienst mutmaßlich erst in einer fernen Zukunft leisten können. Deshalb ist Deutschland für den Absatz seiner Industrieprodukte auch auf die Märkte fremder Staatswesen, europäischer und außereuropäischer, mit Dringlichkeit angewiesen, und daher ist eine Politik, die sich die Erschließung solcher auswärtigen Absatzwege angelegen sein läßt, nicht eine fehlerhafte, sondern eine durch die Macht der Verhältnisse und die unaufhaltsame Entwicklung der Produktion gebotene Politik. Am erfolgreichsten aber wird sich diese Politik im Weg des Abschlusses von Handels- und Zollverträgen bethätigen, durch welche der Zutritt heimischer Erzeugnisse in fremde Staaten für eine Reihe von Jahren, die eine von Augenblicksüberraschungen befreite, sichere kaufmännische Kalkulation zuläßt, gewährleistet wird. Und wie wertvoll eine solche Art von Handelsvertragspolitik gegebenenfalls sich erweist, ist angesichts des Umstandes, daß England für sich und seine Kolonieen die zwischen ihm und dem deutschen Reich geltenden, aber Jahr für Jahr kündbaren Handelsverträge (Meistbegünstigungsverträge) plötzlich gekündigt hat, klar zu Tage getreten. Denn von dieser Kündigung wird möglicherweise nicht bloß die deutsche Industrie, sondern auch die deutsche Landwirtschaft in Mitleidenschaft gezogen, weil der englische Markt den größten Teil des deutschen Rübenzuckerexports aufnimmt.

Aus diesen Gründen ist nicht anzunehmen, daß das deutsche Reich in der Zukunft auf eine Handelsvertragspolitik mit vertragsmäßiger Bindung der Zollsätze für eine Anzahl wichtiger Waren und damit auf den Schutz der nationalen Arbeit, soweit diese in der Exportindustrie wurzelt, verzichten wird; denn ein Zustand der Vertragslosigkeit im Handels- und Zollverkehr führt leicht zum Handels- und Zollkrieg, der wie dem fremden, so auch dem heimischen Gewerbefleiß stets die empfindlichsten Wunden schlägt. Zu dieser Einsicht muß sich auch die landwirtschaftliche Bevölkerung durchringen: sie muß sich mit dem Gedanken befreunden, daß neben den landwirtschaftlichen Interessen auch die Interessen der Großindustrie und der in dieser verwendeten Arbeitermassen Anspruch auf staatlichen Schutz und Fürsorge haben. Die in freihändlerischen Kreisen vertretene Meinung, daß Deutschland den Übergang vom Agrikulturstaat zum Industrie- und Handelsstaat bereits vollzogen habe und deshalb über die landwirtschaftlichen Interessen zur Tagesordnung übergehen könne, leidet offensichtlich an größter Einseitigkeit, und es ist nicht zu besorgen, daß der in dieser Meinung zum Ausdruck kommende einseitige Fabrikanten- und Kaufmannsstandpunkt je in absehbarer Zeit von der deutschen Wirtschaftspolitik geteilt würde. Allezeit wird der landwirtschaftliche Berufsstand in Deutschland seine ansehnliche Stellung und Bedeutung behauptcn. Aber soviel ist richtig, daß Deutschland aufgehört hat, ein reiner Agrikulturstaat zu sein. Daher fordern auch die großen und industriellen Handelsinteressen ihr Recht; denn die Behauptung nationaler Macht und Größe des deutschen Reichs wäre ohne die Erhaltung einer blühenden Großindustrie und eines kräftig entwickelten Großhandels neben dem Untergrund einer breit entwickelten Landwirtschaft dauernd nicht denkbar.

Die Frage, in welcher Weise bei einer Erneuerung der Handelsverträge die Forderungen auf erhöhten Zollschutz zu behandeln sind, ist eine Thatfrage und ihre Entscheidung von der Entwicklung des Weltverkehrs in landwirtschaftlichen Produkten in den nächsten Jahren abhängig zu machen. Sollte wider Erwarten der seitherige Tiefstand des Weltpreises für Getreide als dauernd sich erweisen, so wäre die Erhöhung der Getreidezölle unbedenklich vom Standpunkt der Konsumenten aus und daher, weil durch die Interessen der landwirtschaftlichen Produktion geboten, anzustreben; anders, wenn jener Tiefstand eine vorübergehende Erscheinung bildet: haben ja doch gerade in jüngster Zeit die Preise sich namhaft gebessert.

Ein besonderes Augenmerk wird in der Folge der Frage zuzuwenden sein, ob es vorteilhafter oder nachteiliger ist, mit einzelnen Staaten, statt sich durch Handels- und Zollverträge zu binden, lediglich auf dem Fuß der Meistbegünstigung zu verkehren, d. h. solchen Staaten die irgend einem Vertragsstaat eingeräumten Zollsätze ohne weiteres ebenfalls zuzugestehen. Infolge des Bestehens solcher Meistbegünstigungsverträge haben einzelne überseeische Staaten (nordamerikanische Union, Kanada, Indien, Argentinien) die in den mit europäischen Staaten abgeschlossenen Handelsverträgen zugestandenen landwirtschaftlichen und anderen Zollermäßigungen ohne weiteres, d. h. ohne besondere Gegenleistungen ihrerseits eingeräumt erhalten und sich zu nutze machen können. Die aus der Meistbegünstigungsklausel sich ergebenden Verpflichtungen sind zwar gegenseitige, aber dies ändert nichts an der Thatsache, daß die Vorteile der Einrichtung manchmal nur dem einen Teil zu statten kommen. Die Meistbegünstigungsklausel ist in den sechziger Jahren aufgekommen, d. h. in einer Zeit, in der die europäische Staatspolitik unter der Führung Frankreichs von dem System eines gemäßigten Schutzzolls zu dem des gemäßigten Freihandels überzugehen sich anschickte; hierzu erwies sich die Klausel der Meistbegünstigung als besonders wirksam, weil jede im Lauf der Jahre von einem Vertragsstaat irgend einem dritten Staat eingeräumte Zollermäßigung sofort allen Vertragsstaaten gegenüber Platz griff. Nachdem seit Ende der siebziger Jahre die allgemeine Wirtschaftspolitik und zwar nicht bloß in Deutschland, sondern in den meisten europäischen und gerade auch in außereuropäischen Staatswesen (amerikanische Union) eine Umkehr im schutzzöllnerischen Sinn vollzogen hat, besteht zwischen dieser unter der Flagge des Schutzes der nationalen Produktion wirksamen Politik und der Aufrechterhaltung der Meistbegünstigungsklausel ein augenscheinlicher Widerspruch. Denn wenn im Sinne der neueren Wirtschaftspolitik Zollermäßigungen an dritte Staaten nur Zug um Zug, d. h. nur gegen entsprechende Einräumungen von der andern Seite her zugestanden werden, so fehlt ein augenscheinlicher Grund, diesen Zollermäßigungen ohne entsprechende Gegenleistung eine unter Umständen ganz unerwünschte Verallgemeinerung lediglich deshalb geben zu müssen, weil aus früherer Zeit eine Anzahl Staaten den vertragsmäßigen Anspruch darauf haben, auf dem Fuß der Meistbegünstigung behandelt zu werden. Es ist deshalb kein unbilliges Verlangen landwirtschaftlicher Kreise, mit denen übrigens in dieser Hinsicht viele Vertreter der Industrie Hand in Hand gehen, daß beim Abschluß neuer Handelsverträge vor jeder Tarifkonzession an einen Vertragsstaat sorgsam geprüft werde, welche Tragweite der Zollermäßigung infolge ihrer Einräumung an Meistbegünstigungsstaaten zukomme, und ob Grund vorliege, den Meistbegünstigungsstaaten solche Einräumungen ohne namhafte Gegenkonzessionen ihrerseits zuzugestehen. Am besten wäre offenbar den industriellen und landwirtschaftlichen Interessen gedient, wenn es gelänge, die reinen Meistbegünstigungsverträge in Tarifverträge mit gewisser nicht zu kurz bemessener Dauer umzuwandeln. Denn die reinen Meistbegünstigungsverträge, die regelmäßig mit Jahresfrist kündbar sind und eine gegenseitige Bindung von Tarifsätzen nicht vorsehen, gewährleisten augenscheinlich sehr wenig die wünschenswerte Stetigkeit der Handelsverhältnisse. Hat doch gerade im letzten Jahrzehnt mehrfach bei einzelnen der mit Deutschland im Meistbegünstigungsverhältnis befindlichen Staaten die durch keinen Tarifvertrag beschränkte Autonomie im Gebiet des Zolltarifwesens in einer denkbar rücksichtslosen, launenund sprunghaften Handhabung der Zollpolitik sich geäußert wofür namentlich einzelne überseeische Staaten es an verblüffenden Beispielen nicht haben fehlen lassen. Solange aber mit einer solchen Unberechenbarkeit der Zollpolitik zu rechnen ist, darf gewiß die Frage aufgeworfen werden, ob dem Fortbestand eines Meistbegünstigungsverhältnisses (ohne Tarifvertrag) ein erheblicher Wert noch zukomme.

§ 46. Der Einfluß von zollfreien Getreidelägern auf die Marktpreisbildung und den Absatz des Getreides; Maßnahmen zur Verbesserung der Marktfähigkeit und Absatzmöglichkeit des inländischen Getreides; Bedeutung der kleinen und mittleren Mühlenbetriebe für den Getreideabsatz; genossenschaftliche Absatzorganisation und Kornhäuser; Aufhebung des Identitätsnachweises für Getreide.

Gleichzeitig mit Erlassung des neuen Zolltarifgesetzes von 1879, das erstmals wieder einen Zoll für Getreide einführte, ist die gesetzliche

Ermächtigung erteilt worden, ausländisches Getreide bis zu seiner Wiederversendung in das Ausland oder bis zur Verbringung in den freien Verkehr des Zollinlandes zollfrei lagern zu dürfen. Diese Getreideläger sind entweder reine Transitläger, aus denen das lagernde Getreide nur in das Zollausland, oder gemischte Transitläger, aus denen das Getreide nach freier Wahl des Lagerinhabers entweder in das Ausland oder das Inland verbracht werden darf. Bestimmend für die Zulassung von solchen Getreidelägern war der Wunsch, den ehemaligen Transitverkehr in Getreide von dem Ausland durch Deutschland nach dem Ausland über die alten Hauptumschlagsplätze an den Hafenplätzen der Ostsee sowie im Binnenland (Rheinhäfen) auch nach Einführung der Getreidezölle zu erhalten. Denn dieser Transitverkehr wäre augenscheinlich gefährdet gewesen, wenn für jedes ins Inland verbrachte Getreidequantum, auch wenn es ganz oder teilweise mit der Absicht der Wiederausfuhr eingeführt war, der Zoll hätte erlegt werden müssen, zumal nach den damals geltenden zollgesetzlichen Vorschriften eine Rückvergütung des Zolls bei der Ausfuhr an den Nachweis der Identität des ein- und ausgeführten Getreides geknüpft war, ein Nachweis, der nicht in allen Fällen und namentlich dann nicht zu führen war, wenn eine Mischung des ausländischen Getreides mit dem inländischen stattgefunden hatte. Mit der späteren Erhöhung der Getreidezölle in den Jahren 1885 und 1887 galten diese für die Zulassung von Getreidelägern der in Rede stehenden Art s. 3. maßgebend gewesenen Erwägungen in verstärktem Maße. Gleichwohl unterliegen diese Läger, auf denen Getreide lagern darf, insbesondere die sog. gemischten Transitläger, von denen aus jederzeit das Getreide in das Ausland oder in den inländischen Verkehr übergeführt werden kann, seit Jahren lebhaften Anfechtungen in landwirtschaftlichen Kreisen. Man macht insbesondere geltend, daß das Vorhandensein großer Getreideläger im Inland einerseits absatzerschwerend, andererseits preisdrückend wirkt, und man sieht es daher ganz besonders auch der Einrichtung des Getreidelagerwesens zur Last, wenn die Getreidezölle in ihrer Wirkung zeitweise versagt haben. Dieser Auffassung entsprechend wird daher die Beseitigung der gemischten Privat-Transitläger, mindestens aber die Beseitigung der seitherigen Zollkreditgewährung gefordert, in letzterer Hinsicht also verlangt, daß die Zölle mit dem Tage der Verbringung des Getreides in den freien Verkehr des Inlandes bar erlegt bezw. für die angeschriebenen Zollschuldigkeiten bis zum Tag ihrer Berichtigung Zins bezahlt werde.

Die gegen die Getreideläger erhobenen Klagen sind indessen nur bedingt als begründet anzusehen; auch wird bei dem Verlangen nach durchgängiger Beseitigung die wirtschaftliche Funktion, die sie erfüllen, nicht hinreichend gewürdigt. Die Inhaber der an den Häfen der Ostsee bestehenden gemischten Läger (in Danzig, Stettin, Königsberg) beziehen vielfach russisches kleberreiches Getreide, das auf den Lägern mit kleberarmer inländischer Frucht gemischt und nach erfolgter Mischung vornehmlich in das Ausland (Skandinavien, England) ausgeführt wird, oder es wird auch umgekehrt inländische Qualitätsware mit russischer Frucht geringerer Qualität gemischt, um letztere verkaufsfähiger zu machen. Auf diesen Lägern vollzieht sich daher eine Art Veredelungsverkehr mit dem Erfolg, die jeweiligen Jahresernten durch entsprechende Mischungen in den Zustand bester marktgängiger Beschaffenheit zu versetzen. An dieser für die Getreidebauproduzenten des preußischen Ostens wichtigen Funktion der gemischten Transitläger wird dadurch nichts geändert, daß ein Teil der gemischten Frucht, soweit Bedarf vorhanden ist, in dem Inland selber abgesetzt wird. Der unterschiedslosen Aufhebung der Läger an den Küstenorten der Ostsee wird daher auch von einsichtigen Vertretern der Landwirtschaft selber, weil den inländischen landwirtschaftlichen Interessen abträglich, entschieden widerraten. Die Maßregel dürfte zudem des Erfolges gänzlich entbehren, weil der in den Lägern der Ostseestapelplätze sich abspielende Handel mit ausländischem Getreide entweder nach russischen Häfen (Libau, Riga) oder in die Freihafengebiete der deutschen Hansastädte (Hamburg ꝛc.) verlegt werden würde. Der einzige Erfolg wäre also die Schädigung einer Anzahl Küstenplätze zum Vorteil anderer, und die Landwirte des Ostens wären mit dieser Verlegung des Getreidehandels aus Plätzen, die die natürlichen Exportplätze der östlichen Getreidekammern sind, nicht am wenigsten selber geschädigt.

Im Unterschied von den im deutschen Norden und Nordosten, d. h. in den eigentlichen Kornkammern Deutschlands bestehenden Getreidelägern ist die Aufgabe der an der Rheinstraße und im südlichen Binnenland bestehenden Getreideläger neben der Vermittlung des Transitverkehrs ins Ausland vornehmlich die Versorgung dieses stärkstbevölkerten Teils des deutschen Reichs mit jenem Getreidequantum, für das die süddeutsche Landwirtschaft nicht völlig aufzukommen vermag. Das Defizit in Getreide im Westen und Süden von Deutschland, das durch Zufuhr, sei es aus anderen Teilen Deutschlands, sei es von außen her, gedeckt werden muß, ist aber ein sehr beträchtliches und seiner Zeit (von Lexis) für das Jahr 1886 für Württemberg, Baden, Hessen, die Pfalz, Hohenzollern, die drei fränkischen Bezirke Bayerns, ferner für die preußischen Provinzen Hessen-Nassau, die Rheinprovinz und Westfalen und Elsaß-Lothringen auf rund 13 Millionen Doppelzentner berechnet worden, mittlerweile infolge der raschen Bevölkerungszunahme in diesem Teil Deutschlands jedenfalls noch gestiegen. Für Baden allein wurde anläßlich der landwirtschaftlichen Erhebungen von 1883 das Defizit an Brotkorn, damals mäßig gerechnet, auf $1^1/_2$ Millionen Doppelzentner veranschlagt. Behufs sicherer und gleichmäßiger Versorgung des westlichen und südlichen Deutschlands ist daher das Vorhandensein von Getreidelägern mindestens sehr wünschenswert; sie leisten dasselbe, wie die staatlichen Getreidemagazine der älteren

Zeit, die ja auch nichts anderes bezweckten, als örtlichem Getreidemangel jederzeit nachdrücklich und ohne daß eine örtliche Spekulation diesen Getreidemangel sich hätte zu nutze machen können, zu begegnen. Auch das militärische Interesse im Fall einer Mobilmachung läßt das Vorhandensein ausreichender Getreideläger im Innern erwünscht erscheinen. Aus diesen Gründen hat die Forderung einer völligen Beseitigung der gemischten Transitläger schwerlich Aussicht auf Erfüllung. Auch betreffs dieser im Süden und Westen von Deutschland befindlichen Transitläger gilt im übrigen das Gleiche, was betreffs der Aufhebung der gemischten Transitläger an der Ostseeküste bemerkt wurde, daß nämlich mit deren Aufhebung lediglich ein **Platzwechsel an den Grenzen des Reichs sich vollziehen würde**. Mit anderen Worten: an Stelle der längs der Rheinstraße befindlichen Getreideläger würden solche in Rotterdam oder Antwerpen, an Stelle jener in Lindau und Friedrichshafen solche in Rorschach und Romanshorn, an Stelle jener in München solche an irgend einem bayrisch-österreichischen Grenzort entstehen, und es könnte von diesen Grenzorten aus jederzeit, soweit Bedarf vorhanden ist, in derselben raschen Weise das Getreide nach Deutschland gebracht werden, wie jetzt von den innerhalb der deutschen Grenzen gelegenen Lägern aus. Die Folge der Aufhebung der Läger im Innern wäre sonach nicht eine Beseitigung der leichten Importmöglichkeit von Getreide, sondern die Folge wäre lediglich die, daß die betreffenden Handelsgeschäfte und Handelskapitalien in das Ausland verlegt, und daß ein Teil des Transitverkehrs von deutschen Handelsplätzen und deutschen Bahnen abgelenkt würde, also wirtschaftliche und finanzielle Schäden sich ergäben, denen ein entsprechender Vorteil für die inländischen Produzenten nicht gegenüberstände.

Die Meinung, daß das Vorhandensein von Getreidelägern eine preisverbilligende Wirkung erzeuge, ist jedenfalls nicht ohne weiteres einleuchtend. Der Getreidehändler, der ausländisches Getreide einlagert, um es wieder zu verkaufen, sei es in das Ausland, sei es in das Inland, der also effektive Getreideabschlüsse und nicht etwa solche in Papierweizen und Papierroggen macht, hat kein Interesse an niedrigen, sondern an hohen Getreideverkaufspreisen. Er muß, um nicht zu Schaden zu kommen, für sein zum Verkauf gestelltes Getreide einen Preis berechnen, der den Ankaufspreis des Getreides, die Kosten der Frachten bis zum Einlagerungsort, ferner die nicht unbeträchtlichen Kosten der Lagerung, des Schwundes, der Versicherung und andere Spesen deckt; er muß sich ferner die Verzinsung des im Getreidehandel steckenden Kapitals und den Lohn seiner eigenen Arbeit berechnen und endlich den von ihm zu entrichtenden Eingangszoll dem Selbstkostenpreis des Getreides zuschlagen. Kostenverteuernd für den Handel in ausländischem Getreide wirkt dabei auch der Umstand, daß nach den herrschenden Usancen Getreide am Weltmarkt nur gegen bare Zahlung angekauft werden kann, und die Zahlung

§ 46. Bevorzugung der ausländischen Frucht durch die Großmühlen.

nicht etwa erst beim Eintreffen der Ware, sondern gegen Aushändigung des Konossements zu leisten ist, die meist früher erfolgt, als die Ware eintrifft: der Weiterverkauf des Getreides im Inland aber erfolgt gegen dreimonatiges Ziel. Der Getreideimporteur in effektiver Ware hat also ein dringendes Interesse an steigenden, nicht an fallenden Preisen, soweit er nämlich als Verkäufer auftritt, und nur in seiner Eigenschaft als Käufer hat er ein Interesse an billigen Einkaufspreisen. Er wird also jeweils an jener Stelle seine Abschlüsse machen, von der aus sich die Einkaufspreise zuzüglich der See- und Bahnfrachten am niedrigsten kalkulieren. Auf die Gestaltung der Einkaufspreise in den in Betracht kommenden osteuropäischen oder überseeischen Plätzen ist aber der Importeur gänzlich einflußlos: in letzter Linie ist es also immer wieder der Weltmarktpreis, der für die Preise im Binnenlande maßgebend ist, und nicht das Belieben der Inhaber von Getreidelägern. Jedenfalls aber würde an der jetzigen Preisgestaltung in keiner Weise dadurch etwas geändert, daß mit Aufhebung der gemischten Transitläger diese an die Grenze des deutschen Reichs ins Ausland verlegt würden.

Die an sich auffällige Erscheinung, daß zur selben Zeit, in der eine rege Nachfrage nach der in inländischen Lägern befindlichen ausländischen Frucht vorhanden ist, die einheimische Frucht gar nicht oder nicht zu denselben Preisen, wie die ausländische Frucht Nachfrage findet, wird in der Regel in landwirtschaftlichen Kreisen mit einer spekulativen Überführung des Marktes mit ausländischem Getreide in Verbindung gebracht. Doch haftet diese Erklärung etwas an der Oberfläche und giebt auch keine Antwort auf die Frage, aus welchen Gründen denn diese in übergroßen Mengen eingeführten Getreidemengen jederzeit schlanken Absatz finden, also thatsächlichen Vorzug vor der inländischen Frucht erfahren. Die tiefsten Ursachen der beklagten Bevorzugung der ausländischen Frucht liegen einmal in den gesteigerten Anforderungen des Konsums an ein in Farbe, Trockenheit und Geruchlosigkeit, vor allem aber an ein betreffs der Backfähigkeit tadelloses Mehl und in dem scharfen Wettbewerb auf dem Mehlmarkt infolge des Entstehens zahlreicher Großmühlenbetriebe, die da und dort zu wahren Riesenbetrieben sich ausgewachsen haben; je schärfer aber der Wettbewerb, um so größer das Bedürfnis der Anpassung der hergestellten Mehlsorten an das Geschmacksbedürfnis des Publikums, um so nötiger Vorsicht und Sorgfalt im Ankauf des Getreides. Nun wird mit Recht oder Unrecht — seitens der Großmühlenbetriebe — die Ansicht vertreten, daß die an Stelle der früheren Landweizensorten seit Jahrzehnten wegen der größeren quantitativen Erträge gegenweise stark angebauten englischen Weizensorten ein für die Bedürfnisse des Marktes geeignetes Mehl nicht liefern, und es werden von den Mühlen die harten und kleberreichen Weizensorten des Auslands — insbesondere der Weizen der Donaugegend, der russische (Saxonka-Weizen), der amerikanische

(Red winter Nr. II oder Walla-Walla-Weizen), endlich der La Plata-Weizen — bevorzugt, weil diese Weizensorten eine höhere Ausbeute an feineren und weißeren Mehlsorten gewähren und die aus jenen Weizensorten hergestellten Mehle durch größere Backfähigkeit sich auszeichnen sollen; und man verwendet daher in den meisten dieser Mühlen Mischungen, bestehend aus $^2/_3$ ausländischem und $^1/_3$ inländischem Weizen. Und da jene Ansicht nicht bloß von den Müllern, sondern auch von den Bäckern geteilt wird und daher auch letztere mit Vorliebe ihren Mehlbedarf aus den Großmühlen decken, so kann auch in Jahren reicher und qualitativ guter Inlands-Ernten der starke Import ausländischer Brotfrucht an sich nichts Überraschendes haben.

Die Bevorzugung ausländischer Frucht durch die Großmühlenbetriebe hat freilich noch einen anderen Grund. Und dieser Grund ist darin zu suchen, daß für die Mühlenbetriebe der Bezug der Brotfrucht in großen Posten aus einem oder mehreren Getreideläger denkbar bequem und vorteilhaft ist gegenüber den Weitläufigkeiten des Ankaufs in einer Anzahl kleinerer Partieen bei hunderten von einzelnen Getreideproduzenten; wozu noch kommt, daß auf den Getreideläger die betreffende Weizen- oder Roggensorte meist in gleichmäßiger Beschaffenheit erhältlich ist, während die inländische Frucht, namentlich in den Gegenden des vorherrschenden bäuerlichen Besitzes, dieser Gleichartigkeit häufig entbehrt, ja vielfach von Gemarkung zu Gemarkung eine denkbar große Mannigfaltigkeit der Sorten aufweist. Auch die Reinigung der Frucht vor dem Verkauf von Unkraut-Sämereien und anderen Beimengungen läßt in den bäuerlichen Betrieben vielfach zu wünschen übrig. Und diesem Umstand ist es mit zuzuschreiben, daß für ausländische Frucht, ihrer größeren Gleichmäßigkeit halber und wegen der tadellosen sonstigen Beschaffenheit, die ihr durch die Manipulationen des Sortierens, Reinigens ꝛc. auf den Getreideläger zu teil wird, häufig und gerne höhere Preise seitens der Großmühlen angelegt werden, als für einheimische Frucht.

Es ist ohne weiteres einleuchtend, daß die Beseitigung der Getreidetransitläger im Innern von Deutschland für die Großmühlenbetriebe kein Hindernis wäre, nach wie vor ausländische Frucht zu bevorzugen und zu vermahlen, da sie, um diese zu beziehen, auf das Bestehen von im Inland befindlichen Getreideläger nicht angewiesen sind; giebt es ja doch nicht wenige dieser Riesenmühlenbetriebe, die ihre Einkäufe direkt in Odessa oder Chicago oder in den La Plata-Staaten bewirken. Daher ist, wenn unsere Getreideproduzenten auch die Großmühlenbetriebe zu ihren regelmäßigen Abnehmern für ihr ganzes Getreidequantum gewinnen oder mit andern Worten, ihren Früchten eine größere Marktfähigkeit zurückerobern wollen, ein doppeltes nötig. Die im Inland gebauten Körnerfrüchte müssen in höherem Maß dem Bedürfnis des Konsums angepaßt werden, d. h. es müssen wieder die guten

§ 46. Genossenschaftliche Absatzorganisation und Kornhäuser.

alten einheimischen kleberreichen Getreidesorten in größerem Umfang zum Anbau gelangen; ferner muß der Auswahl des Saatguts größere Sorgfalt und Aufmerksamkeit mit thunlicher Anpassung an die Erfordernisse des Marktes zugewendet und überhaupt auf größere Gleichmäßigkeit der Sorten an Stelle der jetzigen Sorten-Buntscheckigkeit abgehoben werden. Die Veranstaltung von Saatgutmärkten für die einzelnen Gegenden, die Abgabe von Saatgut bewährter Sorten an tüchtige Landwirte in den einzelnen Gemeinden, die Prämiierung von Saatgutzüchtern in Verbindung mit fortgesetzter belehrender Einwirkung vermag in dieser Hinsicht vieles zu leisten, wofür es an aufmunternden Beispielen keineswegs fehlt. Zum zweiten aber — und das ist eben so wichtig — muß an Stelle des verzettelten Einzelverkaufs eine Konzentration der Verkaufsweise eintreten durch Sammlung der Getreidevorräte der Produzenten in Getreide-Magazinen (Kornhäusern), in denen zugleich die Sortierung und Reinigung des Getreides erfolgt. Den großen Lägern ausländischen Getreides sind also Läger mit inländischer Frucht an die Seite zu stellen, aus denen in ähnlich bequemer Weise der Mühleninhaber wie aus den ersteren seinen Bedarf zu decken vermag.

Solche zur Lagerung inländischen Getreides bestimmten Magazine (Kornhäuser, Silos) können und werden sich auch mit anderen regelmäßigen Käufern von Getreide — Proviantämtern, staatlichen Anstalten, Konsumvereinen 2c. — in Verbindung setzen; der Zwischenhandel kann in Wegfall kommen, die Zwischenhandelsspesen bleiben erspart, häufig nutzloser Transport des Getreides wird vermieden, alles zum Vorteil des Produzenten. Das Hinwirken auf den Anbau einheitlicher und zugleich marktgängigerer Sorten kann von solchen Unternehmungen thatkräftigst in die Hand genommen, der Bezug geeigneten Saatguts vermittelt werden; hat doch die Kornhausverwaltung durch die Annahme oder die Verweigerung oder die Deklassierung bestimmter Getreidesorten die stärkste Handhabe, um die qualitative Hebung des Getreidebaus herbeizuführen.

Kornhäuser können gemeindeweise oder für die Bedürfnisse mehrerer Gemeinden errichtet werden; sie dürfen jedenfalls nicht zu klein sein, weil sonst die allgemeinen Verwaltungskosten zu hoch sich berechnen; sie werden zweckmäßig an Orten mit Bahnverbindung oder an Wasserstraßen angelegt werden; die genossenschaftliche Form des Unternehmens wird sich am meisten empfehlen. Für die technische Organisation des Kornhausbetriebs bieten sich zwei Wege: Entweder, und das ist die einfachere Lösung, behält sich das Mitglied der Kornhausgenossenschaft das Verfügungsrecht über das Getreide vor, wobei die Einlagerung, Reinigung und Trocknung durch die Geschäftsleitung besorgt wird und das Mitglied das Getreide entweder selbst zum Verkauf bringt oder innerhalb einer mit der Geschäftsleitung vereinbarten Preisgrenze durch diese verkaufen läßt. Oder aber, und das ist die vollkommenere Lösung, die Kornhausverwaltung übernimmt die Frucht nach eingeschickten Proben, reiht die Frucht in eine der im Statut vorgesehenen Qualitätsklassen unter Berücksichtigung von Sorte, Reinheit, Hektolitergewicht, Farbe und Gebrauchswert des Getreides ein und bringt das Getreide auf Rechnung des Einlieferers zum Verkauf. Die Einlieferer haben in beiden Fällen der Kornhausverwaltung nach bestimmtem Tarif für die Einlagerung des Getreides und die durch die Lagerung und den Verkauf bedingten Kosten Gebühren zu bezahlen. — Ein wichtiger Nebenvorteil des Kornhauswesens ist die **Möglichkeit der Beleihung des Getreides** durch die Lagerhausverwaltung (bis zur Hälfte oder zwei Drittel des Werts); der fast noch gar nicht ausgebildete Lombard= kredit findet auf diese Weise eine angemessene Befriedigung, und weil der einliefernde Landwirt sofort in den Besitz von Bargeld gelangt, ist er der Notwendigkeit, alsbald nach erfolgtem Ausdrusch des Getreides zu verkaufen, vielleicht zu einer nach der allgemeinen Markt= und Preislage ungünstigen Zeit, enthoben. Ganz allgemein pflegt der Getreidepreis nach der Ernte am niedrigsten zu stehen, um gegen das Frühjahr und den Sommer hin langsam anzuziehen; am Berliner Platz war der Wochen= durchschnittspreis für Weizen am 11. November 1895 135 Mk., am 5. Februar 1896 dagegen 158 Mk.; Roggen notierte in dieser Zeit 115 und 127 Mk. Es ist also wichtig, die für den Verkauf günstigste Zeit abwarten zu können, und ein großer Vorteil des Kornhauswesens besteht nun gerade darin, daß eine **bessere Ausnützung der Marktkonjunk= turen** durch Zuwarten mit dem Verkauf und Verteilung der gesamten Verkaufsmenge auf einen größern Zeitraum ermöglicht ist, welchem Vor= teil freilich auch die Übernahme eines gewissen Risikos, falls die Preisentwicklung hinterher eine weichende werden sollte, zur Seite geht.

Auch an bemerkenswerten Vorgängen dieser Art fehlt es jetzt schon nicht, und welche Wichtigkeit man der Errichtung von Kornhäusern mit gemeinsamer Magazinierung der Frucht im Interesse des besseren Absatzes des heimischen Getreides beilegt, ist dem Umstand zu entnehmen, daß in Preußen durch Gesetz vom 3. Juni 1896 3 Mill. Mk. zur Errichtung derartiger Anlagen auf geeigneten Bahnhöfen und Wasserumschlags= plätzen der Regierung zur Verfügung gestellt worden sind. Es ist zu wünschen, daß dieser Bewegung auf genossenschaftliche Organisation des Getreideabsatzes — nicht bloß des Brotgetreides — auch anderwärts kräftige Unterstützung zu teil wird.

So wichtig nun auch die **Forderung größerer Konzentration der Verkaufsweise** ist, so wird man doch rasche Erfolge kaum erwarten, also nicht der Hoffnung sich hingeben dürfen, daß auf diesem Weg in absehbarer Zeit eine durchgreifende Änderung der seitherigen Verkaufs= weise des Getreides — Einzelverkauf an den Getreidescheunen oder im Ort selbst an Getreidemakler, die die einzelnen Posten auf Wiederverkauf übernehmen, oder direkter Verkauf an der Börse — sich einstellen wird. Es stehen, zumal im Bereich der bäuerlichen Bevölkerung, solchen anderweiten Organisationen die seitherigen Verkaufsgewohnheiten hindernd im Wege: die Notwendigkeit, bei der Einlieferung des Getreides in Kornhäuser eine Sortierung nach Qualitäten vorzunehmen, wirkt innerhalb dieser Kreise jedenfalls gegenüber der vollkommeneren Art des Kornhausbetriebs von vornherein abschreckend: das Risiko eines solchen genossenschaftlichen Unternehmens ist unter allen Umständen kein kleines; nur bei hervorragend tüchtiger Leitung in technischer und kaufmännischer Hinsicht wird eine Prosperität sichergestellt sein und werden Enttäuschungen fern bleiben. Am ehesten wird auf ein von Erfolgen begleitetes thatkräftiges Vorgehen in den Gegenden des größeren und mittleren Grundbesitzes, die auch mit den sog. Getreideüberschußgebieten zusammenfallen, also im nördlichen und mittleren Deutschland zu rechnen sei. Im mindern Maß in den Gegenden des ausgesprochenen bäuerlichen, namentlich des kleinbäuerlichen Besitzes, zumal es hier auch viel schwieriger fallen dürfte, die zur Leitung der Genossenschaft in technischer und kaufmännischer Hinsicht geeigneten Persönlichkeiten überall und jeder Zeit zu gewinnen. Jedenfalls sollte in den Gegenden des bäuerlichen Besitzes zunächst nur die einfachere Form der Kornhausgenossenschaft — Entgegennahme des Getreides zur Lagerung, das zur Disposition des Einlieferers verbleibt — zur Anwendung gelangen. Vielfach wird ein wesentlicher Fortschritt schon darin zu erblicken sein, daß ein landwirtschaftlicher Konsumverein — örtliche Einkaufsgenossenschaft — für seine Mitglieder auch den Verkauf von Getreide wie anderer landwirtschaftlicher Erzeugnisse vermittelnd in die Hand nimmt. Unter allen Umständen empfiehlt sich vorsichtiges, schrittweises Vorgehen, bis weitere Erfahrungen über die Erfolge genossenschaftlicher Verwertung landwirtschaftlicher Produkte vorliegen.

Eine bemerkenswerte Absatzmöglichkeit für einzelne Getreidearten, insbesondere Hafer, desgleichen für Heu und Stroh, ist in den letzten Jahren durch das Entgegenkommen der Militärverwaltung neu erschlossen worden, indem letztere zu unmittelbaren Geschäftsabschlüssen mit einzelnen Getreideproduzenten oder auch mit örtlichen Konsumvereinen, die namens ihrer Mitglieder abschließen, sich bereit erklärt hat. Auch Civilbehörden haben sich in einzelnen Staaten für die Bedürfnisse ihrer Verwaltung in Staatsanstalten 2c. diesem Vorgehen der Militärverwaltung angeschlossen. Vorbedingung bleibt auch hier die Lieferung einer guten, gereinigten, trockenen Ware (Bedeutung der Anstellung von Fruchtputzmaschinen durch die Gemeinden oder landwirtschaftlichen Konsumvereine, um sie gegen mäßige Vergütung den Produzenten zur Benutzung zu überlassen!). Freilich kann es sich in allen diesen Fällen immer nur um die Aufnahme verhältnismäßig kleiner Getreidemengen handeln.

Sind jetzt und wohl auch in der Zukunft die großen Mühlenbetriebe es vorwiegend, von welchen die Nachfrage nach ausländischer Brotfrucht ausgeht, und sind es erfahrungsgemäß die mittleren und kleinen Mühlenbetriebe, welche immer noch am regelmäßigsten als

Aufkäufer direkt oder durch Vermittlung der kleineren Getreide=Provinzialhändler für die Inlandfrucht auftreten, so folgt daraus zweierlei: einmal, daß diese die Vorräte der einzelnen Landwirte aufkaufenden und zu größeren Partieen vereinigenden kleineren Getreidehändler eine wichtige Funktion mindestens insolange verrichten, als der genossenschaftliche Verkauf des Getreides nicht in die Wege geleitet ist, zweitens, daß die Erhaltung und Kräftigung der mittleren und kleineren Mühlenbetriebe eine ganz besondere Bedeutung für alle jene Getreideproduzenten hat, die nicht sehr große, sofort in den Getreidegroßhandel oder in die Großmühlen übergehende Verkaufsquantitäten erzeugen. Leider werden diesen mittleren und kleineren Mühlenbetrieben durch die Großmühlen mehr und mehr die Bedingungen ihrer Existenz abgegraben: hat sich doch die Zahl der Mühlenbetriebe zwischen 1887 und 1895 um 5,2 % vermindert. Es ist freilich nicht leicht zu sagen, was geschehen soll, um die kleinen und mittleren Mühlenbetriebe gegenüber dem Wettbewerb der großen existenzfähig zu erhalten: jedenfalls sollte staatlicherseits alles unterbleiben, was jenen den Konkurrenzkampf erschwert. Hierzu zählt jedenfalls, wenn nach den geltenden Eisenbahn=Frachttarifen Getreide und Mehl trotz des viel höheren Werts des Mehls die gleichen Frachtsätze zahlen, weil hierdurch den Großmühlen es leicht gemacht ist, in den unmittelbaren und natürlichen Verkaufsbereich der kleinen Mühlenbetriebe vorzudringen. Wenn ferner der Daseinskampf der kleineren Mühlenbetriebe, wie nicht unwahrscheinlich ist, auch durch das Bestehen von Getreideterminmärkten erschwert werden sollte (vergl. unten), so würde dadurch zu den sonstigen Erwägungen, die für Aufhebung des börsenmäßigen Getreideterminhandels sprechen, eine weitere von nicht ganz geringer Erheblichkeit hinzutreten. Die Landwirte ihrerseits haben zur Untergrabung der Existenzfähigkeit der Kleinmühlen dadurch beigetragen, daß die frühere Gewohnheit, das zum eigenen Bedarf erforderliche Brotkorn in den Mühlen der Nachbarschaft (Kundenmühlen!) gegen Entgelt vermahlen zu lassen, mehr und mehr aufgehört hat; vielfach pflegt man jetzt das ganze Erntequantum zum Verkauf zu stellen und den Mehlbedarf für die Haushaltung anzukaufen (vergl. S. 40). Da aber die Mehle meist von den Großmühlen herstammen, so leisten diese Landwirte dem Absatz auswärtiger Körnerfrüchte mittelbar geradezu Vorschub, und indem sie den kleinen Mühlen (Kundenmühlen) ihre frühere Kundschaft entziehen und sie eines Verdienstes berauben, tragen sie selber zur wirtschaftlichen Schwächung derjenigen bei, die ehedem die besten Abnehmer der von ihnen gebauten Brotfrüchte waren. Auch die Bevorzugung, welche neuerdings die Landwirte ausländischen künstlichen Futtermitteln vor den durch die Mühlen im Inland hergestellten Futtermitteln (Kleie, Futtermehle, Malzkeime, Rapskuchen) angedeihen lassen, erschwert das Gedeihen vieler kleiner Mühlenbetriebe;

§ 46. Aufhebung der Zollkredite für ausländisches Getreide.

ist doch zwischen 1886 und 1895 die Einfuhr von Mais und Dari von 169390 auf 323828 Tonnen, von Kleie, Malzkeimen und Reisabfällen von 190745 auf 396014 Tonnen (1893er Einfuhr sogar 493370 Tonnen), von Ölkuchen von 132132 auf 316199 Tonnen gestiegen.

Das Ergebnis dieser Betrachtungen ist also dieses: Es ist schwer erweislich, ob die in den zollfreien Getreidelägern jeweils vorhandenen Vorräte ausländischer Frucht thatsächlich einen Preisdruck ausüben, wohl aber richtig, daß diese Läger gegebenenfalls absatzerschwerend für die inländische Frucht wirken; diese Absatzerschwernis kann indessen nicht durch Beseitigung der gemischten Transitläger erreicht werden, weil deren Thätigkeit alsdann lediglich an ausländische Grenzorte des Reichs verlegt würde; und die unterschiedslose Aufhebung dieser Läger ist deshalb, zumal unter dem Gesichtspunkt der regelmäßigen Brotgetreideversorgung und der Möglichkeit der Erhöhung der Ausfuhrfähigkeit ausländischer Frucht, als eine empfehlenswerte und zum Ziel führende Maßnahme nicht zu bezeichnen. In höherem Maße als absatzfördernde Mittel stellen sich die Veranstaltungen dar, welche auf größere Anpassung der Qualität der Verkaufsfrüchte an die Bedürfnisse des Konsums und welche vor allem auf eine größere Konzentration der Verkaufsweise durch Errichtung von Kornhäusern abheben. Nicht zu unterschätzen ist endlich die thunliche Erhaltung der kleineren und mittleren Mühlenbetriebe, insbesondere auch der sog. Kundenmühlen.

Die für den Fall der Beibehaltung der gemischten Transitläger gestellte Forderung aus landwirtschaftlichen Kreisen, daß für das auf Transitläger gebrachte ausländische Getreide und ebenso gegenüber den Mühlenbetrieben (Inhabern von Mühlenkonten) Zollkredit fernerhin nicht zu gewähren sei, würde jedenfalls die Wirkung nicht haben können, eine nennenswerte Preishebung des inländischen Getreides herbeizuführen. Allerdings werden infolge der Notwendigkeit, von den schuldigen Zöllen auch Zinsen zu entrichten, die Spesen des Getreidehandels sich erhöhen, der Abgabepreis des Getreides sich also etwas höher kalkulieren als jetzt. Doch kann es sich immer nur um wenige Pfennige vom Doppelzentner handeln, da die den Inhabern der Läger und Mühlenkonten gewährte Zahlungsfrist seit der im Jahre 1894 getroffenen Anordnung vierteljährlicher Abrechnungen der Zollkredite äußerstenfalls 3—4 Monate beträgt und nach der mittleren Dauer der Lagerung der Frucht im großen Durchschnitt länger als 6—8 Wochen nicht in Anspruch genommen zu werden pflegt. Die Bedeutung des in Rede stehenden Zollkredits wird deshalb in landwirtschaftlichen Kreisen sehr überschätzt, auch meistens übersehen, daß Zollkredit nur gegen Sicherheit eingeräumt wird, die Stellung der Sicherheit aber für den Lagerinhaber selber wieder Kosten verursacht. Einzuräumen ist, daß durch die Einrichtung der Zollkredite der Importeur auswärtiger Frucht gegenüber dem Händler oder Aufkäufer inländischer Frucht etwas begünstigt

16*

erscheint, da letzterer mit der Zahlung des um den Zoll höheren Preises für die Inlandsfrucht mittelbar zugleich den Zoll mitzuentrichten hat, während ersterer zunächst und bis zur Verbringung der Frucht vom Lager von der Entrichtung des Zolls befreit ist, also mit einem verhältnismäßig geringeren Betriebskapital zu arbeiten vermag. Ob aber der Fortfall der Zollkredite und die dadurch bewirkte Spesenerhöhung einen hinreichend wirksamen Anreiz bilden wird, die Inlandsfrucht vor der ausländischen mehr als seither zu bevorzugen, also den Getreideimport einzudämmen, erscheint wohl mehr als fraglich.

In sehr viel wirksamerer Weise, als im Gebiet des Getreidelagerwesens möglich sein wird, wurde der Absatz von inländischem Getreide durch das Reichsgesetz vom 21. April 1894 gefördert, wodurch der sogenannte Identitätsnachweis des Getreides als Vorbedingung der Zollrückvergütung bei der Ausfuhr von Getreide beseitigt und die Möglichkeit der Bonifikation allen Getreides bei der Ausfuhr, ob ausländischer oder inländischer Herkunft, geschaffen wurde. Eine bemerkenswerte Begleiterscheinung der Einführung neuer Getreidezölle im Jahre 1879 und der späteren Erhöhung dieser Zölle in den Jahren 1885 und 1887 war nämlich die, daß der Schutzzoll nur im Westen und Süden von Deutschland voll, dagegen in den nördlichen Produktionsgebieten, namentlich in den großen Getreideproduktionsgebieten der ostelbischen Provinzen, nicht im vollen Betrag in den Getreidepreisen zum Ausdruck gelangte: die Preise standen also in den letzteren Gegenden, verglichen mit den Weltmarktpreisen, nur um Bruchteile des Zolls höher. Eine zweite bemerkenswerte Erscheinung war, daß unter der Herrschaft der Getreidezölle die ehemals blühende Ausfuhr norddeutschen Getreides nach England und den skandinavischen Staaten und ebenso die Ausfuhr aus anderen Teilen Deutschlands in die Nachbarländer (Schweiz ꝛc.) fast ganz aufhörte. Dies erklärt sich so, daß durch den Schutzzoll der Inlandspreis des Getreides auf einen Betrag gehoben wurde, daß das inländische Getreide auf fremden Märkten mit russischem, amerikanischem ꝛc. Getreide nicht mehr konkurrieren konnte; selbst der Export von Mischware mit ausländischer Frucht, wie man sie früher in den Ostseehäfen als gesuchte Exportware hergerichtet hatte (Mischung russischen Weizens oder Roggens mit inländischer Ware), litt unter solchen Verhältnissen, und diese jahrzehntelang mit Erfolg betriebene Art des Veredelungsverkehrs in Körnerfrüchten kam daher zum Schaden der heimischen Produzenten ebenfalls zum Stillstand. Die Ansammlung der nicht mehr exportfähigen Getreidemassen des nordöstlichen Deutschlands bedingte eine Verflauung der Preise in den Produktionsgebieten und nötigte zur Aufsuchung anderweiter Absatzwege nach dem Westen und Süden, was mit Hilfe der Staffeltarife auch leidlich gelang, hier aber als höchst unbequeme Zugabe zu der Konkurrenz ausländischer Frucht empfunden wurde.

§ 46. Aufhebung des Identitätsnachweises für Getreide. 245

Durch das erwähnte Reichsgesetz wurde bestimmt, daß bei der Ausfuhr von Getreide, Hülsenfrüchten, Raps und Rübsaat im Mindestquantum von 500 kg auf Antrag des Warenführers Einfuhrscheine ausgestellt werden, die den Inhaber berechtigen, innerhalb der Frist von längstens 6 Monaten eine dem Zollwert der Scheine entsprechende Menge der nämlichen Warengattung einzuführen. Die Bergünstigung, die Ausstellung solcher Einfuhrscheine zu begehren, kann auch Mühleninhabern bei der Ausfuhr von Fabrikaten für eine dem Fabrikat entsprechende Menge Getreide eingeräumt werden. Es ist gestattet, die Einfuhrscheine bei der Zollzahlung anderer Waren als Zahlungsmittel zu verwenden, bezw. in Anrechnung zu bringen.

Die günstige Wirkung dieses Gesetzes zeigte sich in einer alsbaldigen Wiederbelebung des Getreideexportes, insbesondere aus den nordostdeutschen Produktionsgebieten. Während die Ausfuhr von Getreide seit 1879 ständig zurückgegangen und schließlich auf wenige hundert Tonnen zusammengeschrumpft war, hob sich dieselbe schon im Jahre 1894 auf rund 170000 Tonnen, im Jahre 1895 auf rund 210000 Tonnen Getreide im Wert von beiläufig 25 Mill. Mk., darunter 70000 Tonnen Weizen. Die Ausfuhr ging größtenteils nach England, Schweden und Dänemark, zum kleineren Teil in die Schweiz. Eine zweite günstige Folge zeigt sich in der Hebung des mittleren Preisniveaus der getreideausführenden Produktionsgebiete: der Berliner Preis für verzollten Weizen notiert seit Aufhebung des Identitätsnachweises um den Betrag des Zolls (zwischen 30 und 40 Mk.) höher als der nicht verzollte, was früher regelmäßig nicht der Fall war; z. B. war in den 4 letzten Monaten des Jahres 1893 die Preisdifferenz zwischen verzolltem und unverzolltem Getreide nur 24,6, 17,10, 12,1 und 13,3 Mk., in den Monaten Juli bis September 1894 dagegen 38,15, 37,85, 37,94. Erst die Aufhebung des Identitätsnachweises und die Gewährung der Ausfuhrvergütung hat die Wirkung des Getreideschutzzolls auch für den deutschen Nordosten in die Erscheinung treten lassen. Infolge dieser Hebung der Getreidepreise in Norddeutschland hat sich eine größere Gleichmäßigkeit der Preise in Deutschland ergeben: in den 4 Monaten vor Aufhebung des Identitätsnachweises war die Preisdifferenz zwischen Berlin und Mannheim 23,1 Mk., in den unmittelbar an die Aufhebung sich anschließenden Monaten nur noch 10,3 Mk. — Die Einfuhrscheine sind ein Handelspapier geworden, das, solange die Getreideeinfuhr die Ausfuhr namhaft überwiegt, stets einen dem Nominalwert von 35 Mk. nahekommenden Preis behaupten wird und bis jetzt auch behauptet hat. Die Besorgnis, daß die Zulassung des Systems von Einfuhrscheinen den bestehenden Zollschutz von Getreide mindern könnte, hat sich danach nicht als begründet erwiesen. Einen Ersatz für die Einrichtung der gemischten Transitläger können übrigens die Einfuhrscheine nicht bilden, weil sie bei der immer noch relativ geringen Ausfuhr entfernt nicht in einer dem Einfuhrbedürfnis entsprechenden Menge zirkulieren.

§ 47. Die Marktpreisbildung des Getreides und die Verstaatlichung der Getreideeinfuhr (Antrag Kanitz).

Die Getreidezölle haben zwar im großen und ganzen die von Schutzzöllen zu erwartende Wirkung einer andauernden Hebung des inländischen Getreidepreises über den Weltmarktpreis gehabt, aber aus den früher erwähnten Gründen die in landwirtschaftlichen Kreisen gefaßten Hoffnungen auf Herstellung eines den mittleren Produktionskosten entsprechenden Preisstandes nicht erfüllen können. Zur Verwirklichung solcher Ziele ist der Schutzzoll seiner Natur nach auch gar nicht geeignet: in jeder in den Weltverkehr einbezogenen Wirtschaftsgemeinschaft müssen die Inlandspreise den Weltmarktpreisen folgen und jedes Weichen der letzteren muß auch einen Sturz der Inlandspreise zur Folge haben; die Aufrichtung von Zollschranken kann immer nur die eine Wirkung haben, dem Produzenten des zollgeschützten Inlandes einen um den Betrag des Schutzzolls höheren Preis zu sichern, als er dem Produzenten oder sonstigen Verkäufer auf einem zollfreien Markt, z. B. England, zu teil wird. Mit anderen Worten: die Schwankungen im Weltmarktpreis eines Erzeugnisses übertragen sich auf die Inlandspreise eines jeden Landes, das nicht durch unübersteigbare Zollschranken oder Einfuhrverbote von dem Weltverkehr sich abgeschlossen hat, also nicht ein völlig isoliertes Wirtschaftsleben führt. Preissenkungen, die in der Weltwirtschaft sich vollziehen, pflanzen sich demgemäß wellenartig in alle durch die neuzeitlichen Verkehrsmittel untereinander verbundenen Staatswesen fort, und Eingangszölle können wohl die Wucht dieser Wellenstöße abschwächen, aber deren Wirkung nicht völlig aufheben.

Bei dieser Sachlage und weil seit dem Jahre 1892 die Weltmarktpreise für Getreide ganz außerordentlich zurückgewichen sind, ist in landwirtschaftlichen Kreisen nicht nur das Vertrauen in die Kraft landwirtschaftlicher Schutzzölle sehr ins Wanken geraten, sondern auch das Verlangen wachgerufen worden, die ungenügende Funktionierung des Schutzzolls durch einen Apparat zu ersetzen, mittelst dessen das jedem Getreideproduzenten einer Ware erstrebenswerte Ziel: „die Befestigung der Preise auf mittlerer Höhe", d. h. die Herbeiführung von den mittleren Produktionskosten entsprechenden und zugleich von Jahr zu Jahr thunlichst gleichmäßigen Preisen seiner Erfüllung entgegengeführt werden könne. Diese Strömung auf Erreichung besserer und zugleich den Schwankungen des Weltmarktes entzogener Preise hat in der 1894er Session des Reichstags zu einem von dem Grafen Kanitz und Genossen eingebrachten, in der Folge mehrfach abgeänderten Antrag sich verdichtet, der im wesentlichen ein auf folgender Grundlage aufgebautes Reichsgesetz über den Handel mit ausländischem Getreide erstrebte:

§ 47. Die Verstaatlichung der Getreideeinfuhr (Antrag Kanitz). 247

1. Der Ein- und Verkauf des zum Verkauf im Zollgebiet bestimmten ausländischen Getreides mit Einschluß der Mühlenfabrikate erfolgt ausschließlich für Rechnung des Reichs; 2. die von den Organen des Reichs festzusetzenden Verkaufspreise des eingeführten ausländischen Getreides werden nach den inländischen Durchschnittspreisen der Periode von 1850 bis 1890, die Verkaufspreise der Mühlenfabrikate nach dem wirklichen Ausbeuteverhältnis, den Getreidepreisen entsprechend, bemessen; 3. die aus dem Verkauf des Getreides und der Mühlenfabrikate zu erzielenden Überschüsse (Mehrerlös gegenüber dem Einkaufspreise) finden derart Verwendung, daß alljährlich eine den durchschnittlichen Getreidezolleinnahmen seit 1892 gleichkommende Summe an die Reichskasse abgeführt, daneben ein Reservefonds gebildet wird, um in Zeiten hoher Inlands- und Auslandspreise die Zahlung der an die Reichskasse jährlich abzuführenden Summen und den Verkauf des ausländischen Getreides zu den unter Ziffer 2 festgesetzten Preisen unter allen Umständen, also auch beim Vorhandensein höherer Einkaufspreise zu ermöglichen.

Selten hat eine agrarische Programmforderung eine gleich werbende Kraft aufzuweisen vermocht, wie die in dem Antrag Kanitz enthaltene: selten ist in den letzten Jahrzehnten die getreidebautreibende Bevölkerung Deutschlands, zumal in den Hauptgetreidekammern, durch irgend eine Tagesfrage in gleicher Weise in stürmische, ja leidenschaftliche Erregung versetzt worden. Das große Problem, dem weder durch Zollschutz, noch durch sonstige agrarische oder allgemein wirtschaftspolitische Maßnahmen beizukommen war, schien mit einem Schlag gelöst: alle anderen die Landwirtschaft berührenden Tagesfragen, einschließlich der in so bestechendem Gewand einherschreitenden Währungsfrage, traten mit einmal in den Hintergrund. Denn hier war mit scheinbar verblüffend einfachen Mitteln der Weg gezeichnet, der sofort und sicher aus allen Wirrnissen der Gegenwart, aus dem unerträglichen Zustand ungenügender Preise, sinkender Rente, zunehmender Verschuldung und Verarmung in das gelobte Land eines von den Preis-Konjunkturen des Tages gesicherten Daseins führen werde. Die Stöße der auswärtigen Konkurrenz schienen mit einem Schlage überwunden, mit der Beseitigung der Preise auf mittlerer Höhe die Grundrente selbst und damit auch der Grundbesitzerstand wieder befestigt, die verloren gegangene Zufriedenheit dieses Standes zurückerobert und eine Aera des Wohlergehens für die deutsche Landwirtschaft in glückverheißendster Weise eingeleitet.

Der uneingeschränkte und laute Beifall, dem der Antrag Kanitz rings im Lande in den Kreisen der landbaubetreibenden Bevölkerung begegnete, fand indessen, zur großen Enttäuschung der Antragsteller und ihrer Gefolgschaft, bei den Beratungen in den parlamentarischen Körperschaften, insbesondere im Reichstag, nur ein schwaches Echo, und selbst im deutschen Landwirtschaftsrat, dieser obersten Vertretung der landwirtschaftlichen Interessen des Reichs, wurde dem Antrag nur mit schwacher Mehrheit zugestimmt. Der preußische Staatsrat hatte mit überwältigender Mehrheit schon vorher gegen die Tendenz des Antrags und dessen Ausführbarkeit in nachdrücklichster Form sich erklärt; dieselbe bündig ablehnende Haltung nahmen die obersten Vertreter der Reichsregierung und der preußischen Landwirtschaftsverwaltung ein.

Die in allen diesen Beratungen einen breiten Raum einnehmende Frage, ob die bestehenden Handelsverträge der Begründung eines staatlichen Einfuhrmonopols für ausländisches Getreide, worauf der Antrag Kanitz abhebt, entgegenstehen, ist an sich zu bejahen, aber nicht von entscheidender Bedeutung, da dieses in Staatsverträgen begründete Hindernis mit jedem Jahr, das uns dem Ablauf der neuen Handelsverträge entgegenführt, an Bedeutung verliert. Auch diejenigen allgemeinen Erwägungen, die man vom freihändlerischen Standpunkt aus, wie gegen jede künstliche Erhöhung von Warenpreisen durch Mittel der staatlichen Politik, gegen die Einrichtung eines Getreideeinfuhrmonopols ausgespielt hat, können unbeachtet bleiben, weil die Frage der Zulässigkeit künstlicher Preishebungen durch die Schutzzollpolitik des Reichs grundsätzlich bereits bejaht ist und daher folgerichtig aus dieser Prinzipienfrage nichts gegen die grundsätzliche Zulässigkeit der Verwirklichung des Antrags Kanitz bewiesen werden kann. Die Ablehnung dieses Antrags ist also in anderer Weise zu begründen. Berechtigte Gründe der Ablehnung sind dann als vorhanden zu betrachten, wenn sich zeigen sollte, daß der Zweck des Antrags mit den vorgeschlagenen Mitteln nicht zu erreichen, oder daß dieser Zweck nur auf Wegen und mit Mitteln erreichbar ist, die sich als überwiegend schädlich für das Gemeinwohl darstellen oder dem Staat eine mit dem Staatszweck unvereinbare Aufgabe zuweisen würden. Und diese Fragen sind in der That zu bejahen, wie sich aus nachstehenden Erörterungen ergeben wird.

1. Es ist mehr als fraglich, ob der Zweck des Antrags, der gleicherweise auf die Herbeiführung nachhaltig schlanken Absatzes der Inlandsernten, wie auf Befestigung der Getreidepreise in mittlerer Höhe gerichtet ist, mit dem vorgeschlagenen Mittel einer Monopolisierung des Handels in ausländischem Getreide allein erreicht werden kann. Man denkt sich die Ausführung des Getreideeinfuhrmonopols etwa so, daß die Reichsmonopolverwaltung das im Ausland angekaufte Getreide sofort an den Eingangsstationen mit einem solchen Zuschlag, daß die Abgabepreise auf die Durchschnittspreise der Periode 1850/90 sich stellen, an Händler oder an Müller weiterverkauft, oder auch so, daß die im Ausland eingekauften Getreidemengen von der Monopolverwaltung in Lagerhäuser verbracht und erst von da mit jenem Zuschlag, der sich in diesem Fall um den Betrag der Lagerspesen erhöhen würde, nach Bedarf verkauft werden. Man nimmt also an, daß, wenn beispielsweise an irgend einem Punkt des Reichs (Stettin oder Mannheim) von der Monopol-

§ 47. Die Verstaatlichung der Getreideeinfuhr (Antrag Kanitz). 249

verwaltung der Abgabepreis für die Tonne ausländischen Weizens auf 215 Mk. festgestellt werde, auch für inländischen Weizen des benachbarten Produktionsgebiets jederzeit Käufer zu diesem Minimalpreise sich finden werden. Der wirkliche Verlauf der Dinge wird indessen solcher Annahme keineswegs entsprechen, weil diejenigen Gründe, welche dermalen die Getreidehändler und namentlich die Großmühlenbetriebe veranlassen, bei ihren Käufen ausländische Frucht zu bevorzugen (S. 237), an ihrem Gewicht dadurch nichts einbüßten, daß das ausländische Getreide durch Organe des Reichs gekauft und in das Inland verbracht worden ist. In der Menge auswärtigen Getreides, welches jetzt in den Mühlen verarbeitet wird, kann augenscheinlich die Thatsache der Verstaatlichung der Getreideeinfuhr an und für sich eine Änderung nicht hervorbringen und ebensowenig zur Milderung des Druckes beitragen, den diese Bevorzugung des ausländischen Getreides auf den inländischen Getreidemarkt seither ausgeübt hat. Die Meinung, durch die Übertragung der Einfuhr ausländischen Getreides an Organe des Reichs werde das inländische Getreide absatzfähiger gemacht und seine Preisbildung günstig beeinflußt, wäre nur dann als richtig zu bezeichnen, wenn entweder 1. die Einfuhr ausländischen Getreides in den verschiedenen Getreidesorten und Qualitäten Jahr für Jahr so bemessen würde, daß das Einfuhrquantum zuzüglich der mutmaßlichen Inlandsernte das mutmaßliche Konsumtionsbedürfnis für das laufende Jahr gerade knapp deckte, oder aber 2. wenn eine Abgabe von ausländischer Frucht, trotz vorhandener Nachfrage nach solcher, insolange nicht oder nur in ganz beschränktem Umfang stattfände, als noch unverkaufte Inlandsfrucht im Lande vorhanden ist. Es ist klar, daß weder in der einen, noch in der anderen Weise verfahren werden könnte. In der erstgedachten Weise nicht, weil jede Fehlberechnung der Inlandsernte und des Inlandsbedarfs und jede daraus sich ergebende Fehlmenge in ausländischem Getreide sofort zu den empfindlichsten Störungen in der Mehl- und Brotversorgung führen müßte; um den verantwortungsreichen Folgen solcher Irrung sich zu entziehen, könnte die Reichsmonopolverwaltung auf die Parathaltung von erheblichen, über den Bedarf einer Anzahl Monate hinausreichenden Vorräten in den Reichsgetreidelägern vorsichtigerweise nicht verzichten; es müßte also mit dem Vorhandensein von großen Getreidelägern ausländischer Frucht, ähnlich wie jetzt, nach wie vor gerechnet werden. In der zweitgedachten Weise vorzugehen, erscheint deshalb ausgeschlossen, weil solches Vorgehen zur Voraussetzung hätte, daß die zuständige Reichs-Centralstelle in der Lage wäre, Tag für Tag über die Vorräte an inländischem Getreide in allen Gemeinden des deutschen Reichs in genauer Kenntnis sich zu erhalten. Niemand wird zu behaupten wagen, daß ein solcher Nachrichtendienst, der ja nicht bloß die Gewichtsmenge der einzelnen Getreidearten, sondern auch die Qualität der lagernden Getreidearten nachzuweisen hätte, in einer für die Entschließungen und Maßnahmen der Centrale auch nur annähernd zuverlässig maßgebenden Weise organisiert werden könnte. Alle Schwierigkeiten im Absatz des inländischen Getreides, die aus der Beschaffenheit der Inlandsfrucht oder aus der verzettelten Art des Angebots der Inlandsfrucht sich ergeben, werden daher auch nach erfolgter Verstaatlichung der Einfuhr des ausländischen Getreides fortbestehen; sie können vielleicht etwas gemildert werden, aber keinenfalls als völlig beseitigt gelten.

Eine Sicherheit dafür, daß auch die Inlandsernte Jahr für Jahr schlanke Abnehmer findet, wäre aus diesen Gründen nur dann als gegeben zu erachten, wenn der dem Reich durch den Antrag Kanitz zugewiesene Aufgabekreis auf den Ankauf der Inlandsernte ausgedehnt würde: das Reich müßte, mit anderen Worten, unter Ausschaltung der Dienste des freien Getreidehandels, den gesamten Einkauf des Getreidebedarfs an inländischer und ausländischer Frucht für die Zwecke der inländischen Mehl- und Brotversorgung an sich ziehen, also für sämtliche bei den Getreideproduzenten entbehrlichen Inlandsvorräte als Käufer auftreten, diese Vorräte zusammen mit den nach Bedarf vom Ausland importierten Getreidequantitäten in die Reichs-Getreideläger überführen und in diesen Lägern den Käufern und Konsumenten der Getreidefrüchte (Mühlenbesitzern, Bauern, Pferdebesitzern 2c.) zur Verfügung halten. Daß diese äußerste Konsequenz einer Verstaatlichung des gesamten Getreidehandels, des ausländischen wie des inländischen, zur sicheren Durchführung der mit dem Antrag Kanitz erfolgten Zwecke zu ziehen wäre, haben nicht etwa nur die grundsätzlichen Gegner dieses Antrags, sondern auch Freunde desselben eingeräumt; wiederholt ist in den Beratungen über den Antrag auch von agrarfreundlichster Seite dem Zweifel Ausdruck gegeben worden, ob nicht bei einer auf die Verstaatlichung der Einfuhr ausländischen Getreides sich beschränkenden Aktion „der Bauer und überhaupt der kleinere und mittlere Getreideproduzent nach wie vor auf seinen Getreidevorräten sitzen bleiben werde". Dieses erste Ergebnis einer nüchternen Betrachtung des Antrags Kanitz ist wohl im Auge zu behalten; man darf also, wenn man diesem Antrag näher treten will, vor der thatsächlichen Monopolisierung des gesamten Getreidehandels nicht zurückschrecken und muß über alle schwerwiegenden Folgen eines solchen Staatsmonopols für das Reich als solches und die daraus sich ergebenden Beziehungen zu den Produzenten und Konsumenten sich in völliger Klarheit befinden.

2. Zunächst und bevor diese folgenschwere Tragweite einer Monopolisierung des gesamten Getreide-Ein- und Verkaufs dargelegt wird, ist noch darauf hinzuweisen, daß die Durchführung des Antrags Kanitz in der von seinen Anhängern geplanten Gestaltung die Hoffnung auf eine „Hebung und Befestigung der Getreidepreise der Inlandsfrucht auf mittlerer Höhe" nicht nur aus den ebenerwähnten Gründen, sondern noch auch aus einem anderen, den Gesetzen der Preisbildung landwirtschaft-

§ 47. Die Verstaatlichung der Getreideeinfuhr (Antrag Kanitz). 251

licher Erzeugnisse entnommenen Grund in keiner Weise zu erfüllen vermöchte. Ein Blick auf die Preistabellen für Getreide zeigt, daß die Getreidepreise in Deutschland eine ganz außerordentliche Verschiedenheit aufweisen und im allgemeinen in den Anbau=Gebieten mit Getreidedeficiten (Westen und Süden von Deutschland) höher stehen, als in den sogenannten Überschußgebieten (Norden und Nordosten), daß aber auch innerhalb der einzelnen Hauptproduktionsgebiete die Getreidepreise von Ort zu Ort, je nach der Lage derselben an einer Eisenbahn oder Wasserstraße und je nach der Entfernung zu den Hauptmärkten, um kleinere oder größere Beträge variieren. Ebenso ist unbestritten, daß auch die Erzeugungskosten für Getreide gegendenweise, ortsweise, ja von Produzent zu Produzent die allergrößten Verschiedenheiten aufweisen (S. 210), wie denn die Beantwortung der Frage, welches in Deutschland die mittleren Erzeugungskosten eines Zentners Weizen, Roggen, Hafer oder Gerste seien, wegen der Verschiedenheit der Bodenpreise und der sonstigen Produktionsbedingungen als eine ganz unlösbare Aufgabe sich erwiesen hat. Das eigentliche Ziel des Antrags Kanitz, den Getreidepreis durch irgend eine staatliche Veranstaltung mindestens bis zum jeweiligen Betrag der Produktionskosten zu heben, ist daher in der Anwendung auf die einzelnen Wirtschaften überhaupt nicht, sondern nur etwa derart erreichbar, daß eine Preishebung auf einen Betrag ins Auge gefaßt wird, von dem man mit Recht oder Unrecht annehmen zu dürfen glaubt, daß er den mittleren Erzeugungskosten gleichkomme. In diesem Sinne hatte der Antrag Kanitz, in seiner ursprünglichen Fassung, als solche für die Verkäufe der Monopolverwaltung maßgebende Minimalpreise 215 Mk. für Weizen, 165 Mk. für Roggen, 155 Mk. für Gerste und Hafer ins Auge gefaßt. Aber es ist schwer einzusehen, wie eine allgemeine Zufriedenheit der Produzenten mit solcher Preisnormierung herstellbar sein sollte. Beispielsweise müßte ein Preis, der den Getreideproduzenten des deutschen Nordostens genügt, den Produzenten im Süden von Deutschland, wo die Bodenpreise um das Doppelte und mehr höher sich stellen, auch die Arbeitskosten höhere sind, als gänzlich ungenügend erscheinen; wogegen eine Preisnormierung, die den Produzenten im Süden gerecht würde, für den Produzenten im Nordosten einen ungerechtfertigten Plusprofit bedeutet. Hat doch der Verband ostelbischer Landwirte im Jahre 1893 die Produktionskosten im Durchschnitt für Weizen auf 160, für Roggen auf 140, für Hafer auf 120 Mk. für die Tonne, d. h. auf 55, 25 und 35 Mk. weniger berechnet, als der Antrag Kanitz in seiner ursprünglichen Fassung gefordert hat.

Die Sachwidrigkeit der vorgeschlagenen Preisnormierung, die in der Endwirkung zu einer totalen Verschiebung der Bodenwerte in Deutschland führen müßte, wird dadurch nicht besser, daß im Sinne der späteren Modifikationen des Antrags Kanitz die Abgabepreise des Getreides aus den staatlichen Magazinen den inländischen

Lotodurchschnittspreisen der Periode 1850/90 angepaßt werden, letztere Preise also auch für die den inländischen Getreideproduzenten zu garantierenden Minimalpreise maßgebend sein sollen. Denn seit 1850 haben sich wie überall, so auch in Deutschland, die allergrößten Veränderungen in den Verkehrsbeziehungen der Orte untereinander und mit den Hauptstapelplätzen vollzogen; die meisten Gegenden sind in dieser Zeit an das Eisenbahn- oder Wasserstraßennetz angegliedert worden und mit dieser Besserung ihrer Absatzverhältnisse haben sich die örtlichen Preise überall gehoben. Diejenigen Gegenden und Orte, für die erst in den letzten Jahrzehnten oder gar erst in jüngster Zeit diese Absatzverbesserung und Preishebung eingetreten ist, würden durch die Preisregulierung auf Grund eines 40jährigen Zeitraums, weil in diesen Zeitraum auch die niedrigen Preise der früheren Jahre mit ungünstigeren Absatzverhältnissen fallen, mehr oder minder geschädigt; nicht am wenigsten geschädigt würden bei dieser Modifikation des Antrags — im Gegensatz zur ersten Fassung — die östlichen Provinzen, die verhältnismäßig am spätesten durch Schienenwege aufgeschlossen worden sind, und die ganze wertvolle Preisbesserung in eben diesem Teil des Reichs, welche als Folge der im Jahre 1894 erfolgten Aufhebung des Identitätsnachweises für Getreide eingetreten ist, käme fast gar nicht zur Geltung. Das 40jährige Preismittel als Unterlage der künftigen Preisregulierung für die einzelnen Getreidefrüchte erweist sich aber auch aus dem Grunde als unbrauchbar, weil in diesem langen Zeitraum in den Preisen der einzelnen Getreidearten untereinander — Roggen, Weizen, Gerste, Hafer — sehr erhebliche Verschiebungen eingetreten sind. Gerste und Hafer sind in minderem Maße im Preise gewichen als Weizen und Roggen; es träte also eine Begünstigung der einen Frucht auf Kosten der anderen ein, die lebhaftem Widerspruch der Hafer- und Gerstenproduzenten begegnen müßte.

3. Die thatsächliche und rechtliche Monopolisierung des ganzen Getreidehandels in inländischer und ausländischer Frucht stellt den Staat vor eine geradezu ungeheuerliche Aufgabe. Man stellt sich in den Kreisen der Anhänger des Antrags Kanitz die Durchführung der Verstaatlichungsidee viel zu leicht vor, während es sich in Wahrheit um einen ebenso kostspieligen als denkbar verwickelten Verwaltungsmechanismus handelt, der vielleicht in einem kleinen Land leidlich genügend funktionieren mag, in einem großen Reich mit den denkbar verschiedensten Produktions-, Absatz- und Konsumverhältnissen unter allen Umständen schwerfällig arbeiten und Mißerfolgen Schritt um Schritt ausgesetzt sein würde. Die Aufkaufsoperationen im Ausland nach Menge, Sorte und Qualität sind von den mutmaßlichen Inlandsernten abhängig zu machen, es soll nicht zu viel, aber in keinem Zeitpunkt auch zu wenig eingekauft werden; die Einkäufe im Ausland sollen nicht nur in Menge und Qualität entsprechen, sie sollen auch kaufmännisch richtig, d. h. in billigster Weise sich vollziehen, der richtige Zeitpunkt des Einkaufs soll nicht ver-

§ 47. Die Verstaatlichung der Getreideeinfuhr (Antrag Kanitz). 253

säumt, das Produktionsland des Einkaufs, je nach dem Welternteausfall, richtig gewählt, es sollen der billigste Transportweg und die für die weitere Verteilung der Vorräte zweckmäßigsten Hafen- und Lagerplätze jederzeit angemessen bestimmt werden. Eine große Anzahl zuverlässigster Agenten in den Haupterzeugungsländern des Auslands, ein Generalstab der erprobtesten und geschäftsgewandtesten Persönlichkeiten im Inland für die Verteilung der Vorräte im Innern, für den Ankauf der Inlandsfrucht, für die Abgabe der Vorräte an die Kunden, für die von Jahr zu Jahr wechselnde Preisnormierung, ein ganzes Heer von Unterbeamten für die Bedienung der zahllosen Lagerhäuser, für die Mitwirkung beim Einkaufsgeschäft, für die zahllosen Verwaltungs-, Rechnungs- und Kassengeschäfte wäre nicht zu entbehren, und jeder Mißgriff in der Wahl der ausländischen Agenten, der leitenden Personen im Innern, jede bureaukratische Schwerfälligkeit oder Pedanterie im Geschäftsvollzug hätte finanzielle Verluste, Störungen im Absatz und Verbrauch, Beschwerden und Klagen teils der Produzenten, teils der Konsumenten unausbleiblich im Gefolge. Man irrt sich eben sehr, wenn man meint, daß die Technik des Getreidehandels, der zu den schwierigsten Zweigen der Handelsthätigkeit von jeher gezählt hat, auch von einer staatlichen Bureaukratie unschwer zu handhaben sei, und daß die Summe von kaufmännischer Intelligenz, technischem Wissen und Geschick, langjährigen Erfahrungen, über welche ein aus Tausenden selbständiger Firmen sich zusammensetzender Apparat der freien Handelsthätigkeit verfügt, ohne weiteres auf einen staatlichen Apparat sich übertragen läßt. Man kann sich schwerlich eine Aufgabe vorstellen, die dem Staat eine gleich schwere finanzielle und allgemeinpolitische Verantwortlichkeit aufbürdet, als diese delikateste aller Aufgaben, die in der Getreideversorgung eines großen Reichs besteht. Das Odium für die kleinste Unregelmäßigkeit in der Funktionierung des Getreideversorgungsapparats fiele mit voller Wucht auf den Staat: die Angriffspunkte, mögen sie nun der Unzufriedenheit eines Teils der Inlandsproduzenten über eine schlechte Ernte und erzielte geringe Erlöse, oder den Klagen der Mühlenbesitzer oder der Bauern oder Brenner über die Qualität der ihnen gelieferten Ware, oder den abfälligen Urteilen der Konsumenten entnommen sein, wüchsen ins Unermeßliche: auch wo gar kein Verschulden der Monopolverwaltung vorläge, für alle Folgen schlechter Witterung, für alle Sünden von Müllern, Bauern, Bäckern würde die Monopolverwaltung herhalten müssen: die parlamentarischen Erörterungen, Klagen und Angriffe würden kein Ende nehmen. Mit einem Wort: Der Staat hätte die Rolle wirtschaftlicher Vorsehung auf dem Gebiet der Inlandsproduktion in Getreide, der Getreidepreisbildung und des Getreideverzehrs zu spielen. Fürwahr, wer nicht den Staat zum Spielball heftigster und leidenschaftlicher Kämpfe, unfruchtbarster und doch gefährlichster Zänkereien machen will, wird gut daran thun und seine politische Klugheit bethätigen, wenn er ihn vor der Zuweisung solcher Aufgabe bewahrt.

Dabei sollte man auch die Rückwirkung einer künstlichen Preishebung auf die Stimmung der an billigen Brot- und Mehlpreisen interessierten Bevölkerungsteile, die größtenteils zu den wirtschaftlich Schwachen zählen, nicht gering achten. Es bedingt doch einen gewaltigen Unterschied, ob eine Preishebung auf dem natürlichen Weg von Angebot und Nachfrage sich vollzieht, also aus Gründen der Produktion und des Marktes, denen Jedermann, auch der Ärmste sich beugen muß, oder durch ein unmittelbares Eingreifen der Staatsgewalt selber: und es bedingt ebenfalls einen Unterschied, ob eine künstliche Preishebung im System einer vom Schutz der gesamten nationalen Produktion getragenen Zollpolitik, die lediglich einen annähernden Ausgleich der Verschiedenheit der Produktionsbedingungen im In- und Ausland bezielt, oder aber ob sie im Weg eines Monopols und mit dem ausgesprochenen Ziel der Garantierung einer Mindestrente an alle landwirtschaftlichen Unternehmer erfolgen soll, gleichviel ob sie zu den Großen oder Kleinen zählen, gleichviel ob sie nach ihren Besitz- und Einkommensverhältnissen einer solchen staatlichen Rentengarantie bedürfen oder nicht. Man müßte schon, um den zu erwartenden ungerechtfertigten Preistreibereien auf dem Mehl- und Brotmarkt entgegenzutreten, in folgerichtiger Ausgestaltung des Getreidehandelmonopols zu einer Monopolisierung auch des Mühlen- und Bäckereigewerbes fortschreiten, d. h. man dürfte vor einer Enteignung von beiläufig 160000 Betrieben mit einem Personal von 300000 Personen nicht zurückschrecken. Es ist schwer glaublich, daß eine Regierung oder ein Parlament diese äußerste, aber notwendige Konsequenz der Verstaatlichung des Getreidehandels wird ziehen wollen.

4. Das eigentlich Ausschlaggebende in der vorliegenden Frage liegt indessen nicht einmal in den vorerwähnten Punkten, nicht in dem Zweifel, ob das Preisproblem für Getreide auf dem Wege der Monopolisierung des Getreidehandels befriedigend gelöst werden kann, nicht in dem Zweifel, ob der Staat der ihm gestellten Aufgabe gewachsen ist und ob er nicht in unabsehbare Interessenkonflikte und Kämpfe, die seinem Ansehen schädlich sind, verwickelt werde, sondern darin, daß der Staat mit der geforderten Monopolisierung des Getreidehandels zum Zweck der Verbürgung einer Minimalrente den denkbar verhängnisvollsten ersten Schritt auf der Bahn eines gefährlichen Staatssocialismus vollzöge, bei dem es kein Aufhalten mehr giebt. Im System einer auf dem Boden des Privateigentums und des Eigentums an Produktionsmitteln stehenden, von dem Grundsatz der vollen privatwirtschaftlichen Verantwortlichkeit des Einzelindividuums beherrschten Gesellschaftsordnung ist für die Forderung einer staatlichen Rentengarantie kein Raum, diese Forderung vielmehr dem extremsten Staatssocialismus entnommen, augenscheinlich aber mit dem wirtschaftlichen und kulturellen Fortschritt unvereinbar. Die Ge-

§ 47. Die Verstaatlichung der Getreideeinfuhr (Antrag Kanitz). 255

währleistung einer Minimalrente für irgend einen Zweig der Produktion hebt die privatwirtschaftliche Verantwortlichkeit auf: sie wäre eine Prämiierung des Unfleißes, des wirtschaftlichen und technischen Schlendrians, des Verzichts auf die Aneignung der wissenschaftlich-technischen Fortschrittsmöglichkeiten. Sie wäre eine schreiende Ungerechtigkeit gegenüber allen andern, von solcher Rentengarantie ausgeschlossenen Produktivständen, sowie gegenüber allen Konsumenten, die schließlich mit ihren Mitteln für die garantierten Rentenleistungen aufzukommen hätten. Diese Rentengarantie in der Form der Preisregulierung, wie es der Antrag Kanitz will, durchzuführen, wäre nicht minder eine Ungerechtigkeit gegenüber jenem Teil der Produzenten, die durch Ungunst der Witterung oder sonstiger elementarer Ereignisse nicht in der Lage sind, nennenswerte Mengen auf den Markt zu bringen; diese Rentengarantie würde endlich jenem Teil der Landbaubevölkerung gegenüber gänzlich versagen, bei der der Schwerpunkt der Produktion nicht im Getreidebau, sondern in anderen Erzeugnissen ruht (Kleinwirte, Viehwirtschaften, Gegenden des Rebbaus, des Handelsgewächsbaus). Massenhaft müßte die eine Konzession andere zeitigen, lawinenartig würden die Ansprüche und Begehrlichkeiten aller in den freien Wettbewerb des Markts und in den Kampf um die Marktpreisbildung gestellten Erwerbsstände wachsen. Mit welchem Recht könnte der Tierzucht und Tierhaltung versagt werden, was man dem Getreidebau einräumte; wie sollte man den Anspruch der Tabaks-, Hopfen-, Hanf-, Flachs-, Weinproduzenten auf ebenfallsige Abnahme ihrer zeitlich unter dem Druck des Wettbewerbs und niedriger Preise leidenden Wirtschaftszweige zurückweisen können; wie wäre es möglich, dem Verlangen der lohnarbeitenden Klassen auf Herstellung eines Normallohnes, ja der Forderung des Rechts auf Arbeit noch weiter Widerstand entgegenzusetzen? Wurde doch in der französischen Kammer der von dem socialistischen Abgeordneten Jaurès im Jahr 1894 eingebrachte, ähnlich wie der Antrag Kanitz auf Monopolisierung der Getreide- und Mehleinfuhr abzielende Antrag ganz folgerichtig mit der Forderung eines Minimallohnes für die ländlichen Arbeiter ausgestattet!

5. In einer großen Selbsttäuschung sind die die Verstaatlichung des Getreidehandels fordernden landwirtschaftlichen Kreise befangen, wenn sie wähnen, daß die Stellung, in die sie durch dieses staatliche Monopol zum Staat geraten, auf ihre wirtschaftliche, gesellschaftliche und politische Unabhängigkeit einflußlos bliebe; vielmehr würde das gerade Gegenteil die notwendige Folge der aus dem Getreidehandelsmonopol folgenden staatlichen Verantwortlichkeiten sein müssen. Wenn einmal der Staat die Aufgabe übernommen hat, Jahr für Jahr für die ausreichende Brot- und Mehlversorgung der Bevölkerung aufzukommen, muß er sich auch in die Lage versetzt sehen, dieser Aufgabe alle Zeit, unabhängig von den Auslandsernten, gerecht werden zu können. Es kann

ihm also nicht gleichgiltig sein, in welchen Mengen, Arten und Qualitäten der inländische Ackerbau dem Getreidebau sich widmet, es wird vielmehr ein starkes staatliches Interesse daran bestehen, daß von jeder Getreideart in den erforderlichen Qualitäten ein Mindestquantum thatsächlich zum Anbau gelangt, das auch bei ungenügenden Auslandsernten die Deckung des Inlandsbedarfs leidlich verbürgt. Eine obrigkeitliche Reglementierung der Wirtschaftsrichtung, mindestens in den Hauptgetreidekammern Deutschlands, wäre mit der Zeit und in dem Maße, als die Weltgetreidevorräte, entsprechend der überall anwachsenden Bevölkerung, knapper werden und jahrweise mit Weltgetreideerntedeficiten zu rechnen sein sollte, gar nicht zu entbehren. Die letzte Konsequenz der Schaffung eines für den Getreide=Inlandsbedarf verantwortlichen staatlichen Apparates wäre also die Monopolisierung der Getreideproduktion selber, und jedenfalls wäre die von einem Vertreter des landwirtschaftlichen Berufsstandes mit klangvollem Namen (von Rathusius=Hundisburg) gezogene Konsequenz nicht hintanzuhalten, daß jeder Getreideproduzent, der nach Verwirklichung des Antrags Kanitz noch mit einer Unterbilanz arbeitet, auf dem Weg der Expropriation von seinem Besitztum zu entfernen sei, weil jedenfalls nur tüchtigen, fleißigen, soliden Produzenten gegenüber eine staatliche Rentengarantie Sinn hätte und verantwortet werden könnte.

Als Aufkäufer der gesamten Inlandsernte träte der Staat weiter in so enge und übermächtige Beziehungen mit der getreidebautreibenden Bevölkerung, daß dieser Zustand von einem auf die Wahrung seiner Freiheit und Unabhängigkeit bedachten Berufstand sehr rasch als unerträglich befunden würde. In Bezug auf die Ankaufswürdigkeit der zum Verkauf angebotenen Früchte, die Einreihung der Früchte in verschiedene Qualitätsklassen, die Preisnormierung müßte den staatlichen Ankaufskommissionen naturgemäß ein weiter Spielraum eröffnet werden, und dieses freie Ermessen in der Handhabung des Ankaufs würde, auch wenn die damit gegebene Machtstellung von jedem Mißbrauch sich fern hielte, jedenfalls oft der Mißdeutung und üblen Nachrede ausgesetzt sein. Unter allen Umständen aber würde der Staat als einziger oder Hauptaufkäufer der Getreidefrucht in einen thatsächlichen Zustand wirtschaftlicher Allmacht den Landwirten gegenüber versetzt, der für sie wahrhaftig wenig beneidenswertes hat. Ein gesunder Politiker und guter Patriot wird dem Staate gönnen, was des Staates ist; aber man sollte nie vergessen, daß eine Allmacht des Staates in wirtschaftlichen Dingen unmöglich dem Staatswohl frommen kann, weil die wirtschaftliche Abhängigkeit noch jederzeit die politische Abhängigkeit nach sich gezogen hat.

Eine in ihrer Art riesengroße, verantwortungsschwere, die höchsten Anforderungen in technischer und kaufmännischer Hinsicht stellende, mit einem einmaligen Hundertmillionenaufwande für die erste Einrichtung und mit einem Millionenaufwande für den laufenden Betrieb verknüpfte, den seitherigen privaten Getreidehandelsmechanismus im wesentlichen beseitigende neue staatliche Aufgabe dem Staate anzusinnen, könnte ernsthafter Weise doch überhaupt nur dann ins Auge gefaßt werden, wenn volle Gewißheit in zwei Hinsichten bestände: einmal, daß jener bedrohliche Tiefstand des Getreidepreises, wie er seit 1892, d. h. seit einer verhältnismäßig nicht langen Zeit besteht, ein dauernder wäre, und sodann daß ebendeshalb eine Katastrophe über den deutschen Grundbesitzerstand mit Notwendigkeit hereinbrechen müßte, weil alle anderen fördernden, helfenden, schützenden Maßnahmen der Agrar- und allgemeinen Wirtschaftspolitik versagen. Weder das Eine noch das Andere ist als vorliegend anzusehen, und insbesondere vermag niemand zu sagen, ob der jetzige Tiefstand der Getreidepreise als ein dauernder anzusehen ist, oder ob nicht vielmehr die seit 1895 einsetzende Preisbewegung nach oben in der Folgezeit noch kräftiger einsetzen wird. Wie aber könnte es verantwortet werden, einen Riesenapparat der bezeichneten Art voll der verhängnisvollsten Tragweite einer Preiskonjunktur halber ins Leben zu rufen, die möglicherweise in gar nicht ferner Zeit in das Gegenteil umschlägt! Das geforderte Getreidehandelsmonopol ist also auch aus diesem Grunde zu verwerfen, und unsere getreidebautreibende Bevölkerung wird sich daher mit dem Gedanken befreunden müssen, daß der Schutzzoll, so mangelhaft er auch zeitweise funktionieren mag, doch unter allen staatlichen Mitteln der künstlichen Preishebung das relativ wirksamste bleibt und ein Ersatz der landwirtschaftlichen Schutzzölle durch eine Monopolisierung des Getreidehandels aus politischen, wirtschaftlichen und socialen Erwägungen, und weil mit dem Staatsinteresse unvereinbar, nicht in Betracht kommen kann.

Die Bedenken, die gegen den Antrag Kanitz bestehen und dessen Annahme hindern, stehen jedem anderweiten Vorschlag entgegen, der auf staatliche Garantierung eines Mindestpreises für Getreide hinausliefe: beispielsweise wenn im Sinne eines neuerdings gemachten Vorschlags, unter Aufrechterhaltung des Getreidehandels, für die einzelnen Getreidegattungen ein „Normalpreis" festgesetzt und bestimmt werden sollte, daß an Zoll bei der Einfuhr derjenige Betrag zu entrichten ist, um welchen der Preis des Getreides auf dem Weltmarkt hinter jenem Normalpreis zurückbleibt. Diesem Antrag haften zudem die Nachteile an, die mit dem System beweglicher Zölle verknüpft sind (S. 226). Beispielsweise könnte jede spekulativ herbeigeführte augenblickliche Erhöhung des Weizenpreises auf dem Londoner Markt, die von einer entsprechenden Ermäßigung des Weizenzolls begleitet wäre, zu einem vermehrten Weizenimport und einer Erschwerung des Absatzes inländischen Weizens Anlaß geben; und je größer in einem gegebenen Zeitpunkte der mutmaßliche Vorteil von Getreideimporten zu ermäßigten Zollsätzen veranschlagt würde, um so größer wäre der Anreiz, zeitweilige Preiserhöhungen auf dem Weltmarkt herbeizuführen. Der Nutzen der Einrichtung für die Produzenten wäre sonach ein äußerst problematischer, und es ist deshalb auch dieser Vorschlag abzuweisen.

§ 48. Die Marktpreisbildung und die Börse; der Getreideterminhandel insbesondere.

In einer durch die modernen Verkehrsmittel aufgeschlossenen und mit anderen Produktionsgebieten in regelmäßiger Verbindung stehenden Wirtschaftsgemeinschaft ist überall nicht das lokale Angebot und die lokale Nachfrage für den Preis einer Ware entscheidend, sondern bei der jederzeitigen Möglichkeit des Bezugs von dritter Stelle wird für die Preislage im Einzelfalle das Verhältnis von Angebot und Nachfrage im weiteren Umfange der großen Wirtschaftsgemeinschaft, ja, insoweit diese in die Weltwirtschaft verflochten und der Verkehr mit fremden Wirtschaftsgebieten nicht durch Einfuhrverbote oder durch hohe, die Einfuhr ausschließende Zölle gesperrt ist, das Verhältnis von Nachfrage und Angebot auf dem Weltmarkt selber zum entscheidenden Faktor. Dies trifft für Getreide und Fleischvieh ebenso wie für Hanf und Flachs, für Hopfen und Tabak, für Wein und Obst zu und gilt nicht minder für die Verarbeitungsprodukte landwirtschaftlicher Rohstoffe, für Butter, Käse, Branntwein und Zucker. Nur bei solchen Erzeugnissen, die einen längere Zeit in Anspruch nehmenden Transport nicht vertragen, wie bei Milch, frischem Gemüse ꝛc., bleibt dem Verhältnis der örtlichen Nachfrage zum örtlichen Angebot ein starker Einfluß auf die Preisgestaltung auch heute noch gewahrt, obwohl selbst hier seit der Möglichkeit rascheren Versandts mittelst der Eisenbahn dieser Einfluß gegenüber früher an Stärke erheblich eingebüßt hat.

Innerhalb eines jeden Wirtschaftsgebiets wird also die Preislage, wie sie sich in den großen Handelsplätzen unter Beachtung der Bewegung der Weltmarktpreise thatsächlich gestaltet, gewissermaßen der Punkt sein, von dem aus die Preislage der einzelnen Orte und Gegenden ihre allgemeine Richtung nach oben oder unten erfährt, gleichviel, wie die Vertriebsweise organisiert ist, ob unter Zuhilfenahme von Zwischenhändlern oder aber unter Ausschaltung letzterer auf genossenschaftlichem Wege unter möglicher Ersparung von Zwischenhandelsspesen. Es besteht also mit anderen Worten die denkbar größte Preisabhängigkeit jeden Punktes des Wirtschaftsgebiets von demjenigen Punkte, an dem sich die größte Nachfrage und das größte Angebot jederzeit begegnet und von wo aus eine Warenvermittlung überallhin im Falle eintretenden Bedarfs erfolgen könnte. Kaufmännische Veranstaltungen in den Brennpunkten des Verkehrs, in denen ein regelmäßiger Zusammentritt von Käufern und Verkäufern einer Ware zum Zwecke des geschäftlichen Verkehrs erfolgt, heißen Börsen; in dem börsenmäßigen Preise einer Ware hat man also in letzter Linie den Regulator für die **Preisgestaltung** im weitesten Umfange des Wirtschaftsgebiets zu erblicken und an dieser Thatsache kann auch die vollkommenste landwirtschaftliche Absatzorganisation nur wenig oder nichts ändern. Die Höhe der Preisabschlüsse an der Hopfenbörse in Nürnberg wird maßgebend für den Einzelabschluß in Hopfen für alle Hopfenorte Süddeutschlands; die in Bremen notierten Preise für ausländischen Tabak, die in Mannheim notierten Preise für inländischen Tabak bilden die Richtschnur für die Preise, die der Tabakshandel im übrigen Teile Deutschlands für Tabake anzulegen willens ist; so ist seither für den südwestdeutschen Getreidemarkt die Preisbewegung in den rheinischen Produktenbörsenplätzen (Duisburg, Frankfurt, Mannheim), für den ganzen mittel- und norddeutschen Getreidemarkt die Preisbewegung an der Berliner Börse ausschlaggebend gewesen. Die täglichen **Börsenpreisberichte** sind es demgemäß, die den Preis der einzelnen Erzeugnisse im Bereich des ganzen Wirtschaftsgebiets diktieren, und von deren Inhalt in letzter Linie Wohl und Wehe des Produzenten abhängt. An den Einrichtungen der Börse, an der Art und Weise, wie sich die Preisbildung an der Börse vollzieht und wie die Berichte über die Geschäftsabschlüsse und die dabei erzielten Preise zustande kommen, hat daher die Landwirtschaft ein außerordentlich großes Interesse. Und da einerseits der Getreideverkehr den beträchtlichsten Teil des Verkehrs an den Produktenbörsen zu bilden pflegt, andererseits die Getreideabsatz- und Getreidepreisbildungsfrage und die damit unmittelbar verknüpfte Getreideanbaufrage selber ein nicht nur landwirtschaftliches, sondern ein Interesse allgemeinster Bedeutung darstellt, so ist ganz naturgemäß seit Jahren die Frage der Börsenorganisation und der staatlichen Beaufsichtigung des Börsenverkehrs in den Vordergrund der Tagesfragen getreten.

Wie jede Art von Abhängigkeit ein Gefühl der Unbehaglichkeit, des Mißtrauens, ja der Gegnerschaft zu erzeugen pflegt, so wird es leicht erklärlich, daß die landwirtschaftlichen Produzenten angesichts der dominierenden Stellung der Produktenbörsen im Marktverkehr und ihres preisdiktierenden Einflusses im Zustande der Voreingenommenheit sich befinden und für jede ihnen ungünstige Preisbewegung die Erklärung zunächst nicht in Veränderungen der Marktlage selber, sondern in unlauteren Machinationen der an der Börse thätigen Kräfte suchen. Diese instinktive Abneigung gegen das Börsenwesen, dessen inneres Getriebe sich der öffentlichen Wahrnehmung entzieht, muß wachsen, wenn gelegentlich die Preise an der Börse in sprunghafter Weise sich bewegen und den Charakter der Willkür anzunehmen scheinen; sie kann sich zu ausgesprochener Gegnerschaft steigern, wenn offenkundig der tiefste Grund augenblicklich ungünstiger Preisbewegungen nicht etwa in Änderungen der Marktlage an sich liegt, sondern ein rein spekulativer war, wenn gar, um solchen Spekulationen zum Siege zu verhelfen, gelegentlich auch unlautere Mittel zur Anwendung gelangten, und wenn ferner an

17*

der Börse nicht etwa nur ehrenwerte, solide Vertreter des Kaufmannsstandes, sondern auch Leute von zweifelhafter moralischer Qualität verkehren und trotz ihrer Anrüchigkeit geschäftlich sich bethätigen können. Man muß sich in die Stimmung der durch solche Vorgänge und Wahrnehmungen erregten Bevölkerung des flachen Landes versetzen, um den in den letzten Jahren nicht selten gehörten Ruf nicht bloß etwa nach einer Reform, sondern nach völliger Beseitigung der Börse — „als einer am Lebensmark der Produktivstände zehrenden Schmarotzerpflanze" — wenn nicht entschuldbar, so doch mindestens begreiflich zu finden.

Die Wahrheit ist, daß die Börsen, die schließlich nichts anderes als die konzentrierteste Form des Marktverkehrs darstellen, im Interesse nicht minder des Produzenten wie des Abnehmers der Ware liegen. Eine richtige, den Verhältnissen angemessene Preisbildung wird sich allemal um so leichter vollziehen, je regelmäßiger eine Gelegenheit zum Kauf und Verkauf gegeben ist und eine je größere Anzahl von Käufern und Verkäufern sich gegenübersteht. Denn mit der Vielheit der Anbietenden und Nachfragenden gewinnt das Urteil über die zu fordernden und zu bewilligenden Preise an Zuverlässigkeit, und Irrungen der Einzelnen, mögen sie auf thatsächlicher Unkenntnis der Marktlage oder auf Unerfahrenheit beruhen, erfahren ihre baldige Korrektur. Wenn schon gewöhnliche Marktveranstaltungen in dieser Richtung wirken, und in ihrer Wichtigkeit von den Produzenten nicht verkannt werden, so muß dies in noch höherem Grad von den Börsen als der höchsten und feinsten Ausbildung des Marktverkehrs gelten, wo jederzeit die umfangreichste Nachfrage und das umfangreichste Angebot sich begegnen und daher nicht nur stets Gelegenheit gegeben ist, beliebige Mengen einer Ware zu kaufen und zu verkaufen, sondern wo auch zugleich für die Bildung angemessener Preise die denkbar beste Gewähr besteht. Die Vorteile eines börsenmäßigen Verkehrs gerade auch in landwirtschaftlichen Erzeugnissen steigern sich mit dem wachsenden Verkehr und dessen Entwicklung zum Weltverkehr, weil der einzelne Produzent und ebenso der provinzielle kleine Aufkäufer die Bewegung der Preise nicht einmal im Großhandel des eigenen Landes, geschweige denn im Welthandel tagtäglich zu verfolgen in der Lage ist und deshalb ohne die fortlaufende Kenntnis der an den größeren Handelsplätzen gezahlten Preise über die beim Verkauf oder Einkauf zu fordernden und bezw. zu bewilligenden Preise völlig im Dunkeln tappte. Der tägliche börsenmäßige Umsatz eines Erzeugnisses in großen Mengen an den Haupthandelsplätzen und die Bekanntgabe der notierten Preise enthebt die Gesamtheit der Produzenten und ihrer unmittelbaren Abnehmer dieser Ungewißheit, giebt den Käufern und Verkäufern auf den Provinzialmärkten und den außerhalb der Märkte abzuschließenden Kaufgeschäften die unentbehrliche Stütze und setzt an Stelle der zufälligsten Willkür, von der die provinzielle

§ 48. Die Marktpreisbildung und die Börse: der Getreideterminhandel. 261

Preisbewegung, bald zum Nachteil, bald zum Vorteil des einen oder
anderen Kontrahenten beherrscht sein würde, eine feste, untrügliche und
richtige Norm. Der Ruf nach Beseitigung der Produktenbörsen,
wie man ihn im letzten Jahrzehnt in landwirtschaftlichen Kreisen nicht
selten vernommen hat, ist demnach ein unverständiger. Nur an dem
Stützpunkt, den eine Börse gewährt, und im unmittelbarsten
Anschluß an die großen, an der Börse abgeschlossenen Handels=
geschäfte kann sich ein gedeihlicher, stetiger, launenhafter
Willkür und unberechenbaren Zufälligkeiten entkleideter Pro=
vinzialhandel entwickeln, mag dieser nun in den Händen von
Zwischenhändlern liegen oder durch genossenschaftliche Orga=
nisationen besorgt werden.

Die an den Produktenbörsen sich abspielenden Geschäfte waren
ursprünglich ausschließlich solche, mit denen ein thatsächlicher Umsatz
des Kaufgegenstandes erzielt wurde; man nennt sie Geschäfte in effek=
tiver Ware, auch kurz Effektivgeschäfte. Mit der Zeit kamen indessen
auch solche Geschäfte auf, bei denen nicht dieser thatsächliche Warenumsatz,
sondern die Spekulation auf Preis= und Kursdifferenzen den eigent=
lichen Zweck des Geschäftes bildet, mögen immerhin die betreffenden
Geschäfte ihrem Inhalt nach auf wirkliche Abnahme und Lieferung der
Ware lauten. Die mit solchen Spekulationsgeschäften sich Abgebenden
sind entweder Haussiers oder Baissiers. Jene, die Haussiers,
rechnen auf eine Preissteigerung (spekulieren à la Hausse) und sie
engagieren sich in der Weise, daß sie auf einen späteren Termin kaufen,
in der Erwartung, das gekaufte Quantum vorher zu höherem Preise zu
verkaufen; diese, die Baissiers, rechnen auf eine Preiserniedrigung
(d. h. spekulieren à la Baisse) und sie engagieren sich in der Weise, daß
sie auf einen späteren Termin verkaufen, in der Erwartung, das ver=
kaufte Quantum noch vorher zu niedrigerem Preise ankaufen zu können.
Das Bezeichnende dieser Art von Börsengeschäften ist, daß die Abwicklung
des Geschäfts, statt in Gestalt der wirklichen Lieferung und der wirklichen
Abnahme der Ware, der Regel nach durch bloße Zahlung der Preis=
differenzen erfolgt, wie sie sich aus dem Preisstand des Anfangs= und
Endtermins des Geschäfts ergeben: derjenige der beiden Kontrahenten, dessen
Erwartung entsprechend der Preisbewegung verlaufen ist, gewinnt, der=
jenige, dessen Erwartungen nicht zugetroffen sind, verliert die Preis=
differenz. Weil derartige Geschäfte die Abwicklung des Vertrags auf
einen späteren Zielpunkt (Termin) verlegen, heißt man sie börsen=
mäßige Termingeschäfte, und insoweit diese Termingeschäfte nicht durch
thatsächliche Annahme und Lieferung, sondern durch Zahlung der Kurs=
oder Preisdifferenzen abgewickelt werden, Differenzgeschäfte oder auch
Blanko=Termingeschäfte, im Gegensatz zu den Geschäften in effek=
tiver Ware.

Termin- oder Zeitgeschäfte, d. h. Kauf- oder Verkaufsgeschäfte, in denen die Erfüllung des Vertrags auf einen späteren Zeitpunkt verlegt wird, müssen nicht notwendig Differenzgeschäfte sein, sie spielen vielmehr gerade auch im Effektivgeschäft als sogenannte Lieferungsgeschäfte eine bedeutsame Rolle. Getreidehändler z. B. werden in einer Zeit steigender Preise auf einen späteren Termin zu verkaufen sich bemühen, um sich dadurch vor dem Nachteil eines etwa in nächster Zeit eintretenden Preisfalls zu bewahren: Müller werden in einer Zeit, die für den Einkauf des Getreides günstig ist, ihre nötigen Vorräte im Weg des Zeitgeschäfts (Lieferungsgeschäfts) sich beschaffen, wodurch sie sich vor den Chancen einer etwa in nächster Zeit eintretenden Preissteigerung sichern: Produzenten können im Weg des Zeitgeschäfts (Lieferungsgeschäfts) eine vor der Ernte günstige Preiskonjunktur ausnützen, indem sie ihr Getreide auf den Zeitpunkt, wo es in ablieferungsfähigem Zustande (d. h. geerntet und gedroschen) sich befindet, verkaufen. Solchen Zeitgeschäften kommt die ganz allgemeine Bedeutung zu, eine preisausgleichende Wirkung örtlich und zeitlich auszuüben. Indem das Zeitgeschäft mit dem Verlauf der Ereignisse in der Zukunft rechnet, also die Chancen einer zu erwartenden günstigen Ernte ebenso wie die einer minder günstigen oder einer Mißernte in den Kreis der Berechnungen zieht und danach den Umfang der Zeitkäufe oder Zeitverkäufe bemißt, behütet es vor jenen Preisüberraschungen, die eine plötzliche Leerung oder Überfüllung des Marktes nach sich ziehen müßte. Indem weiter das Zeitgeschäft bei seinen Kalkulationen nicht nur den Ausfall der heimischen Ernte, sondern die Möglichkeit des Bezugs von überall her ins Auge faßt, wirkt es vorratausgleichend: es mindert an der einen Stelle ein Übermaß des Vorrats und ergänzt an anderer Stelle ein ungenügendes Maß des Angebots. Die durch elementare und andere Ereignisse bedingten Unterschiede zwischen Produktenvorrat und Produktenbedarf — örtlich und zeitlich — werden auf diese Weise durch das Eingreifen von Zeitgeschäften kleiner, als wenn sich der Handel lediglich mit der allernächsten Gegenwart beschäftigen wollte.

Das Blankotermingeschäft (Differenzgeschäft) hat sich aus dem Effektivzeitgeschäft entwickelt, ist aber verhältnismäßig neueren Datums: Termingeschäfte in Getreide an der Berliner Börse datieren in erheblicherem Umfang erst seit den 50er und eine wirkliche Internationalität des Getreidetermingeschäftes erst seit den 70er Jahren, wo neben Berlin der Getreideterminhandel auch in Wien, Pest, Paris, Amsterdam, Liverpool und auf amerikanischen Börsenplätzen (New-York, Chicago x.) aufzublühen begann. Neben Getreide wurden mit der Zeit auch Spiritus, Zucker, Kaffee und Kammzug Gegenstände des börsenmäßigen Terminhandels. Mehrfach führte sich das Blankotermingeschäft unter starken, wenn schon vergeblichen Protesten eines Teils der an der Börse verkehrenden Interessenten ein, so der Kaffeeterminhandel an der Hamburger Börse, dessen Einführung (1887) „hervorragende Kaufleute, alte angesehene Firmen hartnäckigen Widerstand leisteten". Ob im gegebenen Fall der Nutzen oder der Schaden überwiege, den die Blankoterminbgeschäfte, vom allgemeinen volkswirtschaftlichen Standpunkt aus betrachtet, haben, ist auch heute noch Gegenstand lebhaften Streites. Hinsichtlich des die Landwirtschaft in erster Reihe interessierenden **börsenmäßigen Blankoterminhandels in Getreide** wurde diese Streitfrage im Börsengesetz vom 22. Juni 1896 vom Reichstag im zweiten Sinn, d. h. dahin entschieden, daß der Schaden überwiege, und es ist demgemäß dieser börsenmäßige Getreideterminhandel verboten worden. Darüber, ob ausreichende Gründe zu einem solchen Verbot vorgelegen haben, dauert auch heute noch der Streit fort, der übrigens vielfach dadurch verdunkelt wird, daß der aus ganz anderen Gründen entstandene „**Streik**" **an der Berliner Produktenbörse und die durch diesen Streik veranlaßten Mißstände im norddeutschen Getreidehandel** von den Gegnern der Börsengesetzgebung wesentlich auf Rechnung des Terminhandels-Verbots gesetzt werden, während in Wahrheit diese Vorgänge an der Berliner Produktenbörse mit diesem Verbot nur sehr lose zusammenhängen und im wesentlichen durch Meinungsverschiedenheiten über die Art der Vertretung der Landwirtschaft im Vorstand der Berliner und anderer preußischer Produktenbörsen veranlaßt sind. Wo, wie in der Mehrzahl der deutschen Produktenbörsen, diese Streitfrage durch verständiges Entgegenkommen von Handel und Landwirtschaft ihre glatte Lösung fand, hat die Thätigkeit der Produktenbörsen durch das Börsengesetz und insbesondere durch das Terminhandels-Verbot keinerlei Abbruch erfahren. Es entspricht also dem Sachverhalt nicht, wenn im Zusammenhang mit dem erlassenen Verbot in antilandwirtschaftlichen Kreisen von einer „Zerstörung bewährter Handelsorganisationen" gesprochen zu werden pflegt. Im übrigen ist zur Würdigung des seither bestandenen börsenmäßigen Getreideterminhandels das Folgende auszuführen:

1. Eine Besonderheit des börsenmäßigen Blankoterminhandels besteht darin, daß nicht individuell bestimmte Waren, wie im sonstigen Produktenverkehr, den Gegenstand des Umsatzes bilden, daß auch nicht auf Probe gekauft und verkauft wird, sondern daß Gegenstand des Geschäftes lediglich bestimmte Mengen einer bestimmten Warengattung sind, also vertretbare (fungible) Sachen, wie Wertpapiere, ferner Getreide, Mehl, Baumwolle, Kaffee, Petroleum. Man kauft und verkauft also nicht bestimmte Serien und Nummern eines Wertpapieres, sondern eine bestimmte Anzahl Stücke dieses Wertpapieres; man kauft und verkauft nicht 50 Tonnen eines bestimmten Vorrats von Weizen oder Weizen einer bestimmten Provenienz (La Plata-Weizen) und vereinbarter Qualität, sondern der Gegenstand des Kaufs und Verkaufs sind 50 Tonnen Weizen, gleichviel, woher sie stammen und wem sie gehören. Dem Umstand, daß bei Naturerzeugnissen der letztbezeichneten Art

Qualitätsunterschiede vorfindlich sind, wird dadurch Rechnung getragen, daß dem Börsenverkehr in diesen Waren bestimmte Mustersorten (Typen) ein für allemal zu Grund gelegt werden. Wer also an der Börse Roggen kauft, muß sich damit zufrieden geben, daß ihm die gekaufte Menge Roggen in der börsenmäßig vereinbarten Durchschnittsqualität geliefert wird; und wer Roggen verkauft, entledigt sich seiner vertragsmäßigen Verpflichtung, indem er dem Käufer Roggen von börsenmäßiger Qualität anbietet, es müßte denn ausdrücklich in den Kauf- und Verkaufsofferten etwas anderes vereinbart worden sein. Die Feststellung der börsenmäßigen Lieferungsqualität einer Ware hat dabei offensichtlich praktische Bedeutung nicht nur für die unmittelbar an dem Börsengeschäfte beteiligten Personen, sondern, wegen des preisbestimmenden Einflusses der Börse, eine Bedeutung weit über deren Bereich hinaus; und es sind daher schon vor geraumer Zeit die Vorschriften über die Lieferungsqualität des Getreides, insbesondere durch Erhöhung des Lieferbarkeitsgewichts, wesentlich verschärft worden. Denn je geringere Ansprüche die Börse an die Lieferungsqualität des Getreides stellt, zu um so niedrigeren Preisen kann das Termingetreide offeriert werden, und diese niedrigen Preise müssen die Preislage des im Lande im Effektivgeschäft umgesetzten Getreides ebenfalls nach unten, also ungünstig beeinflussen. Der in der Aufstellung verschärfter Lieferbarkeitsnormen liegende Schutz der inländischen Getreideproduktion muß natürlich versagen, wenn die zur Handhabung der Kontrolle über die Lieferungsqualität berufenen Börsenorgane ihrer Aufgabe in laxer Weise nachkommen und daher Lieferungsware passieren lassen, die der börsenmäßig festgestellten Lieferungsqualität nicht entspricht, die also nicht das vorgeschriebene Mindestgewicht hat, die nicht gesund, nicht trocken, nicht frei von Darrgeruch ist ꝛc. Zur Diskreditierung des Getreidetermingeschäftes hat nun, wie vorgreifend jetzt schon bemerkt sein mag, gar nicht wenig gerade auch der Umstand beigetragen, daß nach einwandfreien Bekundungen der im Jahre 1895 berufenen Börsen-Enquetekommission gar nicht selten selbst mit Waren schlechtester Qualität („reiner Schundware") angedient werden konnte, ohne daß solche Verstöße seitens der zuständigen Börsenorgane in hinreichend wirksamer Weise geahndet und ihre Wiederholung unmöglich gemacht worden wäre.

2. Der Blankoterminhandel hat sich aus dem effektiven Lieferungsgeschäft entwickelt und die oben diesem letzteren nachgerühmten Vorzüge kommen daher an sich auch dem ersteren zu; ja es findet die schon durch das einfache Lieferungsgeschäft in gewissem Sinne ermöglichte Versicherung gegen die wechselnden Chancen der Preisbewegung (S. 262) in einem lebhaft individuellen Blankoterminhandel ihre vollkommenste Befriedigung, wie denn das Bedürfnis der Versicherung gegen Preisschwankungen und der Wunsch, die aus solchen Schwankungen

sich ergebenden Nachteile auf andere Schultern abzuladen, einen sehr wesentlichen Anteil an dem Aufkommen von Terminmärkten gehabt haben wird. In welcher Weise die Beteiligung am Terminhandel eine Art **Versicherung gegen unerwartete Preisbewegungen** in sich schließt, läßt sich an folgenden Beispielen leicht nachweisen: Wenn einem Getreidehändler im März eines Jahres ein Angebot auf ein größeres Quantum ausländischer Frucht, lieferbar im September, zu einem Preis vorliegt, den er an sich für annehmbar erachtet, so wird er, bevor er auf jene Offerte hin abschließt, dieses selbe Quantum an der Terminbörse zu einem Preis, der ihm einen genügenden Gewinn abwirft, zu verkaufen suchen. Ist ihm dies gelungen, so hat er die Wahl, die von ihm gekaufte Ware entweder an der Terminbörse selber zur Ablieferung zu bringen oder, falls anderweite günstigere Verkaufsmöglichkeiten vorliegen, die Ware an diese anderweiten Orte zu dirigieren: letzterenfalls kauft er dann an der Börse das verkaufte Quantum zurück. Der Händler bleibt auf diese Weise unter Benutzung der Terminbörse vor den Folgen eines etwa in der Zeit zwischen März und September eintretenden Preisrückgangs schlechthin gesichert: „die Terminbörse wird ihm zur Assekuranzanstalt, die ihm das Risiko eines Preisrückgangs abnimmt; der Schlußschein, der über den Verkauf auf den Septembertermin ausgestellt wird, ist seine Versicherungspolice". Ähnlich kann sich der Müller durch Beteiligung am Termingeschäft gegen die Chancen der Preisbewegung auf dem Getreide- und Mehlmarkt versichern, und zwar wiederum in wirkungsvollerer und vollkommenerer Weise, als in den Formen des einfachen Lieferungsgeschäfts. Hat er Mehl auf Lieferung verkauft, so kauft er gleichzeitig Getreide auf Termin; hat er Getreide auf Lieferung gekauft, so verkauft er auf Termin Mehl; Voraussetzung für die Beteiligung am Termingeschäft ist natürlich allemal, daß zwischen Getreideankaufs- und Mehlverkaufspreisen solche Unterschiede sich ergeben, daß dem Müller noch ein entsprechender Fabrikationsgewinn übrig bleibt. Die wirkliche Abnahme des im Termin gekauften Getreides und die wirkliche Lieferung des auf Termin verkauften Mehls findet, wie im obigen Fall des Getreidehändlers, immer nur dann statt, wenn sich nicht anderweit eine günstigere Ankaufsgelegenheit für Getreide beziehungsweise günstigere Verkaufsgelegenheit für Mehl bietet. Bietet sich diese, so werden die eingegangenen Termingeschäfte an der Börse durch **Abrechnung** erledigt, d. h. die Terminverbindlichkeiten werden gelöst, indem das an der Börse gekaufte Getreide wieder im Termin verkauft, das an der Börse verkaufte Mehl wieder zurückgekauft wird.

Die Bedeutung dieser Assekuranzmöglichkeit, welche ein großer Terminmarkt bietet, an dem jeden Tag beliebige Mengen einer Ware auf Termin gekauft und verkauft werden können, wird dadurch nicht unwesentlich abgeschwächt, daß in der Regel nur die größten Firmen und meist nur die am Sitz der Terminbörse ansässigen

Firmen von Termingeschäften Gebrauch machen. Mittlere und kleinere Getreidehändler, ebenso mittlere und kleinere Mühlenbetriebe beteiligen sich gar nicht oder nur selten an der Terminbörse, weil ihr Jahresumsatz nicht groß genug ist, um die Provisionen zu ertragen, die an die die Termingeschäfte vermittelnden Kommissionäre zu zahlen sind; andere Mühlenbetriebe bleiben dem Terminmarkte fern, weil sie Bedenken gegen die Terminqualität des am Terminmarkt gehandelten Getreides haben (S. 264), für das im Fall der Notwendigkeit der Abnahme eine Verwendungsmöglichkeit in ihren Mühlenbetrieben nicht gegeben ist. Aber auch große Firmen im Getreidehandel und Großmühlenbetriebe halten sich vom Terminmarkt angesichts der Ausartungen des Terminhandels in neuerer Zeit, worüber noch zu reden ist, grundsätzlich fern oder beteiligen sich an ihm nur ausnahmsweise, wofür die Verhandlung der Börsenenquete unzweideutige Beweise erbracht hat. Man entnimmt dieser Enquete in der That, daß viele selbst große Getreidehandelsfirmen und Mühlenbetriebe in den verschiedensten Teilen Deutschlands von den Termingeschäften an der Berliner Börse selten oder nie Gebrauch machen. In München soll, wie in der Enquetekommission betont wurde, der Blankoterminhandel gänzlich unbekannt sein; jedes Geschäft wird „nach Muster", „auf Probe" abgeschlossen. Einer der Münchner Großmühlenbesitzer glaubte sogar das Termingeschäft als schlechthin „verwerflich" und die Mühlenindustrie „schädigend" bezeichnen zu müssen, und ein Vertreter der Mühlenindustrie aus anderen Teilen Deutschlands verrät die Meinung, daß wegen der schlechten Beschaffenheit der Terminware seines Wissens von den 30 000 deutschen Mühlen nur sehr wenige das Termingeschäft zu dem Zweck benutzen, um sich die Ware auf dem Terminmarkt zu sichern. Angesichts solcher Feststellungen wird man gut daran thun, den Wert der Assekuranzmöglichkeit, welche ein großer Terminmarkt gewährt, in ihrer thatsächlichen Tragweite nicht zu überschätzen. Wenn und insoweit aber an dem Terminmarkt wesentlich nur die großen Handels- und Mühlenbetriebe sich zu beteiligen vermögen, so kann sehr wohl die Wirkung eines Terminmarktes auch die sein, die wirtschaftliche Überlegenheit, die diesen Großbetrieben gegenüber den mittleren und kleineren ohnehin zukommt, zu steigern. Auch in Schriften, die die Einrichtung von Terminmärkten grundsätzlich gutheißen, wird diese Möglichkeit zugegeben, ja die ausgesprochene Gegnerschaft der kleineren und mittleren Geschäfte gegen den Terminhandel mit der Besorgnis dieser Kreise in unmittelbare Beziehung gebracht, daß ihre wirtschaftliche Widerstandsfähigkeit gegen den Wettbewerb der Großbetriebe durch die Einrichtung von Terminmärkten eine weitere Schwächung erfahre. Diese Wirkung des Bestehens von Getreideterminmärkten würde nun aber nicht nur aus dem allgemeinen Grund, daß eine Schwächung des gewerblichen Mittelstandes erfolgt, sondern besonders auch deshalb zu bedauern sei, weil für die Absatzfähigkeit der inländischen Frucht, namentlich in den Gegenden des bäuerlichen Besitzes, das Vorhandensein kleiner und mittlerer Mühlenbetriebe und eines kleinen Provinzialhandels wesentliche Voraussetzung ist, da im wesentlichen nur diese, nicht auch der Getreidegroßhandel und die Großmühlenbetriebe die Abnehmer des Getreides der kleineren und mittleren Getreideproduzenten zu sein pflegen (S. 237 ff., 241 ff.).

3. Die Wirkung jeden großen Marktes, preisausgleichend zu wirken, wird dem Terminmarkt an und für sich zuzubilligen sein, und die Verfechter der Einrichtung, ob sie schon zwar einräumen, daß infolge der täglich erfolgenden Umsätze und des sich hierbei abwickelnden Spiels von Angebot und Nachfrage die Preisschwankungen häufiger geworden sind, glauben jedenfalls einen besonderen Vorzug des Terminhandels in der Abnahme der Intensität der Preisschwankungen erblicken zu dürfen: ja sie erklären ihn wohl als „ein in der modernen Volkswirtschaft unentbehrliches Präcisionsinstrument zum vollständigen Ausgleich des Wellengekräusels der Preise". Diese preisausgleichende, und wenn sie eintritt, unter allen Umständen wohlthätige Wirkung wird dem Terminmarkt indessen nur insolange zuzubilligen sein, solange der Terminmarkt ausschließlich oder vorzugsweise den Vertretern des effektiven Geschäftes der betreffenden Warenbranche als eine Art Rückendeckung für ihre geschäftlichen Abschlüsse dient, d. h. den Charakter einer Assekuranzanstalt bewahrt. Die preisausgleichende Wirkung kann verloren gehen, ja zeitweise in das Gegenteil umschlagen, sobald zu dem Terminhandel Elemente sich herandrängen, von denen der Terminhandel nicht, um sich seiner als Assekuranzmöglichkeit zu bedienen, sondern vorwiegend oder gar ausschließlich in der Absicht der Einheimsung von Spekulationsgewinnen aufgesucht wird. Sobald nämlich am Terminmarkt das geschäftliche Interesse vieler Kontrahenten rein oder vorwiegend auf die Größe der Differenz zwischen den Preisen am Tag des Abschlusses und dem der Realisierung des Geschäfts sich konzentriert, die große Mehrzahl aller Geschäfte von vornherein unter der stillschweigenden Voraussetzung abgeschlossen wird, daß weder geliefert noch bezogen zu werden braucht, gegebenenfalls das Bestehen auf Erfüllung des Vertrags sogar als kaufmännisch unehrenhaft angesehen wird, wird leicht eine Entartung des Terminmarktes in zwei Beziehungen eintreten: Erstens werden, weil die von dem Verlierenden oder Unterliegenden zu zahlende Preisdifferenz immer nur einen Bruchteil des gehandelten Warenquantums darstellt, an dem Terminhandel auch Elemente mit wenig Mitteln sich beteiligen, und diese mittel- und nicht selten sehr skrupellosen Elemente werden der Versuchung nicht immer widerstehen, auch erheblich über ihre Mittel hinaus in Terminengagements sich einzulassen; zweitens werden wiederum diese in der Regel abseits des Effektivhandels oder der Fabrikation stehenden, geschäftlich ganz oder vorwiegend an der Erzielung von Differenz-

gewinnen interessierten Elemente versucht sein, alle Hebel in Bewegung zu setzen, um möglichst intensive Preisbewegungen hervorzurufen, die zu der erhofften Endwirkung möglichst großer Preisspannungen hinführen. Auch die Verteidiger des Terminhandels können nicht in Abrede stellen, daß solche, auf ein Steigen oder Sinken der Preise sich richtenden Bemühungen der Hausse- oder Baissepartei zur Durchführung ihrer Absichten gelegentlich auch moralisch bedenkliche, ja schlechthin verwerfliche Mittel nicht verschmähen: Verbreitung falscher Nachrichten, Beeinflussung von Organen der Presse im Sinn der Hausse- oder Baissebewegung, Heranschleppung von Vorräten von an sich unverkäuflicher Beschaffenheit, Abschluß von Scheinkäufen und Scheinverkäufen, Vornahme von Scheinkündigungen; alles dies, um bald den Schein des Überflusses, bald den des Mangels und dadurch eine Preisbewegung nach unten oder oben künstlich hervorzurufen. Zu besonders trauriger Berühmtheit unter diesen unlauteren Mitteln der künstlichen Preisbeeinflussung sind die „Corners" („Schwänze") gelangt, darin bestehend, daß die Hausse-Partei möglichst große Mengen der Terminware in ihren Besitz zu bringen („einzusperren") sucht, um die Gegenpartei (die Baissiers) zu nötigen, am Erfüllungstag die Warenmenge, die sie s. Z. in blanko verkauft haben, zu den höchsten Preisen den Haussiers abzunehmen. In frischester Erinnerung steht die seitens eines Haussiers am Berliner Terminmarkt behufs Durchführung einer künstlichen Preissteigerung bewirkte Anmietung der Berliner Kornspeicher, wodurch die Baissiers gehindert wurden, Getreide rechtzeitig heranzuschaffen. Je ausgesprochener ein Terminmarkt sich dahin entwickelt, zahlreichen weniger bemittelten Elementen des Handelsstandes Gelegenheit zu Spekulationsgewinnen in Form der Erzielung von Preisdifferenzen zu verschaffen, um so mehr wird das Termin- oder Differenzgeschäft zum Differenzspiel, und je heftigere Leidenschaften das Spiel erzeugt, je größere Verlust- und Gewinnchancen auf dem Spiel stehen, um so mehr wird einer nüchternen, besonnenen Beurteilung der Preisbewegung der Boden entzogen werden, um so weniger aber der Terminmarkt seiner Aufgabe, ein thunlichst getreues Spiegelbild der Wirklichkeitsvorgänge auf dem Warenmarkt zu sein, gewachsen sein. Daher denn gar nicht selten, abweichend von der Theorie der Preisbildung an großen Märkten, statt einer ruhigen, gleichmäßigen Preisbewegung, gerade im Bereich der dem Terminhandel angehörenden Waren überraschende, launenhafte, verblüffende Preisbewegungen nach oben oder unten beobachtet werden können, förmliche Preissprünge, die geeignet sind, die vorsichtigste Vorausberechnung der Produktion und des Handels jeden Augenblick über den Haufen zu werfen. Die abfällige Beurteilung, der der Terminhandel vielfach im Schoß der Börsenenquetekommission und außerhalb derselben begegnet ist und noch begegnet, hängt zum nicht geringen Teil gerade mit dieser Unberechenbarkeit der Preisbewegung als Folge

§ 48. Die Marktpreisbildung und die Börse: der Getreideterminhandel. 269

leidenschaftlicher Kämpfe der am Terminmarkt sich gegenüberstehenden Parteien aufs engste zusammen. Dies trifft, wie für den Getreideterminhandel, so auch für andere Arten des Terminhandels zu. Beispielsweise sind nach den Feststellungen der Börsenenquete die Binnenhändler in Kaffee seit der Einführung des Kaffeeterminmarktes an der Hamburger Börse nicht mehr imstande, große Kaffeelager zu halten, weil sie die Preisbewegungen nicht mehr übersehen, die Konjunkturen infolge dessen nicht mehr entsprechend ausnützen können, es sei denn, daß sie sich im Terminmarkt versichern, was aber nur bei sehr großen Umsätzen ausführbar erscheint; damit hängt zusammen, daß selbst die größten Provinzialhändler in Kaffee auf direkte Importe aus den Produktionsländern mehr und mehr verzichten müssen und sich genötigt sehen, von Hamburg aus sich zu versorgen, das freilich auf diese Weise eine den ganzen deutschen Kaffeemarkt beherrschende Stellung sich erobert hat. In schlimmster Lage befinden sich die Detailhändler in Kaffee, weil die auf ihre jeweiligen Geschäftsabschlüsse sich gründenden Preiskalkulationen infolge der raschen Schwankungen der Kaffeeterminpreise jeden Tag sich als unzutreffend erweisen können.

An bemerkenswerten Beispielen starker Preisschwankungen gerade auf dem an dieser Stelle allein interessierenden Gebiet des Getreideterminhandels fehlt es nicht. In Chicago, dem vielleicht größten Terminmarkt der Welt, stieg im Jahre 1888 der Weizenpreis von April bis September um 281,6 %, um im Jahre 1889 von Februar bis Juni wieder um 144 % zu fallen; im Jahre 1893 fiel er von April bis Juli um 162,9 %, 1895 stieg er von Februar bis Juni um 165,3 %. In Berlin gelang es 1891 der Hausse-Partei, den Roggenpreis von 180 auf 255 Mk. zu treiben, worauf er im Jahre 1892 wieder auf 130 Mk. sank. In den Jahren 1879/80 schwankte der Roggenpreis an der Berliner Börse zwischen 120—216 Mk., 1881/82 zwischen 216 und 134 Mk. Im Jahre 1895 gelang es einigen Baissiers, den Roggenpreis derart zu werfen, daß Roggen an der Berliner Börse pro Tonne in der Zeit von Juni bis November niedriger notierte: um 34 Mk. gegen München, um 29 Mk. gegen Wien, um 28 Mk. gegen Pest, um 16 Mk. gegen Paris, um 11 Mk. gegen Lübeck, um 10 Mk. gegen Stettin, um 8 Mk. gegen Amsterdam, im Durchschnitt um 19 Mk. gegenüber dem Weltmarktpreis.

Derartige, auf einen Sieg bald der Hausse-, bald der Baissepartei hindeutende erhebliche Preisschwankungen passen, wie bemerkt, nicht ganz in den Rahmen der Theorie der preisausgleichenden Wirkung der Terminmärkte. Sie sind zwar, wie zugegeben werden kann, nicht notwendige, aber sie sind erfahrungsgemäß nicht seltene Begleiterscheinungen der Terminbörse von dem Augenblick an, wo infolge des Vorhandenseins zahlreicher spekulierender Elemente der Terminhandel zu einem Differenzspiel auszuarten beginnt. Und die starke Ableukung der jeweiligen Preise von der Linie einer mittleren Preisbewegung wird namentlich dann eintreten müssen, wenn an dem Terminmarkt nicht mehr der jeweilige effektive Vorrat an einer Ware und der effektive Bedarf nach einer Ware, sondern wenn das Angebot von und wenn die Nachfrage nach rein imaginären Vorräten die für die Preisbewegung maßgebenden Faktoren zu bilden beginnen. Diese Erscheinung ist aber im Verlauf der Entwicklung der Terminmärkte regelmäßig zu beobachten. Denn da die Gewinnste aus dem Differenzspiel um so größer sind, auf je größere Posten die Engagements lauten, so wird der zum Differenzbörsenspiel ausartende Terminhandel Anlaß einer von den wirklichen Vorrats- und Bedarfsverhältnissen gänzlich absehenden, also in rein imaginären Warenmengen (Papierweizen, Papierroggen!) sich bewegenden Geschäftsspekulation. Nicht der Vorrat und nicht der Bedarf an einer bestimmten Getreidegattung bildet deshalb in diesem Stadium der Ausartung die Grenze des Termingeschäfts, sondern ausschließlich die Kapitalkraft oder der Kredit der Kontrahenten: daher denn, wie ein Schriftsteller sich ausdrückt, „das eigenste Wesen des Terminhandels heute darin besteht, daß es in jedem Augenblick fast ungemessene Angebote oder Nachfragen aus einem Nichts hervorzaubert, eine Ungemessenheit, die ihre Beschränkung einzig in dem Kapital oder dem Kredit findet, die zur eventuellen Zahlung der Differenzen zur Verfügung stehen". Je kapitalkräftiger oder je kreditfähiger also der eine der Kontrahenten ist, um so leichter wird es ihm werden, die von ihm erhoffte Preisbildung zu erzwingen. So konnte es kommen, daß an den Getreidebörsen in Berlin, Wien und New-York an Papierweizen und Papierroggen jahrweise Mengen im Terminhandel umgesetzt wurden, die das Vielfache der ganzen Jahresernte der Erde betragen; daß der Umsatz im Kaffeeterminhandel in Hamburg, Havre und Antwerpen 1888 über 33,5 Millionen Sack Santoskaffee betrug, während sich die wirkliche Ernte nur auf 3,5 Millionen Säcke belief; daß, wie ein nordamerikanisches Blatt gelegentlich schrieb, zwei dortige bekannte Getreide-Baissespekulanten zur jeweiligen Menge der sichtbaren Getreidevorräte eine Zugabe von 15 Millionen Bushel bilden, und daß das Ergebnis der Preisbewegung nicht zweifelhaft sein könne, wenn ein fiktives Angebot in dieser Höhe fortgesetzt auf dem Markt laste und zahlreiche weitere Getreide-Baissiers in ähnlicher Richtung thätig seien. Es steht wohl ganz besonders im Zusammenhang mit dieser künstlichen Beeinflussung der Preise durch Scheinumsätze, wenn der Terminhandel nicht nur in den Kreisen der unmittelbar und mittelbar beteiligten Geschäftswelt, sondern auch in wissenschaftlichen Kreisen mehrfach einer abfälligen Beurteilung begegnet ist und wenn selbst ein freisinniger Volkswirt, wie W. Roscher, im Zusammenhang mit dem Termin- und Differenzgeschäft von einer „Wolke von Schwindelei, die die reellen Handelsgeschäfte umhülle", sprechen zu müssen glaubte.

§ 48. Die Marktpreisbildung und die Börse: der Getreideterminhandel. 271

4. Die Meinung landwirtschaftlicher Kreise, daß der Terminhandel regelmäßig zu einer Verbilligung der Warenpreise führe, und daß die Senkung der Getreidepreise ausschließlich oder doch vorwiegend mit den Vorgängen an der Terminbörse zusammenhänge, ist in beiden Richtungen, in solcher Allgemeinheit ausgesprochen, sicher eine unhaltbare. An jeder Terminbörse sind bald aufwärts-, bald abwärtsgehende Preisschwankungen, entsprechend der Kampfstellung der sich gegenüberstehenden Personen (der Hausse- und Baisse-Partei) zu beobachten und das tiefe Heruntergehen der Getreidepreise ist in erster und hauptsächlichster Reihe auf eine thatsächliche Überproduktion und auf das starke Weichen der Schiffsfrachten zwischen den überseeischen Produktionsgebieten und dem europäischen Festland zurückzuführen (S. 205 ff.). Jene Behauptung einer durchweg preisermäßigenden Wirkung des Terminhandels findet auch in der Kursbewegung der Effektenbörse, welche die Erscheinungen des Termingeschäftes vielleicht am meisten und augenfälligsten wiederspiegelt, keinerlei Stütze, denn aufwärts- und abwärtsgehende Kurse lösen sich hier in ziemlich regelmäßiger Folge ab. An jener Behauptung einer preisermäßigenden Wirkung des Terminhandels ist nur soviel richtig, daß in Zeiten, in denen eine Ware in einer den Bedarf jederzeit schlank deckenden oder gar diesen Bedarf überschreitenden Weise erzeugt wird, die Durchführung von Baissespekulationen sehr viel größere Aussichten auf Erfolg haben wird, als die Spekulation in entgegengesetzter Richtung, aus dem einfachen Grunde, weil dem Baissier die beliebige Heranschaffung von Ware auf den Terminmarkt in solchen Zeiten regelmäßig keine oder nur geringe Schwierigkeiten bereiten wird. Aus eben diesem Grunde ist in solchen Zeitläuften und bei solcher Lage des Warenmarktes die Lage der Haussiers eine erschwerte und risikoreichere, weil diese alle Ware annehmen müßten, die die Baissiers herbeizuschaffen in der Lage sind. Nicht aus dem Bestehen eines Terminmarktes an sich, sondern aus den augenblicklichen thatsächlichen Produktionsverhältnissen in Getreide erklärt es sich, daß seit Jahren auf dem Getreideterminmarkt die Gewinnchancen für die Baissiers sehr viel, günstiger als für die Haussiers sind, und es hat daher seinen guten Grund, wenn in der Börsenenquete mehrfach hervorgehoben wurde, daß der Berliner Getreideterminmarkt recht eigentlich „auf die Baisse zugeschnitten gewesen sei". Das Bezeichnende des Terminhandels in Getreide liegt also nicht darin, daß er jederzeit den Preis der Ware wirft — bei veränderten Verhältnissen des europäischen Getreidemarktes kann die jetzige Baisse-Tendenz sehr wohl in eine stark umgekehrte Richtung umschlagen —, sondern darin, daß die in den jeweiligen besonderen Weltproduktionsverhältnissen des Getreides liegende Tendenz zu einer Senkung des Preisniveaus durch den gerade in solchen Fällen erfolgreich à la Baisse spekulierenden Terminhandel leicht eine Verstärkung

erfährt. Diese Thatsache ist festzuhalten; denn sie zeigt, daß die schützende Wirkung der Getreidezölle beim Bestehen des Getreideterminhandels gerade in solchen Zeitläuften möglicherweise lahmgelegt werden kann, in denen die volle Schutzwirkung besonders dringlich zu wünschen ist. Eine preisverbilligende Wirkung wird der Getreideterminhandel ferner dann haben, wenn im Sinne der obigen Ausführungen die thatsächlichen Anforderungen an die Qualität der Terminware hinter der börsenmäßig festgestellten Lieferungsqualität zurückbleiben, weil eben „schlechte Ware nicht nur die Preise für schlechte, sondern auch für gute Ware herabdrückt". Es ist eben wohl zu beachten, daß die Zwecke der Importe der Getreideterminhändler einer-, derjenigen des Effektiv-Getreidehandels andererseits häufig keineswegs zusammenfallen. Letzterer bezweckt mit seinen Importen die Versorgung des Inlands mit Früchten, die das Mühlengewerbe und in letzter Linie der Konsum erheischt: die Importe des Effektivgetreidehandels müssen also Qualitätsware und jedenfalls der Verwendung im Mühlen- und später im Bäckergewerbe zugänglich sein. Anders beim Getreideterminhandel: denn ihm dienen die Importe vielfach lediglich oder vorwiegend zur Durchführung von Spekulationszwecken, um in bestimmter Weise auf die Preise einzuwirken: hierbei kommt es aber nicht sowohl auf die Qualität der eingeführten Frucht, sondern mehr darauf an, die Früchte in solchen Mengen heranzuziehen, daß die beabsichtigte Wirkung auf die Preise eintritt. Die thatsächlichen Zufuhren können sich freilich behufs Herbeiführung solcher Wirkungen manchmal innerhalb sehr mäßiger Grenzen bewegen, und häufig muß dasselbe Getreidequantum mehrfachen Termingeschäften als Unterlage dienen. Man kann daher Getreideterminhändler sein und doch über sehr wenige Getreidelagerräume verfügen, während der Effektivgetreidehandel umgekehrt nur im Besitz großer Lagerräume seiner Aufgabe der Verteilung der bezogenen Getreidevorräte in die Bedarfsgebiete gerecht werden kann. Man denke an die riesigen Getreidelagereinrichtungen in Mannheim und anderen rheinischen Plätzen und die auffällige Kärglichkeit, mit der der Berliner Platz mit solchen Einrichtungen ausgestattet ist. Papierweizen und Papierroggen, sagt ein Schriftsteller, braucht man eben nicht zu lagern, sondern an den Getreideterminmärkten lagert ein nicht unbeträchtlicher Teil des gehandelten Getreides in Form von „Schlußnoten" in den Kassenschränken der Terminhändler.

Vom Standpunkt Jener aus, welche grundsätzliche Gegner landwirtschaftlicher Schutzzölle sind und die selbst in der denkbar größten Verbilligung des Getreides eine überwiegend wohlthätige Preisentwicklung erblicken, wird man natürlich geneigt sein, dem Getreideterminhandel, weil er unter Umständen die schützende und preishebende Wirkung der Zölle zu durchkreuzen vermag, die Funktion eines besonders wertvollen Handelsinstruments zuzuweisen, und man wird seiner Aufhebung mit aus diesem Grund widerstreben; wogegen eine Auffassung,

§ 48. Die Marktpreisbildung und die Börse; der Getreideterminhandel. 273

die für jetzt und wohl noch für geraume Zeit die Getreidezölle für eine Notwendigkeit erkennt, umgekehrt zu einer dem Getreideterminhandel minder günstigen Schlußfolgerung hinleiten muß.

5. Bei der thatsächlich nicht sehr ausgedehnten Inanspruchnahme des Berliner Terminmarkts vonseiten der nicht in Berlin ansässigen Firmen der Handels- und der Mühlenbranche kann man jedenfalls von einem durch die Aufhebung des Getreideterminhandels bedrohten gemeinsamen Interesse der Getreidehandels- und der Mühlenbranche nicht sprechen, und wer dies gleichwohl thut, befindet sich mit der Wirklichkeit nicht im Einklang. Wohl aber ist es ganz begreiflich, daß alle vom Getreideterminhandel der Berliner Börse berührten Kreise dessen Aufhebung heftig widerstrebten und nachdrücklich dessen Wiedereinführung anstreben werden. Zu diesen Interessentenkreis gehören vor allem die in und außerhalb von Berlin ansässigen Getreidehandels- und Mühlenfirmen, welche den Terminmarkt seither in ganz legitimer Weise als Assekuranzanstalt im Sinne der früheren Ausführungen benutzt haben; hierher zählen weiter die eigentlichen Terminspekulanten, die in dem Differenzgeschäft als solchem eine Erwerbsquelle gefunden haben; ferner der Kreis der Außenstehenden (outsiders), aus verschiedensten Kreisen des Kapitalistenpublikums sich zusammensetzend, die an der Börse (im Effekten- und Warenterminhandelsgeschäft) zu spielen pflegen, freilich häufig genug den Kürzern ziehen; endlich und nicht zum geringsten Teil das anderweiter lohnender Verwendung augenblicklich harrende, also für die Abwicklung von Termingeschäften disponible Kapital von Banken und Großkapitalisten. Wie man einer neuerlichen, auf die Börsenenquete sich stützenden Veröffentlichung über den Terminhandel entnehmen kann, ist diese Beteiligung des Großkapitals an den verschiedensten Formen des Terminhandels jahrweise eine außerordentlich starke. So namentlich am Spiritusterminmarkt; was innerhalb der ersten 4—5 Monate der Brennereikampagne an Rohspiritusmengen erzeugt wird, pflegt durch Vermittelung der Kommissionäre von Banken und Kapitalisten aufgekauft, eingelagert und auf spätere Termine verkauft zu werden. Ähnlich auf dem Zuckermarkt. Hier wie dort dient der Terminmarkt zur Anlage flüssiger Gelder; die Differenz zwischen dem Preis während der Kampagne und dem Preis des späteren Termins, der sogenannte Report, bildet den Preis, den das in Zucker vorübergehend angelegte Kapital abwirft. Am Getreideterminmarkt beteiligt sich das Kapital in umfangreicher Weise durch Gewährung von Kredit an die im Terminhandel unmittelbar thätigen Kreise; dadurch wird den Terminhändlern möglich gemacht, ihre Spekulationen in einer ihre eigenen Mittel weit übersteigenden Weise durchzuführen. Erfolgt die Kreditgewährung an Baissiers, so leistet das Kapital der von den Baissiers erstrebten Preisbewegung mittelbar Vorschub.

Buchenberger. 18

Ein Interesse an der Aufrechterhaltung eines Terminmarktes hat nicht in letzter Linie die Berliner Börse selber. Überall wo der Terminhandel an einer Börse aufkam, hat dies zur Folge gehabt, daß der betreffende Börsenplatz einen großen Teil des Provinzialgeschäftes an sich gezogen hat; man kann den Terminmarkt hinsichtlich dieser seiner Anziehungskraft etwa mit einem Magnet vergleichen, dessen Einwirkung auch weitabliegende Märkte sich nicht entziehen können. Vom Hamburger Kaffeemarkt ist bekannt, daß erst von der Zeit der Einführung des Kaffeeterminsgeschäfts ab das Kaffeeimportgeschäft mehr und mehr am dortigen Platz monopolisiert worden ist und andere norddeutsche Plätze in ihrer Bedeutung als Kaffeeimportmärkte sehr zurückgegangen sind. So ist es auch mit dem Getreideterminmarkt; zu seinen Gunsten büßen andere Produktenmärkte leicht an Bedeutung und Wichtigkeit ein. So bestehen z. B. neben Berlin zwar auch Terminmärkte in Stettin und Danzig, aber die an diesen letzteren Plätzen abgeschlossenen Termingeschäfte gehen zu Gunsten des Berliner Platzes Jahr für Jahr zurück. Man kann daher wohl sagen, daß die dominierende Stellung der Berliner Produktenbörse im mittel- und norddeutschen Getreideverkehr wesentlich mit auf Rechnung seines großen Terminmarktes zu setzen ist.

Interessiert an der Aufrechterhaltung des Getreideterminhandels ist also nicht, wie Fernerstehende meinen könnten, das gesamte Getreidehandels- und das Mühlengeschäft, sondern nur jener kleinere Bruchteil des Getreidegroßhandels und der großen Mühlenbetriebe, der den Terminmarkt für seine Geschäftsabschlüsse zur Eindeckung, d. h. als Assekuranzanstalt gegen die wechselnden Chancen der Preisbewegung thatsächlich benutzt hat; nicht interessiert ist das landwirtschaftliche Gewerbe, für das wohl das Bestehen einer oder einer Anzahl großer Produktenbörsen von Wichtigkeit ist, nicht aber das Bestehen von Terminmärkten, deren Einwirkung auf die Preise mindestens in der Gegenwart häufig eine den Interessen der Getreideproduzenten abträgliche sein kann; wesentlich interessiert sind eine Anzahl spekulativ-kapitalistischer Interessen, vertreten teils durch die außerhalb des Kreises des eigentlichen Getreidehandels stehenden Terminspekulanten, teils durch das nach lohnender und zugleich leidlich sicherer Anlage suchende Großkapital.

In der Börsenenquete war man seitens der überwiegenden Anzahl aller vernommenen Sachverständigen der Meinung, daß im Termingeschäft, sowohl im Effekten- wie im Warengeschäft, Mißstände und Ausschreitungen in nicht geringer Zahl seit Jahren zu beobachten sind; man glaubte aber durch eine Reform der Börse an Haupt und Gliedern diesen Ausschreitungen begegnen oder sie doch auf ein erträgliches Maß herabsetzen zu können und gelangte daher nicht zum Vorschlag der Aufhebung der Termingeschäfte. Der dem Reichstag vorgelegte Gesetzentwurf über die Börsenreform stellte sich auf denselben Standpunkt;

§ 48. Die Marktpreisbildung und die Börse; der Getreideterminhandel.

der Reichstag seinerseits aber, von der Ansicht geleitet, daß mindestens betreffs des Getreideterminhandels die Nachteile die Vorteile überwiegen und daß wirksame Mittel, Entartungen und Ausschreitungen des Getreideterminhandels hintanzuhalten, nicht auffindbar seien, sprach sich, wie oben bereits bemerkt, mit großer Mehrheit für ein bündiges Verbot aus, und es hat dieses Verbot danach in dem Börsengesetz vom 22. Juni 1896 Aufnahme und ein langjähriges Verlangen landwirtschaftlicher Kreise damit seine Erfüllung gefunden.

Die **Wirkungen** des Verbots von börsenmäßigen Getreidetermingeschäften werden sich erst nach längerer Zeit feststellen lassen. **Jedenfalls** würde es voreilig sein, die Thatsache, daß die Berliner Getreidehandelsfirmen alsbald nach Verkündigung des Börsengesetzes den Verkehr an der Produktenbörse gänzlich eingestellt haben, amtliche Preisnotierungen über den Getreideverkehr an dem Berliner Platz seitdem nicht mehr erscheinen und infolge hiervon der Produktenhandel in Preußen und den angrenzenden Gebietsteilen einem Zustand gewisser Unsicherheit verfallen ist, zu der Schlußfolgerung zu verwerten, daß das Börsengesetz durch jenes Verbot einesteils lediglich zerstörend gewirkt, anderenteils den Getreideproduzenten nichts genützt, sondern geschadet hat. An einem durch Lage, Eisenbahn- und Schiffahrtsverbindungen von jeher recht eigentlich zum Centrum des Getreidehandels bestimmten Platz wie **Berlin** kann das **Wiedererstehen einer Getreidebörse nur eine Frage der Zeit sein**. Auch braucht die Bedeutung des Berliner Platzes für den Getreidehandel Nord- und Mitteldeutschlands durch den Wegfall des Terminmarktes nicht notwendig zusammenzuschrumpfen; es bedarf nur eines Hinweises auf den nach Berlin bedeutendsten Getreidehandelsplatz Deutschlands, Mannheim. Der Platz Mannheim hat nie einen Getreideterminmarkt besessen und trotzdem eine achtunggebietende, den ganzen Getreideverkehr Süd- und Südwestdeutschlands einschließlich der Schweiz beherrschende Stellung sich erobert. Dabei war die Beteiligung Mannheimer Getreidehandelsfirmen an Termingeschäften der Berliner Börse jederzeit eine geringe und gerade seitens der größten Firmen soll der Terminmarkt grundsätzlich gemieden worden sein. **Das Vorhandensein eines Terminmarkts ist also nicht die unentbehrliche Voraussetzung für die blühende Entwicklung eines Getreidegroßhandels**, wofür gerade die Geschichte des Mannheimer Getreidehandels das beweiskräftigste Zeugnis ablegt. Auch in London und Antwerpen besteht ein großes Getreidehandelsgeschäft ohne das Vorhandensein eines Terminmarktes.

Daß die hier vertretenen Anschauungen auch in Kreisen des Handels geteilt werden, ist den Ausführungen einer Handelskammer im Königreich Sachsen in deren Jahresbericht für 1896 zu entnehmen, wo es wörtlich heißt: „Das Präsidium wies schon früher darauf hin, daß die Gründe für Beibehaltung des Börsentermingeschäfts meist nur für das durch Verbor nicht getroffene effektive Lieferungsgeschäft in Getreide zutreffend sind, ein börsenmäßiges Termingeschäft in nennenswertem Umfange aber nur in Berlin, und auch dort nicht in Gerste, dem großen Bedarfsartikel der Brauereien, besteht, der größte Teil der Geschäfte aber spekulative Scheingeschäfte sind, die in keinem Zusammenhang mit dem natürlichen Angebot und der Bedarfsnachfrage stehen, jedoch künstliche Preisverschiebungen herbeiführen und den Händler und Müller zum Börsenspiel veranlassen, obwohl die Börsenware oft gar nicht den Anforderungen des Müllers an die Qualität entspricht. Da sich das Scheingeschäft vom börsenmäßigen effektiven Lieferungsgeschäft aber nicht unterscheiden läßt, so bleibt, da die Nachteile des Scheingeschäfts sehr groß sind, nur übrig, das Börsentermingeschäft in Getreide überhaupt zu verbieten, was um so unbedenklicher geschehen kann, als durch ein derartiges Verbot das solide effektive Lieferungsgeschäft in keiner Weise gehindert wird und das Verbot voraussichtlich zur Gesundung des Lokalgeschäfts erheblich beitragen würde."

Die Wiederkehr normaler Verhältnisse an dem Berliner Platz und an anderen Getreidebörsen in Mittel- und Norddeutschland — im Süden und Westen hat man sich seitens der Getreidebörsen mit den Bestimmungen des neuen Börsengesetzes abgefunden — wird um so rascher sich vollziehen, je mehr die landwirtschaftlichen Kreise selber es vermeiden, durch Aufstellung immer neuer Begehren „Öl ins Feuer zu gießen". Die seit Erlassung des Börsengesetzes gemachten Erfahrungen dürften die landwirtschaftlichen Kreise hinreichend darüber unterrichtet haben, daß die Getreideproduktion und zwar gerade auch in den eigentlichen Kornkammern Deutschlands und in den Gegenden des größeren Grundbesitzes der Dienste des Getreidegroßhandels und der Funktionen von Produktenbörsen als Centren des Getreide-Ein- und Verkaufs und als Instrumente normaler und maßgebender Preisbildung schlechthin nicht entbehren kann. Bis die „Association des Kornangebots" und bis die „Kornsilos" den Verkauf der deutschen Getreideernte in die Wege geleitet haben werden, wird noch manches Jahr vergehen. Es wäre daher nicht mehr als klug, wenn die ausgesprochene Kampfstellung, in der sich in einem Teil von Deutschland der Grundbesitz zu dem Getreidegroßhandel gestellt hat, zu einer ruhigeren Beurteilung der Dinge einlenken wollte. Auch dürfte davon abzusehen sein, kaum daß das Börsengesetz, das doch in allen wesentlichen Hinsichten den Wünschen landwirtschaftlicher Kreise entsprochen hat, erlassen ist, in Bezug auf den Getreidehandel neue, zudem schwer erfüllbare und daher des Zwecks entbehrende Begehren zu erheben. Zu Forderungen dieser Art zählt es beispielsweise, wenn das Vorhandensein der an der Börse fortan ja allein noch zulässigen Geschäfte in effektiver Ware von dem Nachweis abhängig gemacht werden will, daß der Ver-

täufer im Augenblick des Abschlusses bereits das Verfügungsrecht über das dem Abschlusse zu Grunde liegende Getreide
oder Mühlenfabrikat besitzt oder daß er den Ort der Lagerung des
zu verkaufenden Getreides ꝛc. nachzuweisen habe, oder daß ein zur Lieferung von Getreide oder Mehl sich verpflichtender Landwirt oder Müller
über höhere Mengen nicht abschließen dürfe, als er nach Größe seines
Betriebs innerhalb der bedungenen Lieferfrist thatsächlich zu liefern imstande ist. Solche Beschränkungen in den sog. Anschaffungsge-
schäften sind praktisch weder durchführbar noch vereinbarlich mit dem
Wesen des Getreidehandels und der freien Beweglichkeit, deren vor allem
der internationale Getreidehandel bedarf, wenn er seiner Aufgabe der ausreichenden und raschen Versorgung des heimischen Bedarfs gerecht werden
soll; aber auch ohne jeden Nutzen für die landwirtschaftlichen Interessenten,
da, wie in einer Sitzung des Börsenausschusses vom Jahr 1896 richtig
betont wurde, der Forderung des Besitzes während der ganzen Zeit bis
zur Erfüllung der Lieferung durch Schiebungen der betreffenden Getreide-
Quantitäten von Hand zu Hand leicht genügt werden könnte.

§ 49. Die Marktpreisbildung landwirtschaftlicher Erzeugnisse und der Zwischenhandel; Möglichkeit seiner Zurückdrängung.

Im Kampf um die Marktpreisbildung, und zwar nicht bloß des
Getreides, sondern aller landwirtschaftlichen Erzeugnisse, spielt die Frage,
ob der Produzent thunlichst auf direktestem Wege sein Erzeugnis in die
Hand des Großhandels oder des letzten Konsumenten bringt, oder aber
ob er sich dazu bestimmter Zwischenglieder als Vermittler der Kaufs-
operation — Makler, Agenten, Kleinhändler ꝛc. — bedienen muß, eine
erhebliche Rolle. Denn da diese Personen des Zwischenhandels für ihre
vermittelnde Handelsthätigkeit eine Vergütung zu beanspruchen haben, so
mindert sich der Verkaufspreis, den der Produzent nach der Marktlage
zu erhalten Aussicht hat, um so mehr, eine je größere Anzahl vermitteln-
der Zwischenglieder die Ware bis zur Überführung in den Konsum zu durch-
laufen hat. Auf Zurückdrängung des Zwischenhandels, ja auf
völlige Beseitigung desselben, um den Produzenten die volle Gunst der
Marktlage ausnutzen lassen zu können, wird deshalb in landwirtschaftlichen
Kreisen seit langer Zeit mit besonderem Nachdruck hinzuarbeiten versucht.
Dies auch aus dem weiteren Grunde, weil der untersten Stufe des
Zwischenhandels im Ankauf landwirtschaftlicher Erzeugnisse und Tiere —
Makler, Agenten, Viehhändler — nicht selten anrüchige, unzuverlässige,
wenig skrupulöse Leute angehören, weil infolge dessen Übervorteilungen
und Betrügereien bei diesen Kaufsgeschäften ziemlich häufig vorkommen
und die Beziehungen, zu denen diese Geschäfte Veranlassung geben,
hinterher vielfach zur Einleitung wucherischer Operationen die Handhabe bieten.

Den Bestrebungen, soweit sie auf Zurückdrängung eines entbehrlichen Zwischenhandels gerichtet sind, wird mit Recht auch seitens der staatlichen Landwirtschaftspflege Förderung und Unterstützung zu teil, und es fehlt nicht an bemerkenswerten und schönen Erfolgen auf diesem Gebiete, sei es, daß landwirtschaftliche Konsumvereine ihre zunächst auf den Einkauf landwirtschaftlicher Bedarfsartikel gerichtete Thätigkeit auch dem genossenschaftlichen Verkauf einzelner Erzeugnisse (Milch, Kartoffeln, Hafer, Stroh ꝛc.) zugewendet haben, sei es, daß für die gewinnbringende Zumarktebringung bestimmter Erzeugnisse besondere Genossenschaftsbildungen entstanden sind, wie Molkerei-, Winzer-Genossenschaften, Absatz-Genossenschaften für Zuchtvieh. In neuerer Zeit haben sich namentlich bezüglich des Getreides diese Bestrebungen in mannigfachster Weise Geltung verschafft, wobei an das auf Seite 239 ff. Ausgeführte erinnert sein mag.

Eine unbefangene Betrachtung der Dinge wird sich indessen auch auf diesem Gebiete hüten, das Kind mit dem Bade auszuschütten, und sich jedenfalls hüten, dem gesamten Zwischenhandel mit seiner weitverzweigten Organisation den Krieg zu erklären, bevor es gelungen ist, etwas Besseres, Vollkommneres an dessen Stelle zu setzen. Gerade auf dem Gebiet der, eine Zurückdrängung des Zwischenhandels bezweckenden genossenschaftlichen Veranstaltungen werden die Früchte stets nur langsam reifen. Aber auch innere Gründe sprechen dagegen, den Zwischenhandel in Bausch und Bogen zu verwerfen; denn nicht jede Art des Handels als vermittelndes Glied zwischen Produktion und Konsumtion ist eine Schmarotzerpflanze im Sinn extrem-agrarischer Betrachtungsweise, kann vielmehr zeitweise und gegendenweise sehr wohl nützlich, ja bis zu einem gewissen Grad unentbehrlich erscheinen, so daß dessen plötzliche Beseitigung nicht anders als nachteilig auf das landwirtschaftliche Gewerbe einwirken müßte. Man darf eben auch hier nicht von Schlagwörtern sich leiten lassen, und es wird darnach die Stellung zu der Frage des Zwischenhandels bei genauer Abwägung der thatsächlichen Verhältnisse je nach dem eine verschiedene sein können, wie sich dies aus den folgenden Betrachtungen ergiebt:

Eine relative Unentbehrlichkeit des Zwischenhandels ist insbesondere da anzuerkennen, wo ein landwirtschaftliches Produkt eine Art Veredelungsprozeß durchzumachen hat, ehe es marktfähig wird, und wo dieser Umformungsprozeß des Produkts besondere technische Kenntnisse oder den Besitz großer Kapitalien voraussetzt, eben deshalb auch mehr oder weniger risikoreich sich gestaltet. Dies trifft z. B. beim Wein zu, aber auch beim Tabak, bei welchen Produkten sich die Arbeitsteilung gemeinhin in der Weise vollzieht, daß der Winzer den Most an den Weinhändler, der Tabakpflanzer den getrockneten Tabak an den Tabakhändler weitergiebt, und nun erst in den Händen der Letzteren der Wein jene mehrjährigen Prozesse des Gärens, Nachgärens und Abfüllens, der

§ 49. Die Marktpreisbildung landw. Erzeugnisse und der Zwischenhandel.

Tabak jene wiederholten Fermentationsprozesse durchmacht, nach deren glücklicher Beendigung der Übergang des Weins in die Hand des Konsumenten, des Tabaks in die Hand des Fabrikanten sich vollziehen kann. Es liegt freilich nahe, auch in solchen Fällen die Genossenschaftsthätigkeit an Stelle der vermittelnden Handelsthätigkeit treten zu lassen. Wenn dies bis jetzt nur sehr ausnahmsweise geschehen ist, wobei an die vereinzelten Winzergenossenschaften im Ahrthal und in der Moselgegend, in Württemberg, Baden und im Rheingau erinnert sein mag, so liegt der Grund offenbar darin, daß in bäuerlichen Kreisen nicht überall die zur Leitung solcher Unternehmungen befähigten, mit den erforderlichen technischen und kaufmännischen Eigenschaften ausgestatteten Persönlichkeiten anzutreffen sind, daß die Aufspeicherung, Einkellerung, weitere Bearbeitung und endliche Verschleißung des Produkts die Investierung großer Kapitalien erfordert und bei der Übernahme eines solchen komplizierten Geschäftes ebenso gut Hunderttausende für die Mitglieder verloren gehen wie gewonnen werden können; endlich, daß die Zuweisung der Erlösanteile um so mehr ein Zankapfel in der Genossenschaft werden kann, je größere Qualitätsunterschiede bei einem Produkt infolge der Verschiedenheit der Böden, der Anbauweise, der Ernte ꝛc. vorkommen, wie dies wiederum gerade bei Wein und den meisten Handelsgewächsen der Fall zu sein pflegt.

Wo ferner, wie in großen Teilen Deutschlands der Fall, der kleine und mittelbäuerliche Betrieb vorherrscht, der nur verhältnismäßig kleine Mengen verkaufsfähiger Waren produziert, hat seither der Zwischenhandel die an und für sich volkswirtschaftlich nützliche Funktion geübt, diese kleinen und kleinsten Mengen von Getreide, Kartoffeln, Obst bei den einzelnen Wirten zusammenzukaufen, sie zu sortieren und zu großen Posten gleichmäßiger Qualität vereinigt in den Großhandel überzuführen. Man muß dabei wohl beachten, daß eine Aufsuchung von Märkten durch die Landwirte doch nur da, wo das Verkaufsprodukt einen im Verhältnis zu den Kosten des Marktbesuchs entsprechend hohen Wert hat, sich lohnt (z. B. beim Absatz des Viehs), daß aber, wo Menge und Verkaufswert gering ist, leicht aller Produktionsgewinn durch die Kosten des Marktbesuchs aufgesogen wird, woraus sich ja auch die zunehmende Verödung vieler städtischer Getreideschrannen erklärt. Vielfach kranken gewisse Produktionszweige überhaupt sehr viel weniger daran, daß der Gewinn der Produzenten durch einen schmarotzenden Zwischenhandel verkümmert wird, als daran, daß ein kaufmännisch organisierter Zwischenhandel überhaupt noch gar nicht besteht oder doch noch in den Windeln liegt. In Amerika z. B. ist die gewaltige Obstproduktion doch nur deshalb so rasch erstarkt, weil sie an einem in großem Stil organisierten Zwischenhandel, der immer neue Absatzwege mit kaufmännischer Findigkeit zu erschließen verstand, den denkbar sichersten Rückhalt gefunden hat; mochten immerhin alle Jahre Hunderttausende von Zentnern Obst mehr produziert werden, der amerikanische Obsthandel nahm sie jederzeit willig auf und sorgte für deren rasche Unterbringung. So konnte es kommen, daß seit Jahren amerikanisches Obst alle europäischen (auch die deutschen) Märkte überflutet, während man hier zu Lande in obstreichen Jahren nicht weiß, wohin mit dem Segen.

Die Frage kann also nicht die sein, den Zwischenhandel alsbald gänzlich zu verdrängen und den Absatz bis in die Kreise der Konsumtion hinein für alle Produkte der Landwirtschaft genossenschaftlich zu organisieren, sondern das Hauptaugenmerk ist auf die Beseitigung der Auswüchse des Zwischenhandels zu richten, also insbesondere darnach zu streben, den Produzenten unabhängiger von dem unzuverlässigen Makler- und Agentenwesen zu stellen. Und die genossenschaftliche Vereinigung der Landwirte ist ein sehr geeignetes Mittel hierzu, indem sie ermöglicht, daß nicht mehr der einzelne Wirt als solcher, sondern die organisierte Vereinigung von Wirten als Verkäufer von Produkten dem Handel gegenübertritt, dadurch aber dem Produzenten eine sehr viel ebenbürtigere Stellung auf dem Markt und die Erzielung günstigerer Preise sichert. Bei dieser Art von Association des Angebots können wohl auch bestimmte Glieder des Handels ganz ausgeschaltet, auch der schwerfällige Einzelverkehr des Produzenten mit dem Konsumenten vermieden werden, wobei wieder an die Thätigkeit der Molkereigenossenschaften erinnert sein mag, bei denen der Absatz der Produkte (Butter und Käse) nicht an die Einzelkonsumenten als Regel, sondern an zuverlässige Handelsfirmen erfolgt und die eben dadurch vieler Mühe und Umständlichkeiten, aber auch der Gefahr mancher Verluste enthoben sind. In ähnlicher Weise können örtliche Genossenschaften der Sammlung, Sortierung, sowie der Verpackung von Obst, Gemüse, von Erzeugnissen des Geflügelstalls, je nach dem auch von Getreide, Kartoffeln, Handelspflanzen ɛc. sich unterziehen, um diese Erzeugnisse an größere Handelsfirmen abzusetzen. Dagegen sollte an die spekulative Magazinierung dieser Produkte (Kornhäuser) oder gar an die Verarbeitung und Umformung dieser Produkte (Errichtung von Mühlen zum Mahlen des Getreides, von Keltereien zur Herstellung von Wein, Herstellung von Fermentationsräumen für Tabak, von Darranstalten für Hopfen und für Gerste, Errichtung von Schlächtereien für Verwertung von Schlachtvieh ɛc.) unter allen Umständen mit größter Vorsicht und nur dann herangetreten werden, wenn die Mitglieder in der Lage sind, den größten Teil der erforderlichen Kapitalien aus eigenen Mitteln — nicht etwa im Wege der Schuldaufnahme — aufzubringen und wenn die ausreichende Qualität der zu gewinnenden Geschäftsleitung in technischer und kaufmännischer Hinsicht außer allem Zweifel steht. Andernfalls wären Mißerfolge, wie sie beispielsweise bei den Schlächtereigenossenschaften zu Tage getreten sind, damit aber auch eine weitgehende Diskreditierung der Genossenschaftsbewegung, unausbleiblich. Eine wesentliche Verstärkung ihrer Position können die Absatzgenossenschaften sich übrigens auch dadurch verschaffen,

§ 49. Möglichkeit der Zurückdrängung des Zwischenhandels.

daß sie gleichzeitig große leistungsfähige Abnehmer ihrer Produkte außerhalb der Kreise des Handels zu gewinnen sich bemühen, z. B. städtische Lebensbedürfnisvereine, Garnisonsanstalten ꝛc., und die in Deutschland seit Jahren in wachsendem Maße zu Tage getretene Bereitwilligkeit der militärischen Verwaltungsbehörden sowie der erwähnten Vereine, direkte Vertragsabschlüsse mit ländlichen Verkaufsgenossenschaften, ja selbst mit einzelnen Landwirten über Lieferung von Hafer, Stroh, Butter, Konserven ꝛc. herbeizuführen, ist im Interesse der Anbahnung gesunder Absatzbeziehungen auf das Lebhafteste zu begrüßen.

Am leichtesten dürfte bei gutem Willen der Beteiligten die Zurückdrängung des Zwischenhandels auf dem Gebiet des Viehhandels gelingen, und sie sollte um so mehr gerade hier angestrebt werden, als der Viehhandel, wie wiederholt betont, dem Wucher in den Landgemeinden am meisten in die Hand arbeitet und weil er nebstdem auch vom Standpunkt der Viehzuchttechnik und der Veterinärpolizei aus sich lästig und nachteilig erweist. Als Mittel zur Erreichung dieses Zweckes dienen die zahlreichen Viehmarktveranstaltungen jeder Art, indirekt auch die verschiedenen, im Interesse der Veterinärpolizei erlassenen Verordnungen, welche den Hausierhandel mit Vieh weitgehenden polizeilichen Beschränkungen unterwerfen. Auch bei Einrichtung großer städtischer Viehhöfe haben die Unternehmerinnen durch Erstellung von Viehverkaufshallen und Einrichtung von Fleisch- und Nutzviehmärkten den möglichst unmittelbaren Verkehr zwischen der Landbevölkerung unter sich und mit dem Metzgergewerbe — unter Ausschluß gewerbsmäßiger Unterhändler — zu fördern gesucht. Endlich kann noch die Aufstellung von Kommissionären in größeren Städten in Frage kommen, die die Verkäufe von Schlachtvieh gegen eine bestimmte Provision zu vermitteln haben. Ein direkt wirksames Mittel, die Benutzung solcher Veranstaltungen herbeizuführen, giebt es allerdings nicht, und es ist immerhin bezeichnend für die unwirtschaftlichen Gewohnheiten eines großen Teils der ländlichen Bevölkerung, daß sie, ungeachtet jener Veranstaltungen, an der Gewohnheit, bei ihren Viehein- und -verkäufen sich der Viehmakler zu bedienen, noch weithin festhält. Mißtrauen der Landleute untereinander, Unsicherheit in der Bewertung des zu verkaufenden oder anzukaufenden Viehstückes und alte Gewohnheit wirken hier zusammen, gegendenweise immer noch eine Einrichtung zu erhalten, die so unverständig und unnütz wie möglich ist: denn die Provision, welche als sogenanntes „Schmusgeld" dem Unterhändler (Schmuser) gezahlt werden muß, ist ein ganz unproduktiver Aufwand, der Jahr für Jahr sicherlich zu einer hohen Gesamtsumme sich addiert.

§ 50. Die Marktpreisbildung landwirtschaftlicher Erzeugnisse unter dem Einfluß des Wettbewerbs von Surrogaten und Verfälschungen; die Nahrungsmittelpolizei insbesondere.

Die Fortschritte der Chemie, namentlich der organischen Chemie, haben es ermöglicht, gewissen Naturerzeugnissen Kunsterzeugnisse an die Seite zu setzen, die, weil sie in Aussehen und Geschmack ersteren ähneln, mit ihnen in Wettbewerb getreten sind. Dies trifft namentlich für Wein und gebrannte Wasser, Honig und Butter zu, die in dem Kunstwein und in den durch Zuckerzusatz und andere Zuthaten verbesserten Weinen, sowie in der Nachahmung bestimmter Sorten von Qualitätsbranntweinen, die ferner in dem Kunsthonig und der Kunstbutter (Margarine) Konkurrenten auf dem Genuß- und Lebensmittelmarkt erfahren haben. Die Wirkung dieser Konkurrenz zeigt sich teils in einer Einengung des Absatzes, teils in einer Herabdrückung des Preises, weil die Herstellungskosten der Surrogate regelmäßig niedriger sind, als diejenigen des unverfälscht in den Handel kommenden Naturprodukts. An der Frage der unbehinderten Zulassung solcher Surrogate oder Verfälschungen oder der polizeilichen Beschränkung ihrer Herstellung oder ihres Vertriebs hat nun nicht bloß der Produzent der Naturware, sondern auch der Konsument ein Interesse. Denn jeder Käufer einer Ware hat füglich ein Recht darauf, zu wissen, ob er ein Natur- oder ein Kunstprodukt kauft, ob also das einer Ware gegebene Aussehen (die Benennung, Bezeichnung, der Schein) ihrem Wesen entspricht oder ob etwa das künstliche Fabrikat fälschlicherweise als Naturprodukt ausgegeben wird; ferner ob der Ware absichtlich der Anschein einer besseren Beschaffenheit gegeben worden ist, als ihrem Wesen entspricht, oder eine künstliche Verschlechterung der Ware verheimlicht, verdeckt oder nicht erkennbar gemacht wird. Dieses Konsumenten-Interesse hat in erster Linie dazu Anlaß gegeben, die Herstellung und den Vertrieb von Lebens- und Genußmittelsurrogaten polizeigesetzlich zu ordnen, wobei nicht am wenigsten auch gesundheitspolizeiliche Rücksichten mitspielten, wie namentlich bei den Weinsurrogaten. Daneben wirkte aber auch das Produzenten-Interesse maßgebend ein, weil man es mit Recht für eine Aufgabe der Gesetzgebung erachtete, Ehrlichkeit, Treue und Glauben in der Produktion gegen unehrliches, unsolides Treiben, gegen unlauteren Wettbewerb zu schützen. Mit einer solchen Schutzgesetzgebung könnte sich füglich auch der Vertreter eines freihändlerischen Standpunktes versöhnen, für den das Konsumenten-Interesse ja stets so gewichtig in die Wagschale fällt; denn je raffinierter die Technik der Surrogatenherstellung unter Zuhilfenahme der angewandten organischen Chemie sich gestaltet, desto schwerer muß es offenbar für die Konsumenten werden, das Surrogat als solches zu erkennen, und um so häufiger wird der Fall eintreten, daß der Konsument beim Eintausch bestimmter Erzeugnisse zum Nachteil seines Geldbeutels oder selbst

§ 50. Beeinflussung der Preise durch Surrogate ꝛc. 283

seiner Gesundheit über die Surrogatbeschaffenheit des den Schein des Naturerzeugnisses wahrenden Kunstproduktes sich täuscht.

Vom Produzentenstandpunkt aus wird man leicht versucht sein, zu einem völligen Verbot der Surrogatherstellung zu gelangen oder dieser doch durch denkbar weitgehende verschränkende und belästigende Kontrollvorschriften die Lebensadern zu unterbinden, um auf diesem direkten oder indirekten Weg, mit einem Schlag oder allmählich, eines lästigen Mitbewerbers ledig zu werden. Augenscheinlich ist dieses Verlangen ein einseitiges und deshalb nur bedingt berechtigtes: es ist berechtigt nur insoweit, als das Surrogat gesundheitsschädliche Beimengungen enthält, unberechtigt insoweit, als es — im Vergleich zum Naturprodukt — nur minderwertig ist, aber als gesundheitsschädlich nicht erkannt werden kann. Das völlige Verbot der Herstellung und des Vertriebs von Surrogaten kann schon deshalb nicht in Frage kommen, weil dann den ärmeren Schichten der Bevölkerung häufig ein billiges Genußmittel entzogen würde. Dies gilt nicht bloß von dem aus Rindertalg und Ölen hergestellten künstlichen Butter-Fett — der Margarine —, sondern auch von dem durch Aufguß auf Rosinen und Korinthen, sowie von dem aus Traubentrestern hergestellten Kunstwein: denn es hat sich dieser Kunstwein in weiten Kreisen Unbemittelter, ja selbst in landwirtschaftlichen Kreisen, da wo es an Gelegenheit zum Erwerb von billigen Naturweinen oder zur Herstellung von Obstwein fehlt, als Haustrunk für die Familie und das Gesinde seit Jahren eingebürgert, und selbst in Rebgegenden ist es gar nicht selten, daß der kleine Winzer sein ganzes oder den größten Teil seines Naturerzeugnisses verkauft und seinen Haustrunkbedarf mit Kunstwein befriedigt. Vielfach ist der letztere an Stelle der Verabreichung von Branntwein schlechtester Qualität (Fusel) getreten, welche Wirkung aus hygienischen und sittlichen Gründen gar nicht hoch genug veranschlagt werden kann. Aus diesen Gründen kann daher ein striktes Verbot der Herstellung und des Vertriebs von Surrogaten nicht in Frage kommen. Wohl aber ist von der Gesetzgebung im Interesse des Konsumenten auf zweierlei Bedacht zu nehmen: einmal, daß die Verwendung von gesundheitsschädlichen Zuthaten bei der Surrogatherstellung verhindert, zum andern, daß die Erkennbarkeit des Surrogats als solchen jedem Käufer der Ware leicht ermöglicht, also Täuschungen des Publikums beim Einkauf der betreffenden Ware hintangehalten werden. Von diesem vermittelnden Gesichtspunkt aus ist denn auch der Gegenstand in Deutschland bis jetzt gesetzgeberisch behandelt und sind die auf völlige Verdrängung der Surrogate vom Markt abzielenden Bestrebungen eines extremen Produzentenstandpunktes stets mit Recht abgelehnt worden.

Die allgemeine Grundlage für ein polizeiliches Einschreiten auf dem Gebiete der Nahrungs- und Genußmittelpolizei bietet das Reichsgesetz vom 14. Mai 1879, das sich aber nicht ausreichend erwies, den Auswüchsen der Surrogatherstellung, insbesondere im Bereich der Weinbereitung und der Herstellung künstlicher Butterstoffe, mit Erfolg entgegenzutreten; die Lücken wurden durch die Reichsgesetze vom 20. April 1892 über den Verkehr mit Wein und vom 12. Juli 1887, neuestens ersetzt durch Reichsgesetz vom 15. Juni 1897 über den Verkehr mit Ersatzmitteln für Butter (Margarine) ausgefüllt. Das Charakteristische beider Gesetze liegt in der Einführung des Deklarationszwangs für Nachahmungen des Weines und der Naturbutter; diese Nachahmungen dürfen also nur unter einer das Surrogat als solches kennzeichnenden Bezeichnung: Kunstwein, Tresterwein, Rosinenwein, Margarine feilgehalten werden; auch verbietet das Margarinegesetz die Vermischung von Butter oder Butterschmalz mit Margarine und anderen Speisefetten zum Zweck des Handels mit diesen Mischungen und das gewerbsmäßige Verkaufen und Feilhalten von solchen, und eine der Hauptwirkungen des Margarinegesetzes war denn auch die Zurückdrängung der sogenannten Mischbutterfabrikation, die einerseits zu den gröbsten Täuschungen des kaufenden Publikums Anlaß gab, andererseits für die Naturbutter zu einem besonders gefährlichen Gegner erwachsen war; während die Fabrikation von Margarine selber, worauf auch die Absichten des Gesetzgebers nicht abzielten, eine Eindämmung nicht erfuhr. — In der Behandlung der Weinfrage hat, worauf noch hinzuweisen übrig bleibt, der Standpunkt des sogenannten Purismus, welcher durch jede Zuthat zum Wein, der nicht dem Traubensaft selber entstammt, den Wein als Kunstwein charakterisiert und darauf den Deklarationszwang angewendet sehen möchte, mit Recht eine Berücksichtigung durch das Gesetz nicht gefunden. Die Entsäuerung des Weines mit reinem kohlensauren Kalk (Chaptalisierung), ferner die Zusetzung von reinem Zucker zum Most in bestimmten Mengen (Gallisierung) ist deshalb gestattet, ohne daß ein derart verbesserter Wein als solcher beim Verkauf deklariert werden müßte. Der Grund für diese Behandlungsweise liegt darin, daß die Kunst der chemischen Analyse Zusätze der bezeichneten Art nicht nachzuweisen vermag, Zuwiderhandlungen gegen ein derartige Zusätze verbietendes oder nur gegen Deklaration gestattendes Gesetz der strafrechtlichen Ahndung also doch entzogen blieben. Jener strenge Purismus in der Weinfrage ist aber auch aus wirtschaftlichen, den Produktionsverhältnissen des Weinbaus selber zu entnehmenden Gründen wenig gerechtfertigt. Nicht jedes Jahr wird unter unseren klimatischen Verhältnissen an allen Orten eine Traube gezeitigt, die ein schmackhaftes und nach dem natürlichen Maß von Säuregehalt im Most zugleich zuträgliches Getränk zu liefern vermag. Die Feststellung eines streng puristischen Standpunktes, der jede Abstumpfung eines Übermaßes von Säure durch künstliche Nachhilfe und jede Schmackhaftermachung des Weins durch Zusatz von Zucker zu der gärenden Flüssigkeit im Grundsatz ausschließen oder durch Einführung eines Deklarationszwanges den Markt der verbesserten Weine einengen wollte, würde jahrgangweise die Traubenernte bestimmter Gegenden entwerten. Von Vorteil wäre eine

§ 50. Die Nahrungsmittelpolizei insbesondere ꝛc.

solche streng puristische Gesetzgebung wohl nur für die Besitzer der von Natur besonders begünstigten, von Nachteil für die Besitzer der nach Boden und Klima minder begünstigten Lagen; die letzteren Lagen sind aber vorwiegend im Besitz der kleinbäuerlichen Rebbevölkerung und eine streng puristische Gesetzgebung würde daher leicht die Folge haben, das ohnedies vorhandene wirtschaftliche Übergewicht der großen Rebbesitzer über die kleinen in nachteiliger Weise zu verstärken. Dem Bedenken, daß die Zulassung einer maßvollen Kunstnachhilfe, wie sie sich insbesondere in der Form des Zuckerzusatzes zur gärenden Weinflüssigkeit darstellt, zu einer Vermehrung der natürlichen Weinproduktion und — wegen des vermehrten Angebots — zu einer nachteiligen Preisgestaltung führen würde, ist entgegenzuhalten, daß diejenigen Gebiete, in welchen in häufiger Folge eine mangelhafte Ausreife der Trauben durch die Ungunst der Temperaturverhältnisse sich einstellt — Deutschland, mittleres Frankreich, nördliche Schweiz, ein großer Teil von Österreich — regelmäßig ihren eigenen Bedarf an Weinen nicht zu decken vermögen, also auf Zufuhr von Weinen aus anderen, südlicheren Gegenden sich angewiesen sehen: von einer Überführung des Marktes mit Weinen als Folge der Kunst=nachhilfe kann daher nicht, sondern höchstens von einer Herabminderung der Weinzufuhren von weiterher die Rede sein. Ausschlaggebend muß aber schließlich der Gesichtspunkt sein, daß, solange in den einzelnen Weinbaugebieten der Welt nicht eine völlige Einheitlichkeit in der gesetz=geberischen Behandlung der Weinfrage erzielt ist, die einseitige und ver=einzelte Festhaltung an einem streng puristischen Standpunkt die Wein=produzenten des betreffenden Staatsgebiets in offenbaren Nachteil versetzt, weil sie, im Wettbewerb mit den von außen eingeführten, durch Kunst=nachhilfe verbesserten, in ihren Zusätzen der chemischen Analyse nicht zu=gänglichen, also unbeanstandet bleibenden Weinen, für ihre minder schmack=haften Weine entweder keinen Absatz oder nur solchen zu gedrückten Preisen erhoffen können. Vieles spricht daher dafür, daß das Kompromiß in der Weinfrage, wie es durch das Reichsgesetz vom 20. April 1892 geschaffen worden ist, eine unter den obwaltenden Verhältnissen relative gute Ordnung des Gegenstandes darstellt.

Wenn die Wein= und Margarinegesetzgebung in ihrem auf Fern=haltung unlauteren Wettbewerbs gerichteten Bestreben den Produzenten des Naturweins und der Naturbutter durch künstliche Einengung des Marktes für gewisse Surrogatherstellungen mittelbar und unmittelbar sich förderlich erweist, so ist das Gleiche nicht der Fall bei dem durch gesund=heitliche Rücksichten veranlaßten polizeilichen Eingreifen in Bezug auf den Verkehr mit Schlachtfleisch, wie es in der sogenannten Fleisch=schau zum Ausdruck gelangt. Denn nach den beim Handel von Schlacht=tieren üblichen Abmachungen und nach den über die Währschaft im Tier=kauf geltenden Normen trägt den durch die Ungenießbarkeitserklärung von Schlachtfleisch sich ergebenden Schaden regelmäßig nicht der Händler oder

Metzger, sondern der Produzent, und je schärfer die Fleischbeschau im Interesse des konsumierenden Publikums gehandhabt wird, um so mehr schwebt der Produzent in Gefahr, daß der von ihm bei der Heranziehung eines Schlachttiers gemachte Aufwand an Kapital und Arbeit ganz oder teilweise unvergütet bleibe. Eine sehr rigorose Handhabung der Fleischschau kann daher für die landwirtschaftliche Bevölkerung recht verlustbringend werden, und im System einer strengen Fleischschau gewinnt die Viehversicherung, insbesondere in der Form der Schlachtviehversicherung, besondere Bedeutung. Zu den verbreitetsten Krankheiten der Schlachttiere aus der Gattung Rind zählt seit Jahren die Tuberkulose (Perlsucht); wollte man in einer Übertreibung des gesundheitlichen Verwaltungsprinzips jedes auch nur unbedeutend mit Perlen behaftete Schlachttier polizeilich absprechen, so würde man sich geradezu einer Verschwendung wertvoller Nahrungsmittel schuldig machen. In der Fleischschau sollte daher nicht bloß zwischen schlechthin genießbarem und schlechthin ungenießbarem Fleisch unterschieden werden, sondern man sollte Fleisch, das, wenn es schon von beanstandeten Tieren herrührt, doch noch genießbar ist, unter gewissen Einschränkungen, die das minderwertige Fleisch als solches erkennbar erscheinen lassen, zum Verkauf zulassen, sei es, daß es in rohem Zustande nur auf besonderen Freibänken feilgehalten, sei es, daß dasselbe nur in abgekochtem Zustande abgegeben werden darf. Die wirtschaftliche Bedeutung einer derart in verständigen Grenzen sich haltenden Fleischschau kann man daran ermessen, daß z. B. in Baden jährlich das Fleisch von etwa 5000 Tieren auf die Freibänke gelangt, die ohne diese Einrichtung hätten polizeilich abgesprochen werden müssen, und daß, wenn man den Wert der landwirtschaftlichen Schlachttiere nur zu 100 Mk. annimmt, der auf diese Weise jährlich gerettete Wert auf 500 000 Mk. sich beziffert.

§ 51. Die Marktpreisbildung und das Geld= (Währungs=) wesen.

Auf der Suche nach Gründen, welche den auffälligen Preisfall des Getreides und anderer landwirtschaftlicher Erzeugnisse erklären sollen, wurde insbesondere von solcher Seite, die eine thatsächliche Überproduktion in Getreide leugnen zu können meint (Seite 208), auch die Gesetzgebung über die Einrichtung des Geldwesens (Währungsfrage) herangezogen, und thatsächlich steht denn auch die Währungsfrage in der Gegenwart, und zwar nicht bloß in Deutschland, sondern auch in anderen Kulturstaaten, im Brennpunkt des öffentlichen Interesses. Man knüpft dabei gemeinhin an zweierlei Erscheinungen an, um die Unhaltbarkeit unserer jetzigen Währungsverhältnisse darzuthun: erstens an den in der Münzgeschichte früherer Zeiten unerhörten Preisfall des Silbers und zweitens an den ebenfalls beträchtlichen Preisfall einer Anzahl landwirtschaftlicher Rohprodukte und Erzeugnisse des Gewerbefleißes in Verbindung mit einer zunehmenden Ausfuhr dieser Erzeugnisse aus Ländern mit einer von der unsrigen abweichenden Währung. Denn weil diese Erscheinungen gleichzeitig zusammentrafen, glaubte man Grund zu haben, sie in einen inneren Zusammenhang bringen zu müssen: d. h. es wurde der **Preissturz des Silbers auf Rechnung der Einführung der Goldwährung** in Deutschland und anderen Ländern, womit große Massen Silber außer Funktion gesetzt worden waren, gesetzt; es wurde ferner wegen der durch die Einführung der Goldwährung gesteigerten Nachfrage nach Gold eine **Wertsteigerung des Goldes** behauptet, die, weil nunmehr dasselbe Goldquantum eine größere Kaufkraft wie früher darstelle, in der beklagten Verbilligung der Warenpreise in die Erscheinung trete; es wurden endlich für die wachsende Ausfuhr einzelner Erzeugnisse (Getreide) aus überseeischen Ländern ebenfalls diese Änderungen in der Preislage der edlen Metalle Silber und Gold verantwortlich gemacht. Denn durch die Möglichkeit des Einkaufs mit dem entwerteten Metall Silber in den Silberwährungsländern und des Verkaufs in den Goldwährungsländern sei den Importeuren eine **Prämie in Höhe des Wertrückgangs des Silbers** gewährt, womit die Ausfuhr aus den Silberwährungsländern selber prämiiert erscheine, was namentlich von Indien und dem indischen Getreide gelte. Und weil unter dem Preisdruck eines Teils der Rohprodukte (Getreide, Wolle, Handelsgewächse) wesentlich das landwirtschaftliche Gewerbe leidet, so hat die auf die Beseitigung der Goldwährung, die Hebung des Weltsilberpreises und die Einführung der Doppelwährung (Bimetallismus) gerichtete Bewegung (bimetallistische Bewegung) ziemlich ausnahmslos in landwirtschaftlichen Kreisen ihre Stütze gefunden, im Gegensatz zu den Kreisen des Handels und der Industrie einschließlich der Bankwelt, die, wenigstens in Deutschland, vorwiegend auf dem entgegengesetzten Standpunkt verharren, d. h. für Beibehaltung unserer Währungseinrichtungen eintreten.

Auf die Geschichte und die Einrichtungen unseres deutschen Münzwesens kann in diesem Zusammenhang nicht näher eingetreten werden; es genügt darauf hinzuweisen, daß der Buntscheckigkeit der Münzsysteme in Deutschland, wie sie vor der Gründung des deutschen Reichs zum Nachteil von Handel und Wandel bestanden hatte, durch das Reichsgesetz vom 9. Juli 1873 ein Ende gemacht und mit dem Übergang zur Goldwährung zugleich ein einheitliches Münzsystem geschaffen wurde. Das Wesen unserer Goldwährung aber besteht darin, daß Gold das eigentliche Währungsgeld ist, daß also alle Zahlungsverbindlichkeiten mit Ausnahme der kleineren Zahlungen bis zum Betrag von 20 Mk., die in Silber geleistet werden können, in Gold erfüllt werden müssen, daß die Silbermünzen minderwertig ausgeprägt, d. h. Scheidemünzen sind, und daß die Regel der Goldwährung nur insoweit durchbrochen ist, als die noch aus den früheren Währungsverhältnissen herrührenden Thaler ebenfalls als Währungsgeld erklärt, also unbeschränkt in Zahlung anzunehmen sind. Aus letzterem Grund besteht zur Zeit keine reine Goldwährung in Deutschland, sondern ein gemischtes Währungssystem, das man mit „hinkender Währung" zu bezeichnen pflegt. — Als im Jahr 1873 die Annahme der Goldwährung erfolgte, war dafür wesentlich der Grund maßgebend, daß Gold verglichen mit Silber ein bequemeres, handlicheres und bei Zahlungen nach dritten Orten zugleich geringere Kosten verursachendes Zahlungsmittel des mittleren und großen Verkehrs sei; daß ferner im internationalen Verkehr die Abwicklung der Zahlungsverpflichtungen in Gold bevorzugt werde und daher dasjenige Land, das jederzeit in Gold zahlen könne, sich handelspolitisch in bevorzugter Stellung befinde. Ob diese Gründe mit zwingender Notwendigkeit zur Einführung der Goldwährung hinleiteten und ob nicht, wie die Gegner der Goldwährung behaupten, die Annahme der Doppelwährung dieselben Vorteile im örtlichen, interlokalen und internationalen Zahlungsverkehr im Gefolge gehabt hätte, mag dahingestellt bleiben. Aber immerhin ist der Hinweis nicht überflüssig, daß schon im Jahre 1867 in einer internationalen Münzkonferenz in Paris sich eine entschiedene Strömung für Einführung der Goldwährung geltend machte, daß Frankreich vor 1870 ernstlich dem Gedanken des Übergangs zur Goldwährung näher getreten ist und daß, als Deutschland im Jahre 1873 diesen Übergang thatsächlich bewerkstelligte, diese währungspolitische Aktion im Sinne der Goldwährung nichts weniger als eine übereilte oder unüberlegte Maßregel war, sondern damals in allen Kreisen der Erwerbswelt als etwas Selbstverständliches angesehen wurde. Jedenfalls aber ist zu sagen, daß das jeweils geltende Währungssystem eine so fundamentale Grundlage der gesamten Verkehrsoperationen, der kleinen und der großen, bildet und jede Änderung des Geldwesens von solch heftigen Erschütterungen des Verkehrslebens begleitet zu sein pflegt, daß nur die allerzwingendsten Gründe Änderungen bestehender Währungseinrichtungen rechtfertigen können. Die Frage kann daher nur die sein, ob eine grundsätzliche Aufgabe unserer Goldwährung und die Annahme eines anderen Währungssystems mit unbedingter Sicherheit die von dieser Änderung für das Gemeinwohl erwarteten Vorteile bringt. Kann dieser Beweis unzweifelhaft großer Vorteile für die Volkswirtschaft nicht erbracht werden, bestehen gar erhebliche Zweifel an der Schlüssigkeit der gegen das geltende und für das neue Währungssystem ins Feld geführten Beweisgründe, so wird eine auf Erhaltung des Bestehenden gerichtete, also konservative Währungs-Politik den Vorzug verdienen vor einer solchen, die einen Schritt ins Dunkle bedeutet, indem sie nur möglicherweise sich nützlich erweist, möglicherweise aber auch schwere Nachteile und Gefahren im Gefolge der Währungsänderung für das wirtschaftliche Leben der Nation heraufbeschwört. Kein Gebiet der Volkswirtschaft eignet sich eben weniger zu gesetzgeberischen Experimenten, als das Geldwesen, und die traurigen Erfahrungen, die in den letzten Jahren das Erwerbsleben der nordamerikanischen Union

§ 51. Die Marktpreisbildung und das Geld-(Währungs-)wesen. 289

als Folge solcher Währungsexperimente durchkosten mußte, sollten auch für Deutschland nicht verloren sein. — —

Auch auf seiten der Gegner unserer Währungseinrichtungen stellt man nicht in Abrede, daß das im Jahr 1873 geschaffene Münzwesen an sich bis jetzt in einer den Geldverkehr durchaus befriedigenden Weise funktioniert hat: insbesondere, daß noch jederzeit die zur Bewältigung des Verkehrs erforderlichen Goldmünzen im Umlauf waren; daß die Beschaffung des Goldes zu Münzzwecken nennenswerten Hindernissen nicht begegnete; daß unsere Goldmünzen auch im Ausland, zur Begleichung internationaler Verbindlichkeiten, ein willkommenes Zahlungsmittel sind und den Goldmünzen anderer Länder als vollkommen ebenbürtig angesehen werden, so daß die frühere Abhängigkeit in dieser Hinsicht von anderen Staaten, namentlich von England, gänzlich geschwunden ist. Wenn man gleichwohl für eine grundsätzliche Änderung unserer Währung und zwar im Sinne der Annahme der Doppelwährung eintreten zu müssen glaubt, so müssen die dafür geltend zu machenden Gründe jedenfalls von durchschlagender Kraft sein. Ob dies der Fall ist, mögen die folgenden Ausführungen darthun:

1. Der Preissturz des Silbers auf beiläufig die Hälfte seines Wertes verglichen mit dem Preisstand anfangs der siebenziger Jahre — das Verhältnis des Werts von Silber zu Gold war 1870 wie 15,45 zu 1, 1894 wie 32,60 : 1 — hat den Silberwert unserer Thaler, die immer noch in einer Menge von 400—500 Mill. Mk. umlaufen, und ebenso den Silberwert der Silber-Scheidemünzen (5-, 2- und 1-Markstücke) um beiläufig die Hälfte vermindert. Dies ist mißlich, und wenn auch Verkehrsstörungen aus diesem Zustand, wie sie seither ausblieben, so auch künftig schwerlich zu besorgen sind, so erscheint doch Deutschland, wie man einräumen muß, an der Frage der Hebung des Silberpreises ebenfalls interessiert, zumal neben diesem münztechnischen Interesse auch die nachteiligen Rückwirkungen des Sinkens des Silberpreises auf unsere eigene Silberproduktion und die Entwertung des in Form von silbernen Geräten und Schmucksachen vorhandenen Gebrauchsvermögens in Betracht kommen. Aber sicher ist, daß in allen diesen Hinsichten unser Interesse gegenüber demjenigen der Silberwährungsländer und der Haupt-Silberproduktionsländer ein vergleichsweise unbedeutendes ist.

2. Infolge des Sinkens des Silberwerts wird die Ausfuhr der Goldwährungsländer nach Silberländern (nach Indien, China, Mexiko) erschwert; denn weil der seine Ausfuhrwaren mit Gold bezahlende Exporteur in den Silberwährungsländern mit entwertetem Silber bezahlt wird, mindert sich sein Nutzen entsprechend dem Sinken des Silberwerts, und das Sinken des Silberwerts in den Silberländern, d. h. die Entwertung ihrer Valuta, wirkt deshalb gleich einem Schutz-

Buchenberger. 19

soll nach außen. Diese Wirkung ist zuzugeben; sie wird sich aber nur insolange geltend machen, bis die Inlandspreise in den Silberwährungsländern als Folge des Sinkens des Silbergeldes sich gehoben haben; sobald diese Preishebung auf dem Warenmarkt eintritt, muß die schutzzöllnerische Wirkung der entwerteten Valuta, d. h. des gesunkenen Werts der Geldcirkulationsmittel zum Verschwinden kommen. Auch hier gilt übrigens, daß Deutschland weit weniger wie andere Staaten, namentlich verglichen mit England, in Mitleidenschaft gezogen ist, da unser Export nach den Silberwährungsländern nur zwischen 3 und 4% des gesamten deutschen Exports beträgt.

3. Ein Hauptargument in der Beweisführung für die schädlichen Folgen des Silbersturzes wird darin erblickt, daß infolge des Sinkens des Silberwerts getreideexportierende Silberländer, wie Indien, für ihre Getreideausfuhr prämiiert erscheinen (vergl. S. 287). Die Bedeutung dieses Arguments wird indessen sehr überschätzt, da die Getreideausfuhr aus Indien wegen der Unberechenbarkeit seiner klimatischen Verhältnisse und der dadurch bedingten Erntenunsicherheiten nur jahrweise eine beträchtliche und seit Jahren eine verhältnismäßig unbedeutende ist (Einfuhr nach Deutschland 1892 $3{,}9\%$, 1895 $0{,}3\%$ des ganzen deutschen Getreideimports). Wenn ferner gerade zur Zeit des größten Silbersturzes (anfangs der neunziger Jahre) und in den Jahren des stärksten Weichens der indischen Wechselkurse die Getreideausfuhr Indiens ständig zurückging, so wird dadurch die Behauptung eines inneren Zusammenhangs zwischen Getreideausfuhr und Silberpreis nicht gerade zu einer sehr beweiskräftigen gestempelt. Wie denn die Schwankungen im Wert der Umlaufsmittel, also insbesondere auch des Papiergeldes, in ihren Wirkungen auf die Exportverhältnisse der betreffenden Länder stark überschätzt zu werden pflegen. So fiel beispielsweise in Rußland der starke Getreideexport in den Jahren 1892/94 und der abnorme Preisfall des Getreides in dieser Zeit nicht, wie man im Sinne obiger Theorie annehmen sollte, mit einem sinkenden, sondern mit einem steigenden Rubelkurs zusammen. Bei den Betrachtungen über den aus dem Sinken der Valuta für den Exporteur sich ergebenden Vorteil (daraus entstehend, daß der Exporteur auf dem Weltmarkt zum gleichen Goldpreis verkaufen, aber für das erhaltene Gold größere Beträge der entwerteten Valuta des Exportlandes einlösen kann) wird meist der bereits oben gestreifte Umstand übersehen, daß jene Vorteile jedenfalls nur so lange vorhalten können, als nicht in dem betreffenden Land — entsprechend dem Sinken des Geldwerts - die Produktionskosten, insbesondere die Löhne und dementsprechend die Preise der auszuführenden Waren gestiegen sind; dieses Steigen ist aber in den Staaten mit entwerteter Valuta, in Indien so gut wie Argentinien, deutlich zu beobachten. Weiter darf man nicht übersehen, daß die Produzenten dieser Länder landesüblich die Bezahlung der wichtigsten Produktionsmittel in Gold zu leisten haben

§ 51. Die Marktpreisbildung und das Geld-(Währungs-)wesen.

(so gerade in Argentinien betreffs der Grundhypothekenschulden, der von auswärts bezogenen Maschinen und Geräte ⲥc.), also in dieser Hinsicht aus der gesunkenen Valuta einen Vorteil nicht zu ziehen vermögen. Ferner zeigt eine vergleichende Beobachtung zwischen den Valutaschwankungen und dem Handelsverkehr der betreffenden Staaten, daß jede Steigerung des Exports, die zu einer Nachfrage nach Zahlungsmitteln in der Valuta des Exportlandes (Rubelnote in Rußland, Papiergeld in Argentinien, Rupie in Indien) führt, auch ein Anziehen der Valuta zur Folge hat und deshalb die in der Valutaentwertung an sich steckende Exportprämie durch die Thatsache eines starken Exports von selbst in ihrer Wirkung gehemmt wird. Endlich ist zu beachten, daß Länder mit schwankender Valuta — Papier- und Silberwährungsländer — eben wegen dieser durch die Valutaschwankungen bedingten Unsicherheit der Geld- und Marktverhältnisse in der Beschaffung der zur Anschließung dieser Länder in wirtschaftlicher Hinsicht erforderlichen Geldkapitalien besonderen Schwierigkeiten begegnen, während doch diese kapitalarmen Länder auf eine Befruchtung mit auswärtigen Geldkapitalien ganz besonders angewiesen sind. Länder wie Indien und Argentinien wären in der allgemeinen wirtschaftlichen Kultur unzweifelhaft weiter vorgeschritten, als thatsächlich der Fall, und namentlich hätte die für die mögliche Ausdehnung des Getreidebaues nötige Erweiterung des Schienennetzes hier wie dort sehr viele größere Fortschritte aufzuweisen, wenn das europäische Kapital infolge der schwankenden Valutaverhältnisse nicht vor beträchtlichen und raschen Kapital-Verwendungen in diesen Ländern zurückschreckte. So stellen sich, wie fachmännischerseits ganz richtig betont wird, Valutaschwankungen als eine Unterbindung der wirtschaftlichen Entwickelung und als eine Hemmung der internationalen Konkurrenzfähigkeit dar, und weit entfernt, daß diese Valutaschwankungen im Sinne der landläufigen agrarischen Meinung eine dauernde Gefahr für die Staaten mit geregelten Währungsverhältnissen sind, sind die durch ungeregelte Währungsverhältnisse veranlaßten Valutaschwankungen vielmehr geeignet, die aus der natürlichen Konkurrenz solcher Ländergebiete drohende Konkurrenzgefahr zeitlich zu vertagen. Man weiß denn auch in den Staaten mit ungeordneten Währungsverhältnissen die Nachteile einer schwankenden Valuta auf die heimische Volkswirtschaft sehr wohl zu würdigen und mehr und mehr drängt sich die Einsicht durch, daß „ein nach außen und innen fester und stabiler Geldwert die beste Grundlage für das wirtschaftliche Gedeihen eines Landes ist". Nur so läßt es sich auch erklären, daß, wie ein Fachmann sagt, „alle Länder mit schwankender Valuta keinen größeren Wunsch kennen, als ihre Valuta auf dem Boden der Goldwährung zu stabilisieren (wofür der Übergang der Papierwährungsstaaten Österreich-Ungarn und Rußland zur Goldwährung den besten Beweis liefert), während die Agrarier der Goldwährungsländer jene Staaten um die vermeintlichen Vorteile ihrer desorganisierten Geldsysteme beneiden zu müssen glauben".

4. Ungeachtet dieser einschränkenden Betrachtungen ist, aus den unter Ziffer 1 angegebenen Gründen, eine **Hebung des Silberpreises auch vom deutschen Gesichtspunkt aus als erwünscht zu bezeichnen.** Die darauf abzielenden Bemühungen werden indessen, soweit sie etwa auf eine verstärkte Ausprägung von Silbermünzen hinauslaufen sollten, mutmaßlich des Erfolgs entbehren, weil auf diesem Weg doch nur ein verhältnismäßig kleiner Bruchteil der jährlichen Silberproduktion Verwendung finden könnte, der einen nennenswerten Einfluß auf den Silberpreis schwerlich ausüben würde. Unter Verschmähung dieses „Palliativmittels" wird von den Wortführern im „Streit um die Währung" das radikalere Mittel der völligen Aufgabe der Goldwährung und des Übergangs zur internationalen Doppelwährung (Bimetallismus) gefordert, d. h. es wird verlangt, daß Silber und Gold gleicherweise zu Währungsgeld, also zu gesetzlichen Zahlungsmitteln in unbeschränktem Umfang erklärt werden, weil nur für diesen Fall einer namhaften und dauernden Verwendung von Silber zu Münzzwecken eine nachhaltige Hebung und Befestigung des Silberpreises erhofft werden dürfe. Mit dieser „Remonetisierung des Silbers", d. h. seiner Wiedereinsetzung in die frühere Funktion, ebenbürtig mit Gold Wertmesser und Tauschwerkzeug zu sein, werde zugleich die jetzige Goldknappheit, d. h. die Ursache der Goldverteuerung, und damit zugleich die tiefste Ursache des zu beobachtenden Sinkens der Warenpreise, die nichts als ein Ausdruck der Goldverteuerung sei, gründlich beseitigt. — Diese mit Ernst und Leidenschaft vorgetragene, durch die scheinbare Einfachheit ihrer Leitsätze fast verführerisch einnehmende Lehre hat im letzten Jahrzehnt in der agrarischen Bewegung eine wachsende Rolle gespielt; es kann daher nicht davon Umgang genommen werden, die Voraussetzungen, auf denen sich die Ansichten der Bimetallisten aufbauen, und die Schlußfolgerungen, zu denen diese Ansichten hinleiten, auch an dieser Stelle einer kritischen Würdigung zu unterziehen, wobei allerdings — dem Zweck dieses Buchs entsprechend — auf Vorführung großen statistischen Zahlenmaterials und ebenso auf eine streng wissenschaftliche Behandlung des Stoffgebiets verzichtet werden muß. Doch werden die nachstehenden Betrachtungen genügen, um darzuthun, daß die Bekämpfung unserer Goldwährung auf nicht durchweg richtige Beweisgründe sich stützt und unsere landwirtschaftlichen Kreise sich in einem verhängnisvollen Irrtum bewegen, wenn gerade sie aus der Beseitigung der Goldwährung und der Einführung der Doppelwährung sich „goldene Berge" versprechen.

Würdigung der bimetallistischen Bewegung insbesondere.

In dieser Hinsicht ist das Folgende zu sagen:

1. Die erhoffte preishebende Wirkung einer auf Herbeiführung der internationalen Doppelwährung gerichteten Politik würde unter allen Umständen jenen Staaten gegenüber völlig versagen, die unterwertige Papierwährung haben, z. B. gegenüber Argentinien, das zur Zeit wohl als einer der gefährlichsten Konkurrenten auf dem Getreidemarkt angesehen werden kann. Denn wie diese Papierwährungs-Staaten lediglich durch finanzielle Mißwirtschaft zur Papierwährung gekommen sind, so wird ihnen der Übergang zu irgend einer Art von metallischer Währung, solange jene Mißwirtschaft fortdauert, verschlossen sein. Die Einführung der internationalen Doppelwährung bliebe mit andern Worten auf die Währungs- und die durch letztere beeinflußten Exportverhältnisse der Länder mit Papierwährung gänzlich einflußlos; das in diesen Staaten cirkulierende Papiergeld wäre nach wie vor unterwertig, es bliebe damit auch die von dieser Unterwertigkeit des Landespapiergeldes gegen Metallgeld behauptete, aber, wie oben (S. 290) ausgeführt, keineswegs mit schlüssigen Gründen belegte nachhaltige Begünstigung der Ausfuhr unverändert fortbestehen. Zu den europäischen Staaten mit Papierwährung gehören Rußland und Österreich; aber die von den Schwankungen der Papiervaluta gerade dieser Länder befürchteten Nachteile sind seit Jahr und Tag als im wesentlichen beseitigt anzusehen, nachdem in Österreich-Ungarn der Übergang zur Goldwährung thatkräftig in die Wege geleitet worden ist, ebenso in Rußland die Einführung der Goldwährung ernsthaft angebahnt wird und Hand in Hand mit dieser Politik der Kurs des österreichischen und russischen Papiergeldes sich sehr gegen früher befestigt hat und beträchtliche Schwankungen nicht mehr aufweist.

2. Die der bimetallistischen Bewegung zu Grunde liegende Meinung, daß der Preissturz des Silbers auf rund die Hälfte seines früheren Wertes nicht etwa in Veränderungen wurzele, die auf dem Gebiet der Silberproduktion selber liegen, sondern einer veränderten Anwendung von Gold und Silber als Münzmetalle, d. h. der Einführung der Goldwährung in Deutschland, Skandinavien, den Niederlanden, in Österreich zuzuschreiben sei, daß also nicht sowohl das Silber billiger, sondern Gold teurer geworden sei, findet in den Produktionsziffern für diese Metalle keineswegs eine einwandfreie Bestätigung. Vielmehr weisen diese Produktionsziffern — entsprechend der Aufschließung neuer Silberminen in der zweiten Hälfte dieses Jahrhunderts in der Union und Mexiko — eine so ungeheure Zunahme der Silberproduktion auf, daß eine Entwertung des Silbers („die Entthronung des weißen Herrschers") ganz unausbleiblich war. Während in den sechziger Jahren die Jahresproduktion an Silber noch zwischen 1 und 1,3 Millionen Kilo sich bewegte, ist sie von da ab beständig gestiegen und beziffert sich jetzt

1885 auf rund 3 Millionen, seit Ende der 80er Jahre auf fast 4 Millionen Kilo und hat 1893 die Höhe von 5 Millionen Kilo, d. h. das Fünffache der Silberausbeute der Zeit vor 30 Jahren erreicht. Wurde doch im Jahre 1895 $3^3/_4$ mal so viel Silber erzeugt, wie im Durchschnitt der Jahre 1866/70, und mehr als doppelt soviel, wie im Durchschnitt der Jahre 1876/80, und ist doch der in den wichtigeren Banken der Welt und öffentlichen Kassen Ende 1895 vorhandene Silbergeldwert zu 4160 Millionen Mk. ermittelt worden.

Unbestreitbar ist freilich, daß der Übergang Deutschlands zur Goldwährung und die sich daran schließenden Silberverkäufe, welchem Vorgang demnächst die skandinavischen Staaten folgten, ferner daß die Einstellung der Prägung von Silbergeld in Frankreich (1876) und anderen Staaten der lateinischen Münzunion die Nachfrage nach Silber so verringerten, daß einer der Gründe des Silberpreisrückganges auch hier zu finden ist. Aber doch nur einer und keineswegs der wesentlichste: vielmehr würde angesichts des Umstandes, daß in den achtziger Jahren die durchschnittliche jährliche Silberproduktion 2,8 Millionen Kilo betrug und ungeachtet der verminderten Nachfrage nach Silber anfangs der neunziger Jahre auf 4,5 Millionen Kilo stieg, um, wie erwähnt, in der Folge schließlich auf über 5 Millionen Kilo anzuwachsen, der Preisfall des Silbers selbst dann nicht hintanzuhalten gewesen sein, wenn die Verschließung der europäischen Münzstätten gegenüber dem Silber nicht erfolgt wäre. Sind doch auch die in der Union erfolgten zweimaligen gesetzgeberischen Versuche, durch verstärkte Ausprägung von Silberdollars den Silberpreis zu heben (Bland-Bill 1878 und Sherman-Bill 1890), lediglich ins Gegenteil umgeschlagen, weil — nach eingetretener Besserung des Silberpreises — sofort eine so zügellos gesteigerte Produktion einsetzte, daß schon nach kurzer Zeit die Wirkung jener amtlichen Silberankäufe völlig versagte; denn gerade in den Jahren der verstärkten Silberankäufe 1890/93 vollzog sich unaufhaltsam eine weitere Senkung des Silberpreises um 26, 35, 41 °/₀. Die Einsicht der Unmöglichkeit, auf dem Wege verstärkter Silberausprägungen das Mißverhältnis von Angebot und Nachfrage auf dem Silbermarkt auch nur entfernt zu beseitigen, ferner die zunehmende Überschwemmung des Verkehrs mit Silber und dem auf Grund des Silbers ausgegebenen Papiergeld, endlich die durch die Verdrängung des Goldes heraufbeschworene schwere Geldkrisis führte 1893 in den Vereinigten Staaten mit Notwendigkeit zur Einstellung der regierungsseitigen Silberankäufe, der beredteste Vorgang und sprechendste Beweis für die Gefährlichkeit von Währungsexperimenten und die Aussichtslosigkeit einer nachhaltigen Preishebung durch Maßregeln der Münzpolitik, die nicht gleichzeitig von einer gesetzlichen Einschränkung der Silberproduktion auf der ganzen Erde begleitet wären. Denn allein nur unter letzterer Voraussetzung, die verwirklicht zu sehen auch die optimistischen Freunde des Silbers nicht zu hoffen

§ 51. Würdigung der bimetallistischen Bewegung insbesondere. 295

wagen, wäre von einer verstärkten Verwendung des Silbers zu Münz=
zwecken in den Kulturstaaten der Welt eine Hebung des Silberpreises
als wahrscheinlich zu erachten.

Die Ansicht, daß die Münzpolitik Deutschlands und anderer
europäischer Staaten, die zur Goldwährung übergegangen sind, und daß
die im Zusammenhang damit erfolgte Einstellung der Silberprägungen in
Frankreich und anderen Staaten der lateinischen Münzunion den Silber=
fall veranlaßt habe und nachhaltig verursache, kann daher nicht aufrecht
erhalten werden; jene münzpolitischen Vorgänge in Europa haben viel=
mehr nur „die Bedeutung einer Episode in der Geschichte des Silber=
preises". Was allein in der nordamerikanischen Union auf Grund der
Bland= und Sherman=Bill an Silber angekauft und ausgemünzt wurde,
übersteigt die durchschnittlichen jährlichen Silberprägungen Frankreichs zur
Zeit der freien Prägung der lateinischen Münzunion um rund das Sechs=
fache. Es fand aber auch gerade in der Zeit der Zurückweisung des
Silbers von den europäischen Münzstätten das Silber eine wachsende Ver=
wendung in den ostasiatischen Ländern: Indien, China, Japan.
„Die Aufnahmefähigkeit dieser Silber kaufenden und Silber prägenden
Länder, sagt ein Fachmann, war größer als diejenige Europas vor seiner
dem Silber unfreundlichen Münzpolitik. Es ist also durch die deutsche
Münzreform und die Einstellung der Courantsilberprägungen in den Staaten
der Frankenwährung lediglich eine geographische Verschiebung in
der Goldfunktion des weißen Metalls eingetreten und die Haupt=
ursache des Silbersturzes ist in der ziellosen Steigerung der
Silberproduktion selber zu suchen."

3. Ob wirklich seit Einführung der Goldwährung in Deutschland
und anderen Staaten das Gold, infolge der größeren Nachfrage nach
Gold als Währungsmünze, eine Werterhöhung erfahren hat, die sich
in einem Preisdruck des Silbers und aller anderen Waren
wiederspiegele, weil nun dieselbe Goldmenge eine größere Kaufkraft
darstelle als früher, und ob deshalb der beklagte Preisdruck wesentlich
oder ausschließlich auf Rechnung der Einführung der Goldwäh=
rung zu setzen sei, ist wiederum keineswegs so klar erweislich, als die
Doppelwährungsfreunde ihrerseits zu behaupten sich bemühen. Zwar hat
die Goldproduktion gegenüber dem Aufschwung in der Periode 1850–70
(Auffindung der kalifornischen und australischen Goldfelder) in den folgen=
den Jahrzehnten einen Rückgang erfahren; auch hat anfangs der acht=
ziger Jahre Nordamerika wie Indien sehr beträchtliche Goldquantitäten
an sich gezogen, so daß damals die Besorgnis einer Goldknappheit
nicht unbegründet war. Aber dieser Rückgang in der Produktion hat seit
1889 (Erschließung goldführender Schichten in Südafrika) einem außer=
ordentlichen Aufschwung der Goldproduktion wieder Platz ge=
macht, dergestalt, daß in den letzten 6 Jahren 1888–94 die jährliche
Goldproduktion sich zwischen 181 256 Kilo (1890) und 274 339 Kilo

(1894) bewegte und die Goldproduktion des letzten Jahres sogar die Jahresproduktion der 50 er, 60 er und 70 er Jahre um 70 bis 80 000 Kilo übertroffen hat und dem Wert einer Milliarde nahe kommt. Von einer Goldknappheit in Europa ist deshalb seit Jahren keine Rede mehr; alle europäischen Staaten zeigen Mehreinfuhren von Gold, vor allem Deutschland. Die Goldankäufe der Reichsbank erreichten 1888 die Höhe von 236 Millionen Mk., und dieser Betrag ist seitdem jahrweise noch übertroffen worden. Von 1887—1893 wurden in Deutschland für rund 700 Millionen Mk. Goldmünzen ausgeprägt; die Reichsbank hatte im Jahre 1894 einen Bestand von gegen 800 Millionen Mk. Gold. Der Goldvorrat der Centralbanken in Berlin, London, Paris, Newyork ist in den 10 Jahren 1885/95 von 2,4 auf 3,7 Milliarden Mk., der Goldvorrat der europäischen Handelsstaaten und der Union seit 1892 bis 1895 von 12,9 auf 15,7 Milliarden Mk. angewachsen; an dieser Zunahme der Goldvorräte sind Rußland mit 800 Millionen, Österreich-Ungarn und Frankreich mit je 500, Großbritannien mit 480 und Deutschland mit 400 Millionen Mk. beteiligt. Die Meinung, daß „die Golddecke zu knapp werden könne" wegen Versiechens der Goldfundstätten, hat daher in den bisherigen Wahrnehmungen keine Stütze, viel eher ist die gegenteilige Annahme begründet, daß die verbesserten Methoden der Technik der Goldgewinnung im Zusammenhang mit der zunehmenden Erkenntnis der geologischen Verhältnisse der Erde dazu führen werden, auch in der Zukunft die Goldproduktion mit der Goldnachfrage im Einklang zu erhalten.

4. Soweit für die angebliche Goldknappheit und die daraus abgeleitete Goldverteuerung der mittelbare Beweis aus dem Sinken der Warenpreise einschließlich des Silbers hergeleitet werden will, so ist diese Beweisführung schon deshalb eine verfehlte, weil das Sinken der Warenpreise, wie es doch im Sinn dieser Beweisführung sein müßte, keineswegs allgemein eingetreten, und wo es thatsächlich eingetreten ist, in den Produktionsverhältnissen der betreffenden Waren selber seine natürliche Erklärung findet. Dies läßt sich gerade bei landwirtschaftlichen Erzeugnissen, deren Preissturz die Hauptwaffe im Kampfe gegen die Goldwährung, als angebliche Ursache des Preissturzes, zu bilden pflegt, leicht nachweisen, so namentlich bei Wolle, Getreide, Zucker. Denn die wahre innere Ursache des Preissturzes bei Wolle und Getreide liegt in der Einbeziehung neu erschlossener, mit billigsten Böden arbeitender Kolonial- und anderer Länder (Nordamerika, Argentinien, Rußland, Indien für Getreide, Australien und Südafrika für Wolle) in den Weltverkehr vermöge der Vervollkommnung der Kommunikationsmittel zu Land und zu Wasser und in den von Jahrzehnt zu Jahrzehnt billiger gewordenen Land- und Wasserfrachten; erscheint doch allein Argentinien, das bis in die achtziger Jahre einen Export von Getreide kaum hatte, mit der zunehmenden Kolonisation und Aufschließung dieses

§ 51. Würdigung der bimetallistischen Bewegung insbesondere. 297

Landes durch Eisenbahnen schon 1892 mit 9 Millionen, 1894 mit 20 Millionen Mk. Getreide auf dem Weltmarkt. Nicht also die angebliche Goldverteuerung als Folge der behaupteten Goldknappheit wegen Einführung der Goldwährung, sondern die Möglichkeit billigerer Herstellung bestimmter Roherzeugnisse und die Möglichkeit jederzeitiger reichlicher Versorgung des Markts mit diesen Rohstoffen hat zur Preisverbilligung dieser Erzeugnisse Anlaß gegeben. Ähnlich bei Flachs und Hanf (vgl. auch die Ausführungen und ziffermäßigen Angaben, insbesondere in betreff der eingetretenen Frachtermäßigungen auf S. 205). So braucht man, was den Zucker anlangt, nur die rapide Zunahme der Zuckerproduktion im letzten Jahrzehnt in Deutschland und anderen Staaten ins Auge zu fassen, um zu erkennen, daß lediglich die Schwierigkeit, diese Vorräte auf dem Weltmarkt unterzubringen, als Ursache des jetzt beklagten Preissturzes anzusehen ist (Frankreich erzeugte 1884/85 305000 Tonnen Zucker, jetzt rund 800000 Tonnen, Rußlands Erzeugung ist in dieser Zeit von 388000 auf 650000, die Österreichs von 500—600000 Tonnen auf über 1 Million Tonnen, endlich die von Deutschland von 1150000 Tonnen auf 1750000 Tonnen gestiegen) — So hängt die Verbilligung einer großen Anzahl anderer Produkte — Leuchtstoffe, Fette —, ferner von Halb- und Ganzfabrikaten der Eisen- und Textilbranche mit der Verbilligung der Produktion als Folge der fortschreitenden Technik und mit dem zeitweisen Vorauseilen der Produktion über die jeweiligen Bedürfnisse des Marktes ebenfalls wie Wirkung und Ursache zusammen, und man muß den Verhältnissen Zwang anthun, wenn man eine außerhalb dieser Produktionsbedingungen wirkende Ursache, nämlich die angebliche Goldknappheit, für die eingetretene Verbilligung einer Anzahl Warengattungen verantwortlich machen will.

Zweifel in die Stichhaltigkeit des Arguments einer angeblichen Goldknappheit und daraus abgeleiteten Goldverteuerung bezw. Warenpreisverbilligung ergeben sich auch daraus, daß diese Verbilligung eine keineswegs alle Waren erfassende ist, wie es doch, die Richtigkeit jenes Arguments vorausgesetzt, sein müßte: Holz, Fleisch, Milch, Tabak, Kaffee sind nicht billiger geworden, vielmehr weisen — von Jahresschwankungen abgesehen — diese Artikel eine von Jahrzehnt zu Jahrzehnt nach oben sich bewegende Preiskurve auf, ebenso eine Menge Artikel der Manufakturbranche und des Kunstfleißes, desgleichen die Mietpreise der Wohnungen; und dasselbe gilt von der wichtigsten Ware, der Ware Arbeit und deren Preis, dem Arbeitslohn, der eine ständige Tendenz zum Steigen zeigt. — Würde die Theorie der durch Goldknappheit verursachten Warenpreisverbilligung richtig sein, so müßte ferner die Senkung der Warenpreise mit den Perioden des Rückgangs der Goldproduktion und die Hebung der Warenpreise mit den Perioden der Vermehrung der Goldproduktion zeitlich zusammenfallen. Dieser zeitliche Parallelismus zwischen Goldproduktion und

Warenpreisbildung fehlt indessen gänzlich. Eine gewisse Goldknappheit trat in den siebenziger und achtziger Jahren zu Tage: die Jahresproduktion in Gold, 1861 70 rund 500 Millionen Mk. betragend, sank anfangs der achtziger Jahre bis auf rund 400 Millionen Mark, d. h. gerade in der Zeit des Übergangs einzelner Staaten zur Goldwährung: der Warenpreisrückgang hätte also in diesem Zeitraum besonders deutlich in die Erscheinung treten, und anderseits hätte mit dem Anziehen der Goldproduktion in der zweiten Hälfte der achtziger Jahre und dem außerordentlichen Aufschwung der Goldproduktion in den neunziger Jahren die Aera einer allgemeinen Warenpreishebung einsetzen müssen. In Wirklichkeit spielten sich die Vorgänge auf dem Warenmarkt in umgekehrter Richtung ab: die zweite Hälfte der siebenziger Jahre zeichnet sich durch hohe Preise aus und der unerhörte Preisfall einer großen Anzahl Waren erfolgte in den neunziger Jahren.

Mit der Theorie der Goldknappheit, Goldverteuerung und Warenpreisverbilligung ist weiterhin die Thatsache nicht gut in Einklang zu bringen, daß die Preisverbilligung einer größeren Anzahl Waren nicht bloß etwa nur in den Ländern der Goldwährung, sondern ziemlich überall zu Tage getreten ist, gleichviel, welche Währungseinrichtungen sie haben: auch Rußland, Österreich, Italien mit ihrer Papierwährung weisen den gleichen Preisdruck auf. Eher könnte man aus einigen Erscheinungen der Gegenwart die Schlußfolgerung ziehen, daß das Geld billiger geworden sei: durchweg ist der Zins für Verleihung von Geldkapitalien zurückgegangen, und der Stand des Privatdiskonts, dieses besten Gradmessers für die Knappheit oder Reichlichkeit der metallenen Cirkulationsmittel, war seit anfang der neunziger Jahre meist ein niedriger (durchschnittlicher Marktzinsfuß in Berlin 1890 3,87, 1891 $2^4/_5$, 1892 $1^3/_4$, 1893 $3^1/_2$, 1894 $2^1/_5$, 1895 $1,72^0/_0$). Die gegenteilige Bewegung des Bankdiskonts und des Privatdiskonts im Jahre 1896 kann nicht als Gegenbeweis gelten, da sie eine vorübergehende war und mit der durch fieberhafte Thätigkeit der Industrie veranlaßten ungewöhnlichen Nachfrage nach Bankdarlehen zusammenhängt, wie denn der hohe Diskont des Jahres 1896 bereits mit dem Anfang des Jahres 1897 normaleren Diskontsätzen gewichen ist.

Endlich sollte nicht übersehen werden, daß in der heutigen Verkehrswirtschaft die ausgemünzten Metalle als Träger und Vermittler von Verkehrsoperationen nicht mehr dieselbe Rolle spielen wie früher, da in wachsendem Maße Ersatzmittel des Geldes — Banknoten, Wechsel, Checks, Giro- und Postanweisungsverkehr rc. — zur Verwendung gelangten und durch die Einrichtungen des kaufmännischen Abrechnungswesens (Giro- und Clearingverkehr) eine weitere ganz außerordentliche Ersparung an metallenen Umlaufsmitteln erzielt wurde. In London wurden auf dem Wege der Abrechnung, also ohne Barzahlung, 1895 154,9 Milliarden Mk., in den Vereinigten Staaten 1894 188,8 Milliarden Mk., bei der

§ 51. Würdigung der bimetallistischen Bewegung insbesondere. 299

deutschen Reichsbank 1895 21,2 Milliarden Mk. an gegenseitigen Forderungen ausgeglichen. Mittelst des Giroverkehrs, d. h. ebenfalls lediglich durch bloße Abschreibung in ihren Büchern, vermittelte die deutsche Reichsbank 1876 Zahlungsverpflichtungen in Höhe von 8,5, 1894 solche in Höhe von 56, 1895 von 93 Milliarden Mk.; der Wechselumlauf betrug in Deutschland 1870 9, 1894 16,3 Milliarden Mk.; im Postanweisungsverkehr werden 5 und mehr Milliarden jährlich umgesetzt. Der Bedarf an Edelmetallen zur Bewältigung der Verkehrsoperationen braucht deshalb mit dem Wachsen des Verkehrs nicht gleichen Schritt zu halten, er wird mit der Zeit sogar in abnehmender Bahn sich bewegen, je mehr die geldersparenden Einrichtungen, wie namentlich der Checkverkehr, auch außerhalb des kaufmännischen Lebens, also auch im bürgerlichen Verkehr noch mehr als seither Wurzel fassen. Angesichts solch gewaltiger Vermehrung der Geldersatzmittel in den letzten Jahrzehnten und angesichts des Umstandes, daß die jährliche Zunahme des Metall=Geldes der civilisierten Welt nahezu doppelt so groß ist, als in dem Zeitraum von 1850–1870, der doch durch steigende Preise sich auszeichnete, und viermal so groß als in den vierziger Jahren, wird eine Knappheit der Metallgeldproduktion und eine durch sie und nur durch sie veranlaßte Warenpreisverbilligung schwerlich als bewiesen angenommen werden können.

5. Unsere Landwirte täuschen sich über die Tragweite der Einführung der Doppelwährung, wenn sie davon eine wesentliche und nachhaltige Besserung ihrer eigenen Wirtschaftslage erhoffen. Denn derjenige Nachteil des Sinkens des Metallwerts des Silbers, der in der Erleichterung der Ausfuhr von Erzeugnissen aus Silberwährungsländern erblickt wird, hat, soweit die Landwirtschaft in Betracht kommt, wie schon oben erwähnt, praktische Bedeutung überhaupt nur für Indien als eines der getreideexportierenden Länder, nicht aber für die in dieser Hinsicht gefährlichsten Konkurrenten: für Nordamerika, da dieses thatsächlich Goldwährung, für Rußland und Argentinien, die Papierwährung haben und auf deren Getreideexport daher der Stand des Silberpreises gänzlich bedeutungslos ist. Auch die Bedeutung der indischen Exportprämie erscheint, seit Indien mit Einstellung der Silberprägungen eine eigentliche Silberwährung nicht mehr hat, sehr abgeschwächt. Soweit aber das Eintreten landwirtschaftlicher Kreise für die Zulassung auch des Silbers als Währungsmetall auf der Annahme beruht, daß die mit dieser Änderung der Währungsverhältnisse Hand in Hand gehende Vermehrung der Geldmenge zu einer Verbilligung des Metallgeldes, die ihren Ausdruck in einem Anziehen der Warenpreise findet, führen werde, so wird allerdings der Eintritt dieser Wirkung als Folge des Umstandes, daß alljährlich vielleicht 600 bis 700 Millionen Mk. mehr als seither Silbermetallgeld zur Ausprägung gelangt, nicht geleugnet werden können. Aber ganz unzweifelhaft ist, daß

die Preiserhöhung nicht bei den landwirtschaftlichen Erzeugnissen stehen bleiben, sondern alle Rohstoffe, Halb- und Ganzfabrikate ergreifen würde. In allen produzierenden Haushaltungen, auch den landwirtschaftlichen, würde sich also nicht nur das Einnahme-, sondern auch das Ausgabekonto entsprechend erhöhen; den gestiegenen Einnahmen der landwirtschaftlichen Produzenten für Getreide, Vieh, Handelspflanzen ꝛc. würde ein entsprechend höherer Aufwand für die Anschaffung von Saatgut, Futter- und Düngemitteln, für Geräte und Maschinen, für Handwerkerlöhne, für Reparatur- und Bauarbeiten und für alle Haushaltungsbedürfnisse im weitesten Sinne gegenüberstehen; da das Sinken des Geldwertes auch die Finanzen des Staats und der Gemeinden ungünstig beeinflussen würde, so wäre überall mit einem Anziehen auch der Staats- und Gemeindesteuerschraube zu rechnen. Schließlich wenn bei der vorausgesetzten Internationalität des Vorgehens in der ganzen Kulturwelt die Warenpreise stiegen, bliebe diejenige Kalamität der deutschen Landwirtschaft, die durch die Preisunterbietung überseeischer und osteuropäischer Länder veranlaßt ist, völlig unverändert bestehen, weil diese Konkurrenzgebiete nach wie vor in demselben Verhältnis den deutschen Getreidebauer zu unterbieten vermöchten. Das ganze Währungsexperiment liefe, wie von einem Fachmann auf diesem Gebiet richtig betont wurde, darauf hinaus, daß jährlich 600—700 Millionen Mk. mehr für Beschaffung von Metallgeld aufgewendet werden müßten, lediglich um denselben Güterumsatz zu höheren Maximalpreisen zu unterhalten, also auf eine Vermehrung der toten Last der Volkswirtschaft. Ob in diesem Prozeß einer bald langsamer, bald stürmischer verlaufenden Preisbewegung nach oben gerade die Landwirte auf ihren Vorteil kämen und nicht vielleicht die Großindustrie sowie der Zwischen- und Großhandel den Rahm abschöpfen würde, möchte nach früheren Vorgängen eher zu Gunsten der zweiten Möglichkeit beantwortet werden, jedenfalls soweit es sich um bäuerliche Kreise handelt. Entschieden nachteilig wird die Bewegung für die Lohnarbeit sich gestalten, weil erfahrungsgemäß die Löhne nur langsam den Preissteigerungen zu folgen pflegen. Nur insoweit als dies der Fall ist, also vorübergehend eine Ersparnis an Arbeitslöhnen sich ergiebt, würde wie die Industrie, so auch die Landwirtschaft aus einer Währungsänderung mit der Wirkung einer Geldverbilligung für einige Zeit Nutzen ziehen können — eine Folgewirkung, die aber diese Währungsänderung, wenn sie nicht vom ganz einseitigen Interessentenstandpunkt der Produzenten aus behandelt werden will, in besonders unerfreulichem Licht erscheinen läßt, zumal angesichts der zu erwartenden erbitterten Lohnkämpfe. Auch die oft betonte günstige Rückwirkung auf die Lage der Schuldner sollte nicht überschätzt werden. Nur diejenigen Schuldner, die sich unkündbare Darlehensverträge gesichert haben, könnten die Gunst der Lage ausnützen; in allen anderen Schuldfällen — und diese bilden weitaus die Mehrzahl — wäre

§ 51. Würdigung der bimetallistischen Bewegung insbesondere. 301

mit massenhaften Kündigungen und bei neuen Darlehen mit der Ausbedingung auf Zahlung der Zinsen und Schuldraten in Gold an die Darlehensgeber zu rechnen: d. h. die Schuldner wären in die Zwangslage versetzt, obwohl in ihren Kassen in der Regel nur Silbergeld sich befände, häufig und mit großen Opfern von Provisionen und Agio das zur Tilgung ihrer Schuldverpflichtungen nötige Gold sich erst zu beschaffen. Die Möglichkeit der Zurückzahlung der Schulden und der Zahlung der laufenden Zinsen in dem künftigen, eines Teils seiner Kaufkraft beraubten Währungsgeld muß übrigens in demselben Maße, als der Schuldner aus der Zahlung mit solchem Währungsgeld eine Entlastung genießt, für die Gläubiger mit einer Schädigung verknüpft sein. Diese Gläubiger setzen sich aber nicht ausschließlich aus Großkapitalisten, die einen Einnahmenausfall füglich ertragen könnten, sondern auch aus kleinen und mittleren Kapitalisten zusammen; sind doch die an Landwirte ausgeliehenen Kapitalien der Sparkassen zum guten Teil Sparpfennige der kleinsten Leute, und ist doch auch ein erheblicher Teil der Pfandbriefe ebenfalls im Besitz von Leuten, die jede Schmälerung des Zinseneinkommens auf das Schmerzlichste empfinden würden!

6. Aus allen diesen Betrachtungen, die freilich, dem Zweck dieser Schrift entsprechend, nur sehr summarische sein konnten, ergiebt sich jedenfalls soviel, daß ein strikter Beweis für die Zurückführung des Sinkens der Warenpreise auf die Einführung der Goldwährung und die dadurch bedingte angebliche Knappheit des Goldes nicht zu erbringen ist; daß es mehr als zweifelhaft ist, ob die seit Jahren in landwirtschaftlichen Kreisen erstrebte Änderung unserer Währungseinrichtungen mit dem Ziel der Einführung der Doppelwährung die von den Landwirten erhofften Vorteile nachhaltig zu bringen vermag; und ob nicht vielmehr aus der geplanten Änderung der Währungseinrichtungen für zahlreiche Volkskreise schwere Schädigungen ihrer Interessen zu besorgen sind. Unter diesem Gesichtspunkt muß man den großen Aufwand an geistiger Arbeit, der auf die „Popularisierung" der Doppelwährungsfrage in der ländlichen Bevölkerung verwendet wurde, um so mehr bedauern, als letztere dadurch leicht von näher liegenden, wichtigeren und realisierbaren Fragen zu ihrem Schaden abgelenkt wird. Die Währungsfrage könnte schon deshalb aus dem Kreis agrarischer Betrachtungen ausscheiden, weil eine Verwirklichung der angestrebten Doppelwährung — wenn ihr überhaupt ernstlich näher getreten werden wollte — jedenfalls in weiter Ferne steht. Denn Deutschland allein kann sich auf dieses Währungsexperiment schon deshalb nicht einlassen, weil es in diesem Fall der Ablagerungsplatz aller überschüssigen Silbervorräte der Welt würde, und weil nach dem bekannten Gesetz, daß das geringwertige Metallgeld das höherwertige verdrängt, zum unberechenbaren Schaden für unsere ganze Wirtschaftslage unser sämtliches Gold nach dem Ausland abfließen müßte. Die auch von den Vertretern der Doppelwährung vorausgesetzte

Internationalität des Vorgehens dürfte auf lange Zeit hinaus der Verwirklichung nicht fähig sein, solange insbesondere England in seiner ablehnenden Haltung verharrt. Dem Zustandekommen einer internationalen Währungsübereinkunft würde schon die Lösung der einen Frage nahezu unüberwindliche Schwierigkeiten bereiten, wie denn eigentlich in einem internationalen Münz-Übereinkommen für das einzurichtende System der Doppelwährung das Wertverhältnis von Silber zu Gold festzusetzen wäre, ob nämlich auf einer dem jetzigen Goldpreis des Silbers entsprechenden Grundlage (32,60 : 1) oder auf der früheren Grundlage von 15,5 : 1 oder auf irgend einer anderen in der Mitte liegenden Wertgrundlage; denn die Interessen der Haupt-Silberproduktionsländer einer-, die der andern Länder andererseits gehen hier durchaus nicht zusammen. Ein alle Länder oder doch die Hauptkulturländer umfassender Währungsbund hat endlich vor allem die Aufrechterhaltung des abgeschlossenen Währungsvertrags für lange Zeit, d. h. die unbedingte Erhaltung des Weltfriedens zur unerläßlichen Voraussetzung. Aber welche Garantieen bestehen hierfür und für die Annahme, daß nicht einer der Vertragsstaaten oder einzelne derselben sich einseitig von dem Währungsbund loslösen, und welche Verwirrung des Geldwesens müßte eintreten, wenn mit dem Auseinanderfall des Währungsbundes die in den einzelnen Staaten in größerm oder geringerm Umfang umlaufenden Silbergeldvorräte plötzlich eine Entwertung erführen, jeder Staat infolgedessen bemüht wäre, die in seinen Grenzen umlaufenden Silbermengen möglichst rasch abzustoßen, und zugleich der denkbar erbittertste Kampf um das wertbeständigere und wertvollere Gold unter den einzelnen Nationen entbrennen würde! — Man kann sehr wohl der Meinung sein, daß die Goldwährung nicht für alle Staaten paßt, weil nur wirtschaftlich kräftige Völker in der Lage sind, die für die Aufrechterhaltung der Goldwährung nötige Goldmenge jederzeit sich zu beschaffen und festzuhalten. Wenn aus diesem Grund wirtschaftlich minder kräftige Nationen wohl daran thun, auf das Experiment der Goldwährung sich nicht einzulassen, weil sie der Gefahr verfallen, aus der Goldwährung direkt in die Papierwährung zu geraten (Italien, Argentinien 2c.), so wäre doch schwerlich einzusehen, warum auch die höchstgestellten Nationen der Vorteile, die die Basierung des Verkehrs auf dem wertbeständigsten Edelmetall darbietet, sich entschlagen, d. h. auf die Goldwährung verzichten sollen. Jedenfalls dürften unsere Landwirte ihren Interessen nichts vergeben, wenn sie — statt noch ferner in verführerischen Doppelwährungs-Zukunftsbildern sich zu ergehen — dieses angebliche große Rettungsmittel der Landwirtschaft aus dem Kreis der landwirtschaftlichen Programmpunkte der nächsten Zukunft ausscheiden.

§ 52. Schlußbetrachtungen. Interessenkämpfe der Gegenwart; agrarische und antiagrarische Strömungen; Rückblick und Ausschau.

Wie die durch die umwälzenden Vorgänge im Welthandelsverkehr geschaffene Notlage eines großen Teils des europäischen, nicht bloß des deutschen Grundbesitzes seit Ende der siebenziger Jahre im Vordergrund der öffentlichen Erörterungen sich befindet, so ist auch der Gesetzgebung und Verwaltungsthätigkeit der letzten Jahrzehnte durch diese Vorgänge ihr besonderer Charakter aufgeprägt worden. In von Jahr zu Jahr wachsendem Maße hat im deutschen Reich wie in den Einzelstaaten zu Gunsten der bodenbewirtschaftenden Klassen die Staatsfürsorge eingesetzt, und man kann diese Staatsfürsorge nicht besser kennzeichnen, als indem man sie als einen staatlich geleiteten und organisierten Kampf gegen die nachteiligen Folgen eines überwältigenden Wettbewerbs des Auslands auf die inländische Urproduktion auffaßt.

Nun ist vielleicht eine der bedauerlichsten Erscheinungen der Gegenwart, daß der Kampf um die Interessen des Grundbesitzes von zahlreichen Vertretern desselben mehr und mehr in einer die landwirtschaftlichen Interessen rücksichtslos in den Vordergrund rückenden, die Leidenschaften weiter Kreise aufwühlenden Weise geführt und die Hilfe der Staatsgewalt auch für solche Ziele in Anspruch genommen wird, die in einer vom Standpunkt gleichmäßiger Wahrung aller Bevölkerungsinteressen geleiteten Staatspolitik unmöglich Raum finden können. Die abfällige Beurteilung einer maßvoll waltenden Regierungspolitik durch die Vertreter einer extrem-agrarischen Richtung hat leider in weiten Kreisen der Landbevölkerung Echo gefunden und viele Angehörigen der letzteren in eine denkbar scharfe Kampfstellung gegenüber den Regierungskreisen gedrängt, die sofort als von manchesterlichen Anschauungen erfüllte denunziert werden, wenn den Forderungen und Wünschen, selbst solchen extremster Art, nicht Schlag auf Schlag Erfüllung in Aussicht steht. Der hierdurch geschaffene Zwiespalt des öffentlichen Lebens wird weiter dadurch verschärft, daß in nichtagrarischen Kreisen häufig selbst der berechtigte Kern agrarischer Forderungen nicht anerkannt werden will und auch den wohlbegründetsten Anforderungen der Vorwurf „agrarischer Begehrlichkeit" nicht erspart bleibt. Die Meinung der nichtagrarischen Kreise, daß bei gutem Willen und ausreichendem Geschick die Landwirte schon aus eigener Kraft der Schwierigkeit der Lage Herr zu werden vermöchten, daß die Erkrankung des landwirtschaftlichen Organismus um so rascher überwunden werde, je mehr man diesen Organismus dem natürlichen Heilungsprozeß überlasse und ihm Zeit gönne, die erkrankten und unbrauchbar gewordenen Teile auszuscheiden, daß aber jedes Eingreifen von außen, das auf künstliche Erhaltung von nun einmal dem Absterben verfallenen Gliedern abziele, mehr Schaden als Nutzen stifte und die endliche Gesundung nur hinauszögere — diese dem freihändlerischen Gedankenkreis entnommene Auffassung ist genau ebenso einseitig, so „extrem", wie die in maßlosen Ansprüchen an den Staat sich kundgebende Auffassung der extrem-agrarischen Richtung des landwirtschaftlichen Berufsstandes. Die Wahrheit ist, daß die Machtmittel des Staats, wie zu Gunsten jedes notleidenden Standes, so auch zu Gunsten des landwirtschaftlichen Berufsstandes, eingesetzt werden dürfen und eingesetzt werden müssen, wenn der Staat mehr als ein bloßer Rechts- und Polizeistaat sein, wenn er zum Ausdruck bringen will, daß er auch Kulturstaat und zugleich höchste Wohlfahrtsgemeinschaft aller in ihm Lebenden ist; daß es aber in der Macht keines Staats gelegen ist, über wirtschaftliche Schäden und Krisen mit den Mitteln der Gesetzgebung und Verwaltung allein hinwegzuhelfen, daß es vielmehr der thätigsten Mitwirkung der unmittelbar Beteiligten selber bedarf. Als größter und verhängnisvollster Wahn landwirtschaftlicher Kreise ist die Auffassung zu bezeichnen, als ob es gegenüber der Krisis der Gegenwart ein „Universalrezept" gebe, dessen Anwendung überall die vorausgesetzten Heilwirkungen verbürge, wo im Gegenteil im Sinn der vorausgegangenen Betrachtungen der Hebel an tausend Ecken angesetzt werden · muß, um des Erfolges sicher zu gehen.

Als erster und hauptsächlicher Grundsatz für die Art der Bethätigung wirksamer Staatshilfe ist in den vorausgegangenen Betrachtungen erkannt worden, daß jeder auf wirtschaftliche und soziale Unabhängigkeit Anspruch erhebende Wirt die Grundlage dieser seiner Unabhängigkeit zunächst selber mit dem ganzen Aufgebot seiner eigenen Kraft zu behaupten verpflichtet ist und ein helfendes Einschreiten der staatlichen Gemeinschaft in einem die Freiheit des Erwerbslebens verbürgenden und nicht etwa staatssocialistisch organisierten Staatswesen erst dann praktisch werden darf, wenn und soweit die private Selbsthilfe versagt. Aus guten Gründen haben daher alle agrarischen Enquêten der siebenziger und achtziger Jahre in kräftiger Weise die notleidende Landwirtschaft der west- und mitteleuropäischen Staaten auch auf die Selbsthilfe verwiesen und als Aktionsgebiete dieser Selbsthilfe die fast überall, zumal in den Kreisen der bäuerlichen Bevölkerung sehr wohl möglichen und ausführbaren Verbesserungen der Technik des landwirtschaftlichen Betriebes bezeichnet. Unter diesem Gesichtspunkt gewinnen daher in der Gegenwart erhöhte Bedeutung alle in den vorausgegangenen Kapiteln besprochenen, eine höhere Erträglichkeit des Grund und Bodens bezweckenden Einrichtungen und Maßnahmen der Landeskultur; desgleichen diejenigen Einrichtungen und Veranstaltungen der Landwirtschaftspflege, die darauf abzielen, ein höheres Maß landwirtschaftlicher Fachbildung zu verbreiten und die durch die wissenschaftliche Erkenntnis gezeitigten Fortschritte der Betriebstechnik und Betriebsökonomie zu einem Gemeingut thunlichst aller Landwirte zu machen: endlich alle diejenigen Bestrebungen, die bezwecken, die wirtschaftliche Kraft des Einzelnen auf dem Wege der Association zu steigern. Auch von den Wortführern der extrem-agrarischen Richtung sollte man füglich die Anerkenntnis dafür erwarten dürfen, daß in dem Hinweis auf eine energische Auffassung und Anspannung aller wirtschaftlichen, intellektuellen und moralischen Kräfte und in der Betonung der Selbsthilfe eine für die Angehörigen aller Berufsstände, auch des landwirtschaftlichen, notwendige und unentbehrliche Forderung enthalten ist, von deren rechtzeitiger und ausgiebiger Erfüllung die Heilung der Agrarkrisis ebenfalls abhängt. Denn die landwirtschaftliche Frage der Gegenwart ist mit auch eine Frage der Erziehung und Bildung; und diejenigen Leiter und Vertreter einer extrem-agrarischen Richtung, die das Wesen der Selbsthilfe und die der Selbsthilfe sich darbietenden Mittel der Besserung allzusehr unterschätzen, sollten sich der schweren Verantwortlichkeit dieser Haltung wohl bewußt sein. Denn sie kann nur zu leicht die Wirkung haben, die an die Selbsthilfe appellierenden Bestrebungen der Staats- und Vereinsthätigkeit in den Augen der landwirtschaftlichen Bevölkerung herabzusetzen, deren Aufmerksamkeit auf zum Teil utopische Ziele abzulenken oder doch möglichen Änderungen des Agrarrechts eine übertriebene Tragweite beizulegen und die trügerische Hoffnung zu erwecken, daß innerhalb der als Ideal vorschwebenden Agrarverfassung die unbedingte Sicherung des Grundbesitzes gleichsam als Geschenk jedem Grundbesitzer von selbst in den Schoß falle.

Die ungerechte Beurteilung des zur Abmilderung und Abschwächung der Agrarkrisis thatsächlich Erreichten durch die Vertreter einer extrem-agrarischen Richtung zeigt sich auch darin, daß der positiven Weiterbildung des Agrarrechts, soweit sie nicht in einem übertriebenen Protektionismus zum Ausdruck gelangt, die Bedeutung abgesprochen oder diese Bedeutung doch nur sehr eingeschränkt anerkannt wird. Nun ist aber doch ganz unbestreitbar, daß gerade auch im Bereich der eigentlichen Agrarpolitik große reformatorische Änderungen sich vollzogen haben oder angebahnt sind, und daß in keiner zurückliegenden Zeit den agrarpolitischen Vorgängen je solche Aufmerksamkeit wie in der Gegenwart zugewendet worden ist. Insofern der Rückgang in der Rentabilität im landwirtschaftlichen Gewerbe am empfindlichsten innerhalb der verschuldeten Betriebe sich geltend machte, trat die Verschuldungsfrage vor allen anderen in den Vordergrund, und es haben inzwischen eine Reihe wichtiger Forderungen fast überall die erstrebte Erfüllung gefunden: so die gute, den Verhältnissen des Grundbesitzes und Landwirtschaftsbetriebs angepaßte Einrichtung des Grund- und Betriebskredits auf dem Weg der Verschaffung unkündbaren Annuitätenkredits und der raschen Zugänglichmachung der Vorteile des sinkenden Zinsfußes im Rahmen öffentlich-rechtlicher oder verwandter Organisationen, sowie durch das Mittel der Lokalisierung der dem Betriebskredit dienenden Kreditanstalten und zwar auf genossenschaftlicher Grundlage; ferner die Zulassung der Rentenschuld neben der Kapitalschuld; weiter die Vorforge für eine schonendere Behandlung des verschuldeten Grundbesitzes durch humanere Ausgestaltung des Zwangsvollstreckungsrechts; endlich die strassere Ausgestaltung des Wucherrechts. Eine Anzahl Fragen (Einführung von Verschuldungsbeschränkungen, größere Grundbesitzsicherung auf dem Weg der Inkorporation oder des Heimstätterechts) harren allerdings noch der Lösung; aber diese Fragen sind so sehr bestritten, gerade auch in den landwirtschaftlichen Kreisen selber, daß die Aussetzung der Lösung wahrhaftig keinen Grund zur Beschwerde abgeben kann. — So ist ferner unter dem Gesichtspunkt, daß in Zeiten sinkender Rentabilität Unfälle und Verluste durch äußere schädliche Einflüsse der Natur noch schwerer als sonst auf der Landwirtschaft lasten, auch die Organisation des landwirtschaftlichen Versicherungswesens und der landwirtschaftlichen Polizei fast überall thatkräftig in die Hand genommen und einer befriedigenden Regelung entgegengeführt worden. — So hat endlich, hingesehen auf den tiefgreifenden Einfluß der Ordnung der Grundbesitzverhältnisse auf die Gesamtgestaltung der Lage der bodenbesitzenden Klassen, auch auf dem wichtigen Gebiet des Erbrechts eine reformatorische Bewegung eingesetzt und ihren Ausdruck in zahlreichen neuen Anerbenrechtsgesetzen, in der Anerkennung des Ertragswerts- an Stelle des Verkehrswertsprinzips bei Erbschaftsregulierungen, sowie in der gesetzlichen Statuirung schonlicher Behandlung des Anerben zur Verhütung von Erbesüberschuldung gefunden. — Alle diese von echt socialökonomischem Geist erfüllten Um- und Fortbildungen des älteren Agrarrechts, wie sie in den vorausgegangenen Kapiteln eingehende Darstellung gefunden haben und die zum Teil wenigstens dem Grundbesitz eine augenblickliche Erleichterung oder Stütze verschaffen (so insbesondere die besseren organisatorischen Einrichtungen des Kreditwesens, der Versicherung, der landwirtschaftlichen Polizei), zum Teil allerdings nur allmählich die erhoffte Wirksamkeit zu entfalten vermögen (was insbesondere von der Reform des Erbrechts, auch von den erstrebten Heimstättegesetzen und ähnlichen Rechtsbildungen gilt), bedeuten unleugbar wesentliche Errungenschaften. Nimmt man zu allem dem hinzu, was an thatsächlichem Zollschutz der landwirtschaftlichen Bevölkerung gegen auswärtigen Wettbewerb seit den Tagen der Reform des Zolltarifs (1879) gewährt, was ihr ferner in den letzten Jahrzehnten an Erleichterungen und Einräumungen im Gebiet des Steuerwesens, namentlich auch des Reichssteuerwesens (Branntwein- und Zuckersteuer!) zu teil geworden ist, in welchem Umfang weiter für die Einbeziehung der Landorte in den Verkehr durch Verdichtung des Eisenbahnnetzes, durch Anschlüsse mittelst Klein- und Nebenbahnen und durch Verbesserung des Straßenwesens staatlicherseits Sorge getragen, wie in den Staatsbudgets aller Staaten die zur Förderung der Landwirtschaft ausgeworfenen Mittel von Jahr zu Jahr in wachsendem Maße angefordert worden sind und alle Bestrebungen und Unternehmungen der Landeskultur der weitestgehenden staatlichen Subventionen sich erfreuen, so kann von einer behaupteten „Preisgebung landwirtschaftlicher Interessen" durch den modernen Staat im Ernste nicht die Rede sein, und zum mindesten haben die Landwirte keinerlei Anlaß, den guten Willen des modernen Staats, in die Wirrnisse der Gegenwart mildernd, helfend, fördernd, Gegensätze ausgleichend einzugreifen, in Zweifel zu ziehen.

Man sollte insbesondere nicht übersehen, daß im Laufe der letzten Jahrzehnte unzweifelhaft eine sehr viel richtigere, gereiftere Auffassung über die Aufgaben des Staats auf volkswirtschaftlichem Gebiet um sich gegriffen hat. Die ältere wirtschaftliche Lehre, die in der Überzeugung von der untrüglichen Kraft des Selbstinteresses und in einem weitgehenden Optimismus wurzelte, der auf jedes staatliche Eingreifen in wirtschaftliche Dinge verzichten zu können vermeinte, hat in wissenschaftlichen wie in Regierungs- und parlamentarischen Kreisen nur noch wenig Vertreter. Man hat einsehen lernen, daß die staatliche Gesellschaft ein feiner und vielgestaltiger Organismus ist, der einer nachhaltigen Diätetik bedarf, wenn sich nicht einzelne Organe auf Kosten anderer übermäßig ausbilden oder entarten sollen; man lernte würdigen, daß die Gesellschaft, um dies zu verhüten und um eine ruhige, gleichmäßige, wirtschaftliche Fortentwicklung zu verbürgen, einer nachhaltigen, zielbewußten staatlichen Interventionspolitik nicht wohl entbehren könne. Und wie demgemäß allgemach an Stelle der früheren rein privatwirtschaftlichen Auffassungsweise die socialökonomische sich setzte, erwachte auch das wieder in stärkerem Grade, was man das sociale Staatsgewissen nennen kann, und es begann jene positive Arbeit in Gesetzgebung und Verwaltung, jene socialreformatorische Bewegung auf allen Gebieten des wirtschaftlichen Lebens, deren letzte Ziele keine anderen sind, als die, ein sociales Verwaltungsrecht für die einzelnen Berufsstände, angepaßt ihrer Sonderart, zu schaffen. Von dieser socialreformatorischen Bewegung und Arbeit ist nun auch der ländliche Grundbesitz ergriffen worden; und die großen Gesetzgebungsakte und Verwaltungsmaßnahmen im Gebiete der Landeskultur, des Erbrechts, des Kredit- und Versicherungswesens, der Landwirtschaftspolizei, des Bildungswesens und der Association und die auf weiteren Ausbau dieses neuen Verwaltungsrechts des Grundbesitzes überall kräftig einsetzende Bewegung sind ein sprechender Beweis nicht nur für die Vertiefung der Anschauungen über das Wesen des Grundbesitzes und seine Bedeutung für das Staatsganze, sondern auch für die Nachhaltigkeit der Kraft, mit der diese wachsende Einsicht sich Geltung zu verschaffen weiß. Viele Gebrechen der Zeit werden verständlich, wenn sie beurteilt werden als unmittelbare und mittelbare Folgen einer rückwärtsliegenden, auf den glücklichen Verlauf des freien Spiels der natürlichen Kräfte allzu optimistisch vertrauenden Epoche; und viele Beruhigung muß deshalb die Thatsache gewähren, daß sie durch eine Epoche mit volkswirtschaftlich gereifteren Anschauungen und mit dem guten Willen, die Machtmittel des Staats allen Produktivständen des Volks gleichmäßig zur Verfügung zu stellen, abgelöst wurde. Die Aussicht in die Zukunft zeigt deshalb keineswegs so trübe Bilder, wie pessimistische Betrachtungsweise sie aufzurollen liebt. Und wie unser Landvolk — ungeachtet aller Bedrängnisse der letzten Jahrzehnte — in seinem innersten Kern zum überwiegenden Teile wirtschaftlich gesund und leistungsfähig sich erwiesen hat, so wird es — im Besitze seiner wirtschaftlichen Tugenden und gestützt durch eine im Ausbau begriffene Agrarverfassung — gewiß auch ferner das Erbe seiner Väter zu behaupten vermögen, wird jene Tugenden und Eigenschaften zu bewahren wissen, die es politisch als Element des Beharrens, wirtschaftlich als Inhaber des wichtigsten Produktionsmittels, social als Jungbrunnen der übrigen Stände zu einem so bedeutungsvollen Bestandteile der Volksgemeinschaft erheben. Mit der Erkenntnis dieser politischen, wirtschaftlichen und socialen Bedeutung des Landvolks ist aber auch die Richtung für die Bahnen der Agrarpolitik selber vorgezeichnet. Die Agrarpolitik soll nachhaltig den Interessen des landwirtschaftlichen Berufsstandes in allen seinen verschiedenen Verzweigungen sich widmen, ihr oberstes Ziel die Erhaltung einer gesunden Grundeigentumsverteilung sein, die ihrerseits in der Erhaltung und Hebung der wirtschaftlichen Leistungsfähigkeit wurzelt; aber diesem Ziel dürfen nicht staatssocialistische Mittel dienen. Die Agrarpolitik soll der Forderung des Schutzes und der Pflege der nationalen Arbeit jederzeit gerecht werden, da diese Forderung nirgends mehr angebracht ist, als gegenüber dem Produktionsmittel Grund und Boden, von dessen fleißiger und intensiver Bestellung nationale Wohlfahrt, Kraft und Stärke von jeher bedingt war und selbst in industriell vorgeschrittenen Staaten dauernd bedingt ist; aber in der Verwirklichung dieser Forderung ist alles zu vermeiden, was auf Unterbindung des Selbstverantwortlichkeitsgefühls hinausliefe und deshalb nicht dem wirtschaftlichen Fortschritt, sondern dem Stillstand die Wege ebnen würde. Also Staatshilfe, die der Selbsthilfe Vorschub leistet: Selbsthilfe, die auf wohlmeinende, verständnisvolle Staatshilfe sich Rechnung machen darf. Nur in diesem Zeichen wird die Landwirtschaft siegen. Mögen die Angehörigen des landwirtschaftlichen Berufsstandes dessen stets eingedenk sein!

www.ingramcontent.com/pod-product-compliance
Lightning Source LLC
Chambersburg PA
CBHW022024240426
43667CB00042B/1125